装备健康监测信号处理理论与方法

王衍学 著

科学出版社
北京

内 容 简 介

本书总结了作者在机械信号处理与装备健康监测领域二十多年的研究成果，系统介绍装备健康监测信号处理理论、方法及其在机械故障诊断中的应用案例。全书涉及的内容包括局部均值分解及其时频解调分析、自适应谱峭度及其应用、变分模态分解及其应用、复值信号处理理论及其应用、基于压缩感知的稀疏时频表征及其应用，以及七种机械信号降噪与特征增强方法。

本书适合高等院校信号处理、装备故障诊断等领域相关专业的研究生及高年级本科生学习，也可供相关科研人员和工程技术人员参考。

图书在版编目（CIP）数据

装备健康监测信号处理理论与方法 / 王衍学著. --北京：科学出版社，2025.3. -- ISBN 978-7-03-080538-6

Ⅰ. TB4

中国国家版本馆 CIP 数据核字第 2024TR6110 号

责任编辑：姚庆爽 / 责任校对：崔向琳
责任印制：师艳茹 / 封面设计：无极书装

科学出版社 出版
北京东黄城根北街 16 号
邮政编码：100717
http://www.sciencep.com

三河市春园印刷有限公司印刷
科学出版社发行 各地新华书店经销

*

2025 年 3 月第 一 版 开本：720×1000 1/16
2025 年 3 月第一次印刷 印张：19
字数：383 000

定价：168.00 元
（如有印装质量问题，我社负责调换）

前　言

随着"工业 4.0"时代的到来，装备制造业逐渐发展成为我国国民经济的战略产业和支柱性产业。国民经济领域的重大装备，如高速列车、重型车辆、航空发动机、风电设备等长期在重载、疲劳、腐蚀、高温等恶劣工况下运行，设备中的核心部件和重要机械结构不可避免地会发生不同程度的故障，运行中未能及时发现的机械故障极易导致灾难性事故。重大装备故障的严重性与突发性，凸显出高端机械装备状态监测与故障诊断的重要性与时效性。现代高端装备结构复杂，运行环境恶劣，其表征运行状态的振动信号受诸多干扰成分的影响，很难从采集的振动信号中识别微弱故障特征和复合故障特征。本书正是在这样的背景下应运而生。本书以装备故障诊断为主旨，总结了当前装备监测信号处理与特征提取领域的研究进展，深入探讨了各种新型信号处理方法在装备核心部件故障诊断领域中的应用。我们相信，本书的详细介绍将有助于读者更深入地了解现代信号处理方法在装备故障诊断中的应用，从而为相关领域的研究和实践提供有价值的参考。

本书精心阐述了多种前沿的信号处理方法，包括但不限于局部均值分解、自适应谱峭度、变分模态分解、复值信号处理、压缩稀疏时频特征表示以及机械信号降噪与特征增强等，这些方法在理论和实践中都显示出了其独特的价值和广泛的应用前景。每一章都以一种方法为中心，详细介绍该技术的理论基础、算法特点和实际操作步骤，同时辅以丰富的工程案例分析，使读者能够深入理解这些方法的核心原理和应用场景。

特别感谢多位领域专家在本书编撰过程中的大力支持。特别感谢装备健康监测实验室的李孟、李嘉豪、胡超凡、郑峰、李昕鸣等博士研究生和刘奇、王璇、戴含芳、万真志、和丽阳、谢志峥、张向宇、戴伟杰等硕士研究生在本书编撰过程中对图文内容的优化工作。他们的辛勤工作和贡献使得本书的内容更加丰富，理论与实践的结合更加紧密，对读者更具启示和参考价值。

我们相信读者通过阅读本书，不仅能够系统了解有关装备故障诊断领域的最新研究成果，更能够深刻把握现代信号处理技术在此领域内的应用价值和实践意义。希望本书能为推动机械设备故障诊断相关领域的科学研究和技术进步做出贡献。我们也希望读者能从本书中获得启示和灵感，以便在自己的研究和工作中更好地应用这些理论和技术。

同时，我们也意识到，无论是理论探索还是实践应用，都不可能完美无缺。我们诚挚期待读者的宝贵意见和建议，以便我们在未来的工作中不断改进和完善。在此，向所有阅读本书的读者致以诚挚的谢意！

作　者

目 录

前言
第1章 局部均值分解及其时频解调分析应用 ………………………………… 1
  1.1 信号瞬时特征 …………………………………………………………… 1
  1.2 局部均值分解原理与特性 ……………………………………………… 2
    1.2.1 局部均值分解算法 ………………………………………………… 2
    1.2.2 端点效应处理 ……………………………………………………… 5
    1.2.3 局部均值求解 ……………………………………………………… 9
    1.2.4 乘积函数与IMF …………………………………………………… 11
    1.2.5 瞬时频率计算 ……………………………………………………… 12
    1.2.6 LMD与EMD类似小波滤波器比较 ……………………………… 16
    1.2.7 瞬时时频谱构造 …………………………………………………… 16
    1.2.8 边际谱计算 ………………………………………………………… 17
    1.2.9 时频聚集性测度 …………………………………………………… 17
  1.3 LMD时频解调仿真信号分析 …………………………………………… 18
    1.3.1 调幅信号解调 ……………………………………………………… 18
    1.3.2 调频信号解调 ……………………………………………………… 19
  1.4 LMD时频解调工程案例分析 …………………………………………… 21
  1.5 基于能量色散比特征的齿轮箱变工况故障诊断 ……………………… 23
    1.5.1 能量色散比特征 …………………………………………………… 23
    1.5.2 精轧机齿轮箱损伤统计分析 ……………………………………… 24
    1.5.3 基于LMD的ITFS轧机齿轮箱故障诊断 ………………………… 27
  1.6 本章小结 ………………………………………………………………… 31
  参考文献 ……………………………………………………………………… 32
第2章 自适应谱峭度及其应用 …………………………………………………… 34
  2.1 引言 ……………………………………………………………………… 34
  2.2 谱峭度理论背景 ………………………………………………………… 35
    2.2.1 峭度 ………………………………………………………………… 35
    2.2.2 谱峭度 ……………………………………………………………… 36
    2.2.3 频域峭度与谱峭度对比 …………………………………………… 37
    2.2.4 基于STFT的谱峭度计算 ………………………………………… 37

  2.2.5 谱峭度图和快速谱峭度图 ··· 38
 2.3 自适应谱峭度 ·· 39
  2.3.1 窗函数叠加方式 ·· 39
  2.3.2 自适应谱峭度算法 ·· 40
  2.3.3 叠加窗函数性能评估 ·· 43
 2.4 基于自适应谱峭度的轴承故障诊断 ·· 51
  2.4.1 轴承故障诊断整体流程 ·· 51
  2.4.2 仿真分析 ·· 51
  2.4.3 实验验证 ·· 61
 2.5 齿轮齿形误差诊断 ·· 71
 2.6 基于谱峭度的机械故障预测研究 ·· 73
  2.6.1 性能退化分析 ·· 73
  2.6.2 剩余使用寿命预测 ·· 75
 2.7 本章小结 ·· 76
 参考文献 ··· 77
第3章 变分模态分解及其应用 ··· 81
 3.1 模态的概念 ·· 81
 3.2 VMD 算法基本原理 ·· 81
 3.3 VMD 算法的特性 ·· 84
  3.3.1 非均匀采样 ·· 84
  3.3.2 等效脉冲响应 ·· 87
  3.3.3 VMD 等效滤波器组 ·· 88
  3.3.4 Tone 分离 ··· 93
  3.3.5 仿真应用 ·· 95
 3.4 VMD 时频分析 ·· 100
  3.4.1 瞬时幅值和瞬时频率 ·· 100
  3.4.2 VMD 时频谱稀疏性和时频谱峭度测量 ·· 101
 3.5 基于蝙蝠算法的 VMD 参数优化方法 ··· 107
  3.5.1 蝙蝠算法基本理论 ·· 107
  3.5.2 基于蝙蝠算法的 VMD 参数寻优 ·· 108
  3.5.3 仿真及实验结果分析 ·· 110
 3.6 基于 VMD 转子碰摩故障特征提取 ··· 114
  3.6.1 仿真分析 ·· 114
  3.6.2 案例分析 ·· 116
 3.7 基于 VMD 角域阶次谱的滚动轴承变转速工况故障诊断 ··················· 122

    3.7.1 原理与方法 ·· 123
    3.7.2 案例分析 ·· 124
  3.8 基于 VMD 与调制强度分布的齿轮故障诊断 ·· 132
    3.8.1 调制强度分布的基本理论 ··· 133
    3.8.2 仿真分析 ·· 137
    3.8.3 实验验证 ·· 140
  3.9 本章小结 ·· 147
  参考文献 ·· 148
第 4 章 复值信号处理与双树复数小波变换方法 ··· 150
  4.1 引言 ··· 150
  4.2 复延迟时频分布 ·· 151
    4.2.1 分布算法 ·· 151
    4.2.2 瞬时频率的估计 ··· 153
    4.2.3 仿真信号分析 ··· 153
  4.3 复值变分模态分解 ··· 155
    4.3.1 CVMD 算法 ··· 155
    4.3.2 CVMD 等效滤波器组 ··· 159
    4.3.3 CVMD 希尔伯特谱 ··· 160
    4.3.4 实验验证 ·· 161
  4.4 双树复小波变换理论 ··· 166
    4.4.1 经典小波变换 ··· 166
    4.4.2 双树复小波变换结构 ·· 167
    4.4.3 双树复小波平移不变滤波器设计 ·· 170
    4.4.4 双树复小波变换特性分析 ·· 171
    4.4.5 滚动轴承复合故障诊断 ··· 175
    4.4.6 空分机多重故障特征检测 ·· 179
  4.5 本章小结 ·· 182
  参考文献 ·· 182
第 5 章 稀疏时频压缩感知方法及其在故障诊断中的应用 ······························· 186
  5.1 引言 ··· 186
  5.2 CS 理论 ·· 188
  5.3 稀疏时频表示的压缩感知 ·· 189
    5.3.1 非光滑凸优化模型 ··· 189
    5.3.2 快速迭代收缩阈值算法 ··· 189
    5.3.3 并行近端分解算法 ··· 191

5.3.4 用于 CS 重建的并行类 FISTA 近端算法 ………………… 191
5.4 仿真测试 ……………………………………………………… 192
5.5 时频压缩感知特征提取方法的应用 ………………………… 194
 5.5.1 时频表示在旋转机械故障诊断中的应用框架 …………… 194
 5.5.2 基于 CS 的时频表示在轴承故障诊断中的应用 ………… 195
 5.5.3 基于 CS 的时频表示在齿轮健康状态监测中的应用 …… 196
5.6 本章小结 ……………………………………………………… 201
参考文献 ………………………………………………………… 201

第 6 章 机械信号降噪与特征增强方法 ……………………………… 204
6.1 基于改进归一化最大似然估计的最小描述长度降噪方法 … 204
 6.1.1 引言 ………………………………………………………… 204
 6.1.2 基于改进归一化最大似然估计的 MDL 降噪方法 ……… 205
 6.1.3 仿真分析 …………………………………………………… 207
 6.1.4 滚动轴承振动信号降噪分析 ……………………………… 209
6.2 双树复小波邻域系数信号降噪 ……………………………… 210
 6.2.1 双树复小波邻域系数降噪算法 …………………………… 211
 6.2.2 齿轮微裂纹检测 …………………………………………… 212
6.3 基于 VMD 和总变差降噪的滚动轴承故障诊断方法研究 … 214
 6.3.1 总变差法的基本理论 ……………………………………… 214
 6.3.2 基于 VMD 和 TV-MM 滚动轴承故障诊断方法 ………… 219
 6.3.3 仿真对比研究和结果分析 ………………………………… 219
 6.3.4 滚动轴承故障诊断实例验证 ……………………………… 222
6.4 基于非局部均值算法的故障诊断方法研究 ………………… 230
 6.4.1 非局部均值基本理论 ……………………………………… 230
 6.4.2 基于 NLM 降噪的故障诊断方法 ………………………… 233
 6.4.3 仿真分析 …………………………………………………… 233
 6.4.4 滚动轴承故障诊断实例研究 ……………………………… 234
 6.4.5 齿轮故障诊断实例研究 …………………………………… 242
6.5 基于张量分解的滚动轴承复合故障多通道信号降噪 ……… 243
 6.5.1 张量分解的基本理论 ……………………………………… 243
 6.5.2 基于张量分解的多通道降噪方法 ………………………… 244
 6.5.3 仿真分析 …………………………………………………… 246
 6.5.4 轴承复合故障诊断实例分析 ……………………………… 250
6.6 基于局部均值分解和多点优化最小熵解卷积的滚动轴承早期
  故障特征提取 ………………………………………………… 255

6.6.1　引言 ………………………………………………………… 255
　　6.6.2　局部均值分解和多点优化最小熵解卷积基本理论 ……… 256
　　6.6.3　多点优化最小熵解卷积理论 ………………………………… 258
　　6.6.4　仿真分析 ……………………………………………………… 260
　　6.6.5　外圈实测信号故障分析 ……………………………………… 264
　　6.6.6　内圈实测信号故障分析 ……………………………………… 269
6.7　基于自适应果蝇优化算法的降噪源分离在轴承复合故障诊断中的应用 …………………………………………………………………… 274
　　6.7.1　引言 ………………………………………………………… 274
　　6.7.2　理论基础 ……………………………………………………… 275
　　6.7.3　仿真信号分析 ………………………………………………… 279
　　6.7.4　实测数据分析 ………………………………………………… 282
　　6.7.5　结论 ………………………………………………………… 286
6.8　本章小结 …………………………………………………………… 286
参考文献 …………………………………………………………………… 287

第1章　局部均值分解及其时频解调分析应用

机械设备振动信号通常蕴含着丰富的故障特征信息。振动信号分析是目前普遍采用的一种机械故障诊断方法。当机械设备发生碰摩、冲击等故障时，系统的阻尼、刚度、弹性力等都会发生变化，呈现非线性特征，使振动信号变得非平稳[1]。因此，如何有效地从振动信号中提取有用信息成分是机械设备故障诊断研究的关键。机械故障诊断领域学者一直以来都在寻找一些有效的信号处理与特征提取方法。目前，机械振动信号的常见处理方法有时域分析法、频域分析法和时频域分析方法(短时傅里叶变换(short-time Fourier transform，STFT)、Wigner-Ville 分布(Wigner-Ville distribution，WVD)、小波分析、Hilbert-Huang 变换等)。每种方法都有其优势与不足，而时频域分析方法由于其能够综合反映信号时频域信息成分而得到广泛应用。

2005 年，Smith 提出一种新的时频信号分解方法——局部均值分解(local mean decomposition，LMD)，并成功应用于脑电图信号处理[2]。LMD 自适应地将信号分解为若干个乘积函数(product function，PF)之和，其中每个 PF 可看作一个包络信号与一个纯调频信号的乘积。目前，中外学者对于 LMD 算法及其在机械非平稳、非线性信号分析中的应用进行了研究。本章试图对 LMD 技术端点效应、局部均值与瞬时频率(instantaneous frequency，IF)求解，以及瞬时时频谱的构建等几个关键问题进行探讨。在此基础上，将 LMD 瞬时时频谱技术应用于转子碰摩故障，以及轧机齿轮箱齿面剥落故障诊断。另外，通过对 LMD 关键问题的研究发现，LMD 技术与基于经验模态分解(empirical mode decomposition，EMD)技术的一些改进算法存在异曲同工的特点。

1.1　信号瞬时特征

对于一个单成分信号 $x(t)$，即

$$x(t) = \alpha \cos(2\pi f \cdot t + \varphi_0) \tag{1.1}$$

信号 $x(t)$ 定义幅值 α、频率 f 和初始相位 φ_0 三个参数。另外，实际应用中有时会考虑使用圆频率 ω ($\omega = 2\pi f$)。两者在本质上是等价的。一般来说，不考虑初始相位，幅值与频率通常并不恒定，而是随着时间变化的，其表达式为

$$x(t) = \alpha(t) \cos[2\pi f(t) \cdot t + \varphi_0] \tag{1.2}$$

这时的 $\alpha(t)$ 与 $f(t)$ 由于其时变特性分别称为信号 $x(t)$ 的瞬时幅值与瞬时频率。当 $f(t)$ 以非零速率 $\Delta f(t)$ 变化时，即 $f(t) = f_0 + \Delta f(t)$，瞬时相位可以写成以下形式：

$$\varphi(t) = 2\pi f_0 \cdot t + 2\pi \int_0^t \Delta f(\varsigma) \mathrm{d}\varsigma + \varphi_0 \tag{1.3}$$

瞬时频率可看作 $\varphi(t)$ 的一阶导数。瞬时幅值可以由信号局部瞬时周期内幅值平均得到，即

$$\alpha(t) = \sqrt{\frac{2}{T(t)} \int_{t-T(t)}^{t} x^2(\varsigma) \mathrm{d}\varsigma} \tag{1.4}$$

其中，$T(t) = 1/f(t)$。

本章后续讲述的 LMD 信号解调方法本质上就是基于这种思想。不难看出，这种求解瞬时频率与瞬时幅值的方式均需要准确求解信号瞬时相位。实际上，瞬时相位还可以采用另一种解析信号的方式求得。式(1.2)可以简记为 $x(t) = \alpha(t)\cos[\varphi(t)]$，对于一个非解析的信号 $x(t)$ 而言，存在多种 $[\alpha(t), \varphi(t)]$ 组合形式可生成 $x(t)$。一个解析信号可由原始信号及其共轭信号得到，即

$$x^+(t) = x(t) + \mathrm{j}\tilde{x}(t) \tag{1.5}$$

其中，共轭信号 $\tilde{x}(t) = \int_{-\infty}^{\infty} \frac{x(\tau)}{\pi(t-\tau)} \mathrm{d}\tau$ 为 $x(t)$ 的 Hilbert 变换；解析信号 $x^+(t)$ 可以采用唯一一对规范的幅值与相位 $[a^+(t), \varphi^+(t)]$ 表示[3]，即

$$x^+(t) = a^+(t) \mathrm{e}^{\mathrm{j}\varphi^+(t)} \tag{1.6}$$

其中

$$a^+(t) = \sqrt{x(t) + \tilde{x}(t)}, \quad \varphi^+(t) = \arctan\left(\frac{\tilde{x}(t)}{x(t)}\right) \tag{1.7}$$

瞬时频率可以由此时得到的解析信号相位的导数得到，即

$$f(t) = \frac{1}{2\pi} \frac{\mathrm{d}\varphi^+(t)}{\mathrm{d}t} = \frac{1}{2\pi} \frac{x(t)\dot{\tilde{x}}(t) - \dot{x}(t)\tilde{x}(t)}{x^2(t) + \tilde{x}^2(t)} \tag{1.8}$$

这种求解瞬时幅值与瞬时频率的方式实际是 EMD 方法的一种拓展。

1.2 局部均值分解原理与特性

1.2.1 局部均值分解算法

LMD 算法本质是自适应地将一个复杂的多分量信号分解为若干个瞬时频率

的乘积函数之和,其中每一个乘积函数分量由一个包络信号和一个纯调频信号相乘得到。包络信号就是该乘积函数分量的瞬时幅值,而乘积函数分量的瞬时频率则可以由纯调频信号直接求出。对于任意信号,其分解过程如下。

(1) 确定原始信号所有局部极值点 $n_{ij}(k_l), k_l = k_1, k_2, \cdots, k_M$,这里 k_l 为极值点索引,M 为极值点数,i 为求解第 i 个乘积函数,j 为循环次数,则局部均值与局部幅值为

$$m_{ij}(t) = \frac{n_{ij}(k_l) + n_{ij}(k_{l+1})}{2}, \quad k_l = k_1, k_2, \cdots, k_{M-1}, \quad t \in [k_l, k_{l+1}) \quad (1.9)$$

$$a_{ij}(t) = \frac{|n_{ij}(k_l) - n_{ij}(k_{l+1})|}{2}, \quad k_l = k_1, k_2, \cdots, k_{M-1}, \quad t \in [k_l, k_{l+1}) \quad (1.10)$$

(2) 式(1.9)与式(1.10)计算得到的局部均值 $m_{ij}(t)$ 与局部幅值 $a_{ij}(t)$ 是两条折线,如图 1.1 所示。光滑的局部均值 $\tilde{m}_{ij}(t)$ 与局部幅值 $\tilde{a}_{ij}(t)$ 可以采用滑动平均(moving average,MA)技术得到。

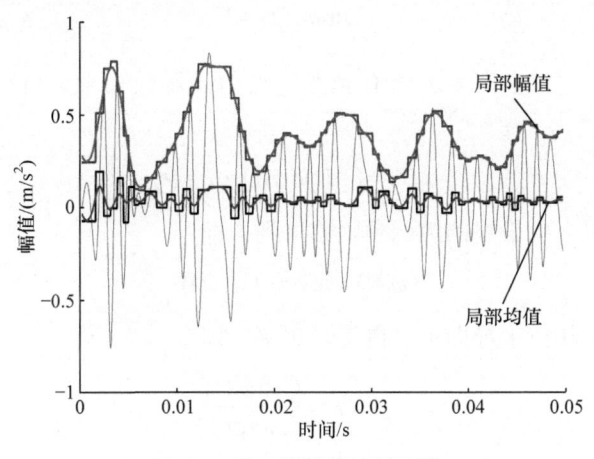

图 1.1 局部均值与局部幅值

(3) 将第一个光滑局部均值函数 $\tilde{m}_{11}(t)$ 从原始信号 $x(t)$ 中分离出来,可得

$$h_{11}(t) = x(t) - \tilde{m}_{11}(t) \quad (1.11)$$

用得到的 $h_{11}(t)$ 除以光滑局部幅值函数 $\tilde{a}_{ij}(t)$ 进行解调分析,即

$$s_{11}(t) = \frac{h_{11}(t)}{\tilde{a}_{11}(t)} \quad (1.12)$$

理想情况下,$s_{11}(t)$ 是一个纯调频信号,即它的幅值在区间[-1, 1]上。此条件若不满足需要反复执行上述操作,直到得到一个纯调频信号 $s_{1r_1}(t)$,此外 r_1 表示对应第一个纯调频信号所用迭代次数。

整个迭代过程可以表示为

$$\begin{cases} h_{11}(t) = x(t) - \tilde{m}_{11}(t) \\ h_{12}(t) = s_{11}(t) - \tilde{m}_{12}(t) \\ \vdots \\ h_{1r_1}(t) = s_{1(r_1-1)}(t) - \tilde{m}_{1r_1}(t) \end{cases} \qquad (1.13)$$

$$\begin{cases} s_{11}(t) = \dfrac{h_{11}(t)}{\tilde{a}_{11}(t)} \\ s_{12}(t) = \dfrac{h_{12}(t)}{\tilde{a}_{12}(t)} \\ \vdots \\ s_{1r_1}(t) = \dfrac{h_{1r_1}(t)}{\tilde{a}_{1r_1}(t)} \end{cases} \qquad (1.14)$$

迭代终止条件为

$$\lim_{r_1 \to \infty} a_{1r_1}(t) = 1 \qquad (1.15)$$

(4) 将迭代过程中产生的所有光滑包络估计函数相乘,可得瞬时幅值函数 $a_1(t)$,其表达式为

$$a_1(t) = \tilde{a}_{11}(t)\tilde{a}_{12}(t)\cdots\tilde{a}_{1r_1}(t) \qquad (1.16)$$

瞬时相位可以由最终的纯调频函数得到,即

$$\varphi_1(t) = \arccos(s_{1r_1}(t)) \qquad (1.17)$$

通过对瞬时相位求导即可求得瞬时频率,即

$$f_1(t) = \frac{f_s \cdot \mathrm{d}\varphi_1(t)}{2\pi \cdot \mathrm{d}t} \qquad (1.18)$$

将瞬时幅值函数 $a_1(t)$ 与纯调频信号 $s_{1r_1}(t)$ 相乘可以得到原始信号的第一个乘积函数分量,即

$$\mathrm{PF}_1(t) = a_1(t)s_{1r_1}(t) \qquad (1.19)$$

使用式(1.16)、式(1.18)和式(1.19)实现的瞬时幅值(instantaneous amplitude,IA)、频率调制(frequency modulation,FM)和乘积函数的示例被展示在图1.2中。

(5) 将第一个乘积函数分量 $\mathrm{PF}_1(t)$ 从原始信号中分离出去,可以得到一个新的信号 $u_1(t)$。将此信号作为一个新的原始信号重复以上步骤 p 次,直到 $u_p(t)$ 为单调函数,即

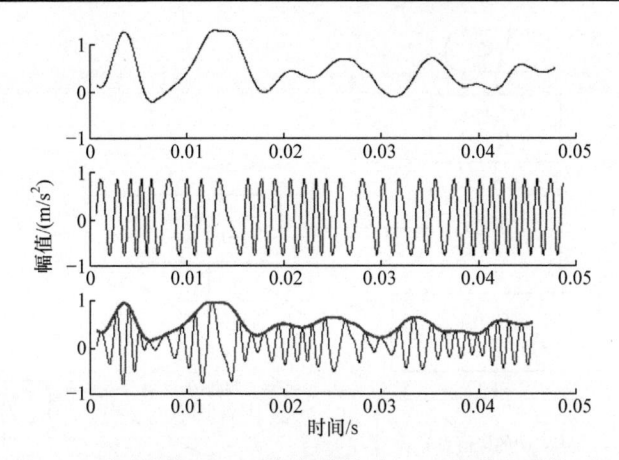

图 1.2 瞬时幅值(上)、纯调频信号(中)，以及乘积函数(下)

$$\begin{cases} u_1(t) = x(t) - \mathrm{PF}_1(t) \\ u_2(t) = u_1(t) - \mathrm{PF}_2(t) \\ \vdots \\ u_p(t) = u_{p-1}(t) - \mathrm{PF}_p(t) \end{cases} \tag{1.20}$$

至此，将原始信号分解为 p 个乘积函数分量和一个剩余单调函数之和，即

$$x(t) = \sum_{i=1}^{p} \mathrm{PF}_i(t) + u_p(t) \tag{1.21}$$

综上，LMD 流程图如图 1.3 所示。

1.2.2 端点效应处理

与 EMD 方法类似，LMD 方法也需要解决端点效应问题，这是因为信号的左右端点一般不是相应的极大值点或者极小值点。因此，在用式(1.9)与式(1.10)求解局部幅值与局部均值过程中，端点处的局部幅值与均值是无法求得的。LMD 的端点效应问题没有 EMD 的严重，这是因为 LMD 在计算局部均值过程中并未采用三次样条拟合运算。根据 LMD 算法原理，本节研究两种端点处理方法，它们各有利弊。首先信号对称延拓是一种常用的端点效应处理方法，也是 EMD 方法所广泛采用的一种端点效应处理方法。根据 LMD 分解算法的特点提出另一种适用于 LMD 技术特点的端点效应处理方法[4]。该方法采用一种简单边界预测技术给出信号在两个端点处的局部均值与局部幅值，可以结合滑动平均操作较好地控制信号的边界效应问题。

1. 对称延拓方法

端点对称延拓是一种常用的处理边界效应的技术。这一技术实际更适合 LMD

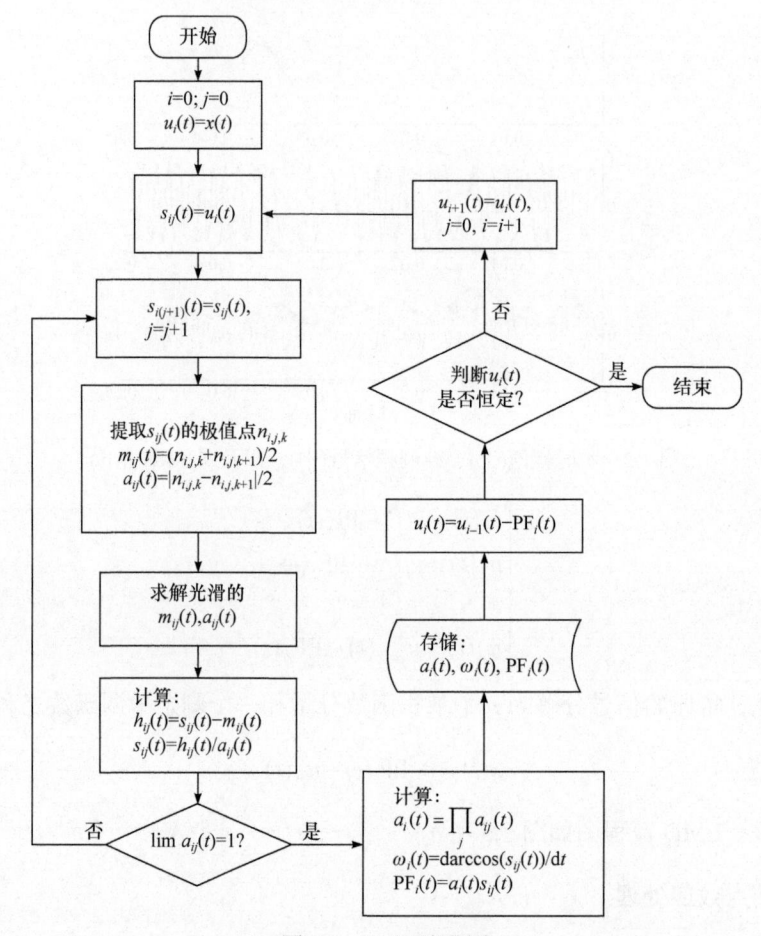

图 1.3 LMD 流程图

端点处理,而且这种端点处理技术使用范围较广。设离散信号为

$$X = [X(1), X(2), \cdots, X(n)], \quad T = [T(1), T(2), \cdots, T(n)] = [t_1, t_2, \cdots, t_n] \quad (1.22)$$

其中,X 有 M 个极大值和 N 个极小值。

对应的序列 (I_m, I_n)、时间 (T_m, T_n) 和函数 (U, V),记为

$$X_m = [I_m(1), I_m(2), \cdots, I_m(M)] \quad (1.23)$$

$$X_n = [I_n(1), I_n(2), \cdots, I_n(N)] \quad (1.24)$$

$$T_m(i) = t_{I_m(u)}, \quad U(i) = x_{I_m(i)}, \quad i = 1, 2, \cdots, M \quad (1.25)$$

$$T_n(i) = t_{I_n(i)}, \quad V(i) = x_{I_n(i)}, \quad i = 1, 2, \cdots, N \quad (1.26)$$

1) 信号左端延拓

假设信号先出现极大值,后出现极小值,即 $X_m(1) < X_n(1)$。

实际上这种情况又分为两种情况，如果左端点的数值比第一个极小值 $I_n(1)$ 大，即 $X(1)>V(1)$ 时，如图1.4所示，延拓过程中以极大值点 $I_m(1)$ 作为对称中心向左延拓，得到的两个极值的位置 (T_m,T_n) 和数值 (U,V) 为

$$T_m(0)=2T_m(1)-T_m(2), \quad U(0)=U(2) \tag{1.27}$$

$$T_m(-1)=2T_m(1)-T_m(3), \quad U(-1)=U(3) \tag{1.28}$$

$$T_n(0)=2T_m(1)-T_n(1), \quad V(0)=V(1) \tag{1.29}$$

$$T_n(-1)=2T_m(1)-T_n(2), \quad V(-1)=V(2) \tag{1.30}$$

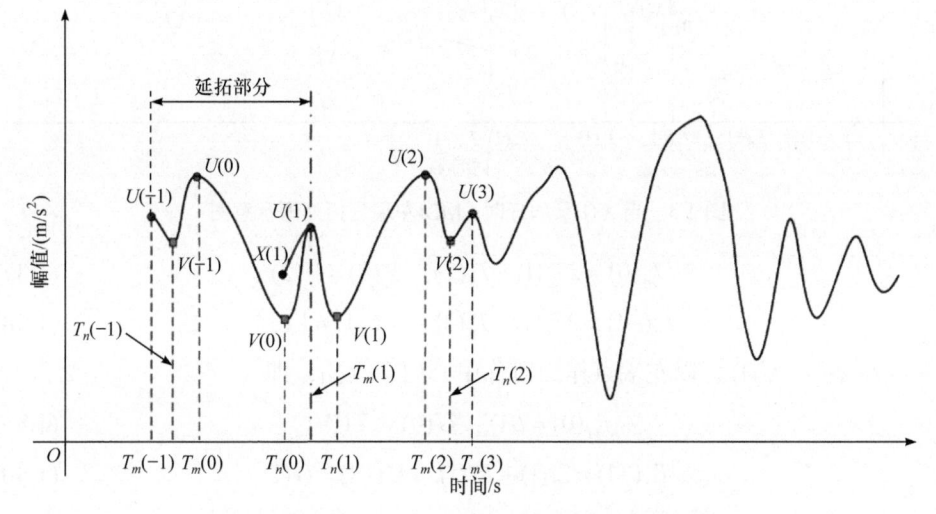

图1.4 当 $X(1)>V(1)$ 时 LMD 左端延拓处理示意图

当 $X(1)<V(1)$ 时，如图1.5所示，以左端点作为对称中心向左延拓，可以得到两个极值的位置 $(T_m、T_n)$ 和数值 $(U、V)$，即

$$T_m(0)=2t(1)-T_m(1), \quad U(0)=U(1) \tag{1.31}$$

$$T_m(-1)=2t(1)-T_m(2), \quad U(-1)=U(2) \tag{1.32}$$

$$T_n(0)=t(1), \quad V(0)=X(1) \tag{1.33}$$

$$T_n(-1)=2t(1)-T_n(1), \quad V(-1)=V(1) \tag{1.34}$$

信号先出现极小值，后出现极大值，即当 $X(1)<U(1)$ 时，又分为左端点的数值比第一个极大值 $I_m(1)$ 的值小或者相反。

若 $X(1)<U(1)$，同样以极小值点 $I_n(1)$ 作为对称中心向左延拓两个极值点，即

$$T_m(0)=2T_n(1)-T_m(1), \quad U(0)=U(1) \tag{1.35}$$

$$T_m(-1)=2T_n(1)-T_m(2), \quad U(-1)=U(2) \tag{1.36}$$

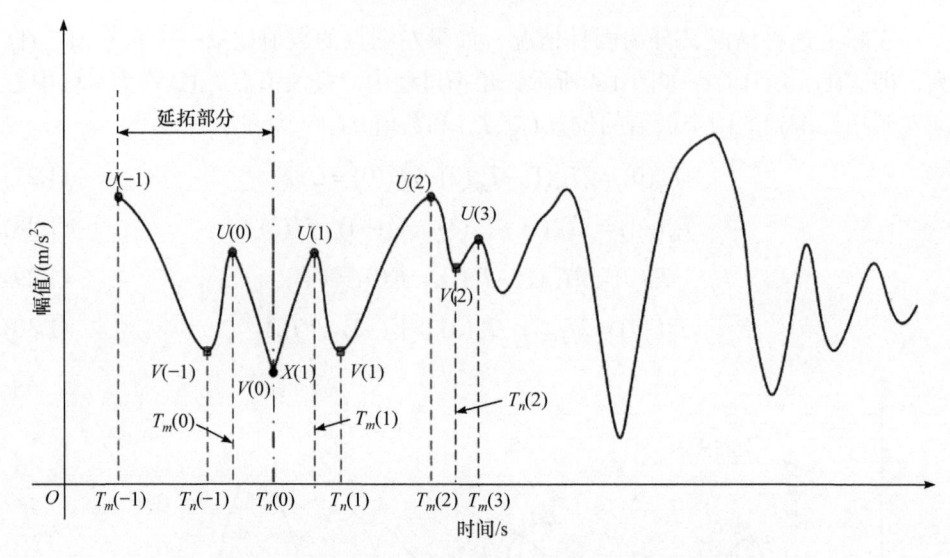

图 1.5 当 $X(1) < V(1)$ 时 LMD 左端延拓处理示意图

$$T_n(0) = 2T_n(1) - T_n(2), \quad V(0) = V(2) \tag{1.37}$$

$$T_n(-1) = 2T_n(1) - T_n(3), \quad V(-1) = V(3) \tag{1.38}$$

若 $X(1) > U(1)$，以左端点作为对称中心向左延拓，即

$$T_m(0) = t(1), \quad U(0) = X(1) \tag{1.39}$$

$$T_m(-1) = 2t(1) - T_m(1), \quad U(-1) = U(1) \tag{1.40}$$

$$T_n(0) = 2t(1) - T_n(1), \quad V(0) = V(1) \tag{1.41}$$

$$T_n(-1) = 2t(1) - T_n(2), \quad V(-1) = V(2) \tag{1.42}$$

2) 信号右端延拓

对于信号的右端延拓处理，同样需要考虑右端点是极大值点还是极小值点，以及端点与首个极值的大小关系。具体处理过程与 1)中情况非常类似。

2. 端点极值预测处理

对称延拓是一种有效的端点处理方法，该方法使用范围广泛，可以用于 EMD、小波变换(wavelet transform，WT)与 LMD 等信号分析中，其不足之处是数据两端数据延拓的数据较长，因此无形当中增大了运算负荷。为此，根据 LMD 算法原理，提出一种新型端点效应处理方法[4]。该方法采用一种简单边界预测技术，给出信号在两个端点处的局部均值与局部幅值，与后续 LMD 的滑动平均操作相结合，可以较好地控制信号的边界效应问题。但是，当信号点数较少时，该种端点效应处理方法不如对称延拓的处理效果好，可定义为

$$m_{ij}(t) = \frac{\left|n_{ij}(k_1) + 2n_{ij}(k_2) + n_{ij}(k_3)\right|}{4}, \quad t \in [k_0, k_1] \tag{1.43}$$

$$a_{ij}(t) = \frac{\left|n_{ij}(k_1) - n_{ij}(k_2)\right|}{4} + \frac{\left|n_{ij}(k_2) - n_{ij}(k_3)\right|}{4}, \quad t \in [k_0, k_1] \tag{1.44}$$

$$m_{ij}(t) = \frac{\left|n_{ij}(k_{M-2}) + 2n_{ij}(k_{M-1}) + n_{ij}(k_M)\right|}{4}, \quad t \in [k_M, k_{M+1}] \tag{1.45}$$

$$a_{ij}(t) = \frac{\left|n_{ij}(k_M) - n_{ij}(k_{M-1})\right|}{4} + \frac{\left|n_{ij}(k_{M-1}) - n_{ij}(k_{M-2})\right|}{4}, \quad t \in [k_M, k_{M+1}] \tag{1.46}$$

事实上，在信号的端点效应处理问题上至今已有多种方法问世，但是还没有一种方法(当然也包括本章所提的方法)可以在任何情况下完全消除端点效应。一种端点处理方法不会对所有的信号都适用，往往需要进行选择。在本章和后续的LMD应用过程中，首先采用这种端点极值预测处理，当处理效果较差时再考虑选用对称延拓技术。

EMD方法提出至今，已经有多种抑制端点效应的方法问世，如基于斜率[5]、加窗方法[6]等。这些EMD端点处理方法也可借鉴或稍加改进应用到LMD技术中。需要指出的，所有的端点处理方法还没有一种方法(包括我们所提的方法[4])可以完全消除LMD或者EMD端点效应。另外，LMD的端点效应实际上并没有EMD方法的严重，这是因为两种方法采用了不同原理计算局部均值。

1.2.3 局部均值求解

LMD与EMD采用不同的方式求解信号的局部均值。EMD采用三次样条函数分别对极大值点与极小值点构造出信号的极大值与极小值包络线，进而得到局部均值函数。与之不同，LMD方法则是根据信号所有极值点(包括极大值点与极小值点)由式(1.9)与式(1.10)计算信号局部均值与局部幅值。由于这样求得的信号是不光滑的，因此需要采用滑动平均对其进行光滑处理。由于所有极值数据均参与信号局部均值的求解，LMD方法能很好地捕捉信号局部特征，后续的实际应用结果也很好地证实这一特性。鉴于原有EMD方法求取局部均值的局限性，有学者提出一种改进的EMD局部均值求解方法，也就是对所有极值点采用滑动窗平均技术[7]，即

$$m_\delta(t) = \frac{1}{\delta} \int_{t-0.5\delta}^{t+0.5\delta} x(t) \mathrm{d}t \tag{1.47}$$

其中，δ为滑动窗宽度。

若δ定义为动态连续的极值点之间的距离，则两相邻极值点间的局部均值为[7]

$$m_l(t) = \frac{1}{k_{l+1} - k_l} \int_{k_l}^{k_{l+1}} x(t) \mathrm{d}t \tag{1.48}$$

这种改进方法与 LMD 求取局部均值过程非常相似，不同之处在于前者是对 $m_l(t)$，$l=1,2,\cdots,M$，用三次样条函数插值而不是滑动平均来求解光滑局部均值。因此，改进方法[7]仍然不可避免地存在 EMD 固有的过冲与欠冲等问题，求解过程如图 1.6 所示。由此不难看出，LMD 在计算信号局部均值时的精妙之处。

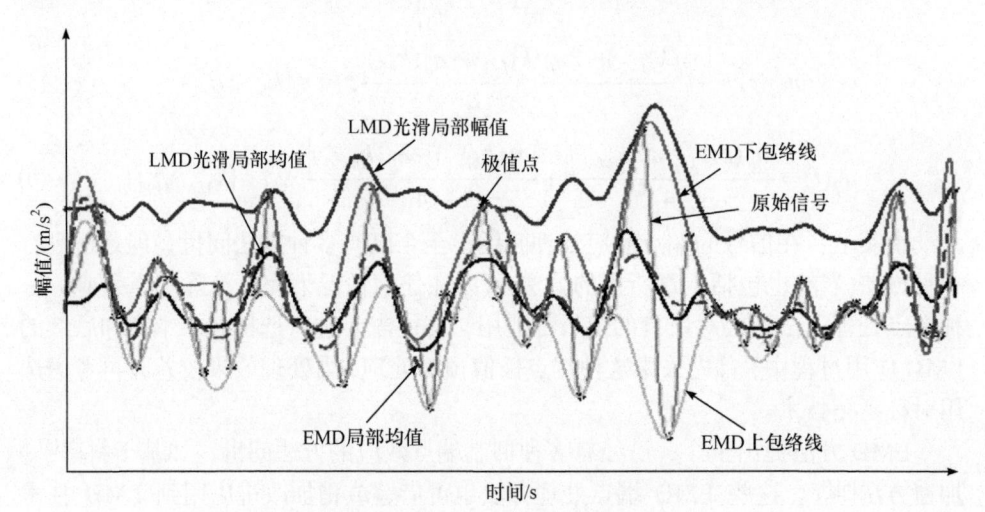

图 1.6　LMD 与 EMD 求解局部均值过程

LMD 采用滑动平均方式得到光滑局部均值和局部幅值，当选择不同步长时会影响最终得到的乘积函数、瞬时幅值和瞬时频率。在相关文献中，依靠经验设定滑动平均步长为最长局部均值的 1/3，这对于缓变信号是有效的。但是，对于冲击类信号，这种选择方法有时会平滑掉冲击特征。如图 1.7 所示，随着滑动平均步长的逐渐增大，冲击特征的峰值逐渐减小，冲击所对应时间也发生偏离。实际上，滑动平均步长这种人为选择因素的影响非常类似于小波分析中的小波函数对分析结果的影响。在小波分析中，若选用的小波函数不符合待分析信号的特征，将不能很好地提取特征。

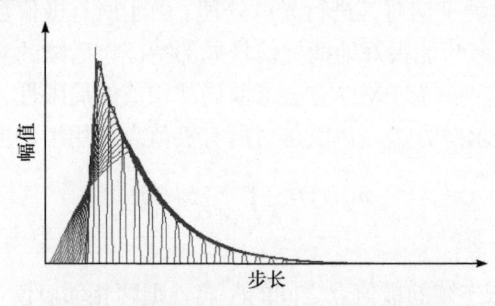

图 1.7　滑动平均步长对冲击特征的影响

本章提出一种与信号相关的滑动平均步长选择算法。由于式(1.11)中与

$h_{i(j-1)}(t)$ 相关的极值点可以事先确定出来，即

$$\Delta k_l = k_l - k_{l-1}, \quad l = 1, 2, \cdots, M+1 \tag{1.49}$$

$$\text{ML} = \max(\Delta k_l) \tag{1.50}$$

$$w = \text{ML}/R \tag{1.51}$$

其中，w 为滑动平均的步长；R 为常数，当待分析信号为一慢变信号或者需要提取的是一种缓变特征，可定义 $R=3$，当分析暂态冲击信号时，可选定 $R=5$ 或者更大的数值。

需要指出的是，当选定 R 值较大时，虽能较好地满足提取冲击特征的需要，但由于此时滑动平均的步长较小，无形当中会增加计算时间，影响分析效率。在本章的后续研究中，若无特别说明 R 设为 3。

1.2.4 乘积函数与 IMF

LMD 将信号分解为一组乘积函数成分，每个乘积函数成分是由包络信号与纯调频信号乘积得到的。与此不同，EMD 方法分解得到一组 IMF 成分，每一个 IMF 需要满足特定条件，即过零点与极值点个数相等或最多相差一个对称的包络。换言之，EMD 分解并不一定能得到有意义的分解分量，而 LMD 分解本质上是提取尽可能多的调制信息。因此，相比 EMD 方法，LMD 方法更适合分析含有调幅、调频等调制成分的旋转机械振动信号。

为更清楚说明乘积函数与 IMF 的不同，通过式(1.52)生成一个复杂的仿真调制信号 $s_1(t)$，即

$$s_1(t) = [1 + 0.5\cos(2\pi f_1 t)]\sin[(2\pi f_2 t) + \cos(2\pi f_3 t)] + 0.2\sin(2\pi f_4 t) \tag{1.52}$$

其中，$f_1 = 5\,\text{Hz}$；$f_2 = 200\,\text{Hz}$；$f_3 = 50\,\text{Hz}$；$f_4 = 300\,\text{Hz}$。

该仿真信号的分解如图 1.8 所示。不难看出，LMD 分解得到的是尽可能多的调制信号，而 EMD 分解得到除第一个 IMF 外，其余均是没有实际意义的成分。

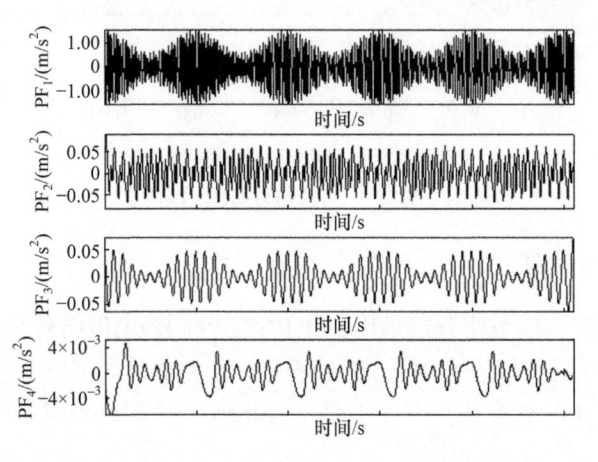

(a) LMD分解得到乘积函数

(b) EMD分解得到IMF成分

图 1.8　仿真信号 $s_1(t)$ 分解

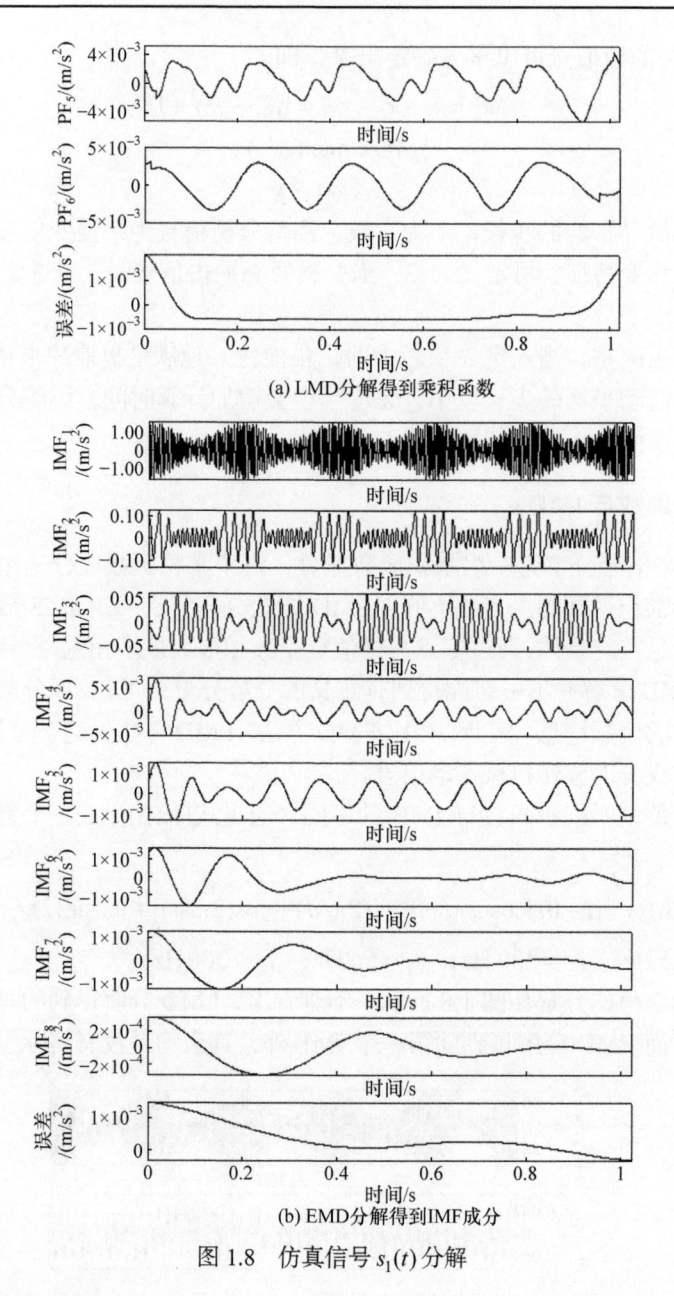

1.2.5　瞬时频率计算

如前所述，LMD 方法分别采用式(1.17)与式(1.18)求得信号的瞬时相位与瞬时频率，求解过程与信号的 LMD 分解过程是一步完成的。可以看出，LMD 求解瞬时频率不依靠 Hilbert 变换，因此不存在 Hilbert 变换端点效应问题。

Huang 等[8]也意识到 Hilbert 变换求解瞬时频率的缺点,提出一种经验 AM/FM 分析方法。具体操作过程如下。

对于某个 IMF 成分 $x(t)$,采用三次样条函数求其极大值包络线 $e_1(t)$,并对其进行标准化处理,即

$$f_1(t) = \frac{x(t)}{e_1(t)} \tag{1.53}$$

若 $|f_1(t)| \leq 1$,则迭代终止,否则继续进行迭代,即

$$f_2(t) = \frac{f_1(t)}{e_2(t)}, \cdots, f_n(t) = \frac{f_{n-1}(t)}{e_n(t)} \tag{1.54}$$

直到 $|f_n(t)| \leq 1$。经验调频(或纯调频)信号 $F(t)$ 与经验调幅信号 $A(t)$ 可由式(1.54)与式(1.56)分别求得,即

$$F(t) = f_n(t) \tag{1.55}$$

$$A(t) = \frac{x(t)}{F(t)} \tag{1.56}$$

信号的瞬时相位与瞬时频率可仿照式(1.3)、式(1.4)求得。不难看出,基于经验 AM/FM 的瞬时幅值与瞬时频率的求解方法本质上非常类似于 LMD 方法,即两者均是通过迭代归一化操作得到一个纯调频信号。另外,经验 AM/FM 操作的最终结果实际上是将一个基本模式分量也分解为调幅与调频信号的乘积形式,同时信号的瞬时相位都是根据纯调频信号由式(1.3)得到的,其思想与 LMD 类似。

式(1.3)计算得出的某一个相位 $\varphi_i(t)$ 是 $[0,\pi]$ 的波动函数,其解卷过程可用下式表示为

$$\varphi_i(t) = \begin{cases} \varphi_i(k), & k = 0 \\ \varphi_i(k-1) + |\varphi_i(k) + \varphi_i(k-1)|, & k \neq 0 \end{cases} \tag{1.57}$$

最后瞬时频率可以用"解卷"后处理的瞬时相位的一阶导数求得。实际的求导操作可以借鉴文献[9]中的数值运算方法,这种方法的一大优点是可以很好地解决瞬时相位在边界上的求导问题。例如,在信号左端点处,采用信号左端点处五点求导公式,即

$$\dot{\varphi}_j[n] = \frac{1}{12}(-25\varphi_j[n] + 48\varphi_j[n+1] - 36\varphi_j[n+2] + 16\varphi_j[n+3] - 3\varphi_j[n+4]) \tag{1.58}$$

信号右端点可以采用类似处理,即

$$\dot{\varphi}_j[n] = -\frac{1}{12}(-25\varphi_j[n] + 48\varphi_j[n-1] - 36\varphi_j[n-2] + 16\varphi_j[n-3] - 3\varphi_j[n-4]) \tag{1.59}$$

一般的情况下,求导过程可以用式(1.59)计算,可得

$$\dot{\varphi}_j[n] = \frac{1}{12}(\varphi_j[n-2] - 8\varphi_j[n-1] + 8\varphi_j[n+1] - \varphi_j[n+2]) \tag{1.60}$$

另外，还可以采用光滑窗平均技术[10]计算瞬时频率。例如，采用宽度为 N 的凯泽窗函数为

$$h[n] = \frac{1.5N}{N^2 - 1}\left\{1 - \left[\frac{n - (0.5N - 1)}{0.5N}\right]^2\right\} \tag{1.61}$$

$$\dot{\varphi}_j[n] = h[n](\varphi_j[n+1] - \varphi_j[n]) \tag{1.62}$$

EMD 两步计算得到的瞬时频率会由 Hilbert 运算边界效应引起瞬时频率在边界处失真问题[8]。为证实 LMD 与 EMD 技术在计算瞬时频率方面的差异性，构造添加趋势项后的 Duffing 模型仿真信号 $s_{\text{Duffing}}(t)$，即

$$s_{\text{Duffing}}(t) = e^{-t/256}\cos\left\{\frac{\pi}{64}\left(\frac{t^2}{512} + 32\right) + 0.3\sin\left[\frac{\pi}{32}\left(\frac{t^2}{512} + 32\right)\right]\right\} + 0.06e^{\frac{2t}{1024}} \tag{1.63}$$

如图 1.9 所示，该信号具有非线性频率调频特性。在采样频率 $f_s = 1\text{Hz}$ 条件下，精确的 Duffing 信号瞬时频率(不考虑趋势项)可以由下式精确求出，即

$$f(t) = \frac{\psi'(t) \cdot f_s}{2\pi} = \frac{t}{32768}\left\{1 + 0.6\cos\left[\frac{\pi}{32}\left(\frac{t^2}{512} + 32\right)\right]\right\} \tag{1.64}$$

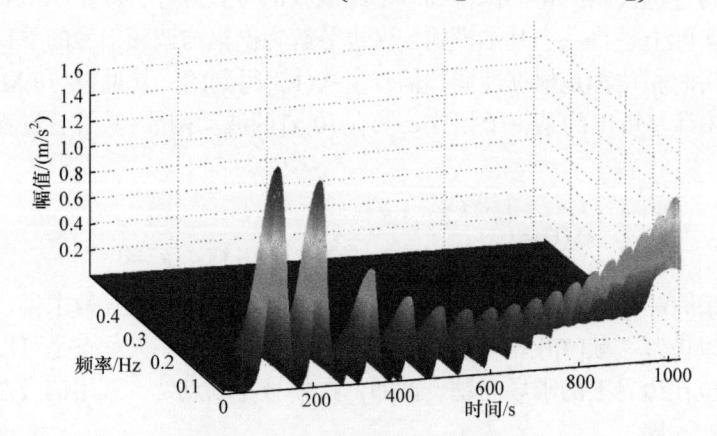

图 1.9 3D 显示仿真 Duffing 信号

该仿真信号的 LMD 与 EMD 分解结果如图 1.10 所示。LMD 与 EMD 方法均可以成功地去除趋势项，有效提取 Duffing 信号成分(PF$_1$ 与 IMF$_1$)。此处将侧重于比较 LMD 与 EMD 在计算瞬时频率方面性能差异。如前所述，在提取信号乘积函数过程中，LMD 可同时得到信号瞬时幅值与纯调频信号，如图 1.10(a)所示。对应

第一个乘积函数成分,得到的第一个瞬时幅值与频率调制成分如图 1.11 所示。瞬时频率可由频率调制根据式(1.17)和式(1.18)计算得到。如图 1.11 所示,LMD 方法除了在信号两端存在微小误差,几乎与精确 Duffing 瞬时频率相重合。根据 Hilbert-Huang 变换原理,对第一个 IMF 成分应用 Hilbert 变换可计算其瞬时频率与瞬时幅值,并与精确 Duffing 信号的瞬时频率进行对比。如图 1.12 所示,HHT 计算的瞬时频率与精确瞬时频率误差较大,不但在信号两端严重偏离精确瞬时频率,而且在信号中部也出现明显失真问题。瞬时频率在信号两端失真问题是由 Hilbert 变换的端点效应引起[11],而中间信号失真问题应该是 EMD 算法不稳定造成的。EMD 不稳定性的出现并非偶然,有时会模糊信号重要特征,给后续信号分析与故障诊断带来不必要的麻烦。

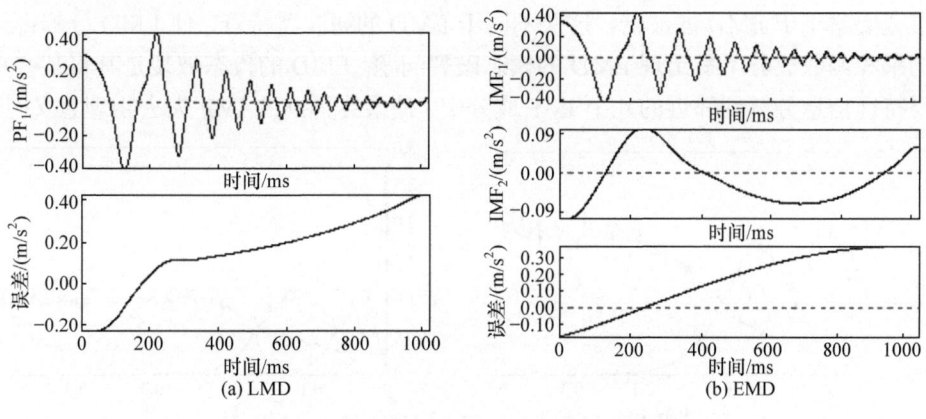

图 1.10 仿真信号 LMD 与 EMD 分解结果

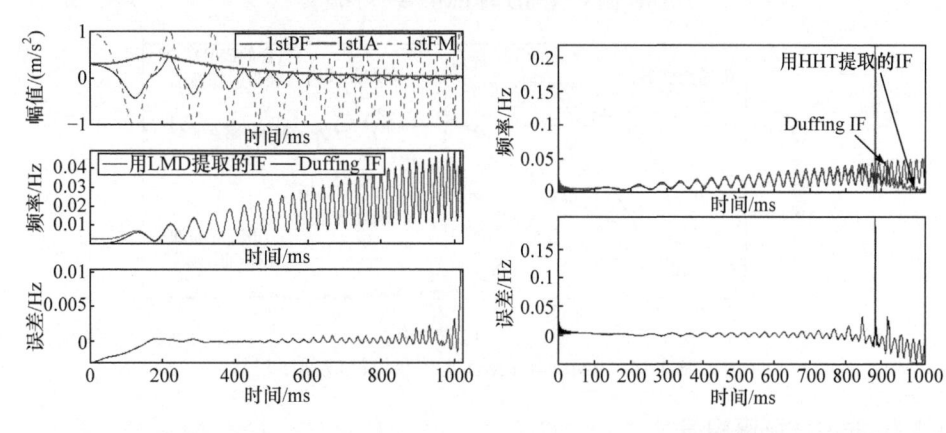

图 1.11 LMD 计算仿真 Duffing 信号瞬时频率

图 1.12 EMD 计算仿真 Duffing 信号瞬时频率

1.2.6　LMD 与 EMD 类似小波滤波器比较

2003 年，Wu 等在用 EMD 分析高斯白噪声特性时发现，EMD 的过程实质为类似小波分解的滤波过程[12]。随后，Flandrin 等基于上述构造的分数高斯噪声(fractional Gaussian noise，FGN)序列进一步研究了 EMD 分解的等效滤波特性，发现 EMD 分解等效滤波具有二进制和恒品质因数的性质，并且截止频率和带宽均随信号的变化而变化[13]。本章生成 500 个长度为 512 的高斯白噪声序列。图 1.13 为 LMD 与 EMD 等效滤波器，图中标号 1~5 分别对应 LMD 与 EMD 的 5 个不同频带。换句话说，LMD 和 EMD 均是自适应信号分解方法。如图 1.14 所示，LMD 滤波器相比 EMD 滤波器略向左平移，这直接导致 LMD 分解得到的乘积函数成分数量少于 EMD 分解得到的 IMF 成分数。另外，对比发现 LMD 滤波器的带宽要略小于 EMD 滤波器。这些不同于 EMD 的滤波器特点，使 LMD 分解得到的乘积函数成分不易出现 EMD 的模态破裂问题。EMD 的模态破裂是其将某些重要特征信息分解到邻近的几个 IMF 成分中，使最终得到的 IMF 失去物理意义[14]。

图 1.13　LMD 与 EMD 等效滤波器

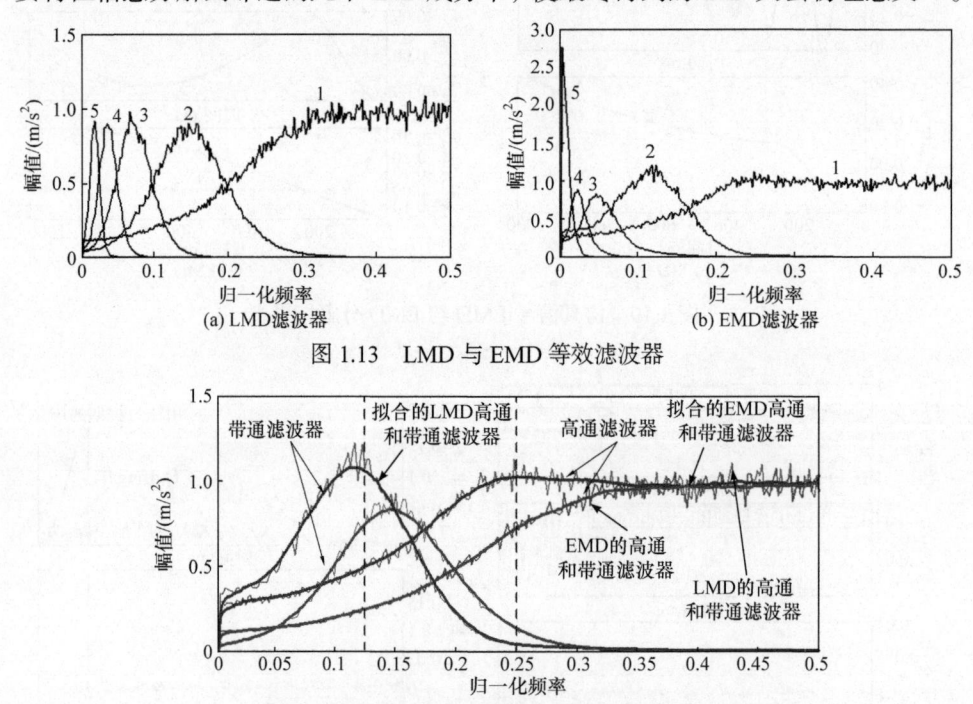

图 1.14　LMD 与 EMD 类似小波滤波器比较

1.2.7　瞬时时频谱构造

时频分析方法能同时提供信号在时域与频域的局部化信息，因此具有更广阔的应用范围。EMD 分解得到一系列 IMF 后，可通过 Hilbert 变换构造信号的 Hilbert

时频谱。EMD 分解与 Hilbert 变换的结合称为 HHT[15]。类似地当瞬时幅值与瞬时频率均已求得，便可构造信号 LMD 分解的时频能量分布图。由于构造过程未采用 Hilbert 变换，因此与 HHT 不同，我们称为瞬时时频谱(instantaneous time-frequency spectrum，ITFS)[16]。ITFS 具体构造方法可用下式表示，即

$$\text{ITFS}_x(t,f) = \sum_{j=1}^{J} a_j(t, f_j(t)) = \sum_{j=1}^{J} \sum_i a_j(t)\delta(f - f_{j_i}(t)) \quad (1.65)$$

若 HHT 采用式(1.52)和式(1.53)的经验 AM/FM 方法计算瞬时幅值与瞬时频率，则信号的时频结构同样可由式(1.64)构建。ITFS 综合反映信号经 LMD 分解后所提取的信息成分，因此后续的应用主要依靠 ITFS 进行分析。

1.2.8 边际谱计算

基于 LMD 瞬时时频分布 $\text{ITFS}_x(t,f)$，其相应的频域与时域边际谱可分别定义为

$$H_f(\vartheta) = \int_0^T \text{ITFS}_x(\tau,\vartheta)\mathrm{d}\tau \quad (1.66)$$

$$H_t(\tau) = \int_0^{f_s/2} \text{ITFS}_x(\tau,\vartheta)\mathrm{d}\vartheta \quad (1.67)$$

$H_f(\vartheta)$ 测量 LMD 瞬时时频谱的每个频率值的能量分布情况，$H_t(\tau)$ 则体现信号的瞬时能量密度。瞬时能量密度的峭度定义为 NP4 指标，常用于齿轮故障诊断。随着缺陷的退化，瞬时能量密度可以用作齿轮故障检测的特征[17]。瞬时信号能量峭度是齿轮诊断中发展起来的参数[18]，即

$$\text{NP4}_x = \frac{N \sum_{i=1}^{N} (H_t(\tau_i) - \bar{H}_t(\tau))^4}{\left[\sum_{i=1}^{N} (H_t(\tau_i) - \bar{H}_t(\tau))^2\right]^2} \quad (1.68)$$

其中，i 为采样索引；$H_t(\tau_i)$ 为第 i 个瞬时能量密度；$\bar{H}_t(\tau)$ 为瞬时能量密度均值；N 为信号长度。

1.2.9 时频聚集性测度

LMD 瞬时时频分布 $\text{ITFS}_x(t,f)$ 的时频聚集性测度 M_x 可用下式计算[13]，即

$$M_x = \frac{K \int_0^T \int_0^{f_s/2} |\text{ITFS}_x(\tau,\vartheta)|^4 \mathrm{d}\tau\mathrm{d}\vartheta}{\left(\int_0^T \int_0^{f_s/2} |\text{ITFS}_x(\tau,\vartheta)|^2 \mathrm{d}\tau\mathrm{d}\vartheta\right)^2} \quad (1.69)$$

其中，K 为尺度系数；T 与 f_s 分别为采样时间和采样频率。

当 $K=10^6$ 时，图 1.15 中信号的 $M_x = 24.98$。

图 1.15 仿真信号及其频谱

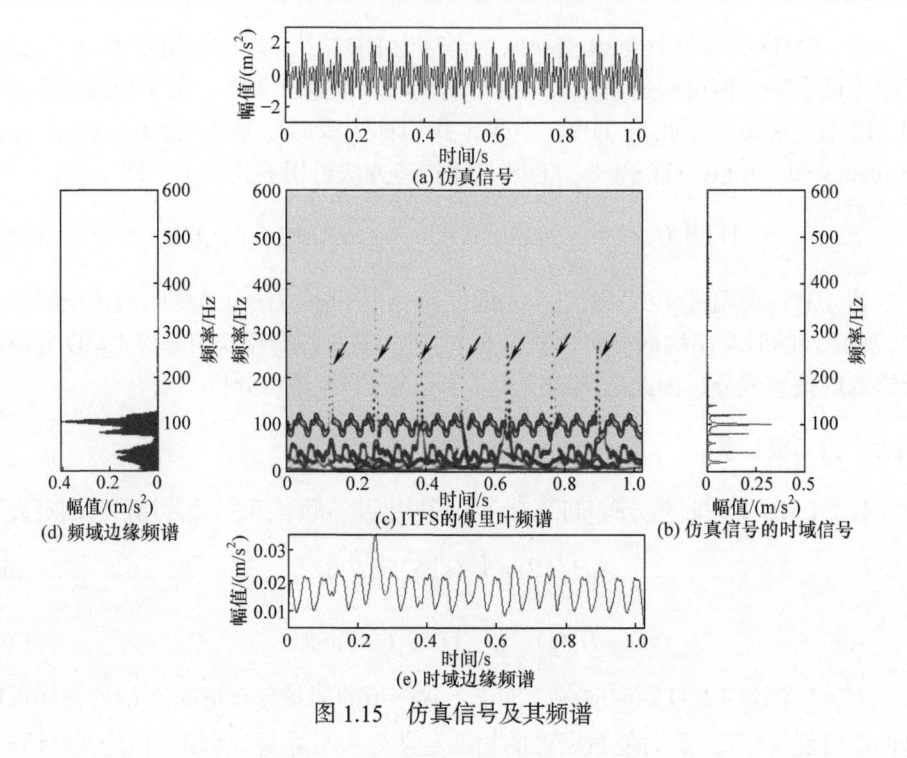

1.3 LMD 时频解调仿真信号分析

1.3.1 调幅信号解调

设 $s_{AM}(t)$ 是一个幅值调制信号，即

$$s_{AM}(t) = \cos(2\pi \cdot 400 \cdot t)[1 + 0.5\cos(2\pi \cdot 25 \cdot t)], \quad t \in [0, 0.512] \quad (1.70)$$

仿真 AM 信号及其频谱如图 1.16 所示。可以看出，存在 400Hz 的主导频率

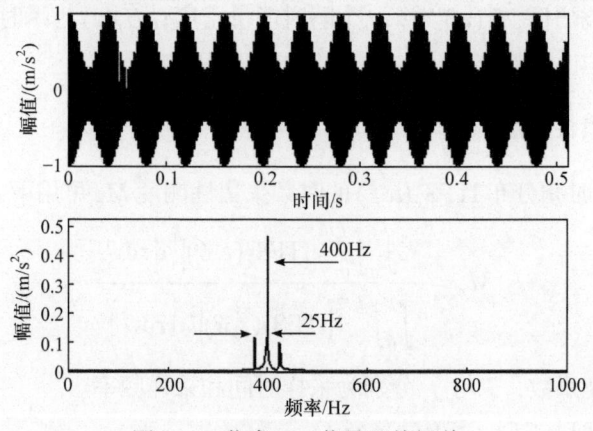

图 1.16 仿真 AM 信号及其频谱

和 25Hz 的变频成分。仿真 AM 信号时频解调如图 1.17 所示。从各乘积函数分量可以看出，端点效果处理较好；从 ITFS 图中可以清晰地看到，LMD 很好地提取了信号的载波和调制成分。其中，400Hz 处载波成分的色度变化，以及 25Hz 调制成分为一直线，均揭示了信号中幅值调制的存在。HHT 和小波投影 Hilbert-Huang 变换(wavelet projection Hilbert-Huang transform，WPHT)后的结果如图 1.17(c) 和图 1.17(d)所示。易知，HHT 可以很好地提取 25Hz 调制成分，而载波信息不明显；WPHT 可以提取载波信息，却丧失了调制信息。

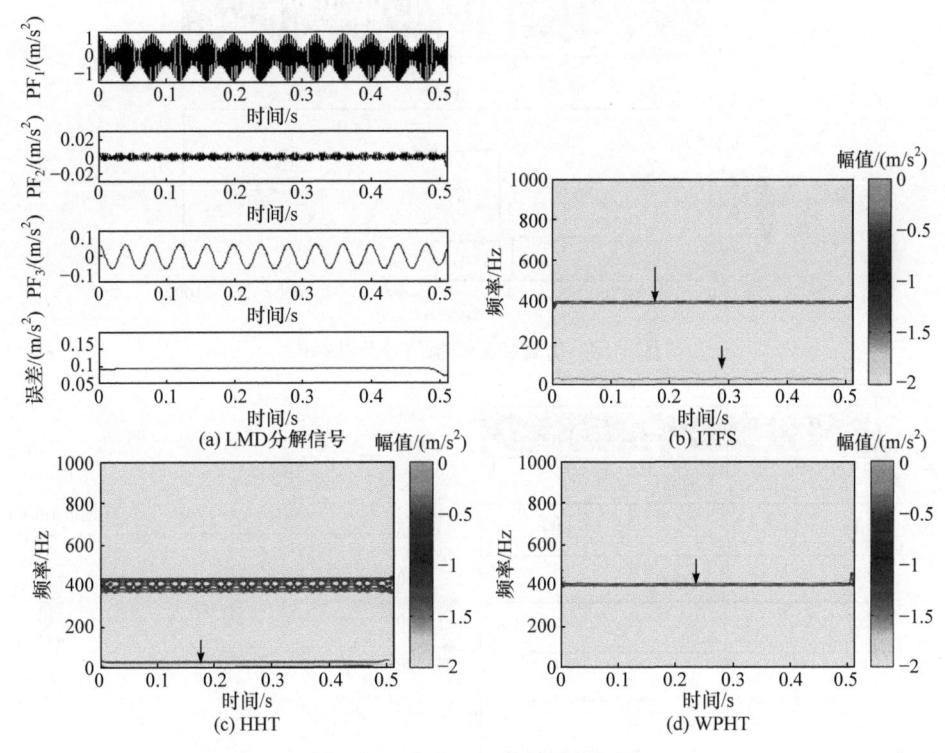

图 1.17 仿真 AM 信号时频解调

1.3.2 调频信号解调

调频信号 $s_{FM}(t)$ 可表示为

$$s_{FM}(t) = \cos[2\pi \cdot 400 \cdot t + 0.5\cos(2\pi \cdot 25 \cdot t)], \quad t \in [0, 0.512] \tag{1.71}$$

图 1.18 是该调频信号的时域波形和频谱，与图 1.16 中谱图相似，存在 400Hz 频率和 25Hz 的边频带。图 1.19(a)与(b)分别是 LMD 分解后得到的乘积函数分量和 ITFS，从 ITFS 谱中可以看到 400Hz 载波成分与 25Hz 调制成分。与图 1.17(b) 不同，此处载波和调制成分均表现出波动性，这实际是调频信号的特征(即频率随

时间变化)。同样对此仿真信号采用 HHT 和 WPHT，得到如图 1.19(c)与(d)所示的各自的时频谱。发现 HHT 很好地提取出波动的 25Hz 调制成分，但是载波信息似乎是多种信息的叠加，因此难以分辨出真正的载波频率。与图 1.17(d)类似，WPHT 可以清楚地提取出波动的载波成分，但是仍旧无法识别调制信息。

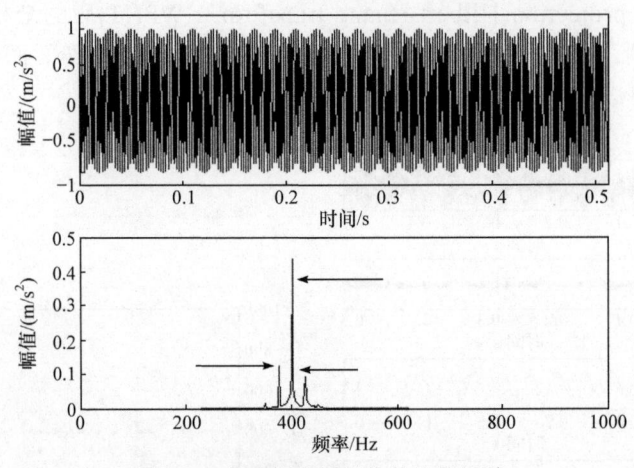

图 1.18　仿真频率调制信号及其频谱

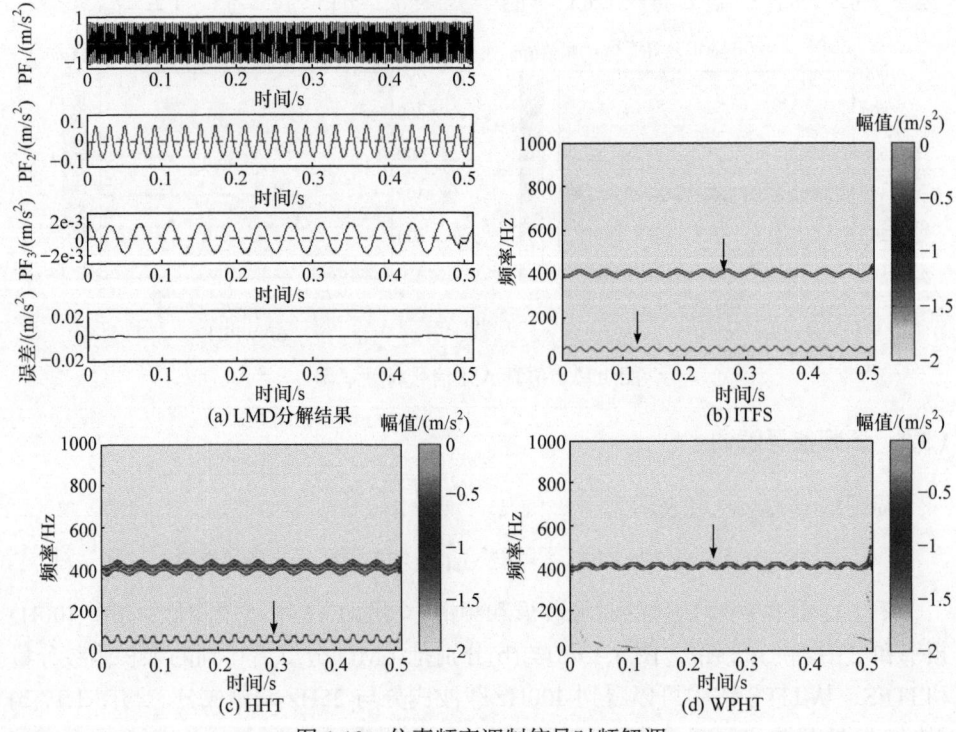

图 1.19　仿真频率调制信号时频解调

通过仿真分析，我们可以得出结论，LMD 与 HHT 和 WPHT 相比具有较强的时频解调能力，可以同时识别信号中嵌入的所有调制信息。因此，使用 LMD 的时频解调非常适合处理具有多分量的机械非平稳信号。

1.4 LMD 时频解调工程案例分析

我们可以在 Bently 实验台上做碰摩故障实验，转子碰摩故障实验平台如图 1.20 所示。实验过程中，转子以 2200r/min 的速度转动，采用电涡流传感器采集转子振动信号，采样频率 2000Hz，采样点数 1024，利用 Bently 自带摩擦棒模拟轻微的碰摩故障。

如图 1.21 所示，由于故障非常轻微，其时域波形和频谱中基本看不到异常特征信息。对此仿真信号采用 LMD、HHT 和 WPHT 进行分析，得到各自的时频图如图 1.22、图 1.23 所示。可以看出，LMD、HHT 在工频附近均检测出频率波动，且波动周期与工频一致，即信号中存在工频调制。产生这种频率波动的原因是转子转动过程中与摩擦棒之间的摩擦会产生反向的摩擦力，使转速降低。

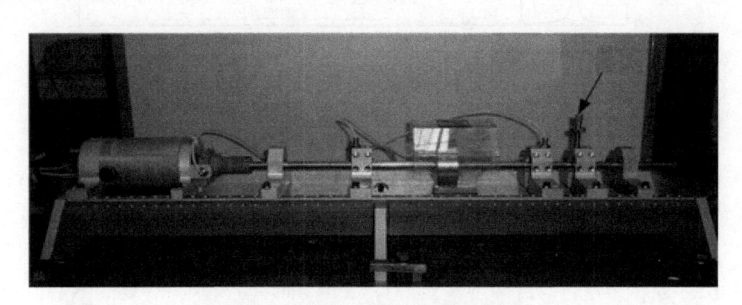

图 1.20 转子碰摩故障实验平台

可以看出，LMD 瞬时时频谱要比 HHT 更为清楚，这对碰摩故障本质的研究是非常有利的。小波投影 Hilbert 谱技术适合处理非平稳信号，而在处理非线性信号中存在某些局限性，这就使其在本次碰摩实验中的分析结果并不明显。

某炼油厂重油催化裂化装置由烟气轮机、风机、齿轮箱和电机组成。如图 1.21 所示，此时振动信号相对简单，而频谱中也只有 1×、2×和微小的高次谐波，没有异常故障特性。采用 LMD 分析图 1.21 中的信号，结果如图 1.22 所示。可以看出，ITFS 提供了丰富的机组运行信息，包括波动的工频信息和出现×/3 次谐波(虚线圈所示)，以及出现周期为 10.24ms(频率为 97.65Hz，近似等于工频)的频率调制现象。这些特征实际上表明机组可能发生了轻微的碰摩故障。另外,当工频、×/3 次谐波发生向下突变时,会激发类似冲击的特征(如图中矩形框所示)。这一重要信息可以这样解释,当机组发生碰摩接触时,会突然激起与运动方向相反的摩擦冲击力。在此力的作用下,机组的工频和次谐波频率自然会降低。时频图中各条波动线条基本无色彩的变化,因此信号中隐含的只是频率调制。图 1.23(a)与图 1.23(b) 是 HHT 和 WPHT 处理后的结果,可以看出这两种方法未能检测出全部信息成分,因此也很难诊断出机组潜在的故障。

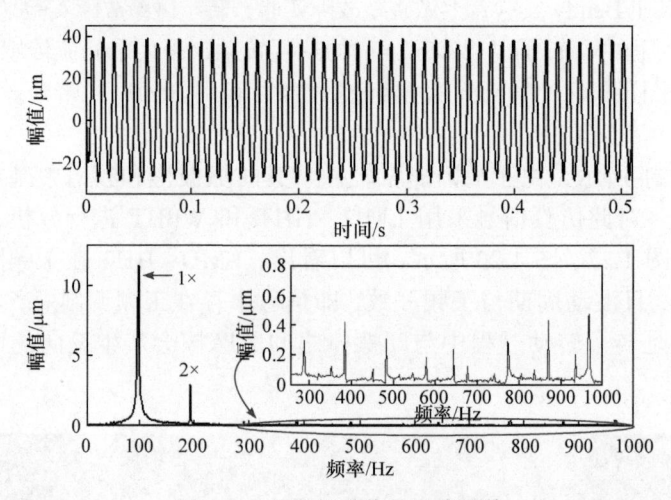

图 1.21 烟机振动信号及其频谱

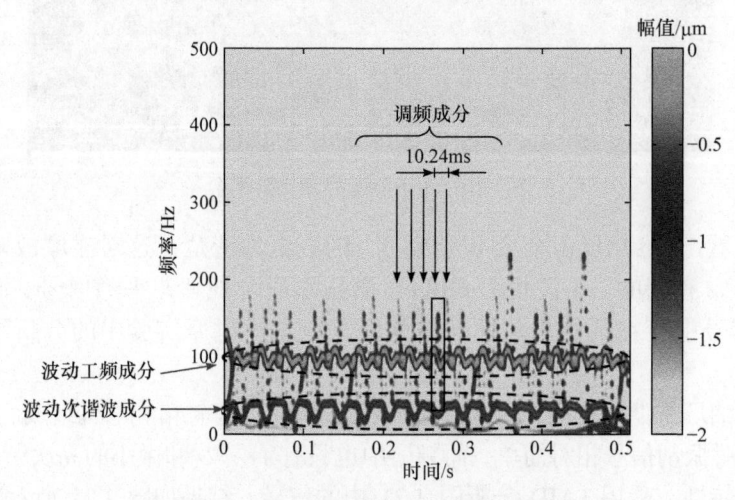

图 1.22 烟机振动信号 LMD 瞬时时频谱

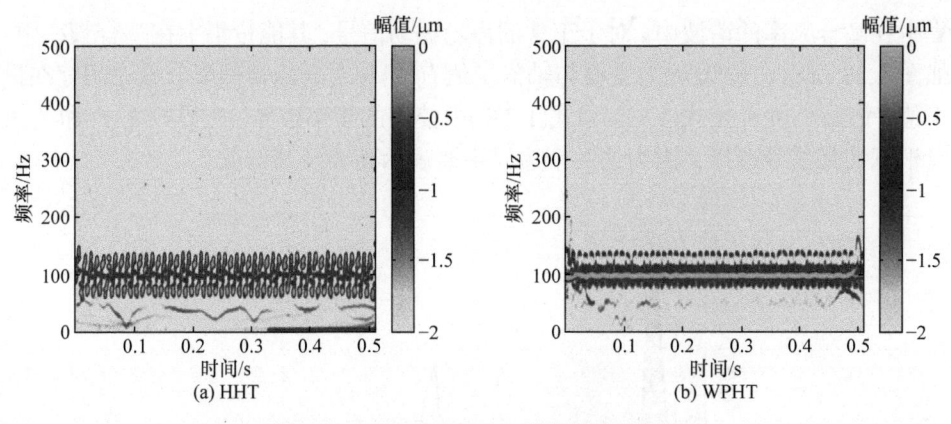

图 1.23 HHT 与 WPHT 处理后的时频图

1.5 基于能量色散比特征的齿轮箱变工况故障诊断

1.5.1 能量色散比特征

LMD 导出的 ITFS 引入了装备状态监测和故障诊断中可能非常有用的新型信息，通过 LMD 时频分布的总信号能量可以表示为

$$E = \int_0^T \int_0^{f_s/2} C_x(t,f) \mathrm{d}t \mathrm{d}f \tag{1.72}$$

其中，T 和 f_s 分别为信号的采样时间和频率。

这些基于能量的特征通常可以应用于故障诊断或分类[19]。然而，实践中的工况可能会发生变化，因此定义的局部瞬时能量等一些特征可能对工况的变化而敏感，并且不能很好地反映缺陷的发生。能量色散比(energy dispersion ratio，EDR)指标可用于量化 ITFS 边缘谱中的能量分布。EDR 定义为感兴趣的频带中的能量与总能量的比值，可表示为

$$\rho_{0,f_1} = \frac{\int_0^{f_1} H_f(\vartheta) \mathrm{d}\vartheta}{\int_0^{f_s/2} H_f(\vartheta) \mathrm{d}\vartheta} \tag{1.73a}$$

$$\rho_{f_1,f_2} = \frac{\int_{f_1}^{f_2} H_f(\vartheta) \mathrm{d}\vartheta}{\int_0^{f_s/2} H_f(\vartheta) \mathrm{d}\vartheta} \tag{1.73b}$$

其中，f_1 和 f_2 为频率边界；ρ 为 EDR；$H_f(\vartheta)$ 为边际频谱。

式(1.73a)和式(1.73b)的界限选择在应用中至关重要。如上所述，边际频谱描述能量分布，齿轮在低速时采集到的振动信号能量集中在啮合频率，高速旋转时

集中在啮合频率的谐波中。对于正常的齿轮振动信号，其能量集中在啮合频率中。如图 1.24 所示，在低分量(主要与轴额定值有关)和主要啮合频率分量之间存在最小值。该最小值 f_1 是式(1.73a)和式(1.73b)中使用的频率边界。边界频率 f_2 和 f_3 可以根据实际信号选择，因为这两个边界主要表示高频及其谐波。

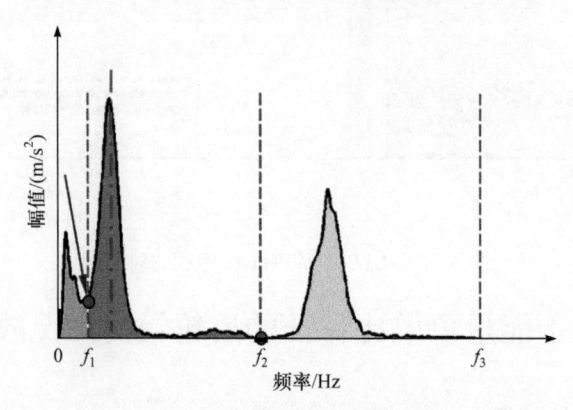

图 1.24 计算 EDR 的标称边界

1.5.2 精轧机齿轮箱损伤统计分析

本章采用的变速箱是热带钢精轧机组的关键设备，变速箱的健康状况是确保热带钢精轧机组正常运行的关键因素。主传动变速箱包括一个减速比为 2.9545 的单级螺旋变速箱，它通常在低转速(高速轴频率仅为 2～5Hz)和可变载荷条件下工作。因此，传统的均方根(root mean square，RMS)和峭度可能无法很好地反映由于工作条件的变化而产生的状态。工业精轧机组的设置如图 1.25 所示，其动力由两台并联的直流电机提供。表 1.1 给出了驱动系统中使用的变速箱的相应规格参数。振动信号采集使用便携式数据采集单元，可同时记录 8 组振动数据测点(图 1.25)。

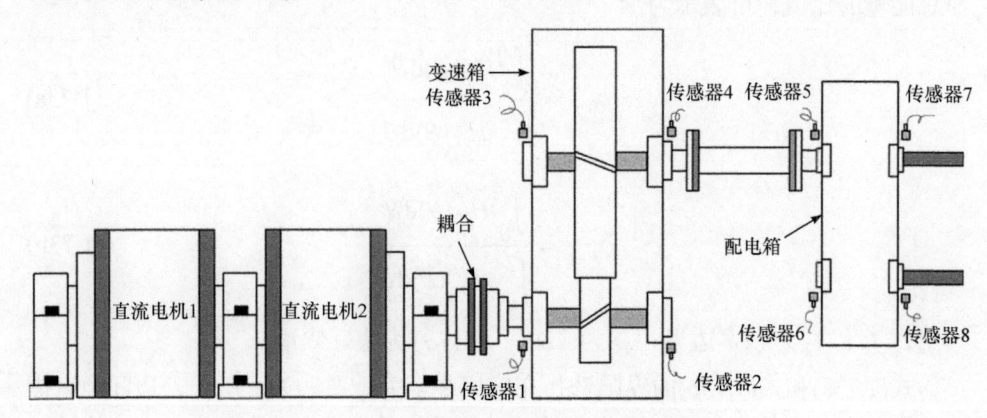

图 1.25 工业精轧机组的结构与测点布置

表 1.1 精轧机中变速箱的参数

参数	取值
中心距	1350mm
模数	30
齿数	22/65
压力角	$\beta=10°40'$
齿宽	560mm

根据记录 8 组振动数据，发现主变速箱数据出现异常，随后进行停机检查。拆解齿轮箱后观测到小齿轮出现局部损伤。小齿轮局部损伤如图 1.26 所示。图 1.25 所示的第一个轴向加速度传感器接收的信号是判断变速箱健康状况的重要依据。采样频率设置为 2560Hz，采样数为 4096。

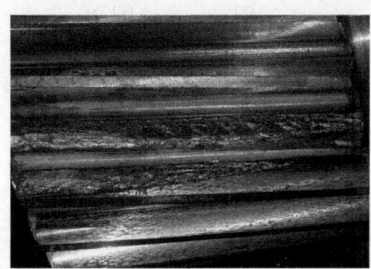

(a) 齿面磨损　　(b) 齿间磨损

图 1.26　小齿轮局部损伤图

在实践中，工厂很少会允许机组运行失误，运行数据也不会经常被记录下来。由于上述限制，历史事件数据并不丰富。因此，我们只使用轧机停机前后 8 天记录的数据，没有记录当天的维修数据。对这 16 个信号进行分析，并用本章提出的 EDR 指标识别齿轮缺陷，每天获取振动信号以免对正常产品产生影响。实验每天采集的振动信号是在不同工况(即不同转速和负载)下获取的。因此，啮合频率 f_m ($f_m=f_r z_p$，f_r 是高速轴频率，z_p 是小齿轮齿数)也是变化的。所有 16 个振动信号的啮合频率在表 1.2 和表 1.3 中给出。不仅是轴的频率，16 天内的载荷也可能不同。在轧机上经常变化的轴频率和负载都可能导致振动响应，可能与下一个工况完全不同，这给当前的信号处理与故障诊断方法带来很大的挑战。

表 1.2　轧机故障前采集的振动信号的 EDR

时间 /天	啮合频率 /Hz	EDR ρ_{I}	EDR ρ_{II}	EDR ρ_{III}	NP4	M_x
8	89.38	0.1386	0.6203	0.2389	4.032	11.06
7	101.3	0.1637	0.6037	0.2066	3.647	7.737

续表

时间/天	啮合频率/Hz	EDR ρ_{I}	EDR ρ_{II}	EDR ρ_{III}	NP4	M_x
6	60.00	0.1818	0.6364	0.1805	4.593	9.796
5	73.13	0.2013	0.5789	0.2171	5.677	9.183
4	95.00	0.2490	0.5240	0.2239	4.292	7.870
3	82.50	0.2742	0.5008	0.2243	3.474	8.421
2	90.00	0.3249	0.4068	0.2667	6.956	9.578
1	93.75	0.3465	0.4292	0.2235	12.35	11.38

表 1.3　在维护操作后收到的振动信号的 EDR

时间/天	啮合频率/Hz	EDR ρ_{I}	EDR ρ_{II}	EDR ρ_{III}	NP4	M_x
1	70.00	0.1098	0.6140	0.2711	3.566	7.085
2	80.00	0.1280	0.5632	0.3028	3.178	9.017
3	76.25	0.0923	0.6349	0.2649	2.961	9.260
4	86.25	0.1125	0.5468	0.3268	3.547	4.952
5	53.13	0.1441	0.5655	0.2883	2.885	7.224
6	72.50	0.1192	0.5293	0.3492	3.299	5.213
7	76.25	0.0660	0.6999	0.2194	3.541	5.352
8	83.13	0.0716	0.6021	0.3143	3.372	4.051

传统的基于振动的传输损伤检测技术主要是基于对振动信号的统计测量。常用于监测的时域特征是峭度、均方根和峰峰值。峭度是给定信号的四阶中心矩，是信号峭度的度量，即信号中存在冲击峰值的数量和幅度[20]。其表达式可表示为

$$\mathrm{Kurtosis}_x = \frac{N\sum_{i=1}^{N}(x_i-\overline{x})^4}{\left[\sum_{i=1}^{N}(x_i-\overline{x})^2\right]^2} \tag{1.74}$$

其中，$\overline{x}$ 为信号 x 的均值；N 为数据点的总数。

对于由一个尖锐的单峰脉冲信号，其会随着分布的峭度增加而增加。

均方根定义为信号样本平方和平均值的平方根，即

$$\mathrm{RMS}_x = \sqrt{\frac{1}{N}\sum_{i=1}^{N}x_i^2} \tag{1.75}$$

其中，x 为信号的平均值；N 为数据点的总数。

图 1.27 显示了使用式(1.74)和式(1.75)，以计算出的峭度、均方根和峰峰值评

价结果。可以看出，峭度比其他两个参数更敏感，三个参数都是非单调的，且随着过程的失败而波动较大。由于监测指标的非单调性，对状态评估的阈值定义也非常困难，因为机器维护操作后接收到的信号峭度、RMS 和峰峰值接近机器关闭前的值。原因是，这些参数可能对工况敏感，不能直接反映损伤的退化规律。

所有计算的 NP4 和 M_x 在表 1.2 和表 1.3 中给出。图 1.28 显示随时间变化的 NP4 和 M_x 参数。可以发现，NP4 比 M_x 更能说明损伤的增加。然而，NP4 仍然没有一致性，因此很难定义整个设备监测过程中的可靠阈值。

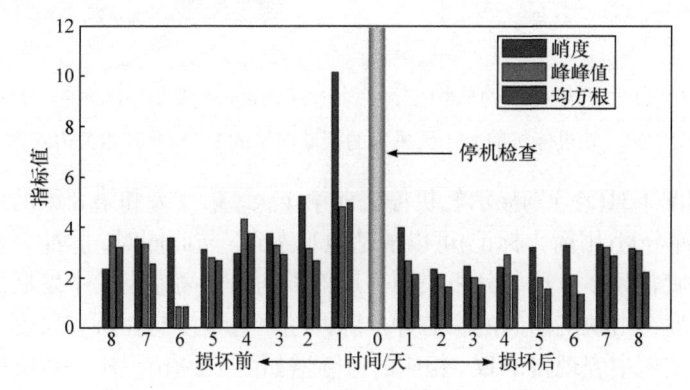

图 1.27 对关机前后 8 天的历史数据进行峭度、峰峰值和 RMS 的评价

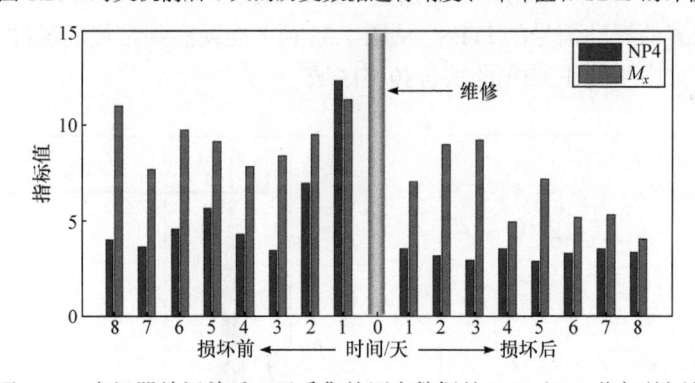

图 1.28 在机器关闭前后 8 天采集的历史数据的 NP4 和 M_x 指标的评价

1.5.3 基于 LMD 的 ITFS 轧机齿轮箱故障诊断

上述统计分析结果可以发现，在停机前的 1 天内给出一个简单的预警，峭度指标有明显增大但是对早期损伤的检测能力是有限的。此外，无法使用传统统计分析的方法给出诸如位置或类型等齿轮箱损伤的详细信息。因此，提出采用 LMD 的 ITFS 技术识别早期的故障。

众所周知，齿轮出现局部故障将在信号中产生脉冲扰动，其频率相当于齿轮轴转动频率。因此，可以采用 LMD 的 ITFS 检测时频域的弱脉冲分量。图 1.29(a)、

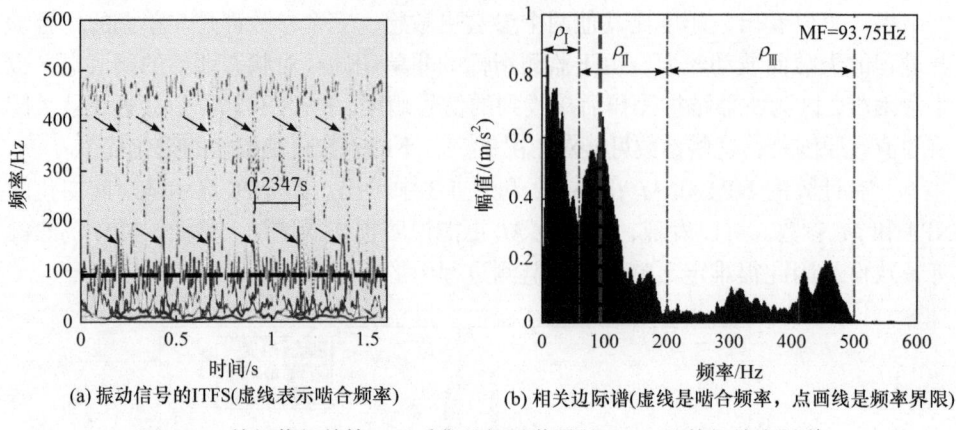

(a) 振动信号的ITFS(虚线表示啮合频率)　　(b) 相关边际谱(虚线是啮合频率，点画线是频率界限)

图 1.29　轧机停机前第 1 天采集的振动信号的 ITFS 及其相关边际谱

图 1.30(a)和图 1.31(a)分别显示轧机停机前第 1 天、第 4 天和第 8 天的历史数据的 ITFS。强脉冲分量(用箭头标记)可以清楚地观察到。与此同时，脉冲分量的频率等于小齿轮的旋转频率。这些分析表明，局部损伤是在高速齿轮中发展的。根据故障的严重程度，由缺陷引起的瞬态冲击脉冲的严重程度与在所有尺度上的高信号能量在时间实例中表现得一致。相应的边际谱如图 1.29(b)、图 1.30(b)和图 1.31(b)所示。不难发现，由于损伤的不断加重，边际谱的能量逐渐增加。图 1.32 为维修后第 2 天采集的振动信号的 ITFS。从图 1.32(a)不能观察到常规的脉冲分量，而且信号能量更集中于图 1.32(b)的啮合频率区域。

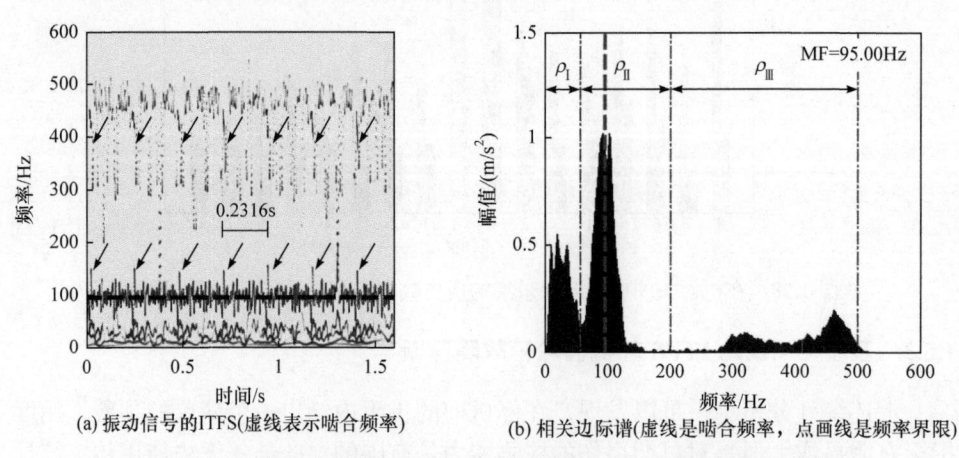

(a) 振动信号的ITFS(虚线表示啮合频率)　　(b) 相关边际谱(虚线是啮合频率，点画线是频率界限)

图 1.30　轧机停机前第 4 天记录的振动信号的 ITFS 及其相关边际谱

图 1.33 显示了维修后采集的振动信号的边际谱，可以发现大部分能量集中在啮合频率附近。为了进一步证明其有效性，图 1.34(a)和图 1.34(b)分别给出了 ITFS 和在正常机器条件下从相同位置采集的不同信号的相关边际谱。类似地，信号能

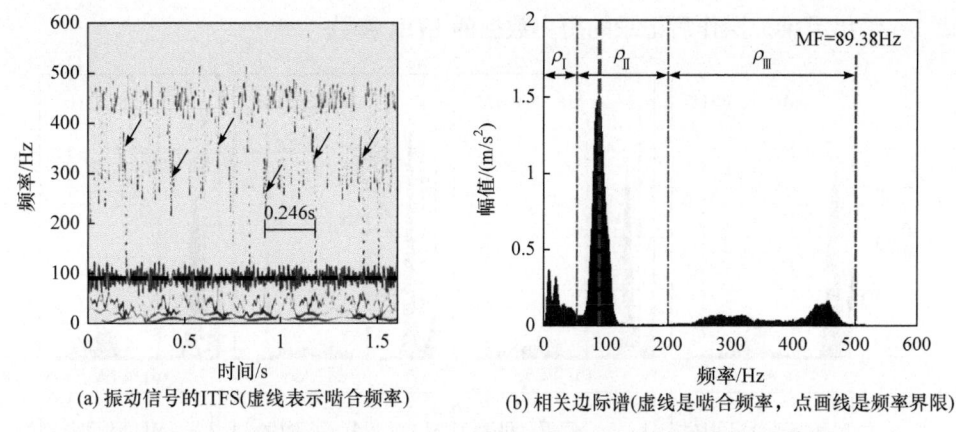

(a) 振动信号的ITFS(虚线表示啮合频率)　　(b) 相关边际谱(虚线是啮合频率，点画线是频率界限)

图 1.31　轧机停机前第 8 天记录的振动信号的 ITFS 及其相关边际谱

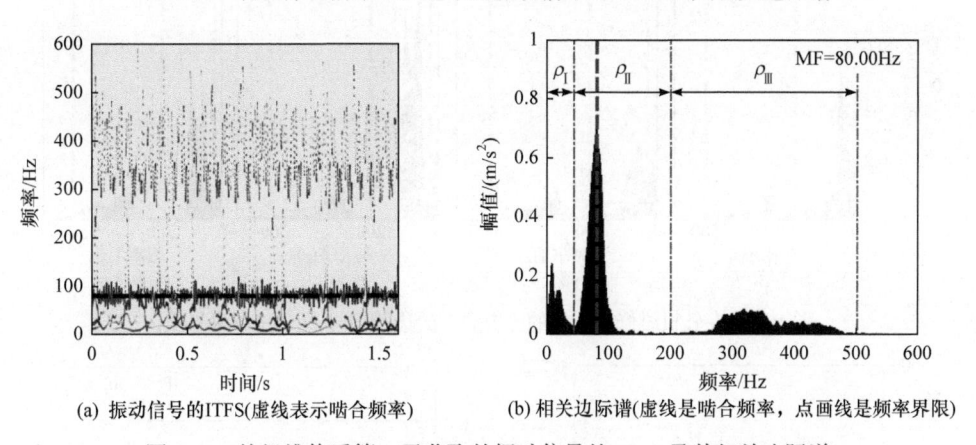

(a) 振动信号的ITFS(虚线表示啮合频率)　　(b) 相关边际谱(虚线是啮合频率，点画线是频率界限)

图 1.32　轧机维修后第 2 天获取的振动信号的 ITFS 及其相关边际谱

量也集中在啮合频率周围，甚至总能量低于图 1.33(b)所示的能量。这些分析都表明，ITFS 能够提前 8 天有效而可靠地检测到局部损害，从而有效防止热带钢精轧机组因局部损害而导致更大范围的损坏。

通过提出的新 EDR 指标评估损害严重程度，ITFS 可以有效识别小齿轮的局部损伤，但是不能定量描述损伤的退化情况。根据损伤的严重程度，信号能量和分布的强度会发生变化。越严重的损伤，信号能量的值越高，通过多个尺度的能量分布范围越宽。EDR 参数是量化这种能量分布变化的一种更有效方法。

图 1.33 显示了维修操作后的第 1~8 天收到的振动信号的边际谱。在式(1.73a)中使用的频率边界 f_1 是根据前面提到的方法设置的，f_1 和 f_2 分别定义为 200Hz 和 500Hz。如表 1.2 所示，EDR 显示 ρ_I 和 ρ_{II} 随着时间的推移而一致地变化。同时，ρ_{III} 始终在 0.2 附近波动，所以不能说明随着时间推移的变化趋势。因此，将 ρ_I 和 ρ_{II} 作为用于诊断症状时所参照的参数，以此来评估工作中损伤的严重程度。

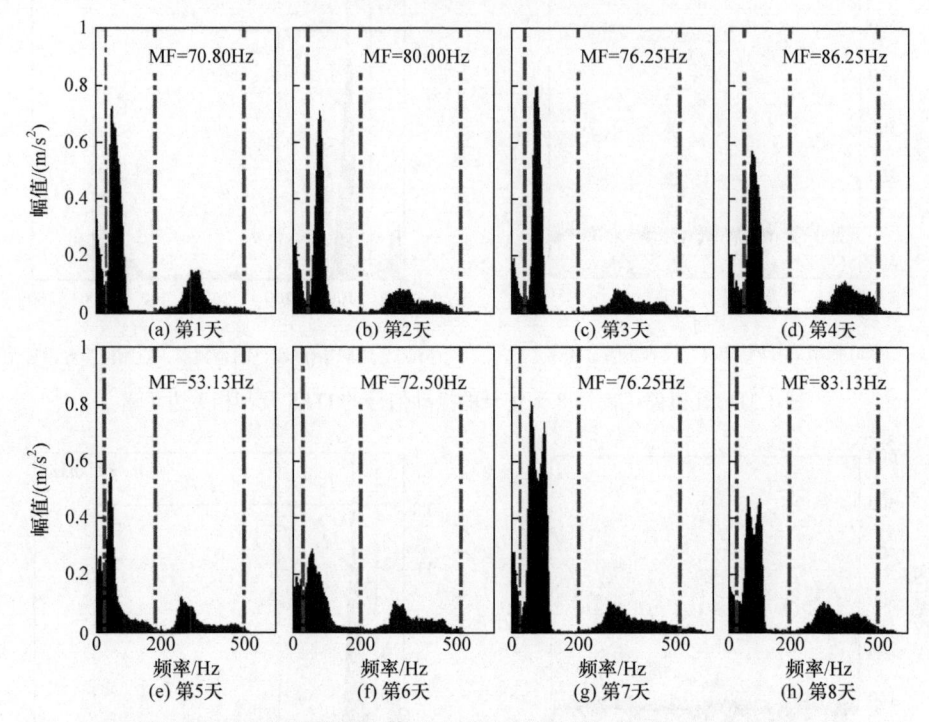

表 1.3 给出了维护操作后记录的历史数据的 EDR 参数。

图 1.33 在轧机维修后采集的历史数据的边际谱(点画线是频率界限)

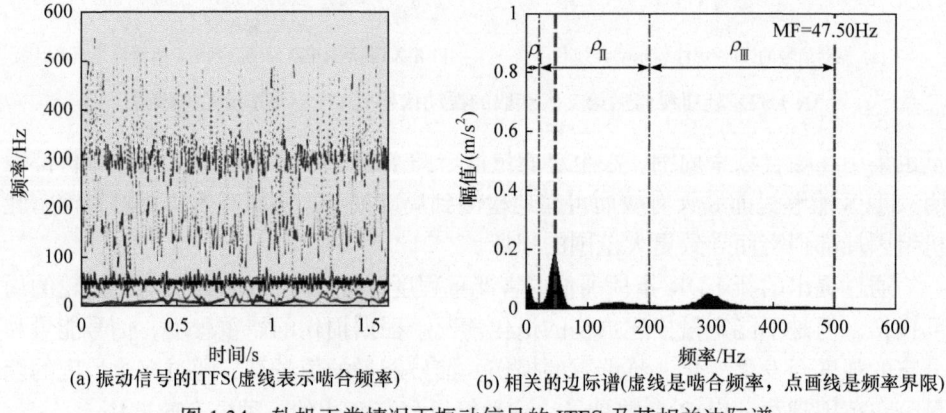

图 1.34 轧机正常情况下振动信号的 ITFS 及其相关边际谱

相应的阈值可以根据实际需要进行设置。根据 EDR 参数的导出值,预警和故障的阈值分别设置为 0.15 和 0.5。因此,正常和预警状态可分别定义为 $\rho_\mathrm{I} \leqslant 0.15 \cup \rho_\mathrm{II} \geqslant 0.5$ 和 $\rho_\mathrm{I} \geqslant 0.15 \cup \rho_\mathrm{II} \geqslant 0.5$。故障状态以 $\rho_\mathrm{I} \geqslant 0.25 \cup \rho_\mathrm{II} \geqslant 0.5$ 表示,表明机器可能存在严重的功能损失风险,并可能造成严重的灾难事故,需尽快采取措施。在图 1.35(a)中可以看到,预警和报警的机器状态随着自然损害的进展可以正确

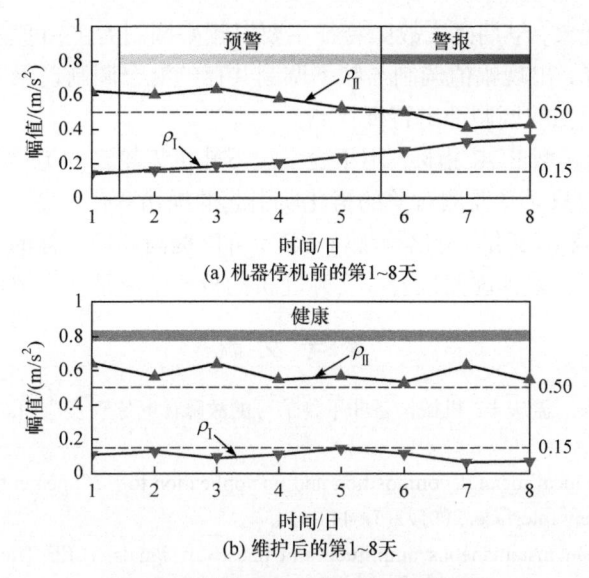

图 1.35 轧机随时间的损伤程度评估

地表示并区分。图 1.35(b)显示了机器维修后采集到的振动信号的ρ_I和ρ_{II}值的趋势,其中所有的值均服从上述规则。轧机正常情况下振动信号的 ITFS 及其相关边际谱,经计算,其振动信号的阈值ρ_I和ρ_{II}分别为 0.1109 和 0.5534,该阈值属于正常状态下的阈值范围。由此可知,该机器运行状态良好。

1.6 本章小结

本章首先介绍 LMD 的基本原理,提出 LMD 端点效应解决方法和滑动平均步长选择原则。由于 LMD 采用不同于 EMD 的局部均值求解方式,LMD 的端点效应并没有 EMD 严重,当然目前也没有任何一种方法能够完全消除信号处理中的端点效应问题。本章提出端点对称延拓和极值预测两种端点处理技术,前者使用面广、精度高,但是运算效率较低;后者受信号长度的影响,对某些较短信号可能不适用,但是运算效率较高。LMD 分解过程采用滑动平均方式计算光滑的局部均值和局部幅值。滑动平均的不同步长会影响冲击特征的提取。本章提出一种自适应选择策略,分析缓变信号时可自动设置较大的滑动平均步长,但是当分析具有冲击等瞬态变化信号时需采用较小的滑动步长。

在此基础上,提出 LMD 瞬时时频谱的构建方法和时频解调方法,综合利用 LMD 分解后的瞬时幅值和瞬时频率等信息。调幅与调频仿真信号证实了相比 HHT 和小波投影 Hilbert 谱,ITFS 可全面、准确提取调制和载波等信息。同时,将其成功应用于转子早期碰摩故障分析中,研究发现碰摩故障会产生工频和次谐波的频率调制现象，早期碰摩故障特征主要以频率调制为主，随着碰摩故障加剧，调制频率会下降，出现幅值调制与频率调制共存的混合调制现象。ITFS 也成功用于齿轮箱局部损伤的调制冲击特征检测。

最后，提出新型 EDR 指标，用于变工况下轧机齿轮箱的劣化趋势分析和早期诊断。EDR 参数只对受监测对象的劣化所引起的损伤变化敏感，并且对非劣化因子(如速度和负载)的变化影响不敏感。EDR 可以提高评估指标的单调性，进而提高检测的可信度、减少虚假报警。实际轧机的分析结果证实了方法的有效性。

参 考 文 献

[1] 何正嘉, 訾艳阳, 孟庆丰. 机械设备非平稳信号的故障诊断原理及应用. 北京: 高等教育出版社, 2001.

[2] Smith J S. The local mean decomposition and its application to EEG perception data. Journal of the Royal Society Interface, 2005, 2(5): 443-454.

[3] Picinbono B. On instantaneous amplitude and phase of signals. IEEE Transactions on Signal Processing, 1997, 45(3): 552-560.

[4] Wang Y, He Z, Zi Y. A demodulation method based on improved local mean decomposition and its application in rub-impact fault diagnosis. Measurement Science and Technology, 2009, 20(2): 025704.

[5] Wu F, Qu L. An improved method for restraining the end effect in empirical mode decomposition and its applications to the fault diagnosis of large rotating machinery. Journal of Sound and Vibration, 2008, 314(3-5): 586-602.

[6] Qi K, He Z, Zi Y. Cosine window-based boundary processing method for EMD and its application in rubbing fault diagnosis. Mechanical Systems & Signal Processing, 2007, 21(7): 2750-2760.

[7] Du Q, Yang S. Improvement of the EMD method and applications in defect diagnosis of ball bearings. Measurement Science and Technology, 2006, 17(8): 2355.

[8] Huang N E, Wu Z, Long S R, et al. On instantaneous frequency. Advances in Adaptive Data Analysis, 2009, 1(2): 177-229.

[9] Olhede S, Walden A T. The Hilbert spectrum via wavelet projections. Proceedings of the Royal Society of London. Series A: Mathematical, Physical and Engineering Sciences, 2004, 460(2044): 955-975.

[10] Kay S. A fast and accurate single frequency estimator. IEEE Transactions on Acoustics, Speech, and Signal Processing, 1989, 37(12): 1987-1990.

[11] Deng Y, Wang W, Qian C, et al. Boundary-processing-technique in EMD method and Hilbert transform. Chinese Science Bulletin, 2001, 46(11): 954-960.

[12] Wu Z H, Huang N E. A study of the characteristics of white noise using the empirical mode decomposition method. Proceedings of the Royal Society of London, 2004, 460: 1597-1611.

[13] Flandrin P, Rilling G, Groncalves P. Empirical mode decomposition as a filter bank. IEEE Signal Processing Letters, 2004, 11(2): 112-114.

[14] Gao Q, Duan C, Fan H, et al. Rotating machine fault diagnosis using empirical made

decomposition. Mechanical Systems and Signal Processing, 2008, 22(5): 1072-1081.
[15] Huang N E, Shen Z, Long S R, et al. The empirical mode decomposition and the Hilbert spectrum for nonlinear and non-stationary time series analysis. Proceedings of the Royal Society of London. Series A: Mathematical, Physical and Engineering Sciences, 1998, 454(1971): 903-995.
[16] Jones D L, Parks T W. A high resolution data-adaptive time-frequency representation. IEEE Transactions on Acoustics, Speech, and Signal Processing, 1990, 38(12): 2127-2135.
[17] Loutridis S J. Instantaneous energy density as a feature for gear fault detection. Mechanical Systems & Signal Processing, 2006, 20(5): 1239-1253.
[18] Polyshchuk V V, Choy F K, Braun M J. New gear-fault-detection parameter by use of joint time-frequency distribution. Journal of Propulsion and Power, 2000, 16(2): 340-346.
[19] Samuel P D, Pines D J. Classifying helicopter gearbox faults using a normalized energy metric. Smart Materials and Structures, 2001, 10(1): 145.
[20] Samuel P D, Pines D J. A review of vibration-based techniques for helicopter transmission diagnostics. Journal of Sound and Vibration, 2005, 282(1-2): 475-508.

第 2 章　自适应谱峭度及其应用

2.1 引　言

高阶统计量(high order statistics，HOS)是时间序列分析的重要分支,并且在过去几年得到广泛的研究。大量研究推动了 HOS 分析的进程,对经典二阶统计方法进行了补充。1983,Dwyer[1]首次将频域中频率成分的峭值定义为频域峭度(frequency domain kurtosis, FDK),并将其作为概率密度函数(probability density function,PDF)的补充,用于检测设备运行中的随机发生信号[2,3]。1994 年,Pagnan 等[4,5]提出基于 STFT 幅度归一化四阶矩的修正定义。他们的研究表明,谱峭度(spectral kurtosis,SK)可以用作滤波器来处理随机信号,即使信号中含有严重噪声。这个结论实际上为未来谱峭度的应用奠定了基础。1996 年,Capdevielle 等[6]通过 HOS 理论给出谱峭度的正式定义,即傅里叶变换的归一化四阶累积量,即作为三相频谱的一部分。自此,谱峭度方法被认为是传统 PDF 的一种很好的补充性分析方法[7]。2004 年,基于 Wold-Cramer 分解,Antoni 提出了谱峭度处理非平稳信号的理论框架并对统计特性进行了详细的研究[8]。因此,谱峭度的完整定义来源于理论框架,但它不再是三相谱切片,并且与文献[6]中的定义不同。这个理论框架对设计谱峭度的新估计量也很有帮助,这是将理论与实践联系起来的必要步骤。在接下来的几年里,谱峭度在实际应用中也进行了一些改进。Nita 等[9]对谱峭度估计量的统计特性进行了深入的研究,确定了 PDF 的矩估计量。结果表明,第一个谱峭度标准矩满足 Pearson 型-IV PDF 型要求的条件。此外,谱峭度估计器的原始定义必须由瞬时 PDF 估计发展,因此不能用作现有仪器数据管道下游的射频干扰消除工具。Nita 等[10]也开发了一种广义估计量,它对瞬时和平均光谱数据都具有更广泛的适用性。为了在高斯性测试中使用谱峭度检查信号点是否作为一组 STFT 点呈现,文献[11]研究了复循环随机变量谱峭度,以及其与实部和虚部的峭度的关系。

从其发展过程可以看出,谱峭度已成为近十年来备受关注的一项解调技术,很多学者提出不同的估算方法。窄带滤波解调技术提出时间较早,至今仍在广泛使用。这项技术应用的最大问题就是要提前选取带通滤波器的中心频率和宽度。在设计带通滤波器时,中心频率和带宽可能基于先验知识被精确设置。然而,设备的实际工况常常是变化的,这种变化可能导致此带通滤波器无法准确解调故障频带,如对风电机组轴承的诊断。因此,采用恒定参数的窄带滤波解调很难在设备变工况运行尤其是转速波动较大时有效[12]。为解决这个问题,人们提出小波变换、EMD 信号自适应分解等技术。

文献[13]提出用光滑索引指导寻找 Gabor 小波最佳分解尺度和形状因子相关的中心频率和带宽技术。文献[14]提出基于 STFT 的谱峭度方法,并成功应用于轴承和齿轮故障诊断[15]。快速谱峭度图技术是最近提出的一种扩展谱峭度技术,适用于各类非平稳信号处理[16]。正如 Antoni 等[14]所述,基于 STFT 的谱峭度技术在实际应用中不能通过尝试所有的窗函数宽度寻找最优的带宽和中心频率。另外,快速谱峭度图的分割模式也是相对固定的,没有针对具体待分析信号。另一个重要的问题就是,采用快速谱峭度图技术,并不能最大化故障激起的共振频带宽度。为此,Zhang 等[12]联合快速谱峭度图和遗传算法,提出一个优化的共振解调技术。由于使用了遗传算法,计算量非常巨大。文献[17]又提出一种包络谱幅值峭度的频带优化选择技术,并与快速谱峭度图技术进行对比。

本章提出一种新的优化带通滤波参数识别方法,想法源于窗叠加的自适应时频分析技术[18]。这一方法核心是谱峭度满足某个条件时通过合并最近的窗函数得到优化的带宽和中心频率。

2.2 谱峭度理论背景

2.2.1 峭度

峭度是对信号脉冲的一种测量,是旋转部件故障检测中凸显信号冲击的良好指标。其标准化后峭度可以表示为

$$K_x = \frac{E[(x-\mu)^4]}{\sigma^4} - 3 \tag{2.1}$$

其中,μ 和 σ 为时间序列 x 的均值和标准方差;E 为期望算子;-3 使正态分布的峭值等于 0。

为确定暂态或隐藏的非平稳特征,Dwyer 提出利用 STFT 的实部和虚部计算谱峭度的算法,并引入谱峭度的概念[1]。根据文献[14],信号 $x(t)$ 的谱峭度重新定义为一个归一化的四阶谱矩,其表达式为

$$K_x(f) = \frac{\langle H^4(t,f) \rangle}{\langle H^2(t,f)^2 \rangle} - 2 \tag{2.2}$$

其中,$H(t,f) = \sum_{n=t}^{t+N_w-1} w(n-t)x(n)\mathrm{e}^{-\mathrm{j}2\pi fn}$,$\langle \cdot \rangle$ 表示时域平均算子,$H(t,f)$ 为计算信号 $x(t)$ 的时频包络,$w(t)$ 是宽度为 N_w 的分析窗函数;-2 用于标准化处理。

由于$H(t,f)$可以通过 STFT 得到,式(2.2)被称为基于 STFT 的谱峭度技术。即使存在大量背景噪声,基于 STFT 的谱峭度技术在非平稳暂态检测中也比直接计算时域峭度敏感很多。另外,在基于 STFT 的谱峭度技术中,STFT 使用窗宽度为 N_w。当窗宽度较小时,将得到高谱峭度。如果窗宽度过小将导致谱峭度具有很差的频谱分辨率,因此会损失某些细节[14]。Antoni[16]深入研究了这一技术,并提出快速谱峭度图概念。这一技术通过最大化滤波器输出的峭度得到优化的带宽和中心频率。

峭度表示与时间序列测量的瞬时幅度相关的概率分布的峰值。峭度通常被认为是旋转机械故障诊断的目标函数[19-22]。因此,基于峭度的指标常用于选择合适的基于包络的解调技术的频带。峭度也被广泛应用于滚动轴承的预测和状态监测,被认为是快速指示故障发展的独立工具[23]。

基于时域的峭度,人们提出一些新的指标和方法。包络峭度(envelope kurtosis,EK)[24]是一种为包络分析选择最佳频率和带宽窗口的技术。为了增强激光多普勒振动测量的振动信号,峭度比(kurtosis ratio,KR)被提出来量化这种噪声产生的随机脉冲量。实际上,峭度比是标准峭度的比率,是对峭度的稳健估计,因此带通滤波信号的峭度比仍然与谱峭度有关。同样,Wang 等[25]基于最大峭度去卷积技术,提出用于信号去噪和轴承故障检测的能量峭度解调(energy kurtosis demodulation,EKD)方法,此外,Feng 等[26]将峭度的特性应用于时频分析技术中。

2.2.2 谱峭度

为了定位瞬态或隐藏的非平稳性,Dwyer 首先将峭度应用于 STFT 的实部和虚部,并引入频域峭度[1]的概念。谱峭度表明信号的脉冲是如何随频率变化的[27]。相反,Antoni 基于 Wold-Cramer 分解定义了谱峭度,描述任意随机非平稳过程 $Y(t)$ 作为结果,线性和时变系统的输出为[14]

$$Y(t) = \int_{-\infty}^{+\infty} \mathrm{e}^{-\mathrm{j}2\pi ft} H(t,f) \mathrm{d}X(f) \qquad (2.3)$$

其中,$\mathrm{d}X(f)$ 为单位方差和 $H(t,f)$ 的正交谱过程;f 为时变传递函数。

事实上,谱峭度是基于非平稳过程(conditionally non-stationary,CNS)所提出的。文献[28]介绍的一些 CNS 例子证明,大量 CNS 具有以非高斯 PDF 为特征的基本属性。然后,将谱峭度清楚地表示为 CNS 的能量归一化四阶谱统计量,其表达式为

$$\mathrm{SK}_Y(f) = \frac{S_{4Y}(f)}{S_{2Y}^2(f)} - 2, \quad f \neq 0 \qquad (2.4)$$

其中,$2n$ 阶谱矩由下式给出,即

$$S_{2nY}(f) = E\{|H(t,f)\mathrm{d}X(f)|^{2n}\} = E\{|H(t,f)|^{2n}\} \cdot S_{2nX} \tag{2.5}$$

对于非高斯过程，阶数 $2n \geqslant 4$ 的谱统计量具有非零的属性。实际振动信号经常受噪声干扰，因此它们本质上都是循环非平稳信号。当 $N(t)$ 代表一个加性平稳噪声时，对于一个循环非平稳信号 $Z(t) = Y(t) + N(t)$，谱峭度可表示为

$$\mathrm{SK}_Z(f) = \frac{K_Y(f)}{(1+\rho(f))^2} + \frac{\rho(f)^2 K_N}{(1+\rho(f))^2}, \quad f \neq 0 \tag{2.6}$$

其中，$\rho(f) = S_{2N}(f)/S_{2Y}(f)$，为 $N(t)$ 和 $Y(t)$ 之间的信噪比(signal to noise ratio, SNR)。

具体地说，当 $N(t)$ 是一个与 $Y(t)$ 无关的加性平稳高斯噪声时，$Z(t)$ 的谱峭度可简化为

$$\mathrm{SK}_Z(f) = \frac{K_Y(f)}{(1+\rho(f))^2}, \quad f \neq 0 \tag{2.7}$$

由此可知，当信号处于理想瞬态时，其谱峭度通常较大；而当信号呈现高斯分布时，其谱峭度则为零。

2.2.3 频域峭度与谱峭度对比

频域峭度定义为[1,3]

$$\mathrm{FDK}_X(F_p) = \frac{E\{[X(q,F_p)]^4\}}{\{E[X(q,F_p)]^2\}^2} \tag{2.8}$$

$$X(q,F_p) = \sqrt{\frac{h}{M}} \sum_{k=0}^{M-1} x(k,q) \cdot \mathrm{e}^{-jkF_p} \tag{2.9}$$

其中，$x(k,q) = x[(k+(q-1)M)h], k = 0,1,\cdots,M-1, q = 1,2,\cdots,n$；$F_p = \frac{2\pi p}{M}, p = 0, 1, \cdots, M-1, x(k,q)$ 代表离散数据；h 是过程中连续观察的间隔。

频域峭度和谱峭度定义为信号 STFT 幅度的四阶矩与 STFT 幅度的平方二阶矩的比率。两者之间一个重要的区别是频域峭度是基于计算傅里叶系数的实部和虚部的峭度，而谱峭度是针对处理复数傅里叶系数而优化定义的。另外，当信号为循环平稳信号(特殊平移信号)时，谱峭度非常敏感。近年来，基于谱峭度的滤波器组估计方法，也进行了诸多研究。

2.2.4 基于 STFT 的谱峭度计算

基于 STFT 的谱峭度[1-6]的时频方法中的推导过程在文献[8]、[29]、[30]中给出。对于长度为 N_w 的分析窗口和给定时间步长 p 的过程 $Y(t)$，STFT 可以写为

$$Y_\mathrm{w}(kp,f) = \sum_{n=-\infty}^{+\infty} Y(n)w(n-kp)\mathrm{e}^{-\mathrm{j}2\pi nf} \tag{2.10}$$

其中，$w(\cdot)$ 表示 STFT 的窗函数。

$Y_\mathrm{w}(kp,f)$ 的 $2n$ 阶经验谱矩定义为

$$\hat{S}_{2nY}(f) = \left\langle \left|Y_\mathrm{w}(kp,f)\right|^{2n}\right\rangle_k \tag{2.11}$$

其中，$\langle\cdot\rangle_k$ 代表指数 k 上的时间平均算子。

类似于式(2.4)，谱峭度基于 STFT 的估计量可以定义为

$$\hat{K}_Y(f) = \frac{\hat{S}_{4Y}(f)}{\hat{S}_{4Y}^2(f)} - 2, \quad \left|f - \mathrm{mod}\left(\frac{1}{2}\right)\right| > N_\mathrm{w}^{-1} \tag{2.12}$$

文献[8]给出基于 STFT 的谱峭度估计量的偏差和方差。需要指出的是，如果基于 STFT 的估计量是无偏的，那么分析的信号应该是局部平稳的。此外，分析信号还应满足两个重要条件[14]：一是与 STFT 的窗口长度相比，信号的非平稳性随时间缓慢地变化；二是信号的相关长度应该小于 STFT 的分析窗口。然而，大多数故障信号是非平稳的，具有快速波动性质。因此，这种基于 STFT 的谱峭度估计技术在很大程度上取决于 STFT 中使用的窗口宽度。

2.2.5 谱峭度图和快速谱峭度图

如上所述，N_w 影响基于 STFT 的谱峭度，其值应在实际应用中优化选择。频率 f 和窗口长度 N_w 可以在所有可能的选择中通过最大化基于 STFT 的谱峭度找到。由基于 STFT 的谱峭度形成的 f 和 N_w 函数的映射称为谱峭度图[14]。如图 2.1 所示，全局最大值处 $f^* = 12.5\mathrm{Hz}$ 和 $N_\mathrm{w}^* = 44$ [14]。进而用最佳 N_w^* 的谱峭度的最大值确定包络分析的最佳带通滤波器。因此，带通滤波器 B_f 的最佳中心频率 f_c 和带宽可以通过共同最大化谱峭度图确定。

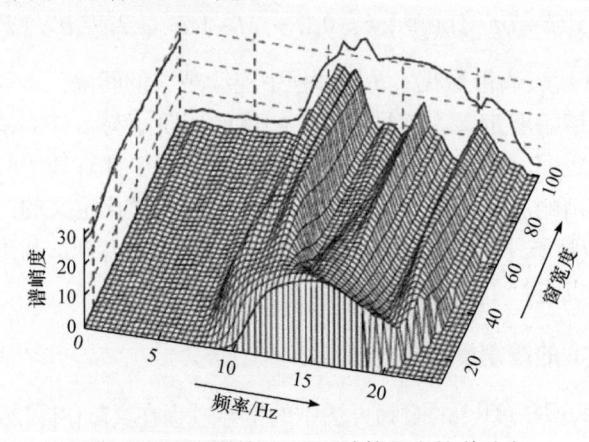

图 2.1 用不同的 N_w 和 f 计算得出的谱峭度

为了产生真实的中心频率和带宽，应列举所有可能的窗口宽度，这在计算上是非常耗时的，并且在实际应用中可能不现实。基于多速率滤波器组(multirate filter bank，MFB)结构和准解析滤波器，可开发出快速谱峭度图(fast kurtogram，FK)以快速计算并找出最优滤波带。由文献[16]可知，快速谱峭度图的结果与谱峭度图的结果非常相似。由于快速谱峭度图比谱峭度图计算速度快，已广泛使用并被认为是机械故障诊断的基准技术。当频带不产生混淆时，我们可用以下快速谱峭度图表示谱峭度图。

kurtogram 算法的原理是基于树状 MFB 结构。1/2-二叉树谱峭度的中心频率和带宽组合示意图如图 2.2 所示。图 2.2 中以不同颜色表示谱峭度。因此，通过一些简单的搜索技术可以很容易地找到最大值。

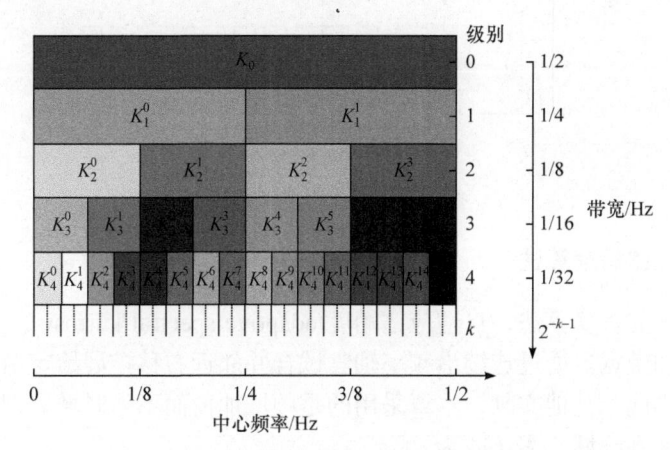

图 2.2 1/2-二叉树谱峭度的中心频率和带宽组合示意图

2.3 自适应谱峭度

2.3.1 窗函数叠加方式

如图 2.3 所示，构建过程通过尝试右移窗开始，并讨论与下一窗进行叠加。如果该叠加操作可以增加峭度，叠加后的窗函数将被保留，并进一步讨论与下一个窗函数叠加。否则，第一个叠加前的窗函数将转换到第二个窗函数，并尝试与第三个窗函数叠加。重复上述过程，直到尝试完所有的窗函数。数学上，一个窗右移操作可表示为

$$T_{na}w[m] = w[m-na] \tag{2.13}$$

其中，$w[\cdot]$ 为基窗函数；$T_{na}w[\cdot]$ 为平移算子；n 为平移索引；a 为步长。

因此，叠加窗可定义为一个线性和的形式，即

$$w_r^{r_i}[m] = \sum_{n=r_i}^{r_i+r} T_{na} w[m] = \sum_{n=r_i}^{r_i+r} w[m-na] \tag{2.14}$$

此处，i 是结果窗索引，r_i 表示第一个初始窗的 i 次结果索引。例如，图 2.3 中的 $r_4=7$，表示第 7 个初始窗的第 4 次结果。第 i 个结果窗的带宽和中心频率可以表示为 $B_{f_{ci}}$ 和 f_{ci}。

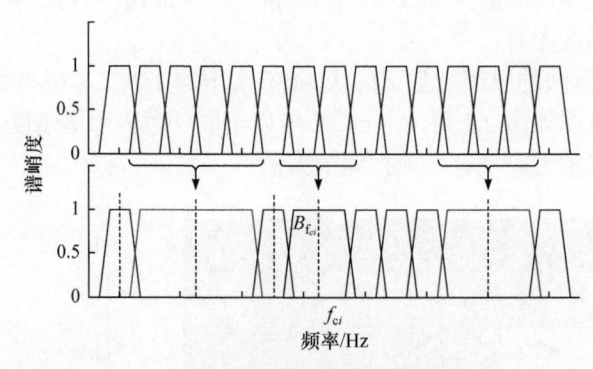

图 2.3　窗叠加构建示意图

2.3.2　自适应谱峭度算法

依靠简单的贪婪算法，自适应谱峭度(adaptive spectral kurtosis，ASK)可以确定中心频率和带宽。通过连续沿频率轴尝试合并邻近右移扩展给定窗得到最大化的谱峭度。不同于其他文献，本章采用的是频域加窗而不是时域。因此，原始信号首先要变换到频域，表达式为

$$\hat{x}[n] = \sum_{k=0}^{N-1} x[k] e^{-\mathrm{i}\frac{2\pi}{N}kn} \tag{2.15}$$

其中，$\hat{x}[\cdot]$ 为信号的傅里叶序列；N 为信号长度。

采用当前窗 $w_r^{r_i}$ 对信号进行频域加窗处理，并进行平移操作 $T_{la}w$，可表示为

$$\hat{x}_{w_r}^{r_i}[n] = \hat{x}[n] w_r^{r_i}[n] = \sum_{\tau=r_i}^{r_i+r} \hat{x}[n] w[n-\tau a] \tag{2.16}$$

$$\hat{x}_{T_l w}^{r_i}[n] = \hat{x}[n] T_l w[n] = \hat{x}[n] w[n-la] \tag{2.17}$$

其中，$l = r_i + r + 1$。

基于叠加 $w_r^{r_i}$ 和平移的窗 $T_{la}w$，信号加窗后可表示为

$$\hat{x}_{w_l}^{r_i}[n] = \hat{x}[n] w_l^{r_i}[n] = \sum_{\tau=r_i}^{l} \hat{x}[n] w[n-\tau a] \tag{2.18}$$

如果初始窗 w 的宽度为 M,加窗后信号 $\hat{x}_{w_r}^{r_i}$ 主要集中在频带 $[r_i a,(r+r_i)a+M/2]$。类似地,$\hat{x}_{T_i w}^{r_i}$ 位于 $[(r+r_i)a, M+(r+r_i)a]$,而频带位于 $\hat{x}_{w_l}^{r_i}[r_i a, la+M/2]$。最终通过逆快速傅里叶变换(inverse fast Fourier transform,IFFT)得到滤波的信号为

$$x_{w_\xi}^{r_i}[k] = \frac{1}{N \cdot G(\lambda,r)} \sum_{n=0}^{N-1} \hat{x}_{w_\xi}^{r_i}[n] e^{i\frac{2\pi}{N}nk} \tag{2.19}$$

其中,w_ξ 为 w_r 的索引;λ 为重叠率;$G(\lambda,r)$ 为滤波器增益。

因此,采用窗 w_r、w_{T_l} 和 w_l(或者带通滤波器)滤波后信号的峭度计算公式为

$$\kappa_{r_i}[x_{w_\xi}] = \frac{\sum_{k=0}^{N-1} \left| x_{w_\xi}^{r_i}[k] - x_{w_\xi}^{r_i} \right|^4}{\left\langle \sum_{k=0}^{N-1} \left| x_{w_\xi}^{r_i}[k] - x_{w_\xi}^{r_i} \right|^2 \right\rangle^2} - 2 \tag{2.20}$$

其中,w_ξ 为 w_r 和 w_l 索引;$\langle \cdot \rangle$ 为均值算子;$\kappa_{r_i}[\cdot]$ 为第 r_i 自适应窗的加窗谱峭度;-2 表示 $x_{w_\xi}^{r_i}[k]$ 是复值。

如式(2.20)所示,峭度得之于时域信号 $x_{w_\xi}^{r_i}$。但是,$x_{w_\xi}^{r_i}$ 信号却来自频域加窗,因此得到的是频域相关的峭度。基于此,本章提出的技术仍然称为谱峭度。

在本章,窗合并的判别是基于谱峭度。合并操作只有当其导致更高峭度或者满足下式时才进行,即

$$\kappa_{r_i}[x_{w_l}] \geqslant \max\{\kappa_{r_i}[x_{w_r}], \kappa_{r_i}[x_{w_{T_l}}]\} \tag{2.21}$$

其中,下标 w_r、w_{T_l} 和 w_l 为当前窗、刚平移的邻近窗和合并后的窗。

若不满足上述条件,则尝试用平移的窗去合并后续右移的窗。重复这一过程,直到所有的窗被试探完成。

经过所有的合并操作,最高谱峭度所处频带表示故障的相关频带。因此,本章所提方法在扩展窗的同时实际上是尽可能地最大化故障激发的频带。采用本章所提的方法可以尽可能地提取故障信号。这点不同于快速谱峭度图技术,因为它只集中谱峭度最大的区间,而未最大化区域。值得一提的是,本章所提的方法不仅具有较高的频域分辨率,而且能够很好地保留信号的幅值信息。这对于实际应用是非常有利的,后面有详细的解释。若最终窗合并数为 N_m,那么优化的滤波信号 x_{opt} 为

$$x_{\text{opt}} = \underset{r_i, i=1,\cdots,N_m}{\text{argmax}} \kappa_{r_i}[x_{w_v}] \tag{2.22}$$

自适应谱峭度方法在最大化峭度上可以看作 Wiener 滤波的一种逼近。可以肯定地说,自适应谱峭度可以间接实现维纳滤波。因此,与快速谱峭度图相比,它

能够很好地保持幅值信息。

上述讨论可以用图 2.4 表示。图 2.4(a)表示加窗合并的结果。图 2.4(b)每一个 (-○-)代表由初始窗函数得出的谱峭度，表达式为

$$\widetilde{\kappa}_n[x_{w_{na}}] = \frac{\sum_{k=0}^{N-1}\left|x_{w_{na}}[k] - \overline{x_{w_{na}}}\right|^4}{\left(\sum_{k=0}^{N-1}\left|x_{w_{na}}[k] - \overline{x_{w_{na}}}\right|^2\right)^2} - 2, \quad n = 0,1,2,\cdots,\left\lfloor\frac{F_s - M}{2a}\right\rfloor \quad (2.23)$$

其中，F_s 为采样频率；$\lfloor\cdot\rfloor$ 为下取整操作。

为简化，后续称每一个谱峭度为局部谱峭度。图 2.4(b)中的 SK 是由滑动窗的最大谱峭度计算得出。正如图 2.4(b)所示，可以识别出最大谱峭度处的频带，同时也可以尽可能地最大化频带带宽。另外，式(2.23)中的峭度计算也可以基于包络谱 x_{na}，即 $\widehat{x_{w_{na}}} = F\left(\left|x_{w_{na}} + \mathrm{j}H(x_{w_{na}})\right|\right)$，其中 $H(\cdot)$ 和 $F(\cdot)$ 分别是信号 Hilbert 变换操作和傅里叶变换，$|\cdot|$ 是取模运算，可得

$$\check{\kappa}_n[x_{w_{na}}] = \frac{\sum_{k=0}^{N-1}\left|\check{x}_{w_{na}}[k] - \overline{\check{x}_{w_{na}}}\right|^4}{\left(\sum_{k=0}^{N-1}\left|\check{x}_{w_{na}}[k] - \overline{\check{x}_{w_{na}}}\right|^2\right)^2} - 2, \quad n = 0,1,2,\cdots,\left\lfloor\frac{F_s - M}{2a}\right\rfloor \quad (2.24)$$

其中，$\check{\kappa}_n[x_{w_{na}}]$ 是基于 kurtogram 的频段选择方法[17]实现的。

值得一提的是，本章的方法要比文献[30]中的方法更为宽泛，一方面峭度有不同的表示形式，另一方面窗宽度是可调的。

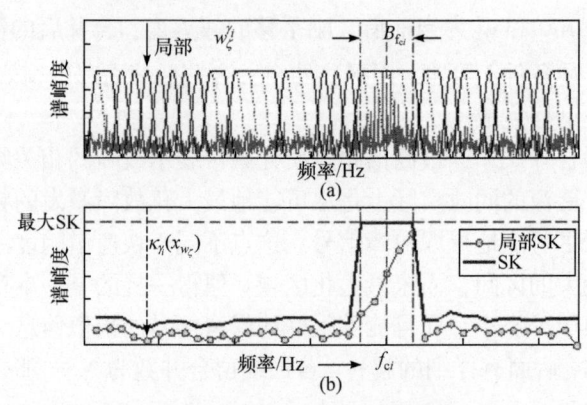

图 2.4　所提的自适应窗谱峭度

基于 STFT 谱峭度和自适应谱峭度对比如图 2.5 所示。如前所述，图 2.5(a)表明，基于 STFT 谱峭度，采用不同窗将导致不同的结果(中心频率和带宽)。因此，为寻找真正的中心频率和带宽，需要尝试很多次，计算量很大，不宜用于实际故

障诊断。当采用所提的自适应谱峭度技术，优化的滤波器可以直接确定出来，不用经过尝试改变窗宽度(图 2.5(b))。

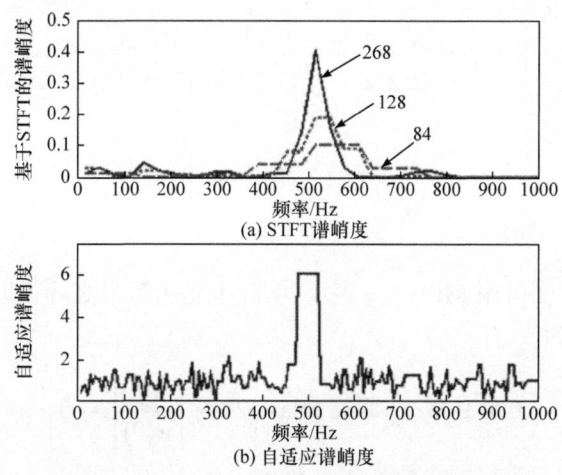

图 2.5 基于 STFT 谱峭度和自适应谱峭度对比

2.3.3 叠加窗函数性能评估

1. 窗函数

7 种窗函数的时域波形与频谱如图 2.6 所示。窗叠加对主瓣宽度、旁瓣衰减、相对旁瓣衰减和窗重叠比率有影响，本节将探讨这一问题。旁瓣、截止频率、主瓣，以及主瓣频率 f_{mlc} 和最高旁瓣频率 f_{hsl} 如图 2.7 所示。

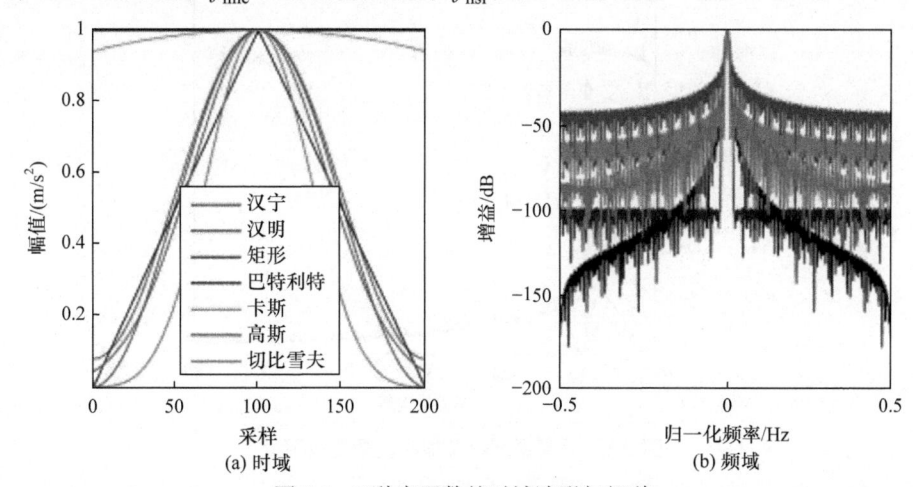

图 2.6 7 种窗函数的时域波形与频谱

为便于讨论，令 $w(t)$ 为实偶合非负时域窗，$w(f)$ 为其傅里叶变换。众所周知，$|w(f)|$ 具有主瓣和零频率，以及两边的旁瓣(见图 2.7)。

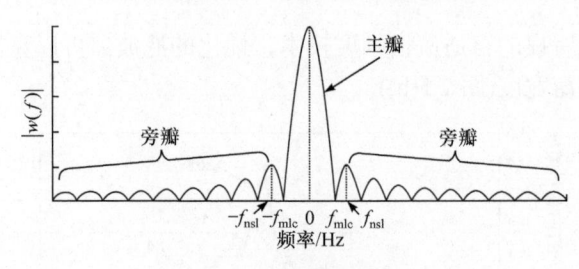

图 2.7 窗函数参数

2. 主瓣宽度(−3dB)

−3dB 主瓣宽度可用 MLW$_{-3dB}$ 表示,实际上是主瓣最高峰值以下 3dB 的宽度。它的一半可表示为

$$0.5\text{MLW}_{-3dB} \stackrel{\text{def}}{=} \underset{f}{\text{argmax}}\left\{20\log\left|\frac{w(f)}{w(0)}\right| \geqslant -3\right\} \quad (2.25)$$

MLW$_{-3dB}$ 主要影响 PDF 的频率分辨率,较小的 MLW$_{-3dB}$ 将得到较高的频率分辨率,反之亦然。我们检验几种常用窗函数,如汉宁窗、汉明窗、布莱克曼窗、高斯窗和矩形窗,叠加次数增加对 MLW$_{-3dB}$ 参数的影响,结果如图 2.8 所示。随着合并次数的增加,MLW$_{-3dB}$ 将减小。图 2.8 中窗函数均表现出相似的特征,而收敛的边界由矩形窗函数确定。总之,可以得出频率分辨率将随着合并次数的增加而提高,这对后续的信号滤波非常有利。

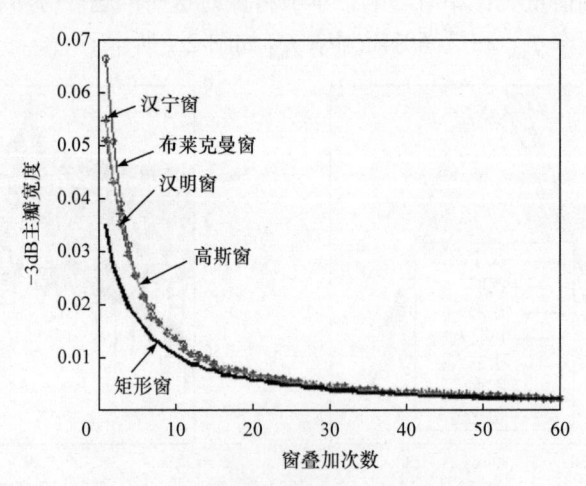

图 2.8 不同窗函数叠加时主瓣宽度变化

3. 相对旁瓣衰减

相对旁瓣衰减(relative sidelobe attenuation,RSA)定义为主瓣高度与最高旁瓣

高度比值的 20 倍对数值，即

$$\text{RSA} \stackrel{\text{def}}{=\!=} 20\log\left|\frac{W(f_{\text{hsl}})}{W(0)}\right| \tag{2.26}$$

不同窗函数叠加时相对旁瓣衰减变化如图 2.9 所示。可以看出，随着合并次数的增加，RSA 将增加(除汉宁窗在较少合并时有所降低)。RSA 增加的边界仍然由矩形窗函数决定。实际上，这种相似窗函数可以看作一个理想滤波器，更适合窄带解调技术。

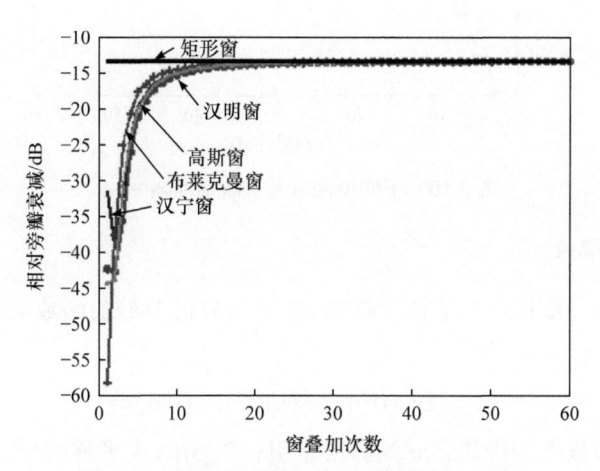

图 2.9　不同窗函数叠加时相对旁瓣衰减变化

4. 谱泄漏

谱泄漏(spectral leakage，SL)定义为旁瓣能量和整个窗函数能量的比值，数学上可间接表示为

$$\text{SL} \stackrel{\text{def}}{=\!=} 1 - \frac{\int_{-f_{\text{mlc}}}^{f_{\text{mlc}}} |W(f)|^2 \, df}{\int_{-\infty}^{+\infty} |W(f)|^2 \, df} \tag{2.27}$$

同样对上述 5 种窗函数，图 2.10 显示了不同窗函数叠加时谱泄漏变化。除矩形窗函数，其余 4 种窗的情况下 SL 均随着合并次数的增加而增加。SL 增加的极限仍然由矩形窗函数确定。虽然首选较低的 SL，但是最大的 SL 也在 10%以下。需要指出的是，当涉及多个频带时，SL 效应将非常重要。实际应用若只检测脉冲特征，仅考虑一个故障频带，那么 SL 的影响不是非常大。

如上所述，汉宁窗、汉明窗、布莱克曼窗、高斯窗对窗叠加都具有相似的影响。因此，它们当中的每一个都可以用在自适应谱峭度技术上。本章采用的是汉宁窗。

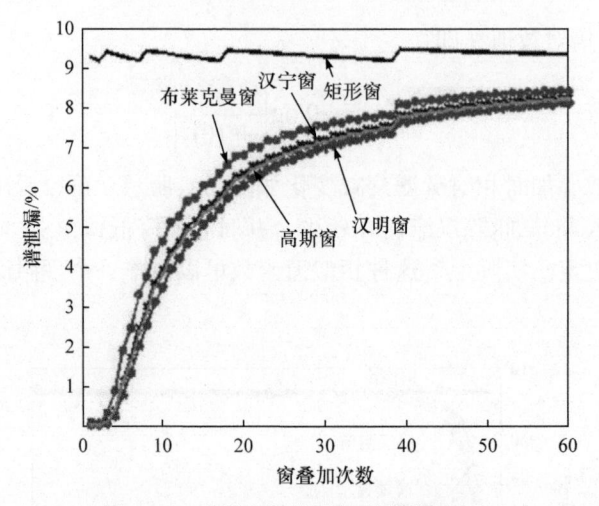

图2.10 不同窗函数叠加时谱泄漏变化

5. 叠加窗增益

对于信号 x，采用一个有限、零相、宽度为 M 的时域窗函数 w 进行分段处理，则第 m 个加窗分段的信号为

$$x_m(n) = x(n)T_{mR}w(n), \quad n \in (-\infty, \infty) \tag{2.28}$$

其中，a 为窗函数滑动步长；m 为分段索引；$T_{ma}w(\cdot)$ 为平移因子，即

$$T_{ma}w(\cdot) = w(\cdot - ma) \tag{2.29}$$

重叠比率 λ 可由窗宽度 M 和滑动步长 a 计算得出，即

$$\lambda = 1 - \frac{a}{M} \tag{2.30}$$

当重叠比率等于50%时，意味着 $a = \dfrac{M}{2}$。为了逐帧频谱处理工作，我们必须能够从各个重叠帧中重建 x，理想情况下只需在原始时间位置对其求和。原始信号 x 可通过各分段数据的重构得到，表达式为

$$x(n) = \sum_{m=-\infty}^{+\infty} x_m(n) = \frac{x(n)}{G(\lambda)} \sum_{m=-\infty}^{+\infty} T_{ma}w(n) \tag{2.31}$$

因此，当 $x(n) = \sum\limits_{m=-\infty}^{+\infty} x_m(n)$ 时，当且仅当

$$\sum_{m \in \mathbb{Z}} T_{ma}w(n) = G(\lambda) = 1, \quad n \in \mathbb{Z} \tag{2.32}$$

实际上，当窗函数的叠加增益恒为1时，对自适应谱峭度算法是有益的。如

果增益 $G(\lambda)$ 为恒值，此时窗 w 是恒定重叠增加的(constant-overlap-add，COLA)。这一特点使此类窗函数可以在 STFT 等变换中实现完美重构。根据泊松求和公式，增益在频域表示为

$$G(\lambda) = \sum_{m \in \mathbb{Z}} T_{m\lambda} w(n) = \frac{1}{a}\sum_{k=0}^{a-1} W\left(\frac{2\pi k}{a}\right) e^{j\frac{2\pi k n}{a}} \quad (2.33)$$

因此，COLA 的约束条件在频域为

$$W\left(\frac{2\pi k}{a}\right) = 0, \quad k \in \mathbb{Z} \cap k \neq 0 \quad (2.34)$$

换句话说，时域窗 w 在步长 a 时，COLA 的充分必要条件是频域窗 W 以框架率 $\frac{2\pi}{a}$ 移动时的各个谐波均为 0。实际上，这个条件可以表示频域的弱 COLA 性。当短时频谱修改之后，此条件便不再满足，需要强 COLA 约束条件。强 COLA 约束需要满足平移 W 在 a 下抽样时是带限的，即

$$W(\omega) = 0, \quad |\omega| \geq \frac{\pi}{a} \quad (2.35)$$

这个条件是充分非必要的，且对于有限窗函数是不可能满足的。无论强 COLA 或弱 COLA 都必须满足以下条件，即

$$G(\lambda) = \sum_{m \in \mathbb{Z}} T_{ma} w(n) = \frac{W(0)}{a} \quad (2.36)$$

其中，$W(0) = \sum_{n=-\infty}^{+\infty} w(n)$。

6. 重叠比率影响

窗重叠比率综合影响窗宽度和步长。重叠比率对 $G(\lambda,r)$、MLW$_{3\text{-dB}}$、RSA 和 SL 均有影响，下面将着重讨论这个问题。

窗叠加增益计算如图 2.11 所示。图中细线表示基窗，粗线表示合并的窗。合并后的窗可以看作一个滤波器，此种情况下所得的增益 $G(\lambda,r)$ 几乎是恒定的。例如，当 $\lambda = 0.8$ 和 $\lambda = 0.5$ 时，$\sum_{m \in \mathbb{Z}} w[n-ma] \cong \text{const}$；当 $\lambda \geq 0.5$ 时，实际上均满足这种情况。这也被称为恒定的重叠增加系统。当采用不同的初始窗函数，增益趋近恒定的能力不同，可以通过经验估计出来。例如，选择汉宁窗，增益可近似表示为

$$G(\lambda,r) \cong \frac{1}{2(1-\lambda)} \quad (2.37)$$

当选用汉宁窗时，叠加次数 r 对 $G(\lambda,r)$ 没有影响。COLA 有助于重构真实的信号，因此非常重要。另外，增益的数值可影响重构信号的幅值。但是，当 $\lambda=0.2$ 时，合并窗的增益 $\sum_{m\in\mathbb{Z}} w[n-ma]$ 存在剧烈波动，将对重构信号产生负面影响。基于上述原因，λ 取值区间为 [0.5,1)。不同窗函数及其重叠比率的增益响应如表 2.1 所示。

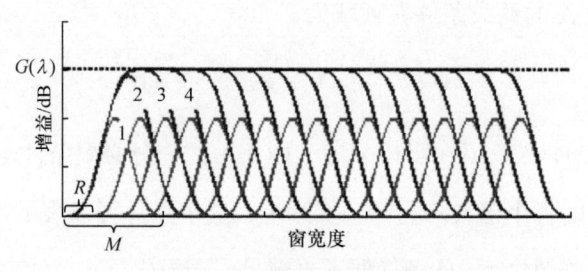

图 2.11 窗叠加增益计算

表 2.1 不同窗函数及其重叠比率的增益响应

窗函数	汉宁窗		汉明窗		矩形窗		三角窗		凯泽窗		切比雪夫窗		高斯窗	
λ	N	$G(a)$	N	$G(a)$	N	$G(a)$	N	$G(a)$	N	$G(a)$	N	$G(a)$	N	$G(a)$
0.75	3	2.10	3	2.06	4	4.00	3	1.89	6	3.91	3	1.52	4	1.89
0.50	2	1.05*	2	1.03*	2	2.00	2	0.95*	2	1.96	2	0.76	2	0.94*
0.25	2	0.69	2	0.68	2	1.33	2	0.63	2	1.30	2	0.50	2	0.63
0.00	1	0.50	1	0.52	1	1.00*	1	0.47	1	0.98*	1	0.38	1	0.47

注：初始窗宽度 20。

当采用不同的重叠比率时，叠加窗函数增益并不一定是恒定的。对于给定某个初始宽度的窗函数且没有重叠次数限制时，叠加窗函数增益存在一个边界，即当重叠比率超过某个数值时，叠加增益是恒定的。图 2.12 给出了汉宁窗在不同初始宽度和重叠比率时的叠加增益结果，不难发现，黑线右侧增益趋于恒定。另外，在 λ 取值较大时，叠加后增益并不恒定为 1，而是随着重叠比率的增加而逐渐增加。这种不恒定为 1，对自适应谱峭度的影响不大，只是影响滤波信号幅值大小。重叠比率对叠加窗的影响如图 2.13 所示。

基于上述研究，在 $\lambda \geqslant 0.5$ 时，继续探讨重叠比率对 MLW$_{-3dB}$、RSA 和 SL 三个参数的影响，结果如图 2.14 所示。可以看出，当 $\lambda \geqslant 0.5$ 时三个参数走势相似，而且它们增加(对于 RSA 和 SL)或减小(对于 MLW$_{-3dB}$)的边界都是来自矩形窗。

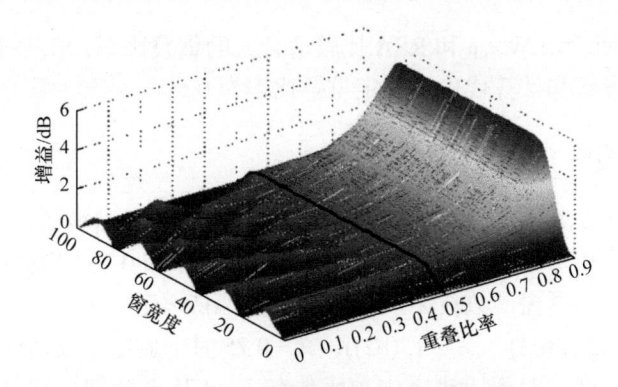

图 2.12 汉宁窗不同重叠比率下的叠加增益

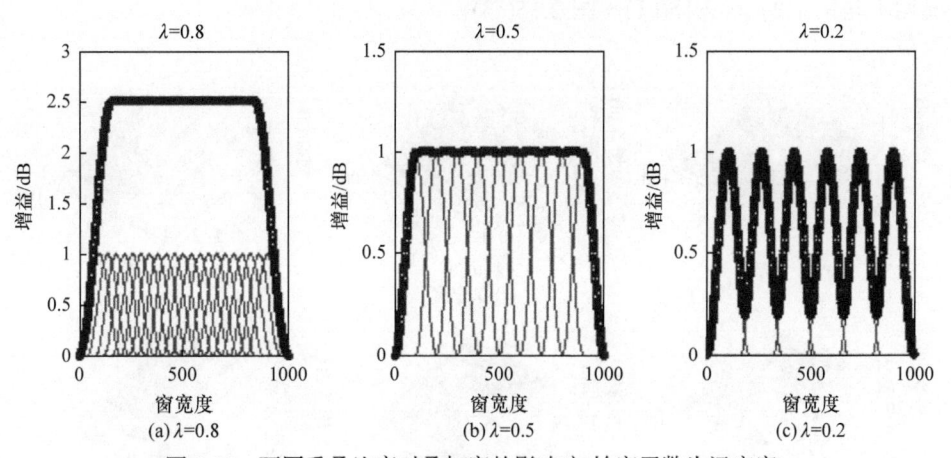

图 2.13 不同重叠比率对叠加窗的影响(初始窗函数为汉宁窗)

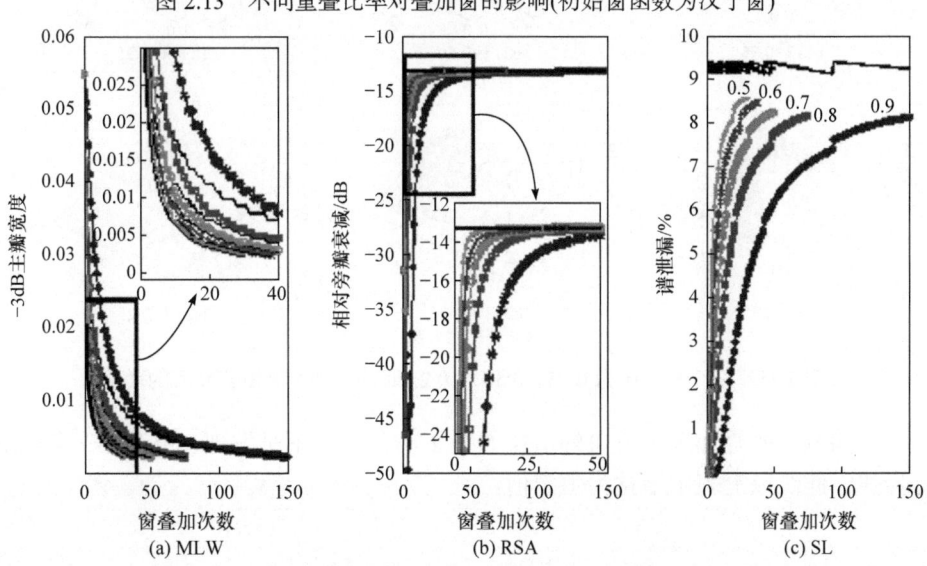

图 2.14 不同重叠比率对 MLW、RSA 和 SL 的影响(汉宁窗)

图 2.14 表明，MLW$_{-3dB}$ 和 RSA 比较适合大的重叠比率，SL 适合小的。因此，综合考虑三个参数和计算代价，设定重叠比率为 0.5。

7. 窗函数影响

除重叠比率，不同窗函数类型也会影响最终叠加后窗增益。图 2.15 显示了汉宁窗、凯泽窗和切比雪夫窗函数在 λ 为 0.75、0.50 和 0.25 时的叠加增益。不难发现，汉宁窗和凯泽窗函数在 $\lambda \geqslant 0.5$ 时，增益保持恒定或近似恒定(图 2.15(a1)、图 2.15(a2)、图 2.15(b1)、图 2.15(b2))，$\lambda = 0.25$ 时则显示出波动性(图 2.15(a3)和图 2.15(b3))。然而，对于切比雪夫窗函数在 $\lambda = 0.75$ 时叠加增益恒定，而其他情况均不是恒定的(图 2.15(c1)~图 2.15(c3))。

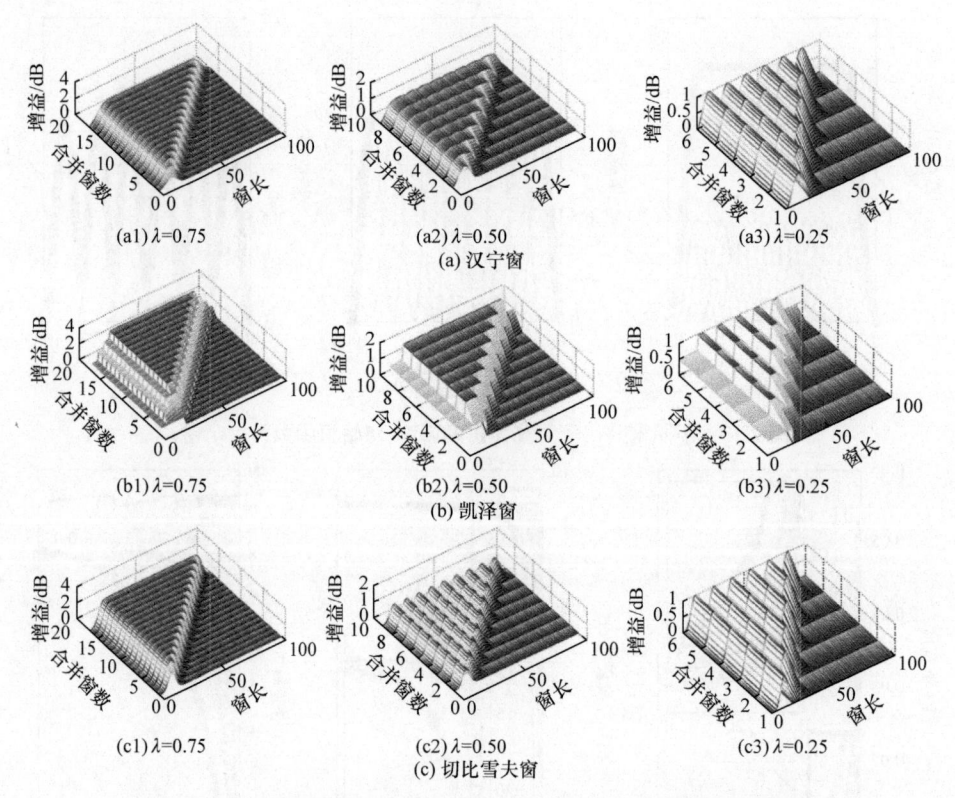

图 2.15 三个重叠比为 0.75、0.50 和 0.25 时的三种类型窗合并后的增益

不同宽度的叠加汉宁窗口的增益如图 2.16 所示。不难发现，也存在一条明显分界线，此线以上表示增益为恒定值。

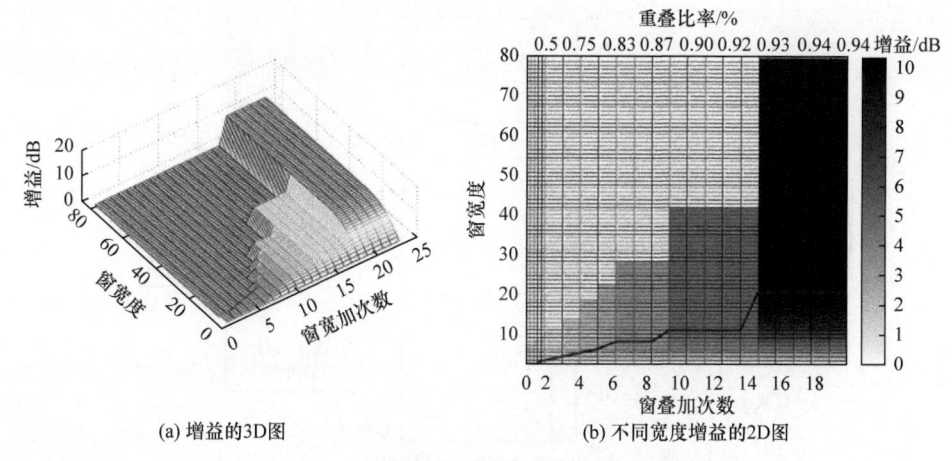

(a) 增益的3D图　　　　　　　　(b) 不同宽度增益的2D图

图 2.16　不同宽度的叠加汉宁窗口的增益

2.4　基于自适应谱峭度的轴承故障诊断

2.4.1　轴承故障诊断整体流程

基于上述讨论，提出基于自适应谱峭度的轴承故障诊断方法。基于 ASK 的轴承故障诊断框架如图 2.17 所示。首先时域信号变换到频域，然后应用自适应谱峭度技术去分析变换后的信号。优化的滤波器可以由自适应谱峭度直接得到，再采用优化滤波器对原始振动信号进行滤波处理。最后，对滤波信号进行包络解调处理以提取故障特征。

本节的自适应谱峭度计算所用窗函数初始宽度定义为大约两倍故障特征频率的大小，这样至少一对频域的调制变频带可以被初始的窗所覆盖。初始中心频率设置为初始带宽的一半，重叠比率设置为 0.5。

2.4.2　仿真分析

1. 轴承单故障仿真

本节基于合成信号进行仿真，对比研究自适应谱峭度技术和快速谱峭度图的性能。采用文献[30]中的修正模型模拟轴承单故障信号，即

$$s(t) = \sum_{j=1}^{J} A_j h(t-jT) + \sigma_n n(t) \tag{2.38}$$

其中，J、A_j 和 T 分别为冲击个数、第 j 个冲击幅值和与特征频率相关的周期；$n(t)$ 为幅值在 –1 和 1 之间的随机信号；σ_n 为反映噪声信号强度的方差，$\sigma_n n(t)$ 为高斯白噪声信号；$h(t)$ 为冲击脉冲函数，即

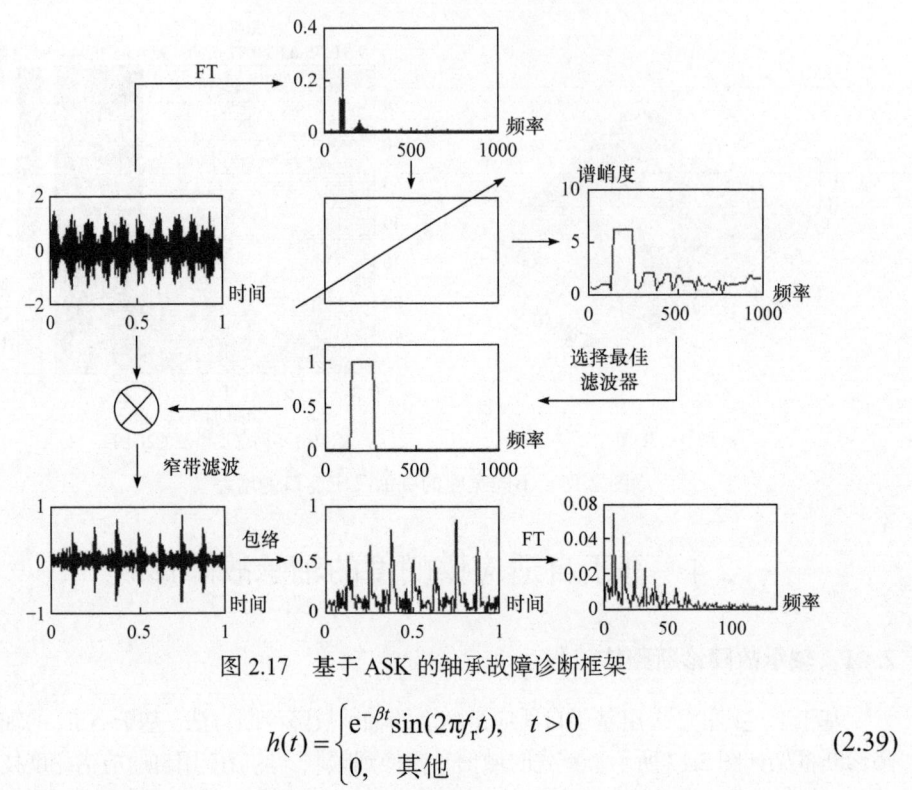

图 2.17 基于 ASK 的轴承故障诊断框架

$$h(t)=\begin{cases} e^{-\beta t}\sin(2\pi f_r t), & t>0 \\ 0, & 其他 \end{cases} \quad (2.39)$$

其中，β 为衰减参数；f_r 为激发的共振频率。

本节采样频率和时间分别设为 8000Hz 和 3s，相关参数如表 2.2 所示。

表 2.2 仿真轴承故障信号参数

参数	A_j	J	T/s	σ_n	β/Hz	f_r/Hz
数值	[0.5,1]	7	0.43	0.2:0.02:1	50	200

仿真无噪声冲击信号如图 2.18 所示(式(2.38)中 $\sigma_n=0$)。为检验方法的有效性，仿真一组不同 σ_n(0.2~1.0)的信号。如图 2.19 所示，随着 σ_n 从 0.2 变化到 1.0，SNR 从-7.939dB 变化到-21.92dB。当 σ_n 超过 0.6 时，图 2.18 中的脉冲不能直接

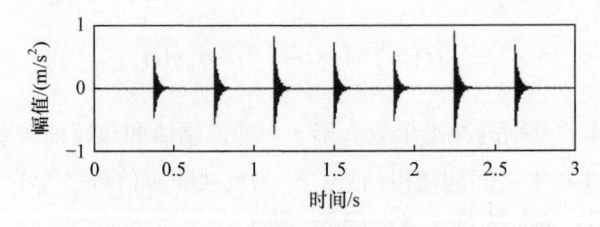

图 2.18 仿真无噪声冲击信号

从时域观测到。因此，采用自适应谱峭度技术去分析这些仿真信号，结果如图 2.20 所示。不难发现，随着噪声强度增加，谱峭度减小，谱峭度主要集中于故障激发的 200Hz 共振频率处。

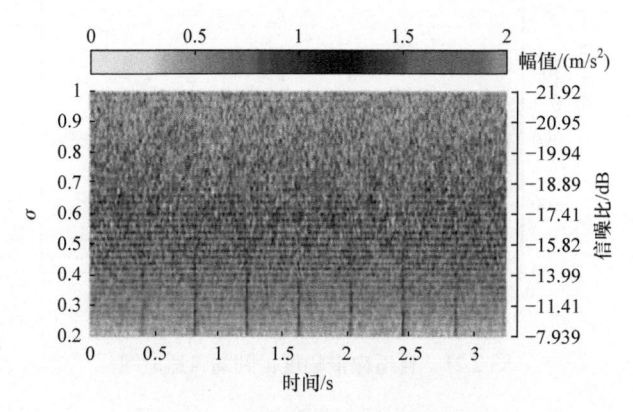

图 2.19 仿真不同噪声强度信号

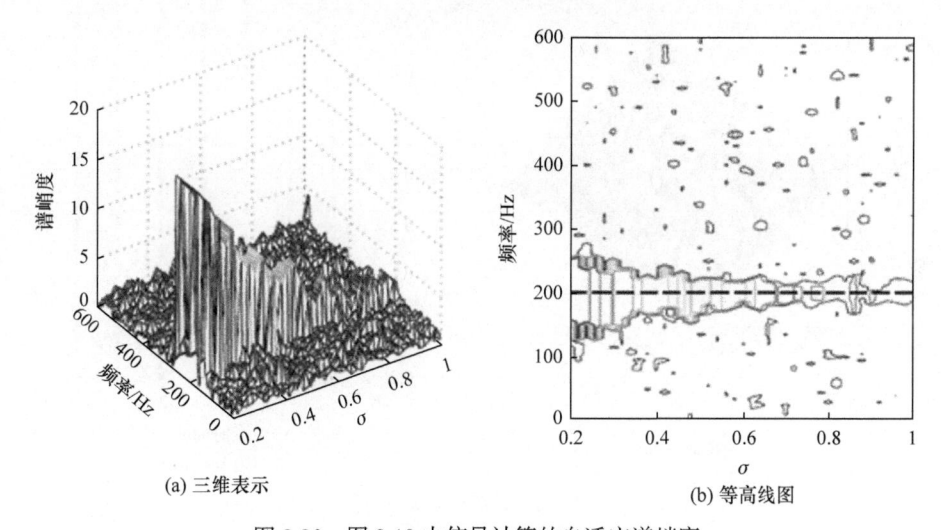

(a) 三维表示

(b) 等高线图

图 2.20 图 2.19 中信号计算的自适应谱峭度

自适应谱峭度得到的自适应窗如图 2.21 所示。即使在 SNR 相当低的情况下，中心频率也确实位于 200 Hz 左右。随着频带不断缩减，噪声强度 σ_n 不断增大。仿真信号 ASK 分析结果如图 2.22 所示。结果清楚地显示仿真信号的冲击，基本消除干扰成分。图 2.23 显示了快速谱峭度图的分析结果。当 $\sigma_n > 0.6$ 时，滤波后的信号仍然有大量噪声，而且图 2.23(a) 的幅值也远小于图 2.22(a) 的幅值。

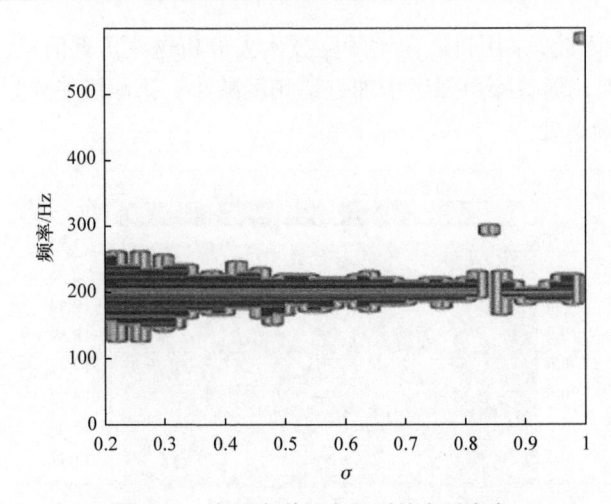

图 2.21　自适应谱峭度得到的自适应窗

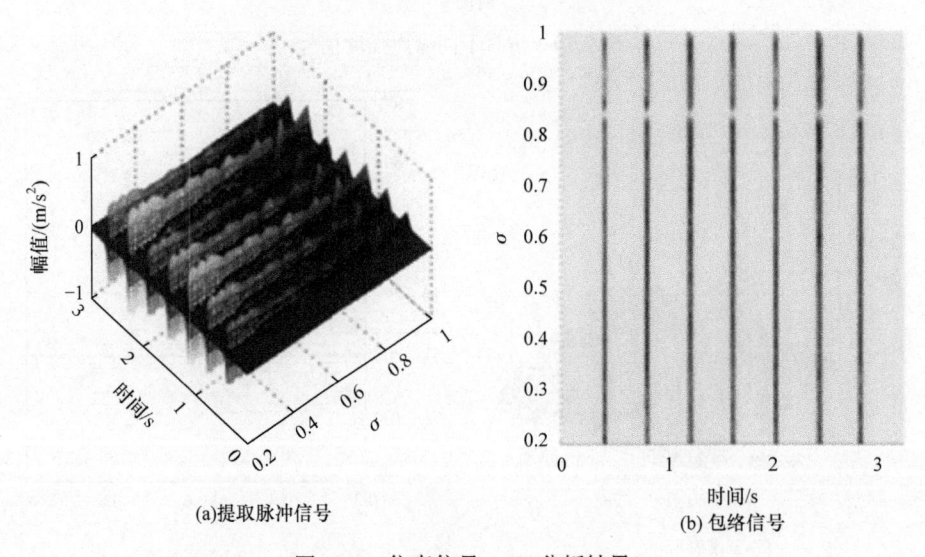

(a) 提取脉冲信号

(b) 包络信号

图 2.22　仿真信号 ASK 分析结果

2. 轴承复合故障仿真分析

富含多个脉冲的复合故障轴承的振动模型可以解调为脉冲响应[30,31]

$$y_i(t) = p_i(t) * \sum_{k=1}^{K} q_i(t - kT_i) \tag{2.40}$$

其中，*表示卷积；$p_i(t)$ 为第 i 故障的碰撞脉冲；$q_i(·)$ 为第 i 缺陷的脉冲响应函数；T_i 为特征频率对应的时间周期。

为了简化，假设结构是线性多自由度系统，脉冲响应函数为[30]

(a) 提取脉冲信号   (b) 包络信号

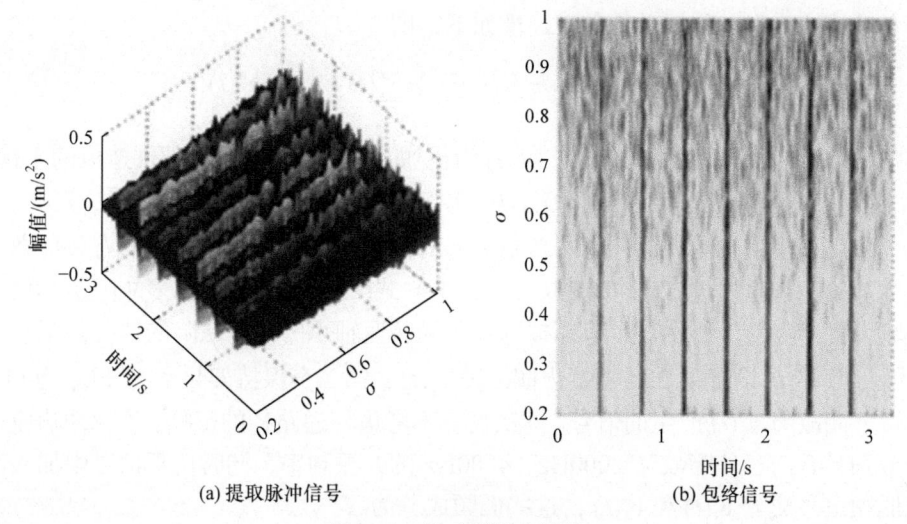

图 2.23 快速谱峭度结果

$$q_i(t) = \begin{cases} \mathrm{e}^{-\zeta_i t}\sin(2\pi f_r^i(t)+\phi_i), & t>0 \\ 0, & \text{其他} \end{cases} \tag{2.41}$$

其中，ζ_i 为衰减参数；f_r^i 为缺陷 i 激发的共振频率；ϕ_i 为故障 i 的初始相位。

文献[32]首次引入碰撞脉冲函数 $p_i(t)$，并考虑了载荷影响[31]，其表达式为

$$p_i(t) = \sum_{l=-\infty}^{+\infty} A_p^i \beta_i(\tau_i+lT_i)\delta(t-\tau_i-lT_i) \tag{2.42}$$

其中，A_p^i 为非零振幅；τ_i 为时间延迟，为了模拟真实情况，两次随机碰撞所产生脉冲的时间延迟是具有随机性的；β_i 为脉冲强度系数，用于模拟缺陷进入和离开载荷区这一过程。

在径向载荷作用下，滚动轴承的圆周载荷分布可以通过 Stribeck 方程来近似定义[33,34]，即

$$\beta_i(t) = \max\left(1-\frac{\varepsilon_i}{2}[1-\cos(2\pi f_C^i t - b_i)],0\right)^{\alpha_i} \tag{2.43}$$

其中，$\varepsilon_i > 2$，为带正间隙的轴承；α_i 为不同轴承的指数；f_C 为保持架的频率；b_i 为转化因子。

这个模型也可以在文献[35]中找到。碰撞振幅的大小取决于轴承圆周上的载荷分布以及其他参数，如组件动态刚度的变化、滚动体的波纹度，以及滚珠尺寸偏差。

如前所述，不同的轴承故障可能导致不同频段的共振。如果一个机械系统有两个或两个以上的故障轴承，或一个轴承在不同的位置有多个缺陷，针对这种由

多个轴承缺陷引起的振动信号，建模如下，即

$$y(t) = \sum_i y_i(t) * h_i^y(t) + d_i(t) * h_i^d(t) + n_i(t) * h_i^n(t) \tag{2.44}$$

其中，$y_i(t)$ 为故障 i 的脉冲响应；$d_i(t)$ 为机械系统的齿轮、轴等部件造成的干扰；$n_i(t)$ 为噪声；$h_i^y(t)$、$h_i^d(t)$ 和 $h_i^n(t)$ 为 $y_i(t)$、$d_i(t)$ 和 $n_i(t)$ 的传递路径函数。

采用该模型轴承外圈和内圈缺陷引起的仿真信号可评估该方法的有效性[36]。多脉冲故障信号通过式(2.40)模拟，式(2.41)~式(2.43)表达的轴承多故障仿真信号参数设置如表 2.3 所示。本节模拟两个不同转速轴承的两个缺陷的情况。第一个保持架频率 f_C^1 设置为 2Hz 模拟内圈故障 $y_1(t)$，第二个保持架频率 f_C^2 设置为 6Hz 模拟外圈故障 $y_2(t)$ 产生的信号。本次仿真不考虑传递路径的影响。该脉冲响应信号分别具有内、外圈故障 2000Hz、4000Hz 的共振频率，同时仿真信号中加入两个低频信号成分 $y_3(t)$ 和 $y_4(t)$，这些低频成分为

$$y_3(t) = A_3 \sin(2\pi f_3 t) \tag{2.45}$$

$$y_4(t) = A_4 \sin(2\pi f_4 t) \tag{2.46}$$

表 2.3 轴承多故障仿真信号参数设置

A_p^1	A_p^2	J_1	J_2	T_1/s	T_2/s	ζ_1/Hz	ζ_2/Hz	f_r^1/kHz	f_r^2/kHz	A_3	A_4	f_3/Hz	f_4/Hz
1.6	1.2	19	12	0.05	0.077	300	500	4	2	0.5	0.2	50	100
τ_1	τ_2	ε_1	ε_2	b_1	b_2	$h_1(t)$	$h_2(t)$	$d_1(t)$	$d_2(t)$	ϕ_1	ϕ_2	α_1	α_2
0	0	2	2	0	0	1	1	0	0	0	0	1	1

四个模拟信号 $y_1(t)$、$y_2(t)$、$y_3(t)$、$y_4(t)$ 如图 2.24(a)所示，混合信号 $\sum_{i=1}^{4} y_i(t)$ 如图 2.24(b)所示。因为实际信号中感兴趣的信号往往被淹没在噪声中，所以也添加了高斯白噪声来掩盖脉冲特征信号。最终的特征信号表述为

$$y(t) = \sum_{i=1}^{4} y_i(t) + \mathrm{WGN}_\sigma(t) \tag{2.47}$$

其中，$\mathrm{WGN}_\sigma(t)$ 为高斯白噪声的信号；σ 为噪声的方差。

图 2.24(c)显示了这些噪声信号中当 $\sigma = 0.9$ 时的噪声信号。可以看出，时域图中所有的碰撞和低频分量都被淹没在噪声中。

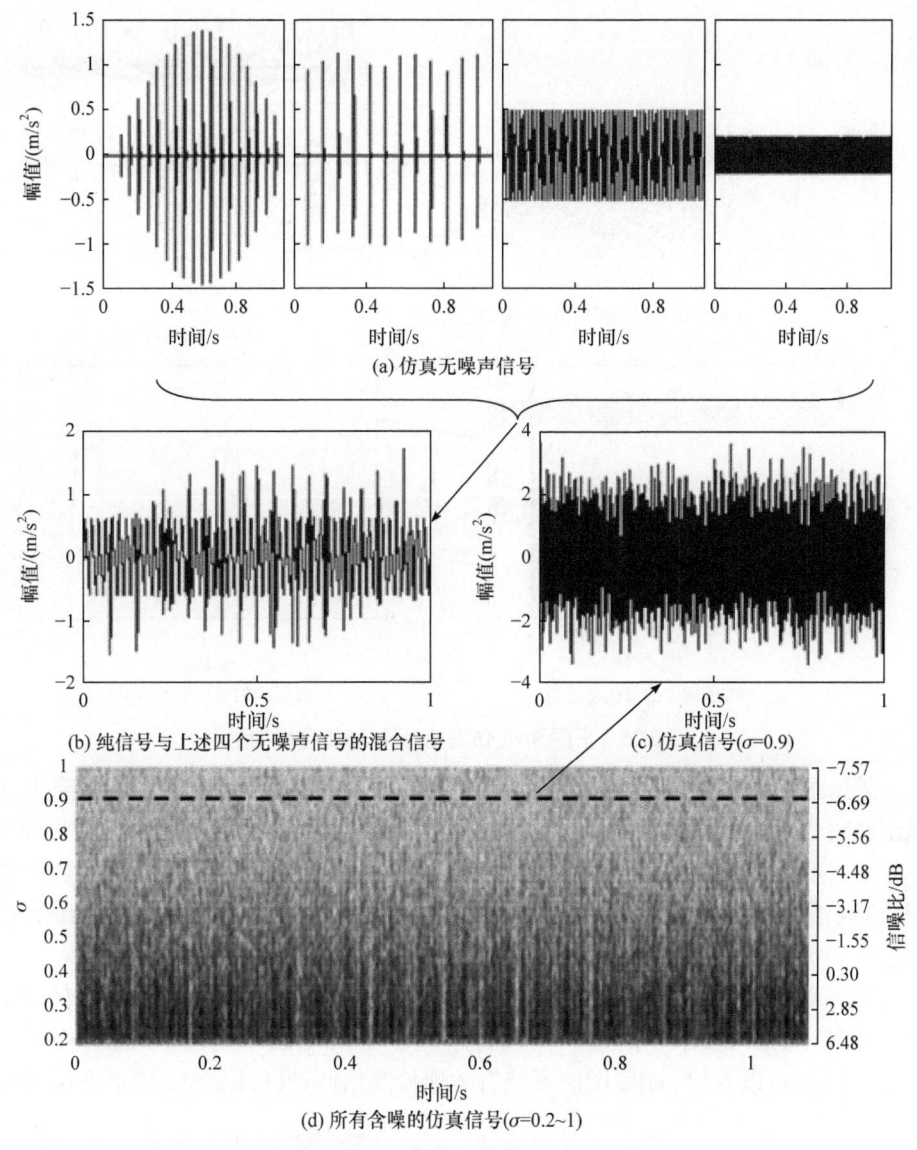

图 2.24 不同噪声水准的仿真信号

利用 ASK 技术得到的结果如图 2.25 所示。图 2.25(a)给出了与不同噪声水平和频率相关联的谱峭度。图 2.25(b)给出了相应的等高线图,可以清楚地找到两套最大化谱峭度的中心。图 2.25(c)给出了对应所有模拟噪声水平的 ASK 最佳带通滤波器。图 2.25(d)给出了针对特定高噪声水平 $\sigma = 0.9$ 的最优带通滤波器。这清楚地表明,即使在 SNR 较低时,ASK 仍能正确识别共振频带。

(a) 不同SNR仿真信号的ASK结果(3D显示)

(b) 相应的等高线图

(c) ASK所确定的最优滤波器

(d) 得到的最优滤波器($\sigma=0.9$)

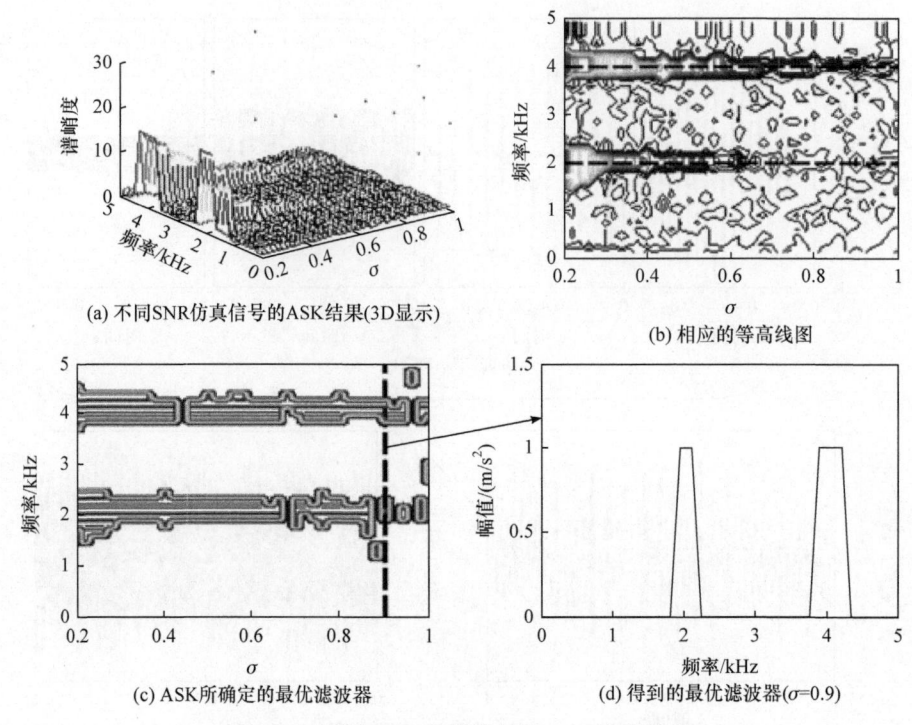

图 2.25　不同 SNR 仿真信号的 ASK 分析结果

采用图 2.25(c)中的最优滤波器，所有具有不同 SNR 的仿真信号被振幅解调，并显示在图 2.26 中。滤波后的时域信号的三维图呈现在图 2.26(a)中，可以发现该形状非常接近于图 2.24(a)中的纯信号。图 2.26(a)的 Hilbert 包络信号在图 2.26(b)中给出。图 2.26(c)给出了与图 2.24(b)原始冲击信号类似的另一信号。同样，图 2.26(d)给出了图 2.26(c)中信号的包络，结果表明 ASK 在多个故障特征提取的有效性。

该仿真信号可以用快速峭度图方法[37]进行分析，利用快速峭度图检测的中心频率和带宽如图 2.27(a)所示。$\sigma=0.9$ 时信号的 kurtogram 结果如图 2.27(b)所示，从图 2.27(b)可以看出，峭度图法不能有效地检测出两种脉冲信号，特别是在 0.5～

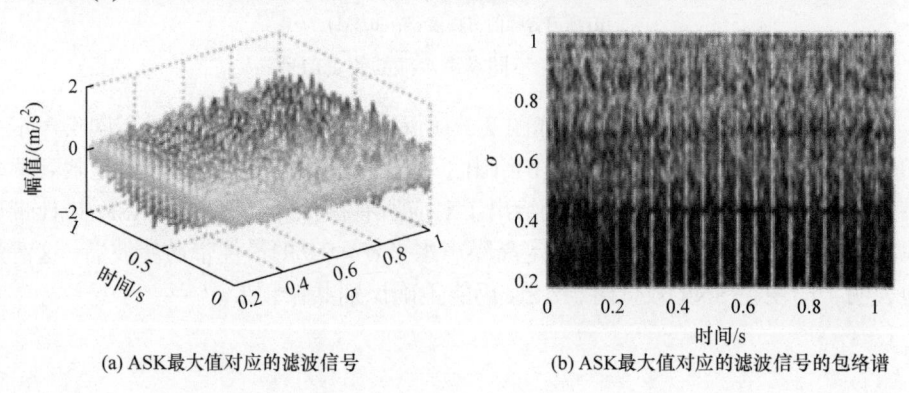

(a) ASK最大值对应的滤波信号

(b) ASK最大值对应的滤波信号的包络谱

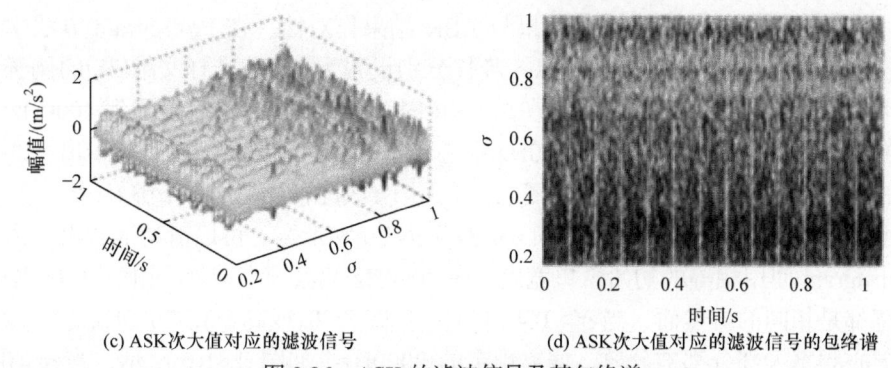

(c) ASK次大值对应的滤波信号　　　　(d) ASK次大值对应的滤波信号的包络谱

图 2.26　ASK 的滤波信号及其包络谱

1s 的时间内对于 $\sigma = 0.5 \sim 1$ 的间隔很难观察到故障信息(几乎为零)。大致地确定了 4000Hz 相对应的最佳的中心频率和带宽，但是 2000Hz 处的共振频带没有被自动检测出来。图 2.27(b)是 $\sigma = 0.9$ 时仿真信号的谱峭度图，在 4000Hz 附近的频带是最大值，并且 2000Hz 附近隐约还有一个共振带。由此可知，SNR 为 $\sigma = 0.2 \sim 1$ 的信号使用 kurtogram 仅能提取 4000Hz 附近频带的特征，并不能提取 2000Hz 附近频带的特征。因此，基于人类视觉判断的故障检测过程难以实现自动化。仿真信号使用 kurtogram 的滤波信号及其等高线图如图 2.28 所示。

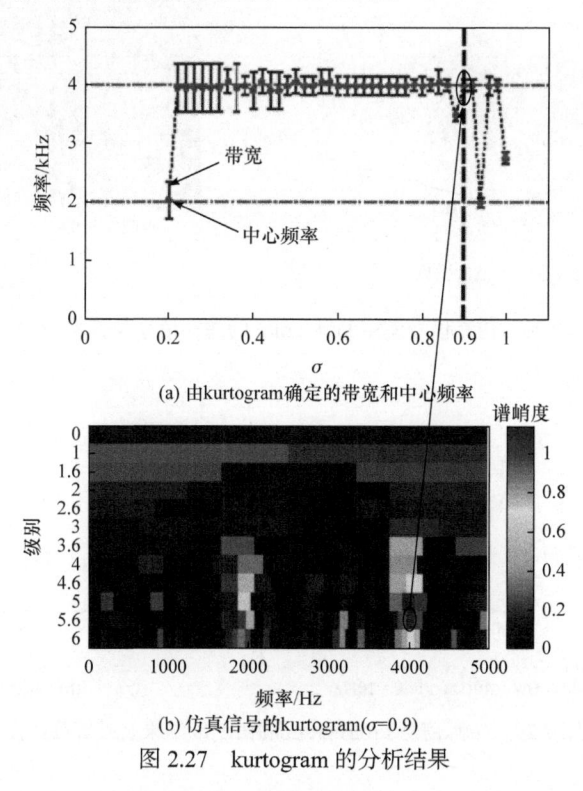

(a) 由kurtogram确定的带宽和中心频率

(b) 仿真信号的kurtogram($\sigma=0.9$)

图 2.27　kurtogram 的分析结果

接下来将 Protrugram 法的结果与 ASK 结果作对比。在 Protrugram 方法中，最初的带宽(简称 Bw)和 Protrugram 步长分别设置为 40Hz(选择文献[38]的例子为参考)和 10Hz。如图 2.29 所示，在高 SNR 时，Protrugram 可以检测到 4000Hz 和 2000Hz 的共振频率带。采用 4000Hz 中心频率和 40Hz 带宽，图 2.30 给出了滤波后的信号及其包络。结果发现，与图 2.21(b)相比，故障检测的结果不够好。图 2.31(a) 显示了 Protrugram 方法得到的中心频率(简称 Fc)和带宽。可以清楚地看出，由于 Protrugram 使用相等的初始窗口宽度，在 4000Hz 共振频率带处(用虚线圆标出)的带宽都是相同的。然而，当 $\sigma > 0.4$ 时，由于低 SNR(或高 σ)，2000Hz 左右检测的中心频率大部分都被分散，偏离预定的 2000Hz。如图 2.31(b)所示，当 $\sigma = 0.9$ 时，Protrugram 方法指定的中心频率几乎为 0，没有预期的 2000Hz 和 4000Hz，因为 SNR 太低。由于大多数识别的频率带偏离 2000Hz，只使用那些在 4000Hz 左右(以虚线圆标出)中心频率作为中心频率进行对比。此外，Protrugram 的结果可能在很大程度上依赖初始带宽。然而，在实际应用中很难选择合适的初始带宽，缺少初始带宽选择的自适应性。因此，对于峭度图和 Protrugram，本章提出的 ASK 法在轴承多故障诊断中更有效。

(a) kurtogram 的滤波结果

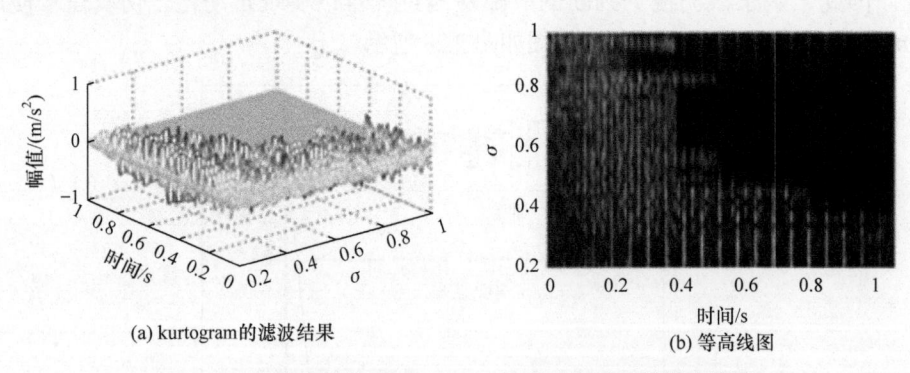

(b) 等高线图

图 2.28　仿真信号使用 kurtogram 的滤波信号及其等高线图

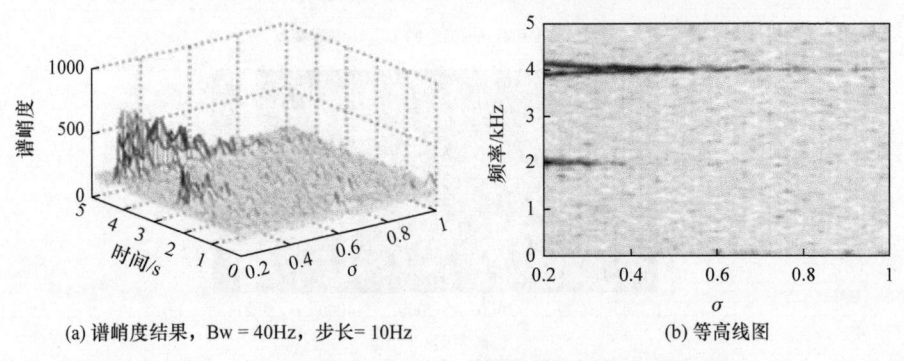

(a) 谱峭度结果，Bw = 40Hz，步长 = 10Hz

(b) 等高线图

图 2.29　仿真信号 Protrugram 的谱峭度结果及其等高线图

(a) Protrugram滤波信号

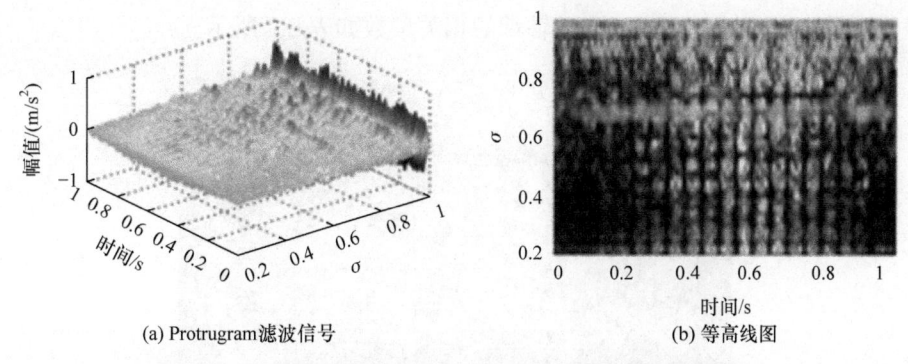

(b) 等高线图

图 2.30 仿真信号使用 Protrugram 的滤波信号及其等高线图

(a) 仿真信号Protrugram确定的中心频率和带宽

(b) $\sigma=0.9$时的信号的谱峭度图

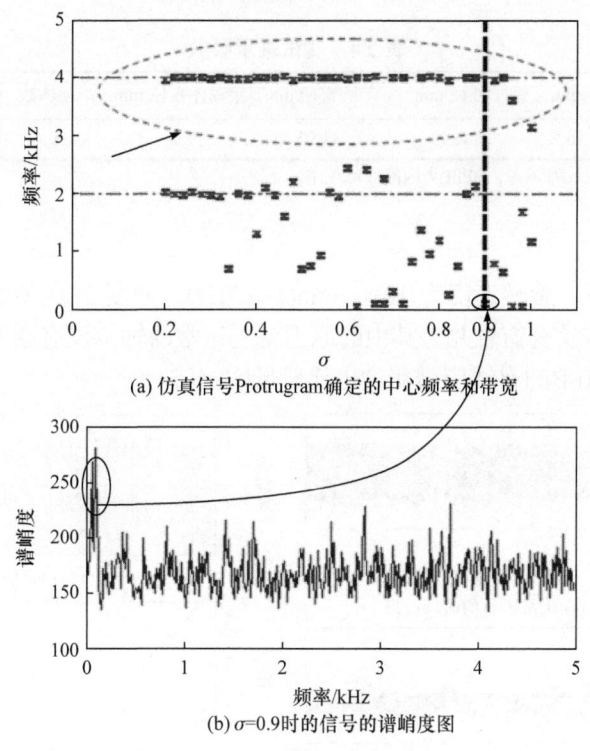

图 2.31 Protrugram 结果图

2.4.3 实验验证

1. 轴承单故障诊断

本节通过实际轴承实验进一步验证所提方法的有效性。在故障模拟平台(MKF-PK5M)上采集轴承振动信号，实验装置如图 2.32 所示。在实验测试中，使用了同一型号的不同状况轴承(健康、外圈故障和内圈故障)，采样频率和采样长度分别设为 12000Hz 和 60000。轴承的相关参数如表 2.4 所示。

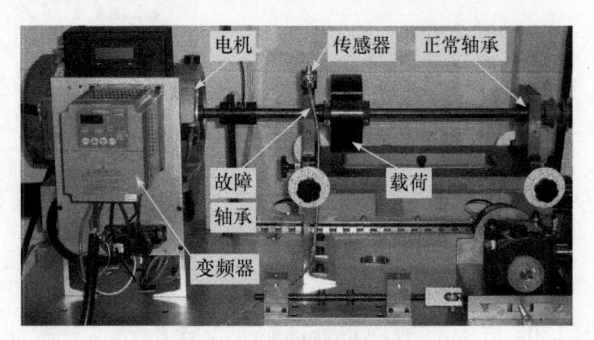

图 2.32 轴承故障实验装置

表 2.4 测试轴承参数

类型	内径/mm	外径/mm	节圆直径/mm	滚动体直径/mm	滚动体数	BPFO/Hz	BPFI/Hz
ER10K	15.86	46.99	33.50	7.94	8	$3.052 f_r$	$4.948 f_r$

注：BPFO 为外圈故障频率，BPFI 为内圈故障频率。

1) 正常轴承

在此情况下，旋转速度为 1000r/min(16.67Hz)。如图 2.33 所示，所有的窗均非常窄，即基本没有窗合并。其中的原因就是正常的轴承没有激发出共振频带。因此，图 2.33(d)中的自适应谱峭度也比较低(小于 2)。

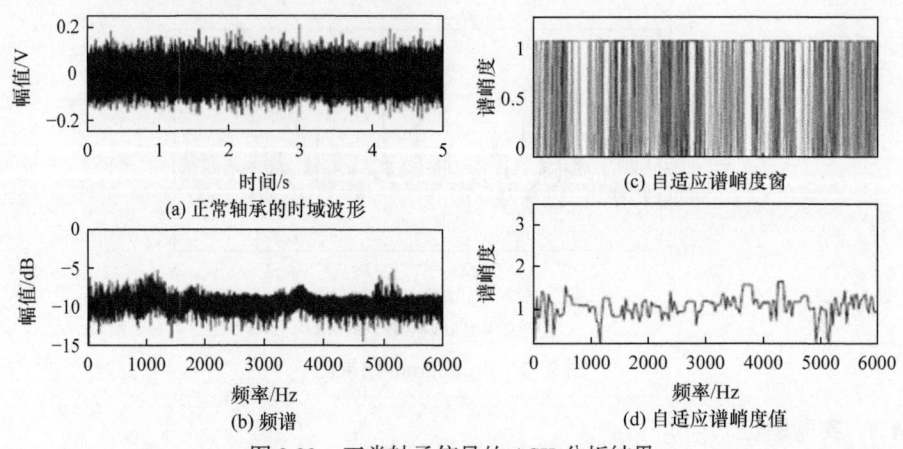

图 2.33 正常轴承信号的 ASK 分析结果

2) 轴承外圈轻微故障

此时转速为 999r/min(16.65Hz)，轴承外圈故障频率(ball pass frequency outer race，BPFO)为 50.82Hz (16.65×3.052)。图 2.34(a)与图 2.34(b)给出了振动信号及其频谱。故障特征不能直接从图 2.34(a)(周期性冲击)或图 2.34(b)(共振频带)中得到。

图 2.34(c)~图 2.34(h)是采用自适应谱峭度得到的结果：从图 2.34(c)可以直接看到有窗合并，而且图 2.34(d)显示较高的谱峭度；图 2.34(e)是得到的优化带通滤波器，它的中心频率位于 1230.5Hz 附近，带宽为 542Hz；图 2.34(f)是用优化带通滤波器得到滤波后的信号，包络信号及其频谱如图 2.34(g)和图 2.34(h)所示；外圈故障特征频率及其各次倍频可清楚地从 2.34(h)看出。图 2.34(a)和图 2.34(b)是采用带通滤波器(频带在 1000~1300Hz)的解调结果，它们是一致的。但是实际应用中合适的频带在实际应用中并不容易人为选出，下面进一步验证所提方法的有效性。

(a) 轴承外圈轻微故障信号的时域波形

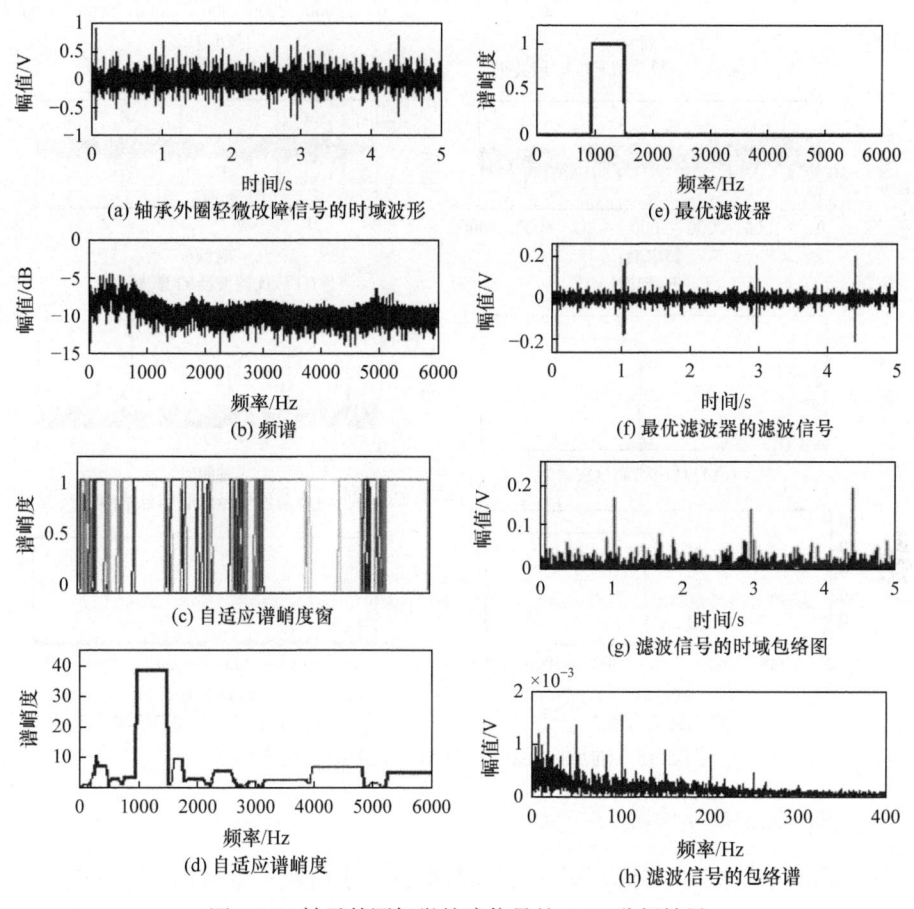

(b) 频谱

(c) 自适应谱峭度窗

(d) 自适应谱峭度

(e) 最优滤波器

(f) 最优滤波器的滤波信号

(g) 滤波信号的时域包络图

(h) 滤波信号的包络谱

图 2.34 轴承外圈轻微故障信号的 ASK 分析结果

3) 轴承内圈严重故障

实验中的旋转速度为 1503r/min(25.05Hz)，轴承内圈故障频率(ball pass frequency inner race，BPFI)为 123.95Hz(25.05×4.948)。图 2.35(a)与图 2.35(b)给出了振动信号及其频谱，可以看出，由于故障的严重性，信号幅值较大。图 2.35(c)~图 2.35(h)是采用自适应谱峭度得到的结果。从图 2.35(c)可以直接看到有大量窗合并，最大窗函数对应的谱峭度接近 90；图 2.35(e)中的最优带通滤波器也相对较宽，这些较高的谱峭度和宽的叠加窗均是严重故障造成的，从图 2.35(e)中可以清楚地发现冲击特征。自适应谱峭度技术使故障特征更容易辨别，如图 2.35(h)所示。如图 2.36 所示，若频带选用得当，窄带滤波解调谱中仍然可以识别出严重故障。

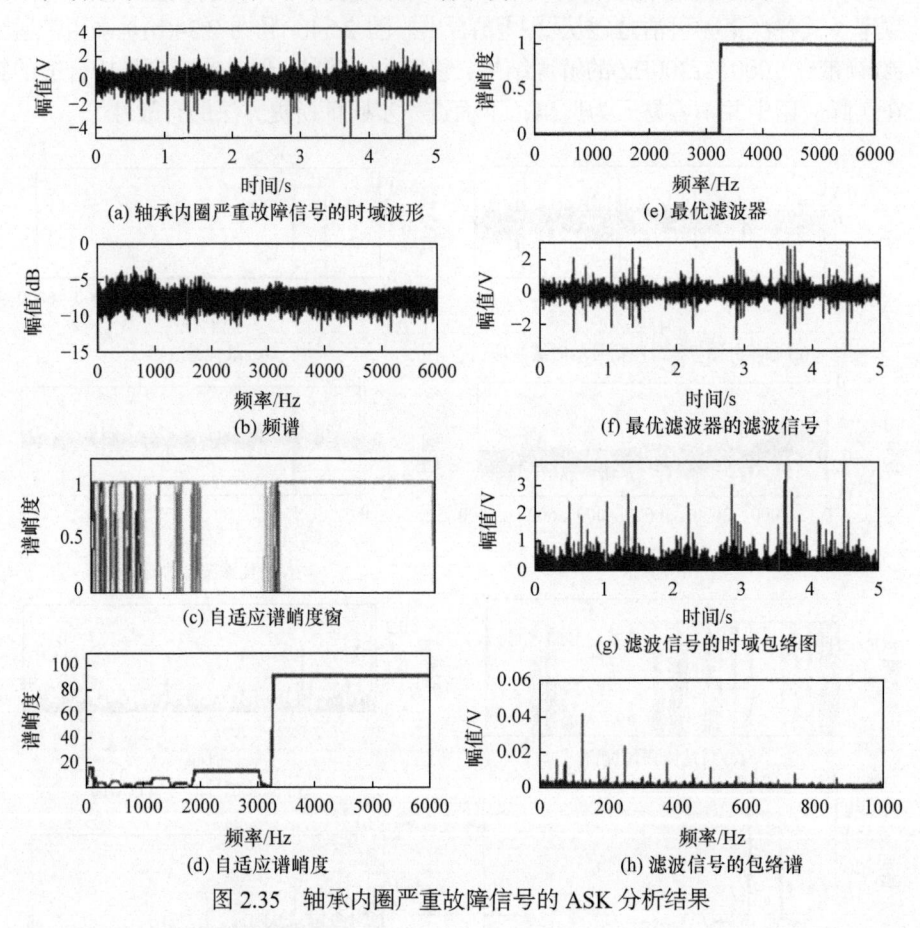

图 2.35 轴承内圈严重故障信号的 ASK 分析结果

2. 轴承复合故障诊断

下面使用 MKF-PK5M 采集的实际数据进一步研究本章所提技术在轴承复合故障诊断中的有效性。实验装置如图 2.37 所示，轴承故障(故障大小未知)由机器故障实验台制造商产生。

采用灵敏度为100mV/g 的加速度计 623C01 获得振动信号。这种加速度传感器安装在第三个轴承支架的顶部，采样频率和信号长度为 20000Hz 和 50000。测得的信号以 1× 的增益馈送到 ICP[R] 传感器信号调理器，然后通过屏蔽电缆(PCB 052BQ010AC)和 NI BNC-2110 连接器发送到 NI PCI 6132 数据采集卡。

(a) 外圈轻微故障信号的解调结果及其包络

(b) 内圈严重故障信号的解调结果及其包络

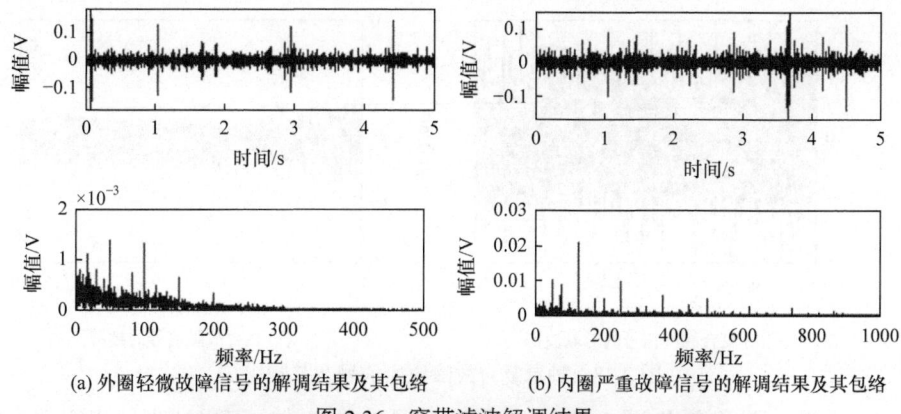

图 2.36 窄带滤波解调结果

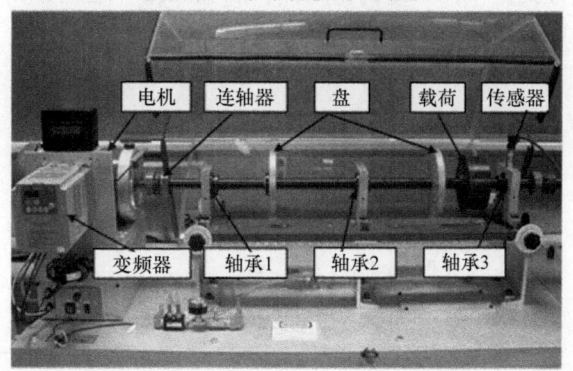

图 2.37 多种轴承故障的实验装置

实验用轴承相关参数如表 2.5 所示。

表 2.5 实验用轴承相关参数

型号	节圆直径/mm	滚动体直径/mm	滚子数	BPFO/Hz $f_r^1=20.18$	BPFO/Hz $f_r^2=12.90$	BPFI/Hz $f_r^1=20.18$	BPFI/Hz $f_r^2=12.90$
ER16K	38.51	7.94	9	72.08	46.08	109.6	69.78

1) 两个轴承的多故障诊断

该实验使用了两种不同缺陷的轴承：一个具有内圈缺陷(轴承1)，另一个具有外圈缺陷(轴承3)。该轴的旋转频率为20.18Hz，轴承外圈故障特征BPFO和轴承内圈故障特征BPFI为72.08Hz和109.6Hz，采集的原始测试信号及其频谱如图2.38所示。

图 2.39(a)显示了使用 ASK 技术得出的谱峭度，其中两个与最高和次最高的谱峭度相关联的窗口可以很容易地识别。两个窗口的高谱峭度意味着两个脉冲性质故障的存在。ASK 最大值和次大值的带通滤波器如图2.39(b)和图2.39(c)所示。使用两个已识别的带通滤波器解调的信号分别呈现在图2.40(a)和图2.40(c)中，关联的 Hilbert 包络谱如图2.40(b)和图2.40(d)所示。来自轴承3的 BPFO 频率(72.8Hz)

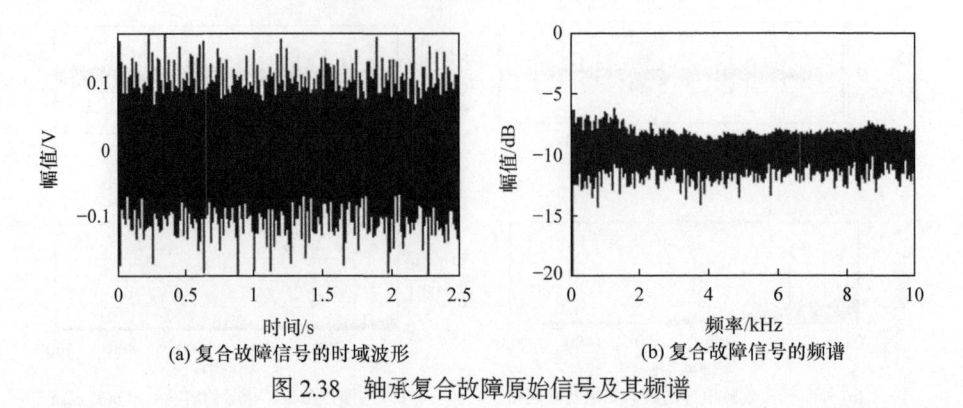

(a) 复合故障信号的时域波形   (b) 复合故障信号的频谱

图 2.38 轴承复合故障原始信号及其频谱

及其五个谐波非常突出(图 2.40(b))。同样，图 2.40(d)中也可以清晰地观察到该轴承的 BPFI 频率(109.8Hz)及其四个谐波。

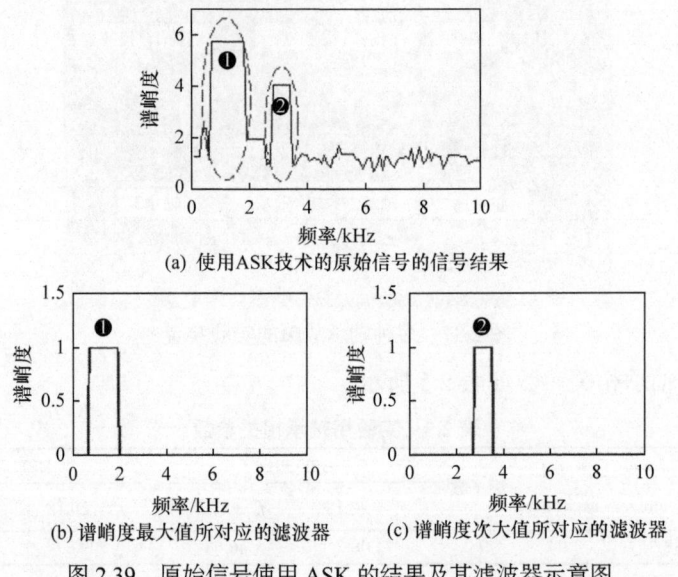

(a) 使用ASK技术的原始信号的信号结果

(b) 谱峭度最大值所对应的滤波器   (c) 谱峭度次大值所对应的滤波器

图 2.39 原始信号使用 ASK 的结果及其滤波器示意图

为了与本章所提的 ASK 技术作对比，那些相同的原始数据也使用 Protrugram 和 kurtogram 方法处理。如图 2.41(a)所示，最大的峭度图砖块位于 1250Hz 的中心频率处，其带宽为 833.3Hz，并用实线圈标出。如图 2.41(b)所示，可以识别出与轴承 3 相关的 BPFO 及其谐波。另外，肉眼可识别出另一个中心频率为 3100Hz 和带宽为 410Hz 的谱峭度图砖，并用其解调信号。用第二个确定的频带滤波结果如图 2.41(c)所示，可以检测到轴承 1 的频率(109.8Hz)及其两个谐波。这与 ASK 识别的结果是一致的，但是第二故障频带区域是不容易在 kurtogram 图中自动识别的。

第 2 章　自适应谱峭度及其应用

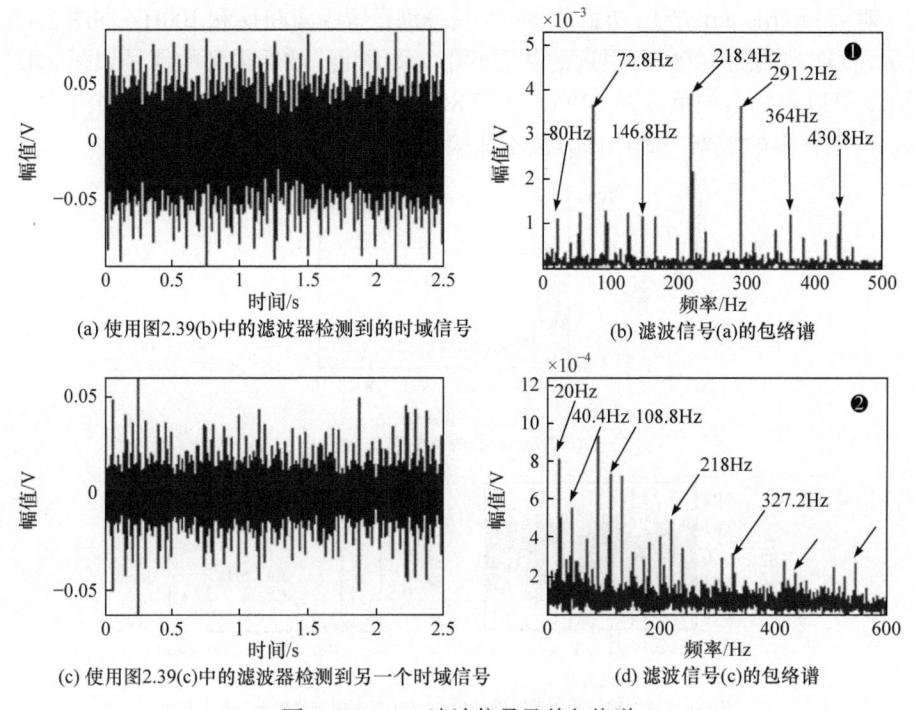

(a) 使用图2.39(b)中的滤波器检测到的时域信号

(b) 滤波信号(a)的包络谱

(c) 使用图2.39(c)中的滤波器检测到另一个时域信号

(d) 滤波信号(c)的包络谱

图 2.40　ASK 滤波信号及其包络谱

(a) 案例1数据的kurtogram

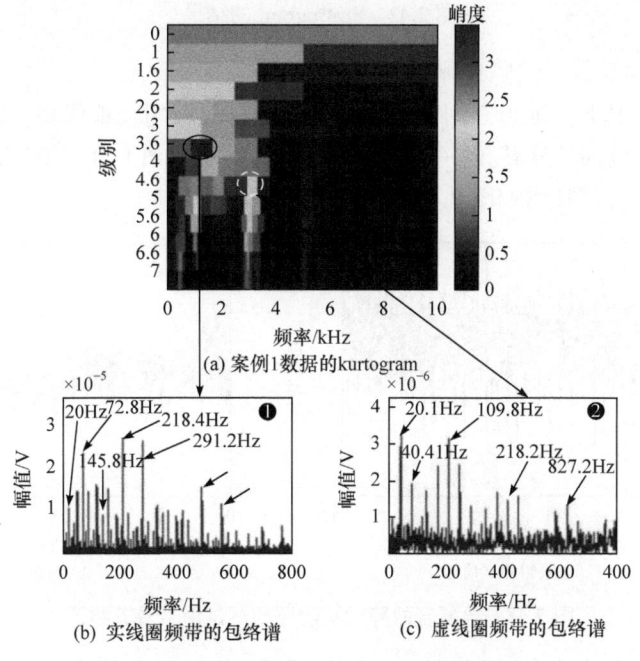

(b) 实线圈频带的包络谱

(c) 虚线圈频带的包络谱

图 2.41　使用 kurtogram 的结果图

对于 Protrugram 方法,初始带宽和步长分别设置为 400Hz 和 100Hz。如图 2.42(a) 所示,仅能观测到 1000Hz 附近的共振频带。采用此滤波器得到的信号如图 2.42(c) 所示,可以识别出轴承 3 在 BPFO 为 72.8Hz 时外圈故障特征频率和一个谐波。显然,根据获得的数据,利用该方法不能检测到轴承 1 的内圈故障。

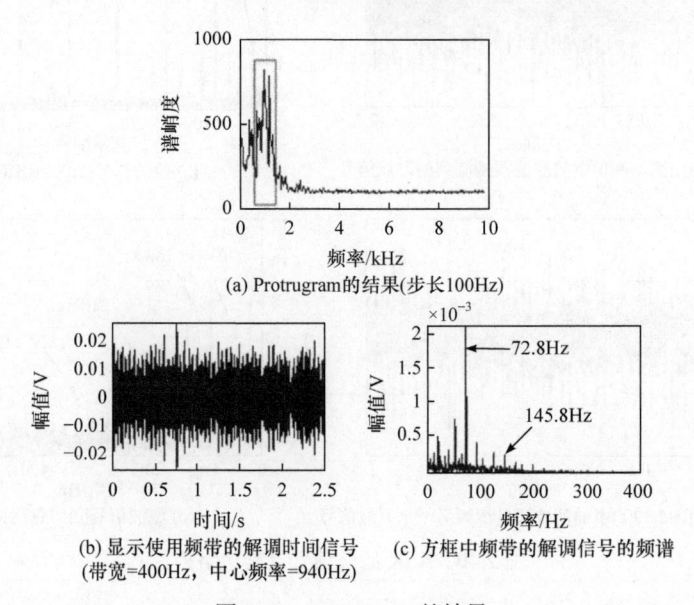

(a) Protrugram 的结果(步长 100Hz)

(b) 显示使用频带的解调时间信号
(带宽=400Hz,中心频率=940Hz)

(c) 方框中频带的解调信号的频谱

图 2.42 Protrugram 的结果

2) 单一轴承复合故障检测

在这种情况下,轴承 3 用一个内、外圈均有故障的轴承代替,而轴承 1 和轴承 2 都正常。该轴的旋转频率是 12.90Hz,BPFO 和 BPFI 为 46.08Hz 和 69.78Hz。原始测试信号及其频谱如图 2.43 所示。

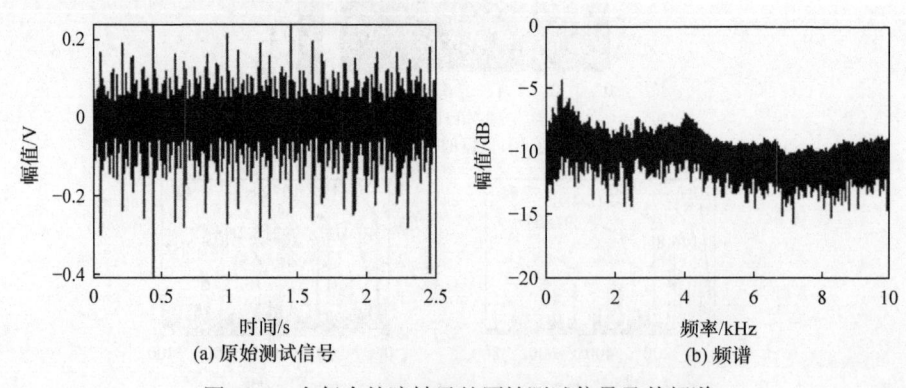

(a) 原始测试信号

(b) 频谱

图 2.43 含复合故障轴承的原始测试信号及其频谱

如图 2.44(a)所示,可以找到与两个局部最大值(用圆标记)相关的两个窗口。

相应地，如图 2.44(b)和图 2.44(c)所示，位于大约 3000Hz 和 6000Hz 的两个带通滤波器由两个局部最大谱峭度决定。经中心频率为 6000Hz 的带通滤波器处理后的滤波信号如图 2.45(a)所示。该滤波信号的 Hilbert 包络谱如图 2.45(b)所示，其中可观测到 BPFO(69.6Hz)及其若干谐波。另一个滤波器(图 2.44(c))产生的解调信号如图 2.45(c)所示，其 Hilbert 包络谱(图 2.45(d))可观测到 BPFO(46.8Hz)及其很多个谐波。因此，利用 ASK 技术可以检测同一个轴承的内、外圈故障。

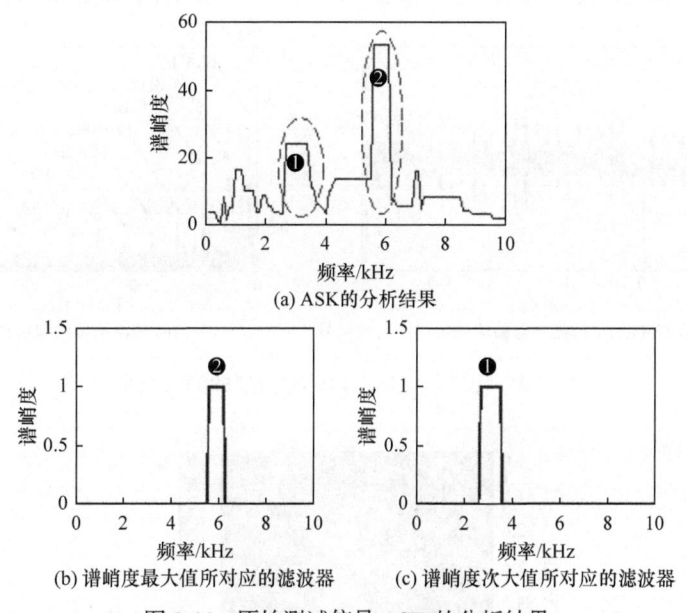

(a) ASK的分析结果

(b) 谱峭度最大值所对应的滤波器　　(c) 谱峭度次大值所对应的滤波器

图 2.44　原始测试信号 ASK 的分析结果

如图 2.46 所示，中心频率为 5625Hz 的峰值和 417Hz 的带宽决定着内圈故障引起的共振频带。图 2.46(b)显示了以上述中心频率和带宽的滤波信号的 Hilbert 包络谱，从中可以检测出内圈故障 69.4Hz 的特征频率及其 139Hz 和 208.4Hz 的谐波。图 2.46(c)给出了使用中心频率为 3110Hz 和带宽 410Hz 的另一个带通滤波器(图 2.46(a)中的虚线圆)的解调信号的 Hilbert 包络谱，从中可以识别出 BPFO(46.82Hz)及其若干谐波。可以看出，ASK 方法可以很好地识别出两个故障特征。

如图 2.47(a)所示，用 Protrugram 分析步长和初始带宽分别设置为 100Hz 和 400Hz 的信号，中心频率为 360Hz 和带宽为 400Hz 的峰值。根据这些参数，Protrugram 处理的时域信号与 Hilbert 包络谱如图 2.47(b)和图 2.47(c)所示。可以看出，检测到 BPFO(46.8Hz)，但只能识别出两个(93.6Hz、140.4Hz)谐波。更重要的是，Protrugram 方法无法检测到内圈故障。

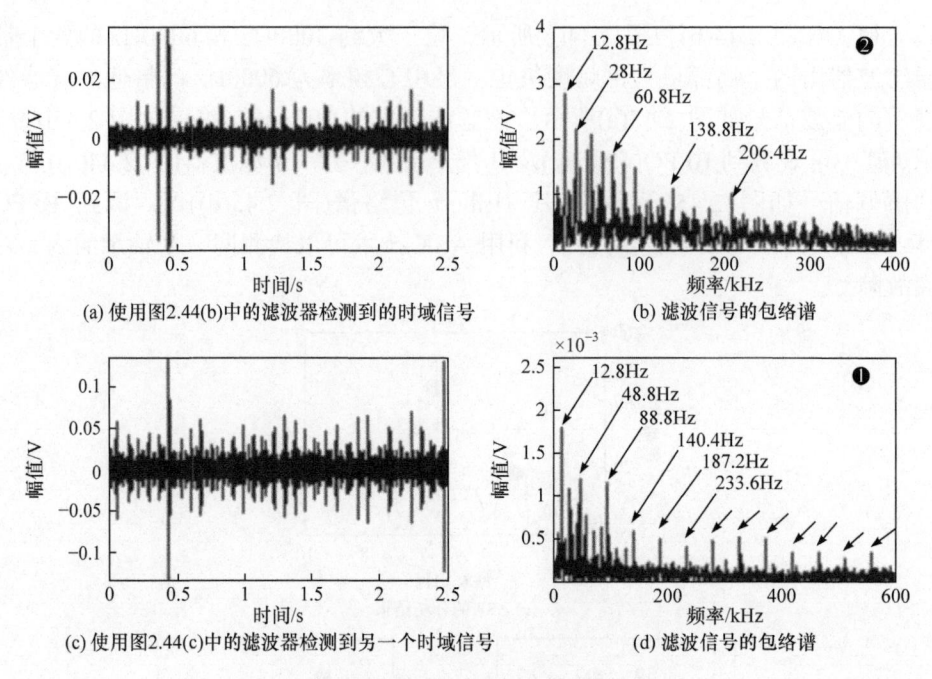

(a) 使用图2.44(b)中的滤波器检测到的时域信号

(b) 滤波信号的包络谱

(c) 使用图2.44(c)中的滤波器检测到另一个时域信号

(d) 滤波信号的包络谱

图 2.45　使用 ASK 求得的滤波器的滤波结果

(a) 案例2数据的kurtogram

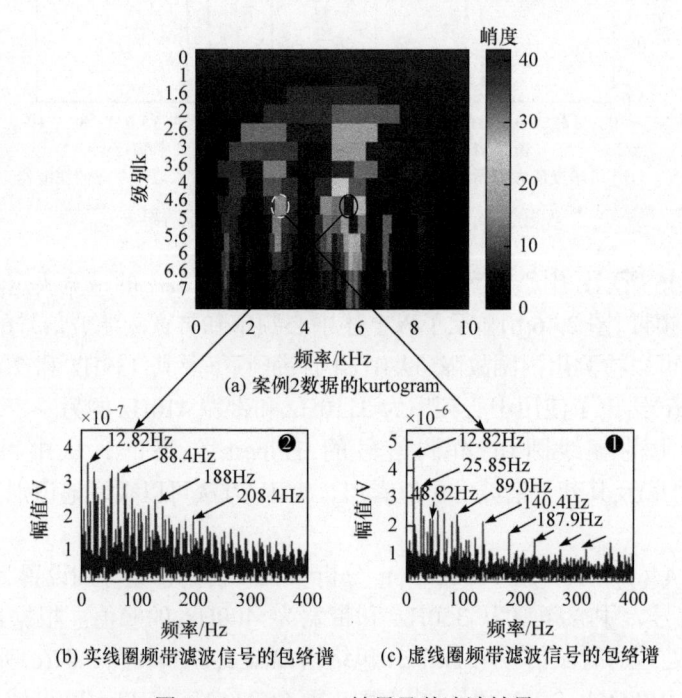

(b) 实线圈频带滤波信号的包络谱　　(c) 虚线圈频带滤波信号的包络谱

图 2.46　kurtogram 结果及其滤波结果

(a) Protrugram 得出的谱峭度图(步长=100Hz)

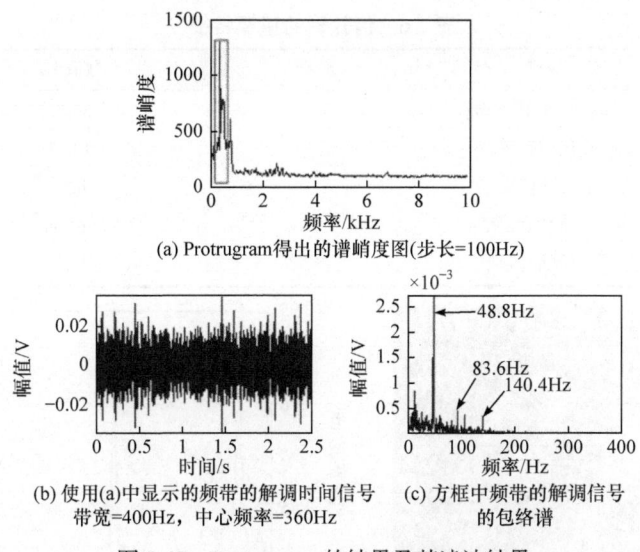

(b) 使用(a)中显示的频带的解调时间信号
带宽=400Hz，中心频率=360Hz

(c) 方框中频带的解调信号
的包络谱

图 2.47 Protrugram 的结果及其滤波结果

2.5 齿轮齿形误差诊断

齿轮箱测试装置如图 2.48 所示。输入轴转频 f_I 为 30.19Hz，则输出轴转频 f_III 为 6.71Hz，该齿轮箱的相关参数如表 2.6 所示。由于加工误差，该齿轮箱中大齿轮每相隔 120°的齿牙齿面宽度有加工误差。各齿齿面宽度如图 2.49 所示。可以看出，有三个齿存在齿形误差。因此，在大齿轮旋转一周时，与其啮合的小齿轮三次与有误差的齿进行啮合。所采集到的原始时域信号、ASK 图结果如图 2.50(a)、(b)所示。滤波之后的波形及其包络谱如图 2.50(c)、(d)所示。从滤波后的时域波形中可以看到，存在大量的等间隔的冲击成分，而从其包络谱中可以发现存在 20Hz 特征频率及其多个倍频。20Hz 的特征频率恰好是 3 f_III，从而证实了方法的有效性。

图 2.48 齿轮箱测试装置

表 2.6 齿轮箱的重要特征

参数	数值/Hz
电机转频(输入轴)f_I	30.19
中间轴转频 f_{II}	12.07
输出轴转频 f_{III}	6.71
一阶啮合频率	966.08
二阶啮合频率	483.04

(a) 含有齿形误差的齿轮

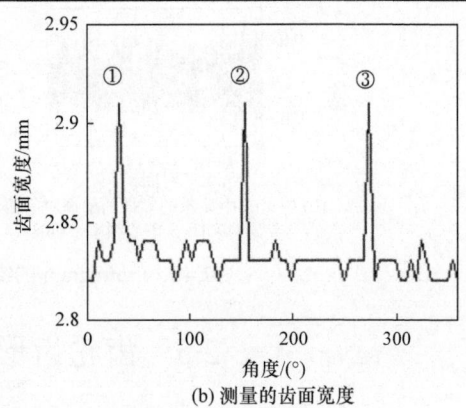

(b) 测量的齿面宽度

图 2.49 实验齿轮及其齿面宽度

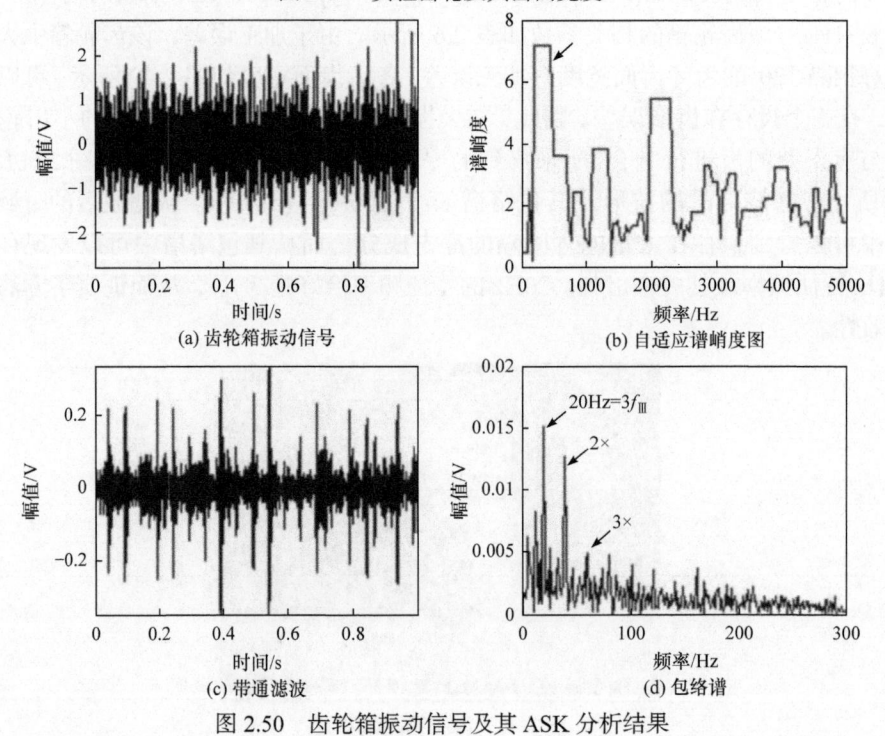

(a) 齿轮箱振动信号

(b) 自适应谱峭度图

(c) 带通滤波

(d) 包络谱

图 2.50 齿轮箱振动信号及其 ASK 分析结果

2.6 基于谱峭度的机械故障预测研究

旋转机械的振动监测和分析不仅提供了有关机械装备异常的重要信息，而且可以用于寿命预测。寿命预测可以解决使用自动化方法来分析物理系统性能的退化，并在发生故障或不可接受的性能退化之前，预测出装备可使用的剩余寿命[39]。下面对这两个方面分别进行介绍。

2.6.1 性能退化分析

性能退化分析的主要作用是检测导致其失效的关键部件的物理特性或性能指标的变化。选择一个合适的能够反映综合性能下降的特征空间是非常重要的，以往的研究表明，不同的特征对不同的故障和退化阶段敏感程度不同。例如，峭度、峰值因子和脉冲因子对初期阶段的脉冲故障非常敏感，但是随着故障的加重，这些特征对该故障的敏感程度会下降到正常的水平。因此，Lybeck 等[39]研究了一些统计特征与剥落长度的相关性，包括 RMS、峭度、信号峰值、波峰因子和一些更高阶统计的统计特征。然而，当用作剥落大小的唯一指标时，实验结果表明它们都不够敏感或不能实现一致性检测。此外，一些计算智能(computational intelligence, CI)方法也已经被用于寿命预测的过程。例如，文献[40]中给出使用模糊支持向量数据描述和损坏严重程度指数的滚动轴承单调退化评估指标。在文献[41]中，基于粗略支持向量描述设计了增强粗略支持向量数据描述，还提出一个新的评估指标。文献[42]将基于能量的监测指标和 CI 相结合，提出一种机器状态预测的方法。基于提升小波包分解和模糊 C 均值，一种轴承性能退化评估方法被提出[43]。基于 Mahalanobis-Taguchi 系统和自组织映射网络，提出一种用于轴承退化识别和评估的动态退化观察器[44]。上述大多数技术都需要转速信息，因此最近提出一种无转速计同步平均包络特征提取技术，用于滚动轴承健康评估[45]。对于非平稳工况下运行的机械设备，成功引入回归参数用于实际的长期状态监测，而不是使用传统的峰峰值、RMS 等特征[46]。可以发现，上面提到的一些最先进的工作试图评估轴承的预测，因为滚子轴承缺陷以相同的方式发展，而不依赖滚动元件类型。

由于谱峭度技术具有许多优点，在预测领域非常有用。然而，这些应用尚未得到充分研究。为了展示峭度图和 ASK 在轴承运行故障测试中的性能，本节实验数据源于文献[47]。这些数据由辛辛那提大学智能维护中心提供，轴承全寿命周期测试平台及传感器安装位置示意图如图 2.51 所示，轴的转速保持恒定在 2000r/min，6000lb(1lb = 0.45359kg)的径向载荷通过弹簧机构施加到轴和轴承上。所用轴承为 RexnordZA-115 双列轴承，每列 16 个滚子，节圆直径 71.5mm，滚子直径 7.9mm，锥形接触角 15.17°。振动信号由 8 个安装在垂直和水平方向的 PCB353B33

型加速度计采集。4 个热电偶传感器安装在每个轴承的外圈中,以记录轴承温度。NI-DAQCard6062E 数据采集卡每 20min 采集一次振动信号。数据采样率为 20kHz,数据长度为 20480[48]。

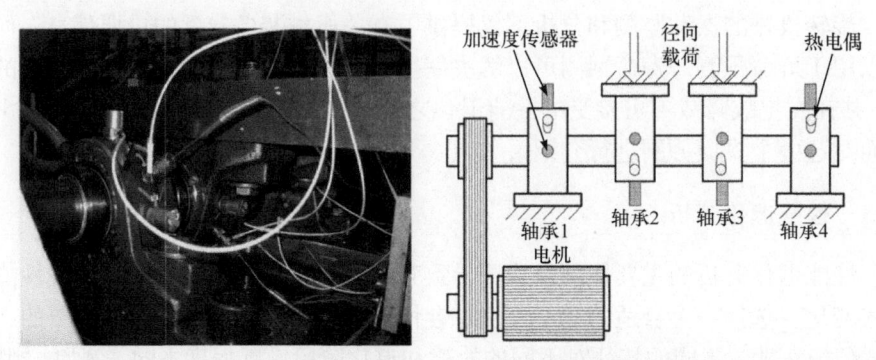

图 2.51 轴承全寿命周期测试平台及传感器安装位置示意图

对轴承运行故障数据使用时域峭度分析,其时域结果如图 2.52 所示,使用 kurtogram 和 ASK 的结果分别如图 2.53 和图 2.54 所示。如图 2.52 所示,实验设备运行第 5 天,测试数据的峭度指标骤升。谱峭度技术对早期故障的发展表现出

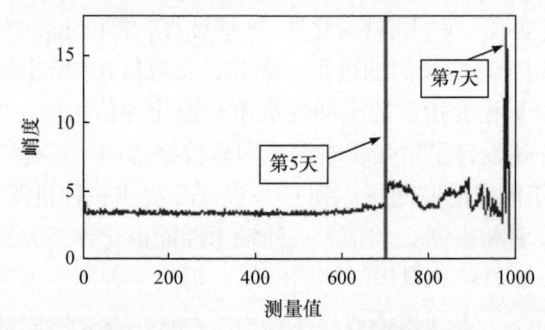

图 2.52 轴承全生命周期时域峭度指标

(a) kurtogram 总体图

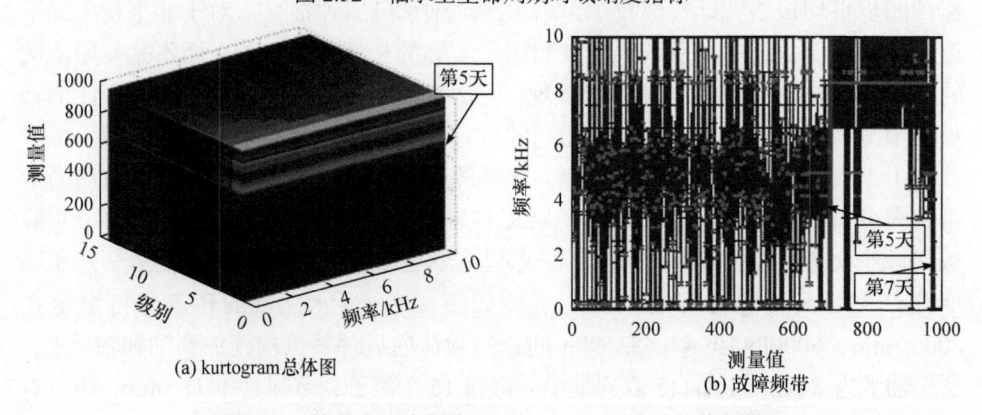

(b) 故障频带

图 2.53 轴承全生命周期的 kurtogram 图及其故障频带

更高的敏感性。从图 2.52～图 2.54 可以发现，由于轴承故障的自我磨合，高峭度或谱峭度水平通常会降低。此外，基于 STFT 的谱峭度曾被用于齿轮运行故障测试中的退化分析。图 2.55 显示了进行加速疲劳测试的齿轮箱的谱峭度测量值，在第 2、6、8 和 10 天检测到异常高的值。由于过度的剥落损坏，测试在第 12 天停止[28]，在图 2.55 中也发现了这种波动。

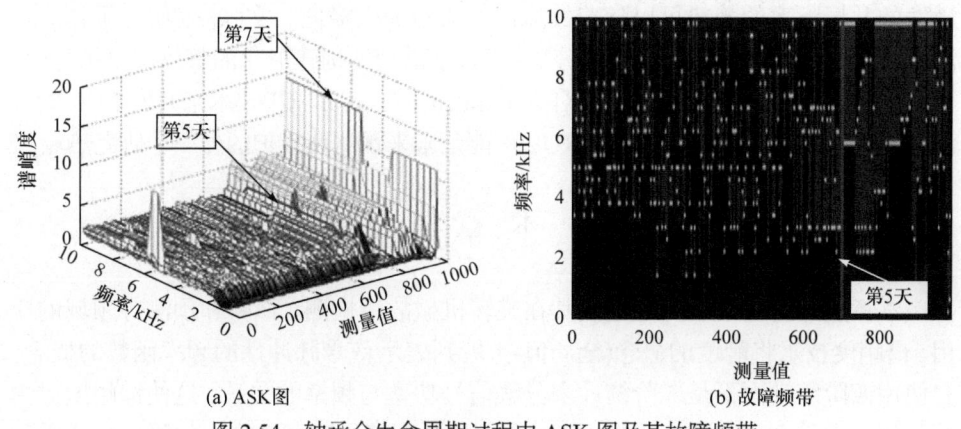

(a) ASK图

(b) 故障频带

图 2.54 轴承全生命周期过程中 ASK 图及其故障频带

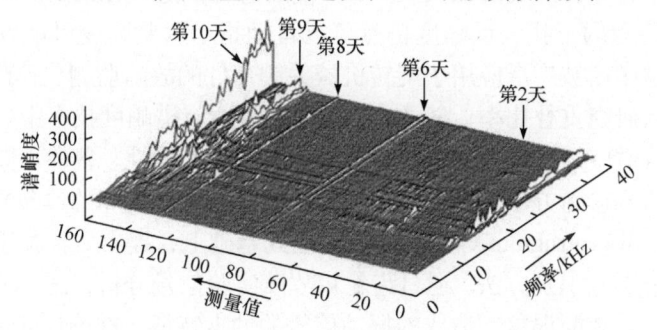

图 2.55 齿轮全生命周期过程中基于 STFT 的谱峭度图

值得一提的是，使用不同谱峭度(ASK、kurtogram 和基于 STFT 的谱峭度)的性能测试的退化分析在这项工作中只是经验性的，而在该领域的系统性应用仍在发展中。运行故障测试退化的整体健康指标将是未来的研究热点。此外，一些性能退化分析技术需要轴承共振频率的相应信息。例如，无转速计同步平均包络(tachometer-less synchronously averaged envelope，TLSAE)在退化分析之前需设计与故障频带相关的窄带带通滤波器。谱峭度可能是确定窄带滤波器的好方法。此外，结合 CI 技术，谱峭度的能量也可作为轴承退化的新指标。

2.6.2 剩余使用寿命预测

剩余使用寿命(remaining useful life，RUL)可以使用轴承的振动行为和运行时间来估计轴承的 RUL。尽管存在用于提供 RUL 的各种算法，但考虑运行失败数据集的数量有限，预测技术尚未成熟[49]。文献[49]提出一种使用稳健回归曲线拟合方法进行滚动轴承预测的通用方法。将移动平均滤波器应用于时间序列峭度以识别随时间的趋势，然后使用 Bayesian Monte Carlo 估计滚动轴承的 RUL[50]。因此，文献[51]研究了动态趋势分析的最新发展。结合一些趋势提取技术，轴承故障激发的共振频率的趋势可以随着故障尺寸的增加而降低。文献[36]研究了作为预测性维护工具的振动监测和频谱分析。当基于谱峭度构建退化的整体健康指标时，可以有效地应用趋势预测或置信区间(confidence interval，CI)技术来开发 RUL 的预测模型。因此，通过谱峭度预测 RUL 可能是未来预测性维护的另一个研究热点。

2.7 本章小结

本章重点论述谱峭度理论及其在旋转机械故障检测、诊断和预测等领域的应用。谱峭度技术将峭度的概念(全局值)扩展到表示信号脉冲性的频率函数的概念。它使用四阶统计而不是二阶统计来分解信号功率与频率的关系。这使谱峭度成为检测信号中是否存在瞬变的强大工具，即使瞬态特征隐藏在强附加噪声中或受到其他循环平稳源的干扰，谱峭度仍然可以自动指示这些瞬变可能发生在哪些频段。因此，谱峭度被广泛应用于旋转机械关键部件的故障监测、诊断与预测。

本章深入研究重叠比率、窗函数类型等对自适应谱峭度技术中叠加窗增益的影响，得出自适应谱峭度参数配置方式，旨在满足准确性、鲁棒性要求下，减小人为干预对监测诊断方法的影响；提出轴承单一与复合故障的诊断方法，并与经典 kurtogram 和 Protrugram 等进行对比。在此基础上，提出一种基于自适应谱峭度的齿轮齿形误差识别方法。通过齿轮箱故障实验信号分析，证实该方法可有效识别齿轮制造与装配误差等造成的振动信号的冲击特征，准确诊断齿轮故障。

另外，谱峭度的应用不限于旋转机械的故障检测和诊断。如今，它也被扩展用于白蚁检测、操作模态分析、电能质量建模和分析等。谱峭度被用于分析与地下白蚁活动相关的振动信号，以早期检测其存在[52]。结合离散小波变换(discrete wavelet transform，DWT)，谱峭度被用于白蚁活动的现场无损测量[53]。基于测量的响应，优化的谱峭度被应用于检测谐波分量和识别操作模态分析领域中机械结构的模态参数[54]。最近，谱峭度还应用于检测船用螺旋桨中的叶尖涡流空化噪声[55]，以及诊断电机故障[56]。基于谱峭度对噪声的鲁棒性及检测非线性的能力，文献[37]给出了谱峭度在电能质量建模和分析中的新应用。此外，为了提高对瞬态电能质量扰动的分类和识别精度，文献[57]提出一种基于谱峭度和神经网络的算法，其中谱峭度的最大值和信号频率被选为用于分类和识别的神经网络的输入。文献[58]给出一种基于谱峭度和神经网络的瞬态电能质量分类方法，基于 STFT 和小波变换计算小波变换系数的谱峭度。文献[59]给出另一种使用谱峭度识别瞬态扰动的新方法。实际上，上面提到的应用主要是基于谱峭度检测信号脉冲和异常事件方面的卓越性能。

总之，谱峭度技术仍在不断发展，并已在轴承和齿轮等旋转机械的故障诊断、操作模态分析、电机诊断等方面取得初步成功。预计基于现有方案的进一步研究和应用将在未来蓬勃发展，尤其是在预测领域，如 RUL 的退化分析和预测方面，谱峭度技术有望在未来获得更广泛的应用和发展。

参 考 文 献

[1] Dwyer R. Detection of non-Gaussian signals by frequency domain kurtosis estimation//ICASSP'83. IEEE International Conference on Acoustics, Speech, and Signal Processing, Boston, 1983, 8: 607-610.

[2] Dwyer R. Asymptotic detection performance of discrete power and higher-order spectra estimates. IEEE Journal of Oceanic Engineering, 1985, 10(3): 303-315.

[3] Dwyer R. Use of the kurtosis statistic in the frequency domain as an aid in detecting random signals. IEEE Journal of Oceanic Engineering, 1984, 9(2): 85-92.

[4] Pagnan S, Ottonello C, Tacconi G. Filtering of randomly occurring signals by kurtosis in the frequency domain//Proceedings of the 12th IAPR International Conference on Pattern Recognition, Vol. 2-Conference B: Computer Vision and Image Processing.(Cat. No. 94CH3440-5), Providence, 1994: 131-133.

[5] Ottonello C, Pagnan S. Modified frequency domain kurtosis for signal processing. Electronics Letters, 1994, 30(14): 1117-1118.

[6] Capdevielle V, Serviere C, Lacoume J L. Blind separation of wide-band sources: Application to rotating machine signals//1996 8th European Signal Processing Conference, Trieste, 1996: 1-4.

[7] Vrabie V, Granjon P, Serviere C. Spectral kurtosis: From definition to application//6th IEEE international workshop on Nonlinear Signal and Image Processing, Sapporo, 2003: 231-235.

[8] Antoni J. The spectral kurtosis of nonstationary signals: Formalisation, some properties, and application//2004 12th European Signal Processing Conference, Vienna, 2004: 1167-1170.

[9] Nita G M, Gary D E. Statistics of the spectral kurtosis estimator. Publications of the Astronomical Society of the Pacific, 2010, 122(891): 595.

[10] Nita G M, Gary D E. The generalized spectral kurtosis estimator. Monthly Notices of the Royal Astronomical Society: Letters, 2010, 406(1): 60-64.

[11] Millioz F, Martin N. Circularity of the STFT and spectral kurtosis for time-frequency segmentation in Gaussian environment. IEEE Transactions on Signal Processing, 2010, 59(2): 515-524.

[12] Zhang Y, Randall R B. Rolling element bearing fault diagnosis based on the combination of genetic algorithms and fast kurtogram. Mechanical Systems & Signal Processing, 2009, 23(5): 1509-1517.

[13] Bozchalooi I S, Liang M. A joint resonance frequency estimation and in-band noise reduction

method for enhancing the detectability of bearing fault signals. Mechanical Systems & Signal Processing, 2008, 22(4): 915-933.
[14] Antoni J, Randall R B. The spectral kurtosis: Application to the vibratory surveillance and diagnostics of rotating machines. Mechanical Systems & Signal Processing, 2006, 20(2): 308-331.
[15] Combet F, Gelman L. Optimal filtering of gear signals for early damage detection based on the spectral kurtosis. Mechanical Systems & Signal Processing, 2009, 23(3): 652-668.
[16] Antoni J. Fast computation of the kurtogram for the detection of transient faults. Mechanical Systems & Signal Processing, 2007, 21(1): 108-124.
[17] Barszcz T, Jabłonski A. A novel method for the optimal band selection for vibration signal demodulation and comparison with the kurtogram. Mechanical Systems & Signal Processing, 2011, 25(1): 431-451.
[18] Rudoy D, Basu P, Wolfe P J. Superposition frames for adaptive time-frequency analysis and fast reconstruction. IEEE Transactions on Signal Processing, 2010, 58(5): 2581-2596.
[19] Lin J, Zuo M J. Gearbox fault diagnosis using adaptive wavelet filter. Mechanical Systems & Signal Processing, 2003, 17(6): 1259-1269.
[20] Zhang Y, Liang M, Li C, et al. A joint kurtosis-based adaptive bandstop filtering and iterative autocorrelation approach to bearing fault detection. Journal of Vibration and Acoustics, 2013, 135(5).
[21] Hussain S, Gabbar H A. Fault diagnosis in gearbox using adaptive wavelet filtering and shock response spectrum features extraction. Structural Health Monitoring, 2013, 12(2): 169-180.
[22] Tao B, Zhu L, Ding H, et al. An alternative time-domain index for condition monitoring of rolling element bearings—A comparison study. Reliability Engineering and System Safety, 2007, 92(5): 660-670.
[23] Borghesani P, Pennacchi P, Chatterton S. The relationship between kurtosis-and envelope-based indexes for the diagnostic of rolling element bearings. Mechanical Systems & Signal Processing, 2014, 43(1-2): 25-43.
[24] Bechhoefer E, Kingsley M, Menon P. Bearing envelope analysis window selection using spectral kurtosis techniques//2011 IEEE Conference on Prognostics and Health Management, Denver, 2011: 1-6.
[25] Wang W, Lee H. An energy kurtosis demodulation technique for signal denoising and bearing fault detection. Measurement Science & Technology, 2013, 24(2): 025601.
[26] Feng Z, Liang M, Chu F. Recent advances in time-frequency analysis methods for machinery fault diagnosis: A review with application examples. Mechanical Systems & Signal Processing, 2013, 38(1): 165-205.
[27] Randall R B, Antoni J. Rolling element bearing diagnostics—A tutorial. Mechanical Systems & Signal Processing, 2011, 25(2): 485-520.
[28] Antoni J. The spectral kurtosis: A useful tool for characterising non-stationary signals. Mechanical Systems & Signal Processing, 2006, 20(2): 282-307.
[29] Wang Y, Liang M. An adaptive SK technique and its application for fault detection of rolling element bearings. Mechanical Systems & Signal Processing, 2011, 25(5): 1750-1764.

[30] Ericsson S, Grip N, Johansson E, et al. Towards automatic detection of local bearing defects in rotating machines. Mechanical Systems & Signal Processing, 2005, 19(3): 509-535.

[31] Rafsanjani A, Abbasion S, Farshidianfar A, et al. Nonlinear dynamic modeling of surface defects in rolling element bearing systems. Journal of Sound and Vibration, 2009, 319(3-5): 1150-1174.

[32] Antoni J, Randall R B. Differential diagnosis of gear and bearing faults. Journal of Vibration and Acoustics-Transactions of the ASME, 2002, 124(2): 165-171.

[33] Harris T A, Crecelius W J. Rolling bearing analysis. Journal of Tribology-Transactions of the ASME, 1986, 108(1): 149-150.

[34] Tandon N, Choudhury A. An analytical model for the prediction of the vibration response of rolling element bearings due to a localized defect. Journal of Sound & Vibration, 1997, 205(3): 275-292.

[35] McFadden P D, Smith J D. Model for the vibration produced by a single point defect in a rolling element bearing. Journal of Sound & Vibration, 1984, 96(1): 69-82.

[36] Orhan S, Aktürk N, Celik V. Vibration monitoring for defect diagnosis of rolling element bearings as a predictive maintenance tool: Comprehensive case studies. Ndt & E International, 2006, 39(4): 293-298.

[37] de la Rosa J J G, Sierra-Fernández J M, Agüera-Pérez A, et al. An application of the spectral kurtosis to characterize power quality events. International Journal of Electrical Power and Energy Systems, 2013, 49: 386-398.

[38] Peng Y, Dong M, Zuo M J. Current status of machine prognostics in condition-based maintenance: A review. The International Journal of Advanced Manufacturing Technology, 2010, 50(1-4): 297-313.

[39] Lybeck N, Marble S, Morton B. Validating prognostic algorithms: A case study using comprehensive bearing fault data//2007 IEEE Aerospace Conference, Big Sky, 2007: 1-9.

[40] Shen Z, He Z, Chen X, et al. A monotonic degradation assessment index of rolling bearings using fuzzy support vector data description and running time. Sensors, 2012, 12(8): 10109-10135.

[41] Zhu X, Zhang Y, Zhu Y. Bearing performance degradation assessment based on the rough support vector data description. Mechanical Systems & Signal Processing, 2013, 34(1-2): 203-217.

[42] Samanta B, Nataraj C. Prognostics of machine condition using energy based monitoring index and computational intelligence. Journal of Computing and Information Science in Engineering, 2009, 9(4).

[43] Pan Y, Chen J, Li X. Bearing performance degradation assessment based on lifting wavelet packet decomposition and fuzzy c-means. Mechanical Systems & Signal Processing, 2010, 24(2): 559-566.

[44] Hu J, Zhang L, Liang W. Dynamic degradation observer for bearing fault by MTS-SOM system. Mechanical Systems & Signal Processing, 2013, 36(2): 385-400.

[45] Siegel D, Al-Atat H, Shauche V, et al. Novel method for rolling element bearing health assessment-A tachometer-less synchronously averaged envelope feature extraction technique. Mechanical Systems & Signal Processing, 2012, 29: 362-376.

[46] Zimroz R, Bartelmus W, Barszcz T, et al. Diagnostics of bearings in presence of strong operating conditions non-stationarity—A procedure of load-dependent features processing with application

to wind turbine bearings. Mechanical Systems & Signal Processing, 2014, 46(1): 16-27.
[47] Gupta P, Pradhan M K. Fault detection analysis in rolling element bearing: A review. Materialstoday: Proceedings, 2017, 4(2): 2085-2094.
[48] Qiu H, Lee J, Lin J, et al. Wavelet filter-based weak signature detection method and its application on rolling element bearing prognostics. Journal of Sound and Vibration, 2006, 289(4-5): 1066-1090.
[49] Siegel D, Ly C, Lee J. Methodology and framework for predicting helicopter rolling element bearing failure. IEEE Transactions on Reliability, 2012, 61(4): 846-857.
[50] Sutrisno E, Oh H, Vasan A S S, et al. Estimation of remaining useful life of ball bearings using data driven methodologies//2012 IEEE Conference on Prognostics and Health Management, Denver, 2012: 1-7.
[51] Maurya M R, Rengaswamy R, Venkatasubramanian V. Fault diagnosis using dynamic trend analysis: A review and recent developments. Engineering Applications of Artificial Intelligence, 2007, 20(2): 133-146.
[52] de la Rosa J J G, Moreno-Muñoz A. Higher-order cumulants and spectral kurtosis for early detection of subterranean termites. Mechanical Systems & Signal Processing, 2008, 22(2): 279-294.
[53] De la Rosa J J G, Moreno-Muñoz A, Gallego A, et al. On-site non-destructive measurement of termite activity using the spectral kurtosis and the discrete wavelet transform. Measurement, 2010, 43(10): 1472-1488.
[54] Dion J L, Tawfiq I, Chevallier G. Harmonic component detection: Optimized Spectral Kurtosis for operational modal analysis. Mechanical Systems & Signal Processing, 2012, 26: 24-33.
[55] Lee J H, Seo J S. Application of spectral kurtosis to the detection of tip vortex cavitation noise in marine propeller. Mechanical Systems & Signal Processing, 2013, 40(1): 222-236.
[56] Fournier E, Picot A, Régnierl J, et al. On the use of spectral kurtosis for diagnosis of electrical machines//2013 9th IEEE International Symposium on Diagnostics for Electric Machines, Power Electronics and Drives (SDEMPED), Valencia, 2013: 77-84.
[57] Zhang Q, Liu Z, Chen G. The recognition study of impulse and oscillation transient based on spectral kurtosis and neural network//International Symposium on Neural Networks, Berlin, 2012: 56-63.
[58] Liu Z, Zhang Q, Han Z, et al. A new classification method for transient power quality combining spectral kurtosis with neural network. Neurocomputing, 2014, 125: 95-101.
[59] Liu Z, Zhang Q. An approach to recognize the transient disturbances with spectral kurtosis. IEEE Transactions on Instrumentation and Measurement, 2013, 63(1): 46-55.

第 3 章　变分模态分解及其应用

变分模态分解(variational mode decomposition，VMD)算法是近年来发展起来的一种新型的自适应信号分析方法，具有坚实的数学理论基础，能够依据信号自身的特点非递归地将多分量信号分解成一定数量有限带宽的本征模态函数(band-limited intrinsic mode function，BLIMF)，摆脱传统信号分析方法以线性和平稳假设为基础的局限性。因此，具有多滤波器组特性的 VMD 算法是一种适用于分析非平稳信号的信号处理方法。

3.1　模态的概念

在 EMD 的描述中，模态被定义为局部极值(包括极大值和极小值点)和过零点的数目相等或最多相差 1 的信号。在后来的研究中，根据解调标准，该定义有所改变，成为所谓的本征模态函数(intrinsic mode function，IMF)。IMF 不受窄带信号的限制，可以是任意的调制信号。

与 EMD 算法中对模态的定义不同，VMD 算法将模态定义为一个调频调幅信号，其表达式为

$$u_k(t) = A_k(t)\cos[\phi_k(t)], \quad k = 1,2,\cdots \tag{3.1}$$

其中，$\phi_k(t)$ 为非递减的相位函数，即 $\phi_k'(t) \geq 0$；$A_k(t)$ 为信号的包络幅值，且 $A_k(t) \geq 0$。

VMD 分解得到的模态为 BLIMF。

需要注意的是，包络幅值 $A_k(t)$ 和瞬时频率 $\omega_k(t) = \phi_k'(t)$ 的变化速度远小于相位 $\phi_k(t)$ 的变化速度。

3.2　VMD 算法基本原理

VMD 算法通过预设分解数目将信号分解成一定数量的中心频率为 ω_k 的模态函数，且每一个模态 u_k 在中心频率 ω_k 附近波动，其带宽可以通过 $\mathcal{H}^1$ 高斯平滑估计。VMD 算法摒弃了 EMD 算法中的筛分原理，另辟蹊径地将分解过程变为一个

约束变分问题的求解过程，通过构造、求解约束变分模型完成对信号的分解。

1. 约束变分模型的构造

假设每个模态函数都是具有不同中心频率的 BLIMF，变分问题可以描述为寻找 k 个模态函数 u_k，并且使各个模态的估计带宽之和最小。具体构造步骤如下[1]。

(1) 对每一个模态函数，利用 Hilbert 变换求得其解析信号来获得其单边频谱，即

$$\left(\delta(t)+\frac{\mathrm{j}}{\pi t}\right)*u_k(t) \tag{3.2}$$

(2) 对各个模态解析信号混合一个预先估计的中心频率 $\mathrm{e}^{-\mathrm{j}\omega_k t}$，通过频移将其变换到基频带上，即

$$\left[\left(\delta(t)+\frac{\mathrm{j}}{\pi t}\right)*u_k(t)\right]\mathrm{e}^{-\mathrm{j}\omega_k t} \tag{3.3}$$

(3) 最后计算解调信号的时间梯度 L_2 范数的平方值，估计出模态分量的带宽，即

$$\left\|\partial_t\left[\left(\delta(t)+\frac{\mathrm{j}}{\pi t}\right)*u_k(t)\mathrm{e}^{-\mathrm{j}\omega_k t}\right]\right\|_2^2 \tag{3.4}$$

因此，受约束变分模型的构造为

$$\min_{\{u_k\},\{\omega_k\}}\left\{\sum_{k=1}^{K}\left\|\partial_t\left[\left(\delta(t)+\frac{\mathrm{j}}{\pi t}\right)*u_k(t)\right]\mathrm{e}^{-\mathrm{j}\omega_k t}\right\|_2^2\right\}$$

$$\text{s.t.} \sum_{k=1}^{K}u_k=f \tag{3.5}$$

其中，$\delta(t)$ 为狄利克雷函数；$*$ 为卷积运算；$\{u_k\}=\{u_1,u_2,\cdots,u_K\}$ 为经过 VMD 分解后的 K 个 BLIMF 的集合；$\{\omega_k\}=\{\omega_1,\omega_2,\cdots,\omega_K\}$ 为 K 个模态分量中心频率的集合；f 为输入信号。

2. 约束变分问题的求解

通过引入二次惩罚因子 α 和拉格朗日乘子 $\lambda(t)$，式(3.5)中目标函数的约束变分问题转变为无约束的问题。当存在高斯噪声时，二次惩罚因子 α 可以确保信号的重构精度，而拉格朗日乘子则能够保证约束条件的严格性。增广拉格朗日乘子 $\mathcal{L}$ 的表达式为

$$\mathcal{L}(\{u_k\},\{\omega_k\},\lambda) = \alpha \sum_{k=1}^{K} \left\| \partial_t \left[\left(\delta(t) + \frac{j}{\pi t} \right) * u_k(t) e^{-j\omega_k t} \right] \right\|_2^2 + \left\| f(t) - \sum_{k=1}^{K} u_k(t) \right\|_2^2 \\ + \left\langle \lambda(t), f(t) - \sum_{k=1}^{K} u_k(t) \right\rangle \tag{3.6}$$

其中，α 为平衡系数。

式(3.6)中的无约束变分问题可以通过引入交替方向乘子法(alternate direction method of multipliers，ADMM)解决。利用 ADMM，交替迭代更新 u_k^{n+1}、ω_k^{n+1}、λ^{n+1}，寻找扩展拉格朗日表示式中的"鞍点"。

对于模态 u_k^{n+1} 的更新，可等效为最小化问题的求解，即

$$u_k^{n+1} = \underset{u_k \in X}{\operatorname{argmin}} \left\{ \alpha \sum_{k=1}^{K} \left\| \partial_t \left[\left(\delta(t) + \frac{j}{\pi t} \right) * u_k(t) e^{-j\omega_k t} \right] \right\|_2^2 + \left\| f(t) - \sum_i u_i(t) + \frac{\lambda(t)}{2} \right\|_2^2 \right\} \tag{3.7}$$

利用 Parseval/Plancherel 傅里叶等距变换，将式(3.7)变换到频域求解，得到第 k 个模态的更新表达式，即

$$\hat{u}_k^{n+1}(\omega) = \frac{\hat{f}(\omega) - \sum_{i<k} \hat{u}_i^{n+1}(\omega) - \sum_{i>k} \hat{u}_i^n(\omega) + \frac{\hat{\lambda}(\omega)}{2}}{1 + 2\alpha(\omega - \omega_k^n)^2} \tag{3.8}$$

根据同样的原理，将中心频率求解转化，得到更新的中心频率为

$$\omega_k^{n+1} = \frac{\int_0^{+\infty} \omega \left| \hat{u}_k^{n+1}(\omega) \right|^2 d\omega}{\int_0^{+\infty} \left| \hat{u}_k^{n+1}(\omega) \right|^2 d\omega} \tag{3.9}$$

其中，中心频率 ω_k^n 是其对应的模态函数功率谱 $\hat{u}_k^{n+1}(\omega)$ 的重心；时域中的模态 $u_k(t)$ 是通过对 $\hat{u}_k(\omega)$ 维纳滤波后的信号进行傅里叶逆变换得到的实部部分。

3. 频率初始化方式

式(3.9)给出了中心频率的更新方式，各成分的初值 $\omega_k^0(k=1,2,\cdots,K)$ 可采用如下两种方式初始化。

(1) 均匀分布 $\mathcal{P}_u$：$\omega_k^0 = \frac{k-1}{2K}, k=1,2,\cdots,K$。

(2) 零初始 $\mathcal{P}_z$：$\omega_k^0 = 0, k=1,2,\cdots,K$。

中心频率初始化方式对 VMD 结果和特征提取会产生影响，后续会对此展开说明。

如图 3.1 所示，VMD 根据信号自身的频率特性划分频带，并且模态和对应的中心频率在频域内不断更新，最终实现信号的自适应分解。

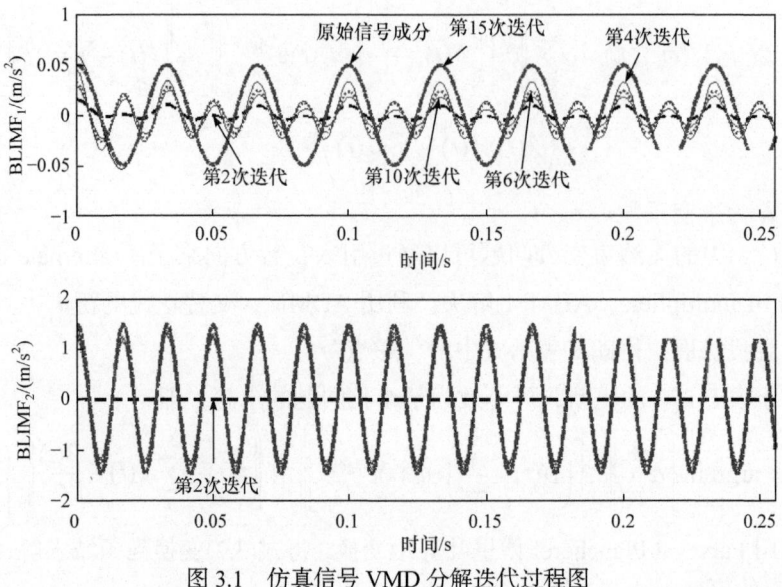

图 3.1　仿真信号 VMD 分解迭代过程图

3.3　VMD 算法的特性

3.3.1　非均匀采样

下面研究 VMD 的非均匀采样问题。对样本信号在时间上的不均匀间隔进行分析，是雷达探测、音频处理、地震学等领域中出现的重要问题[2]。对于 EMD 技术，文献[3]研究了采样效应，其中许多结果量化了采样对 EMD 的影响。为了评估非均匀采样对 VMD 的影响，我们使用不规则采样的合成信号进行数值分析。对于 $t\in[0,10]$，三分量信号可以表示为

$$s(t) = \underbrace{(1+0.5\cos(t))\cos(4\pi t)}_{u_1} + \underbrace{(1+0.5\cos(2.5t))\cos(2\pi t(5t+2t^{1.3}))}_{u_3} \\ + \underbrace{2e^{-0.1t}\cos(2\pi(3t+0.25\sin(1.4t)))}_{u_2} \tag{3.10}$$

原始合成信号，以及原始的 u_1、u_2 和 u_3 分量(以虚线显示)如图 3.2 所示。设采样时间为均匀间隔的扰动，其形式为 $t'_m = \Delta t_1 m + \Delta t_2 u_m$，其中 $\{u_m\}$ 是从 $U[0,1]$ 上的均匀分布中采样的。采用 $\Delta t_1 = 11/300$ 和 $\Delta t_2 = 11/310$，在区间[2,8]得到大约 165 个样本，平均采样率为 27.3。通过拟合三次样条曲线来计算非均匀样本间距 $(t'_m, s(t'_m))$ 以获得插值 $s(t)$，在更精细的网格上离散化采样时间 $t_m = m\Delta t$，其中 $\Delta t = 10/1024$，$m = 0,1,\cdots,1023$。

在此研究中加入一个小的噪声(噪声方差 $\sigma = 0.1$)，以避免所有仿真信号

中分离相同的信号。因此，获得的原始信号 s 是加上高斯白噪声 $e(t)$ 后的离散信号。

本节尝试对比分析 VMD 和 EMD 的非均匀采样性能。VMD 中参数 α 固定为 2000(参数 α 的影响在这种情况下不予考虑)，而在中心频率选择 $\mathcal{P}_u$ 作为初始化方式。VMD 的分解成分 BLIMF_1、BLIMF_2 和 BLIMF_3 如图 3.2 所示(图中实线)。不难发现，VMD 可以完美地提取原始信号中的 u_1、u_2 和 u_3 三个成分。这证明，VMD 可以在非均匀采样情况下，很好地检测复杂信号成分。相反，图 3.3 显示了 EMD 获得的 IMF_1、IMF_2 和 IMF_3 成分，以及原始的 u_1、u_2、u_3，可以看出在非均匀采样影响下，EMD 不能分离这三种成分。

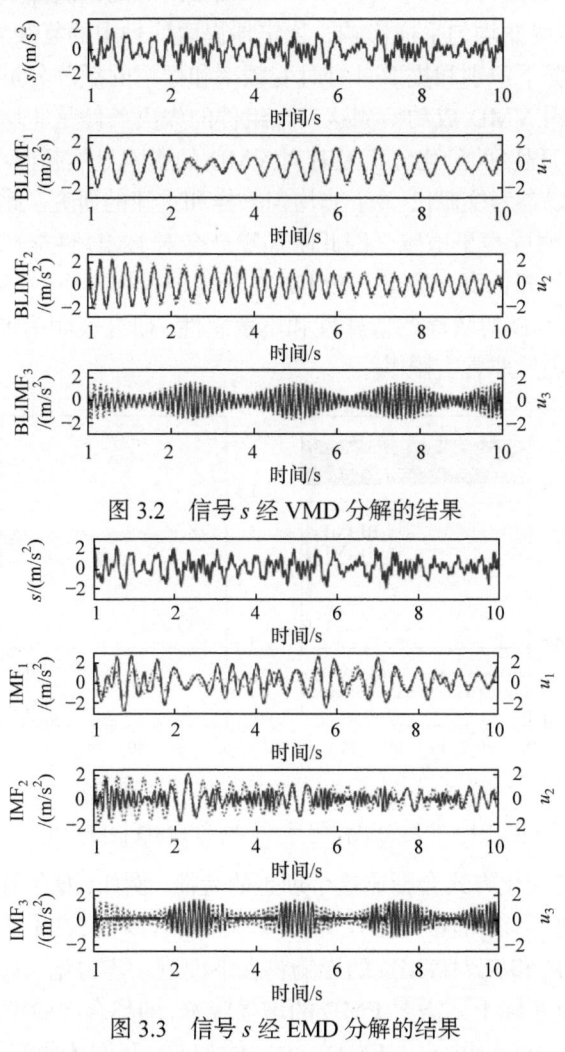

图 3.2　信号 s 经 VMD 分解的结果

图 3.3　信号 s 经 EMD 分解的结果

对

$$E_1(i,j) = \frac{\left\|\text{BLIMF}_i^j(t) - u_i(t)\right\|_2}{u_i(t)_2} \tag{3.11}$$

进一步量化分析 VMD 与 EMD 之间的非均匀采样影响。E_1 越小表明该方法可以更准确地识别给定的成分。如图 3.4 所示，VMD 对三个成分识别的 E_1 的所有值都很好地聚集在一起，且它们都小于 0.5，但是相应 EMD 算法的 E_1 均大于 1。因此，VMD 与 EMD 每次分解结果都与图 3.4 所示的结果类似。简单地设定阈值为 0.5 来判断结果(即成功识别的标准为 $E_1(i,j) < 0.5$)，可知 VMD 100 次检测 u_1、u_2 和 u_3 三个成分的成功率均为 100%，而 EMD 则每次都不能成功检测。因此，VMD 可以不受非均匀采样影响，稳定地提取信号中的复杂成分，表明 VMD 在非均匀采样情况下识别和提取具有时变频率和振幅的振荡分量时的稳定性和鲁棒性。当然，使用 VMD 成功检测这三个组件的先决条件是非均匀采样的不规则性不高。对非均匀程度的量化分析及其对 VMD 的影响显然超出本节的研究范围，有兴趣的读者可以参考文献[2]关于非均匀采样和重建的研究。此项研究也证实了 EMD 相比 VMD 对噪声更敏感，因此附加噪声会对 EMD 性能产生一些影响。但是，我们发现即使降低噪声方差，EMD 在非均匀采样下也始终无法识别这些成分。此外，鉴于 VMD 对噪声的鲁棒性和不敏感性，研究表明附加噪声对 VMD 的非均匀采样影响仍然非常有限[4]。

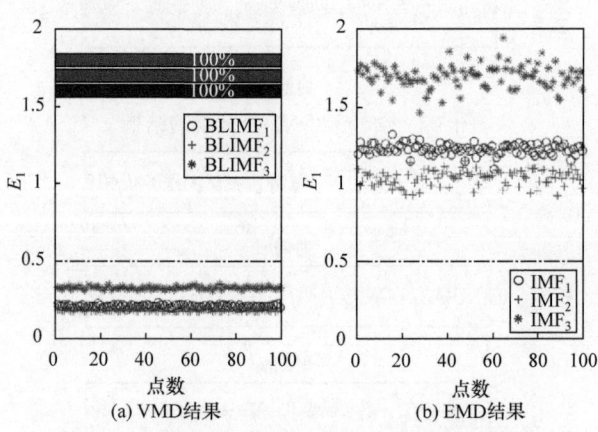

图 3.4 非均匀采样信号 VMD 和 EMD 检测结果

VMD 中的初始化方式会影响这个理想的特征。例如，如果在 VMD 算法中使用 $\mathcal{P}_u$ 代替 $\mathcal{P}_z$，则 VMD 的可靠性仅为 73%。原因可以在 3.3.3 节讨论的等效过滤带结构中找到。$\mathcal{P}_u$ 和 $\mathcal{P}_z$ 对 VMD 的影响将在下面进一步讨论。此外，由于测试信号是平滑的，所以实际上不需要 EMD 的增强版本，即集合经验模态分解(ensemble empirical mode decomposition, EEMD)[5]。尽管如此，我们还研究了 EEMD 对上述测试的性能，发现 EEMD 也无法很好地检测这些成分(结果与图 3.4 相似)。

3.3.2 等效脉冲响应

当用狄拉克脉冲 $\delta(t)$ 激发系统时，系统将产生脉冲响应。EMD 的等效脉冲响应首先在文献[6]中得到研究。由于每次都会获得相同的分解结果，当 VMD 用于分解一个信号时，理想化的脉冲需要加上随机高斯白噪声 $e(t)$。因此，有噪声脉冲写为 $\delta_\varepsilon(t) = \delta(t) + \varepsilon e(t)$，其中 $\varepsilon = 0.002$ 是实验中的噪声强度。实验模拟 100 次独立的实现，每个实现的数据长度固定取 1024，平均合成噪声脉冲如图 3.5 所示。

VMD 的等效脉冲响应是通过附加噪声脉冲后的信号进行 100 次相同层数的 VMD 分解所得的 BLIMF 平均等效脉冲响应。平均过程由分量 $BLIMF_1 \sim BLIMF_7$ 分别进行，结果如图 3.5 所示。可以发现，7 个成分在时域的支撑区间基本一致。随后，将 $BLIMF_1$ 和 $BLIMF_2$ 归一化并分别绘制在图 3.6 中(虚线)，采用 Gabor 函数拟合这两个分量。Gabor 函数由正弦信号进行高斯调制而成，即

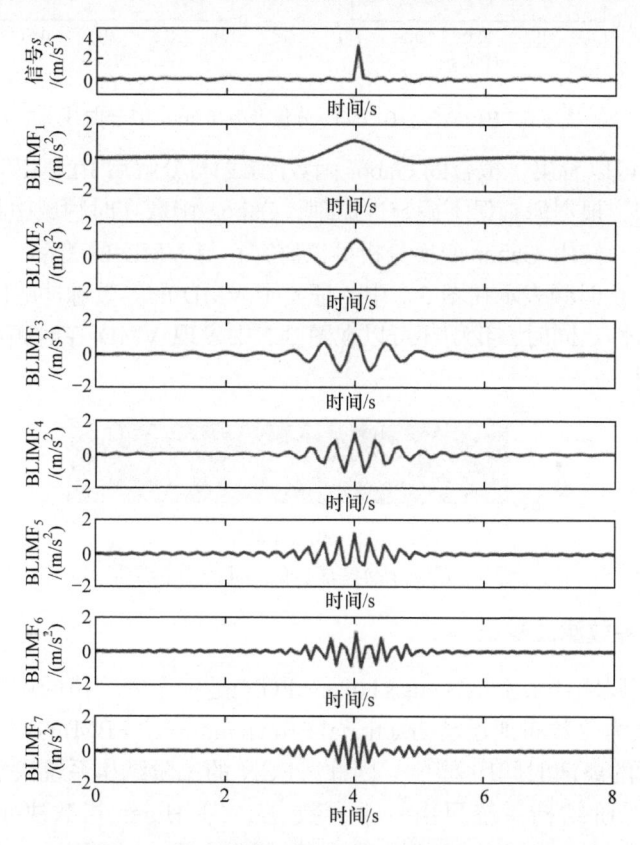

图 3.5 VMD 分解后平均的 $BLIMF_1 \sim BLIMF_7$

$$\phi(t) = \exp(-v^2 t^2) \cdot \exp(\mathrm{j}2\pi\omega_0 t) \tag{3.12}$$

其傅里叶变换 $\Phi(\omega)$ 为

$$\Phi(\omega) = \sqrt{\frac{\pi}{v^2}} \cdot \exp\left(\frac{-\pi^2}{v^2(\omega-\omega_0)^2}\right) \tag{3.13}$$

其中,v 决定形状; ω_0 为 $\varphi(t)$ 的调制频率。

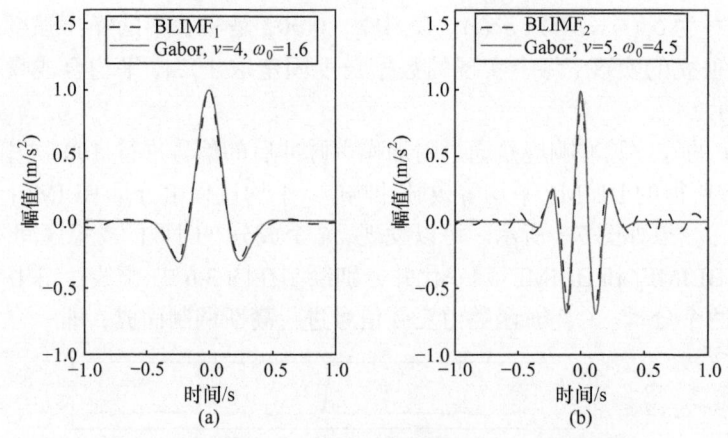

图 3.6 BLIMF$_1$、BLIMF$_2$ 分量及其 Gabor 拟合曲线

从图 3.6 可以看出,拟合的 Gabor 函数(实线)与分解后 BLIMF 可以很好地重合。众所周知,根据海森堡不确定性原理,Gabor 函数在时频域中具有最佳的时频联合聚集性,使用 Gabor 变换分析可以研究它与 VMD 的关系。VMD 所有分解成分的 Gabor 时频表示在图 3.7 中,证实了 VMD 的等效脉冲响应与 Gabor 函数之间的相似性。同时,我们还可以在图 3.7 中发现 VMD 在时频域中存在频带被分割的情况。

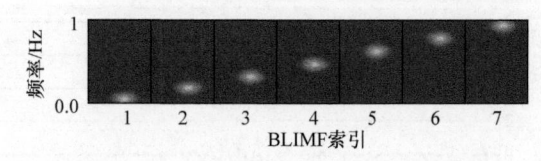

图 3.7 前 7 个分解成分的 Gabor 分析结果

3.3.3 VMD 等效滤波器组

分数高斯噪声(fractional Gauss noise,FGN)是一个零均值的广义宽带随机过程,可以定义为分数布朗运动(fractional Brown motion,FBM)的增量。其实质是由 FBM 表示的离散时间序列[7,8]。因此,FGN 的二阶结构系统决定了其统计特性,而且此二阶结构系统只由一个参数 H,即 Hurst 指数决定。假定序列 $\{x_H[n], n = \cdots -1, 0, 1 \cdots\}$ 是一个 H 指数($0 < H < 1$)的 FGN 序列,则其自相关序列

$\rho_H[k] \stackrel{\text{def}}{=} E\{x_H[n]x_H[n+k]\}$ 满足[9]

$$\rho_H[k] = \frac{\tau^2}{2}\left(|k-1|^{2H} - |k|^{2H} + |k+1|^{2H}\right) \tag{3.14}$$

H 指数变化时的序列特性 $\begin{cases} 0 < H < 0.5, \text{ 负相关性，即反持续性} \\ H = 0.5, \text{ 表示序列不相关，即白高斯噪声序列} \\ H > 0.5, \text{ 正相关，即长趋势依靠} \end{cases}$

Wu 等[5]利用 EMD 分析高斯白噪声特性时，发现其分解过程类似于小波分解的滤波过程。随后，Flandrin 等[6]基于构造的 FGN 序列研究了 EMD 的等效滤波特性，发现 EMD 等效滤波具有二进和恒品质的性质，而且截止频率和带宽均随信号的变化而变化，类似于二进小波的频域分割特性。文献[7]和[10]同样通过构造的 FGN 序列对 VMD 的等效滤波特性进行了研究，发现 VMD 具有一定的带通滤波特性。

在 H 的变化范围(0.1~0.9)内，相应仿真 $J = 5000$ 组独立的 FGN 序列 $\{x_H^j[n], n=1,2,\cdots,N\}$，$j=1,2,\cdots,J$，其中序列长度为 $N=1024$。选定 VMD 分解层次为 6，那么对应的 6 个 BLIMF 分量的序列为 $\{d_{k,H}^j[n], k=1,2,\cdots,6; n=1,2,\cdots,N\}$，$j=1,2,\cdots,J$。对于索引号为 k 的 BLIMF 分量，其自相关函数的经验评估的集成平均为

$$\hat{p}_{k,H}[m] = \frac{1}{J}\sum_{j=1}^{J}\left(\frac{1}{N}\sum_{n=1}^{N-|m|}d_{k,H}^{(j)}[n]d_{k,H}^{(j)}[n+|m|]\right), \quad |m| \leq N-1 \tag{3.15}$$

相应的带汉明窗函数的功率谱为

$$\hat{P}_{k,H}(\omega) = \sum_{m=-N-1}^{N-1}\hat{p}_{k,H}[m]w[m]\mathrm{e}^{-\mathrm{i}2\pi\omega m}, \quad |\omega| \leq 0.5 \tag{3.16}$$

图 3.8 是选取不同的 Hurst 指数 $(0.1,\cdots,0.9)$ 时，依次输出各 BLIMF 分量的功率谱。可以看出，当 $H=0.5$ 时，不同模态分量的能量几乎相等，趋于平坦；当 $H<0.5$ 时，功率谱自左至右依次增加；$H>0.5$ 时，功率谱自左至右依次减小。

图 3.9 和图 3.10 是选取不同中心频率初始化方式，Hurst 指数 $(H=0.2,0.5,0.8)$ 时的 VMD 等效滤波器，每一个图中的线条代表 BLIMF 分量的幅值谱。可以看出，中心频率 ω_k 选取的初始化方式不同，得到的 BLIMF 分量结果就不同。当中心频率 ω_k 的初始化方式选择均匀间隔分布 P_u 时，BLIMF 分量显示出带通滤波的特点，并且所有的模态分量构成带通滤波器的自相似性，只是在横坐标上有一定的平移。图 3.11 显示了三种不同 H 指数时，经标准化后的 BLIMF 各成分基本相互重叠在一起(除第一个成分误差较大)，表现出他们之间的自相似性。当我们只考虑 BLIMF$_2$~BLIMF$_6$ 成分时，第 k 个成分的频率响应可表示为

$$\hat{P}_{k,H}(\omega) = \xi(k-n)\hat{P}_{n,H}(\omega), \quad k=2,\cdots,6 \tag{3.17}$$

图 3.8 以 FGN 为模型的 BLIMF 功率谱

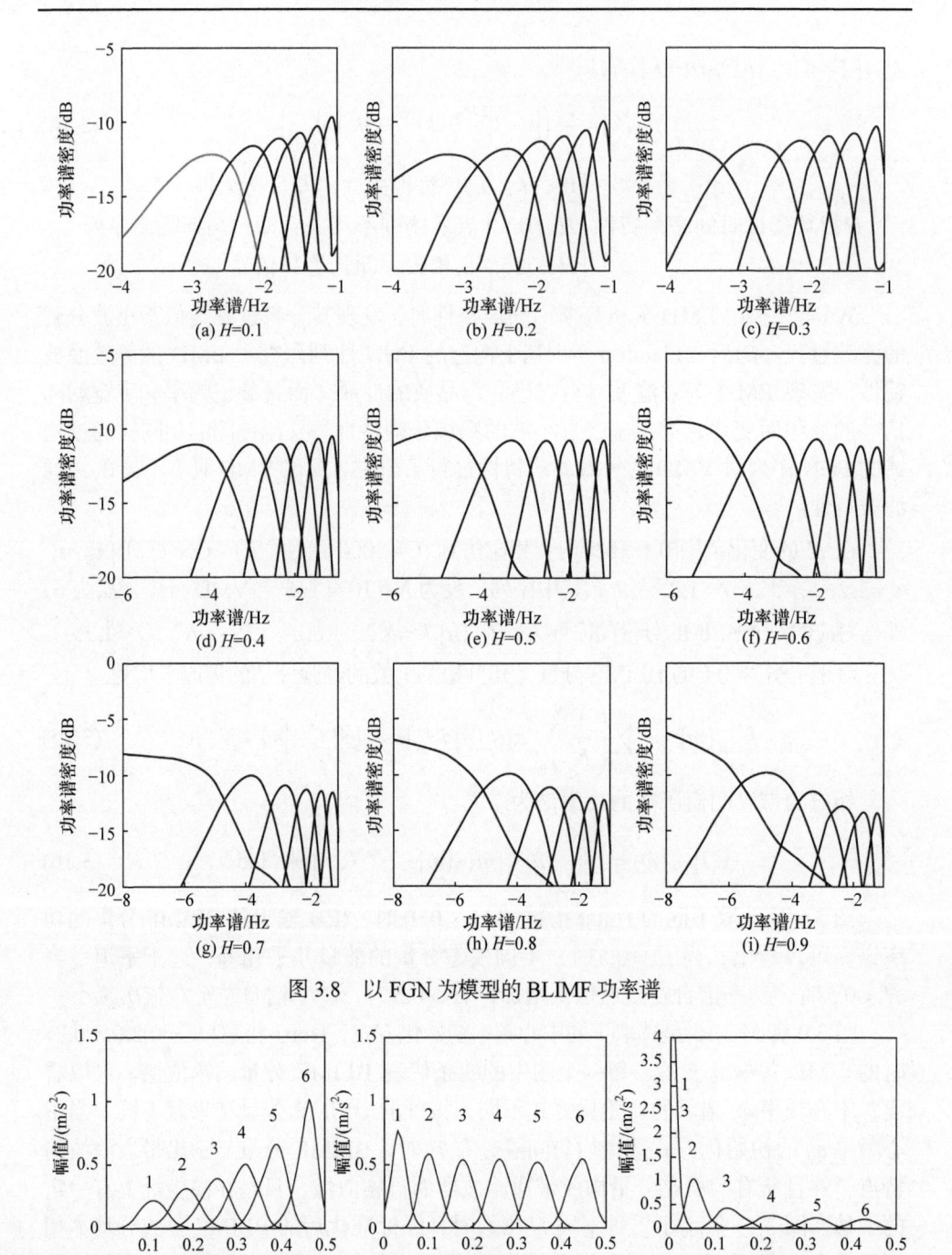

图 3.9 $\mathcal{P}_u$ 初始化 ω_k 时 VMD 的滤波特性三种不同的 Hurst 指数

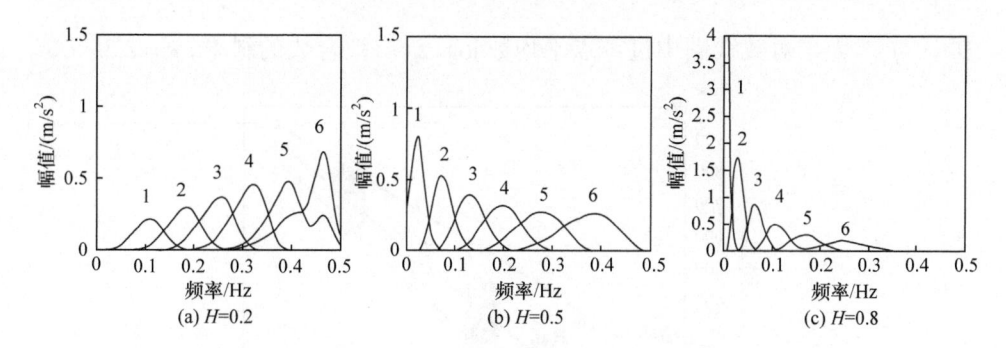

图 3.10 $\mathcal{P}_z$ 初始化 ω_k 时 VMD 的滤波特性三种不同的 Hurst 指数

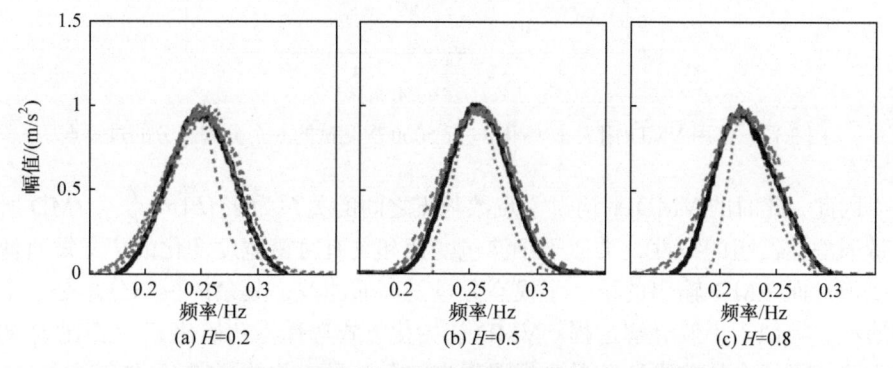

图 3.11 三种不同的 Hurst 指数时标准化 BLIMF 频谱

此时，VMD 类似于短时傅里叶变换，与 EMD[7]和 LMD[10]的小波类型的滤波器结构不同。因此，VMD 均匀分布的中心频率初始化方式更适合提取非平稳信号中的振荡分量。在 EMD 算法中，过零点常被用于描述 IMF 成分的均值频率。这是因为 IMF 成分交替出现的局部极大值和局部极小值是靠过零点分割的特殊结构。研究表明，EMD 分解 IMF 满足二分结构(斜率为-1)，过零点与 IMF 索引服从对数分布[7]。此处，用过零点方式可以近似分析 VMD 的滤波器结构。当 H 为 0.1、0.5 和 0.9 时，VMD 采用 $\mathcal{P}_u$ 初始化方式进行 5000 次分解，结果如图 3.12 所示。不难发现，平均过零点数 $z_u[k]$ 与 BLIMF 数 k 之间的关系，即 $z_u[k] \propto \rho_H \cdot k$，而 ρ_H 可通过 $z_u[k]$ 拟合直线的斜率计算得到。

当 ω_k 的初始化方式选择零初始化 $\mathcal{P}_z$ 时，等效滤波带结构如图 3.10 所示。不难发现，此时等效滤波结构呈现类似小波包分解的结构[11]，与 EMD 等效滤波器也不同[6]。此时，VMD 可看作一种类小波包分解方式。各 BLIMF 成分的频率响应之间的可表示为

$$\hat{P}_{k,H}(\omega) = \hat{P}_{n,H}(\omega)(\gamma_H^{k-n}\omega), \quad k > n \geqslant 2 \tag{3.18}$$

其中，γ_H^{k-n} 为半对数线图中过零点平均数 $\log_2 z_u[k]$ 拟合线的斜率，$k = 2,3,\cdots,6$。

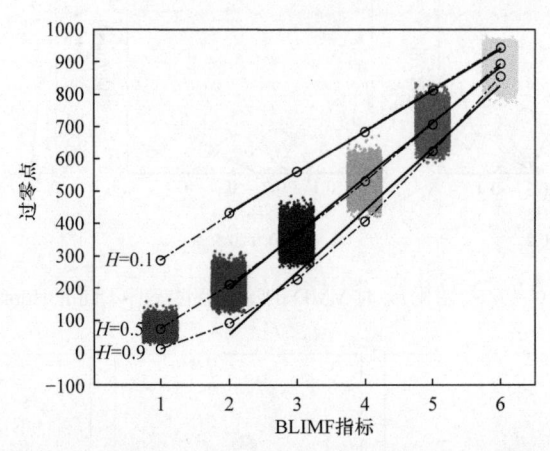

图 3.12　使用 VMD(用 $\mathcal{P}_u$ 初始化)进行 5000 次测试的 6 个分解组分的过零点

因此，此时的 VMD 平均过零点数与 k 之间的关系为 $z_H[k] \propto \gamma_H^k$。VMD 所具有带通滤波器组的特性，类似于小波包变换和具有时窗宽度变化的广义短时傅里叶变换，而 EMD 输出的第一个模态分量是高通滤波，其余的模态分量是一个带通滤波，类似于小波分解过程。VMD 初始化方式选择零初始化 $\mathcal{P}_z$，相比 $\mathcal{P}_u$ 初始化方式，更适合从非平稳信号中提取瞬态特征分量。此外，VMD 能够弥补 EMD 在高频区域分辨率低的缺陷，可以实现更精细化的分析，从而能够更好地适用于提取不同的信号特征。

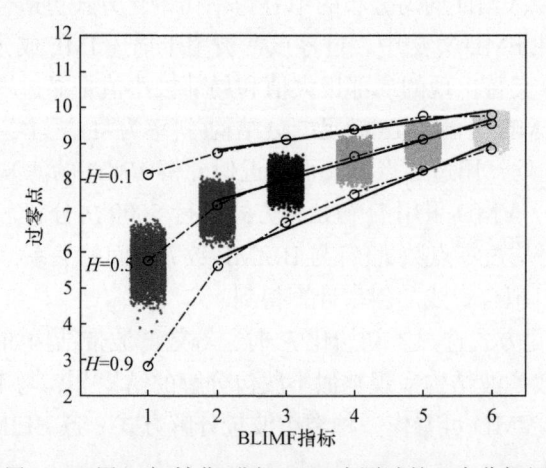

图 3.13　使用 VMD(用 $\mathcal{P}_z$ 初始化)进行 5000 次测试的 6 个分解组分的过零点

3.3.4 Tone 分离

区分相邻谱分量的能力称为分辨率，这是光谱分析中的重要指标。本节介绍 VMD 在信号检测时的另一个特性，即在处理两个具有不同频率和幅值的谐波函数组成信号时的特性。如果信号由两个频率函数组成，Rilling 等[12]在幅度与频率平面中发现一个有趣的区域，其中 EMD 将两个分量误识别为一个分量。在该性能分析中，广泛使用的具有两个频率的复合信号为

$$v(t) = v_1(t) + v_2(t) = \cos(2\pi f_1 t) + \lambda \cdot \cos(2\pi k f_1 \cdot t + \varphi) \tag{3.19}$$

其中，λ 和 k 分别为频率和振幅比。

对于 EMD 的 Tone 分离问题，研究人员发现了 λ 和 k 的影响区域[12]。此外，也有人研究了同步压缩变换的 Tone 分离问题[13]。实际上，VMD 的 Tone 分离问题已经在文献[14]中研究，但其中受影响的重要参数如中心频率和 α 初始化并没有被提到。在下面的实验中设定 $\alpha=10^3$ 和 $\alpha=10^4$，为了避免分离过程中可能出现的混乱，将奈奎斯特采样率设置为一个较大的值，该值比最大频率要大。在此项研究中设置 $0<k<2$，振幅的比值 $0.01<\lambda<10$。同时，为了定量分析 VMD 是否能成功提取分量 v_1，定义误差 $E_2(k_i,\lambda_j)$ 为

$$E_2(k_i,\lambda_j) = \frac{\left\| U_{k_i\lambda_j}^{v_1}(t) - v_1(t) \right\|_2}{\left\| U_{k_i\lambda_j}^{v_1}(t) \right\|_2} \tag{3.20}$$

当 $\{k_i\}$ 和 $\{\lambda_j\}$ 数值离散检测 $v_1(t)$ 时，如果 VMD 可以成功地识别 $v_1(t)$，分子是接近于零的。考虑边界上的较大误差，式(3.20)仅计算[200,800]区间内的信号。当 α 设置为 1000，并且 $\mathcal{P}_u$ 被预先指定为初始化时，结果如图 3.14(a)和图 3.14(b)所示。可以发现，VMD 能很好地区分两个相近频率分量，除了 $k \approx 1$ 区域。显然，在 $k \approx 1$ 或 $k=1$ 时，把这个信号分解成两个成分是荒谬的。此外，当 $\alpha=10000$ 时采用的是 VMD，不同的分离结果如图 3.14(c)和图 3.14(d)所示，VMD 仍能提取两个组成部分，但除了在 $k \approx 1$ 区间外，随机产生在 $k>1$ 和 $\lg(\lambda) \approx 1$ 区间的误差较大。此外，当 α 上升到 10000 时，在 1 左右的扩散区变窄。

随后，对中心频率初始化使用 VMD 的 Tone 分离的影响也进行了研究。图 3.15(a) 和图 3.15(b)说明色调分离的结果，其中 $\mathcal{P}_z$ 和 $\alpha=1000$。可以发现，存在另一个区域 $\lg\lambda \approx 1$，提示 VMD 不能检索两频率，除了 $k \approx 1$ 这个混乱区域，特别是当 $\alpha=10000$ 时增加，如图 3.15(c)和图 3.15(d)所示。混淆区域也说明正确选择 VMD 初始化方式的重要性。为了进一步探讨 α 对 Tone 分离的影响，我们将设定参数 $\lambda=3$ 和不同的 $\alpha \in [10^3,10^4]$。假设 $\mathcal{P}_u$ 的初始化是一个固定和预先选择，可

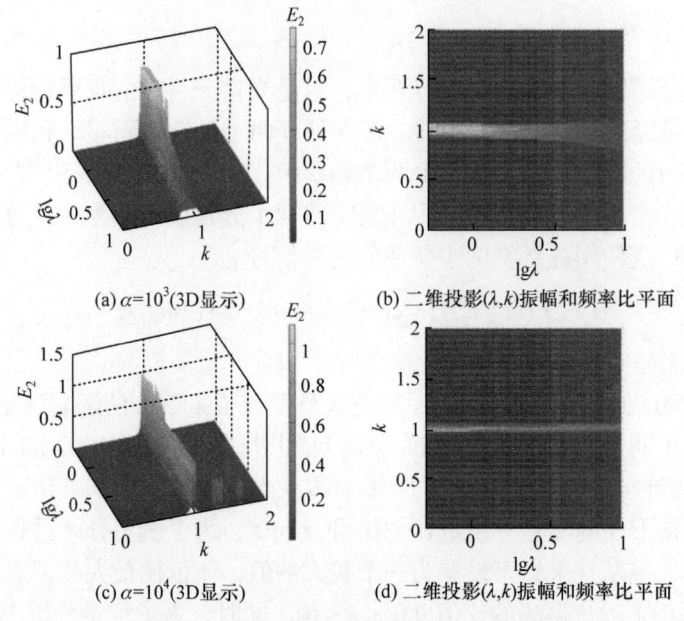

(a) $\alpha=10^3$(3D显示) (b) 二维投影(λ,k)振幅和频率比平面

(c) $\alpha=10^4$(3D显示) (d) 二维投影(λ,k)振幅和频率比平面

图 3.14 VMD $\mathcal{P}_u$ 初始化时 Tone 分离性能

以在图 3.16(a)中看到 E_2 的误差也很小,除了 $k\approx 1$ 的面积。同样,相应的实验误差的测量如图 3.16(b)所示。可以看出,存在一个 α 增加的扩散区。因此,我们得出结论,如果 $\mathcal{P}_z$ 在初始化采用,α 确实对色调分离有些效果。

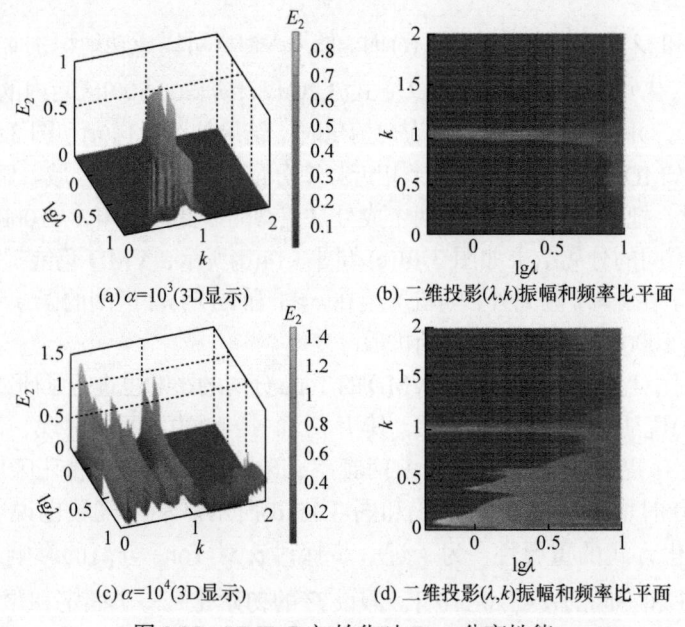

(a) $\alpha=10^3$(3D显示) (b) 二维投影(λ,k)振幅和频率比平面

(c) $\alpha=10^4$(3D显示) (d) 二维投影(λ,k)振幅和频率比平面

图 3.15 VMD $\mathcal{P}_z$ 初始化时 Tone 分离性能

(a) 均匀分布$\mathcal{P}_u$的分解结果   (b) 零值初始$\mathcal{P}_z$的分解结果

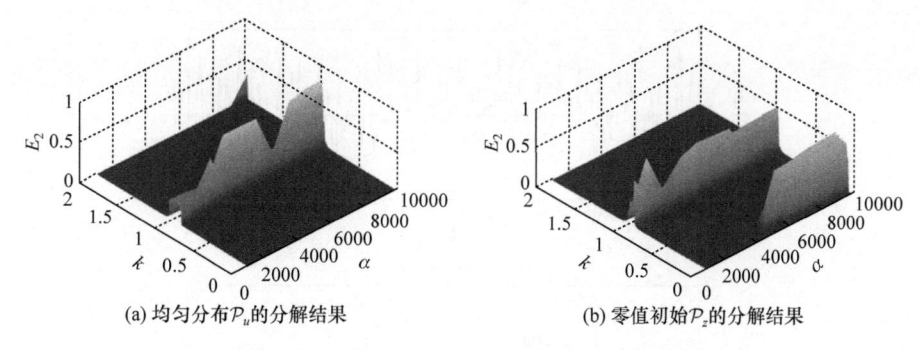

图 3.16 α 在 λ=3 时 VMD 的 Tone 分离性能

3.3.5 仿真应用

对于一维信号的分析，具有带通滤波特性的 VMD 不仅具有良好的抗模态混叠特性，而且能够提取信号中的冲击特征分量。

1. 抗模态混叠特性

模态混叠是 EMD 分解过程中经常出现的一种现象，它是指在同一模态分量中包含尺度差异较大的信号分量或同一尺度的信号分量出现在不同的模态中。为了验证 VMD 具有较好的抗模态混叠特性，构造一个多谐波信号并对其进行分析，多谐波信号的表达式为

$$x(t) = 0.5\cos(60\pi t) + \cos(300\pi t + \varphi) + 1.5\cos(400\pi t) + \cos(600\pi t) \\ + 0.5\cos(1000\pi t), \quad \varphi \in (-\pi, \pi), \quad t \in (-0, 0.25) \tag{3.21}$$

其中，信号 $x(t)$ 的采样频率设为 2000Hz，采样点数设为 512。

多谐波仿真信号的时域波形及频谱如图 3.17 所示，从 FFT 频谱中可以看到该仿真信号共包含 5 个频率成分，即 30Hz、150Hz、200Hz、300Hz 和 500Hz。采用 VMD 对仿真信号进行分解时，选定模态个数 K=5，中心频率 ω_k 初始化方式分别选定为 $\mathcal{P}_u$ 和 $\mathcal{P}_z$。在两种中心频率 ω_k 初始化方式下，得到的 5 个 BLIMF 模态分量及其频谱如图 3.18(a)和图 3.18(b)所示。可以看出，当 ω_k 初始化选定为 $\mathcal{P}_u$ 时，信号中的全部频率成分能被很好地分解出来，而且没有其他多余虚假成分及模态混叠产生；当 ω_k 初始化选定为 $\mathcal{P}_z$ 时，模态分量同样全部是原信号的 5 个分量，两种情况都不存在残余分量。如图 3.18(c)所示，其分解的模态成分中并没有得到理想的谐波成分且存在模态混叠现象。另外，由于 VMD 为非递归式分解，所以其分解得到的 BLIMF 模态并不同于 IMF 模态从高频到低频的分布方式。从图 3.18(a)和图 3.18(b)中也可看出，BLIMF 模态也不是严格意义上的从低频到高频的分布形式。

图 3.17 多谐波仿真信号

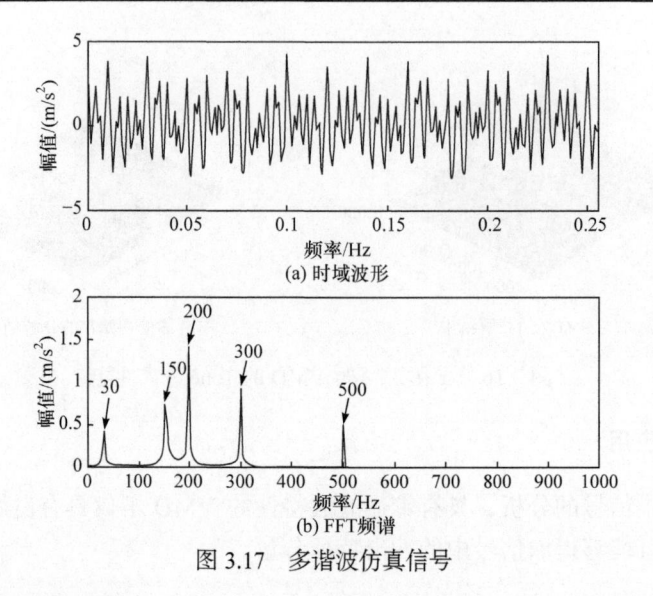

2. 冲击分量检测

冲击特征通常以瞬态的形式存在于信号中，检测这些瞬态信号的冲击特征是分析振动信号的一种重要方式。作为一种非平稳信号处理方法，VMD 可以有效地检测出信号中是否含有冲击分量。为了验证其效果，构造一个由振动衰减信号 $s(t)$、低频信号 $u(t)$ 和高斯白噪声 $n(t)$ 组成的数值仿真信号，即[15]

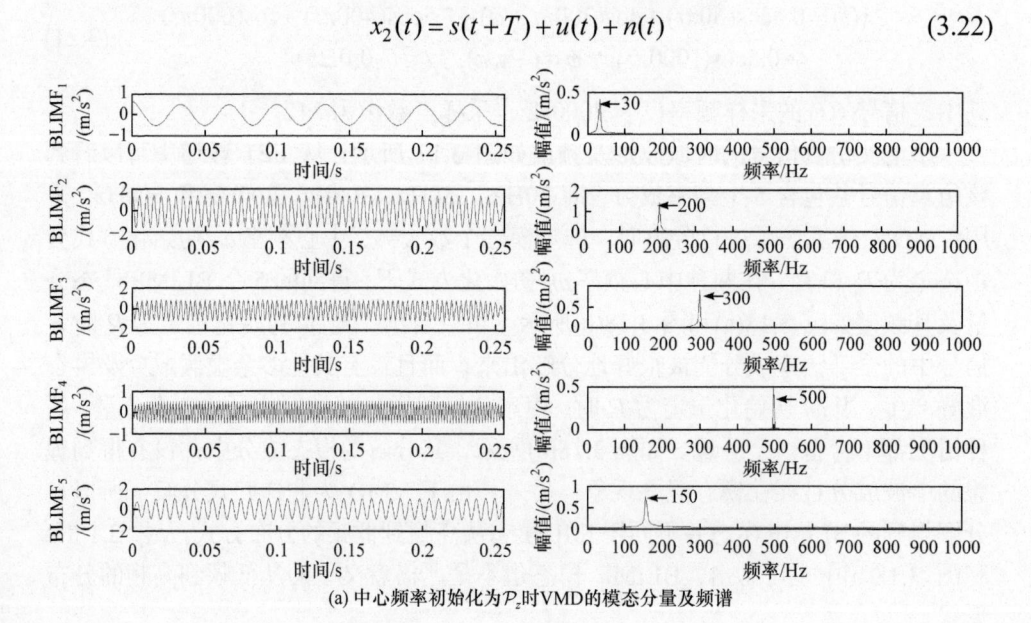

$$x_2(t) = s(t+T) + u(t) + n(t) \tag{3.22}$$

(a) 中心频率初始化为 $\mathcal{P}_2$ 时 VMD 的模态分量及频谱

(b) 中心频率初始化为 $\mathcal{P}_u$ 时 VMD 的模态分量及频谱

(c) EMD 的模态分量及频谱

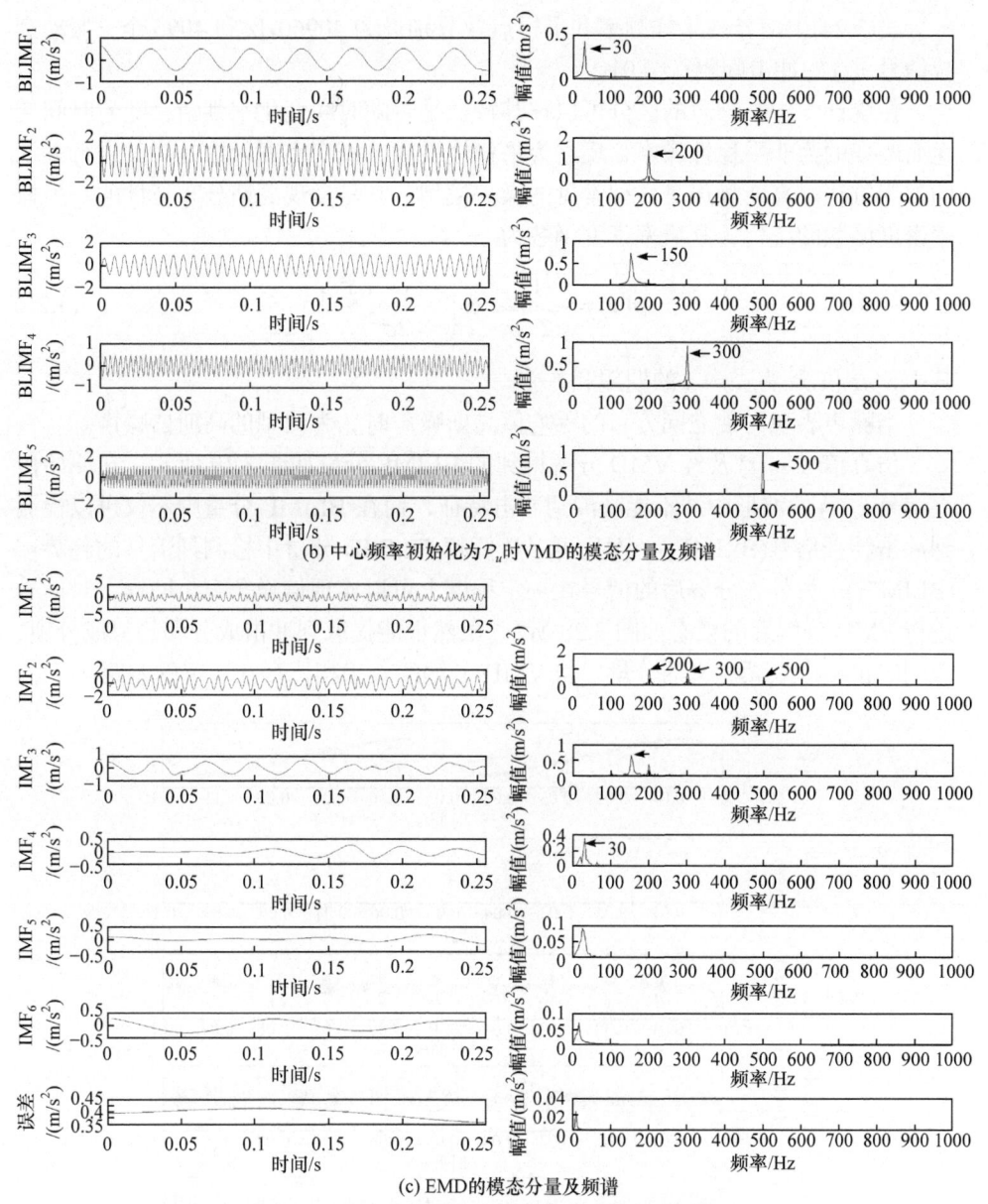

图 3.18 多谐波仿真信号 VMD 和 EMD 分析结果

振动衰减信号为

$$s(t) = e^{-1000t} \cdot \cos(6000\pi t) \tag{3.23}$$

低频信号为

$$u(t) = 5\sin(40\pi t) + 1.5\sin(80\pi t) + 0.5\sin(120\pi t) \tag{3.24}$$

式(3.24)中信号的采样频率和采样点数分别设为 40960Hz 和 4096 个，振动衰减信号 $s(t)$ 的冲击间隔 $T=0.01$s。

在统计学中，噪声的区分可以按其特征是否随时间变化来判断，随着时间变化而改变的为非平稳性噪声，反之为平稳性噪声。概率密度函数是对其进行表征的常用方法。高斯噪声是一种常见的噪声模型，它是呈现高斯分布特性的一类概率密度函数的统称。其概率密度函数为

$$p(x) = \frac{1}{\sqrt{2\pi}\sigma} \exp\left(\frac{-(x-\mu)^2}{2\sigma^2}\right) \quad (3.25)$$

其中，μ 和 σ^2 为噪声 x 的期望和方差。

当噪声表现为独立同分布的零均值高斯噪声时，为典型的高斯白噪声。

仿真信号 $x_2(t)$ 及经 VMD 分解得到的 BLIMF 分量如图 3.19 所示。在原始仿真信号 $x_2(t)$ 的波形中并不能观测到冲击特征，而在 BLIMF 分量中不仅可以检测到冲击特征信号($BLIMF_2$)，而且可以从低频 BLIMF 分量中检测到信号的趋势项($BLIMF_1$)。另外，分解后的信号在一定程度上可以实现信噪分离。同样，对信号进行 EMD 分解后的模态如图 3.20 所示。虽然也能提取到冲击成分和趋势成分项，但同时也会产生无意义的分量，与 VMD 分解的效果相比存在一定的差距。

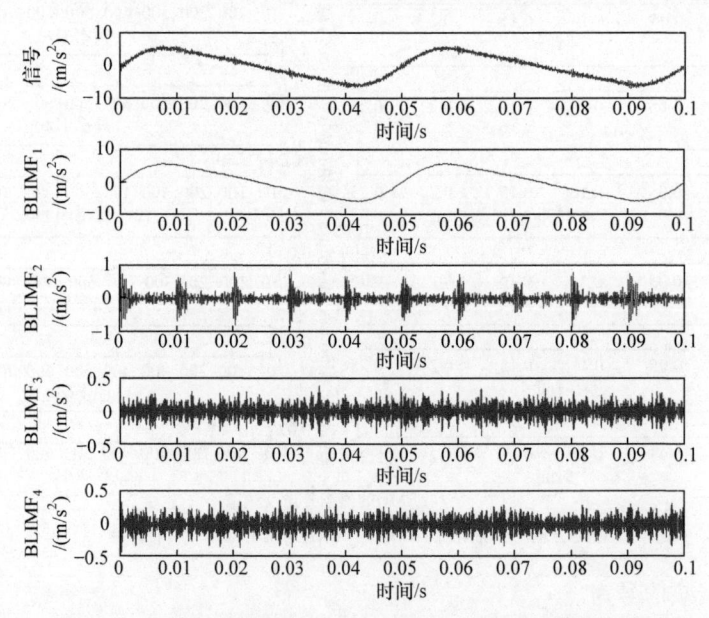

图 3.19 仿真信号及其在 $\mathcal{P}_z$ 初始条件下 VMD 的 BLIMF 分量

3. 趋势项提取

时间序列通常由全局潜在趋势和不规则成分组成，提取这些潜在趋势可提

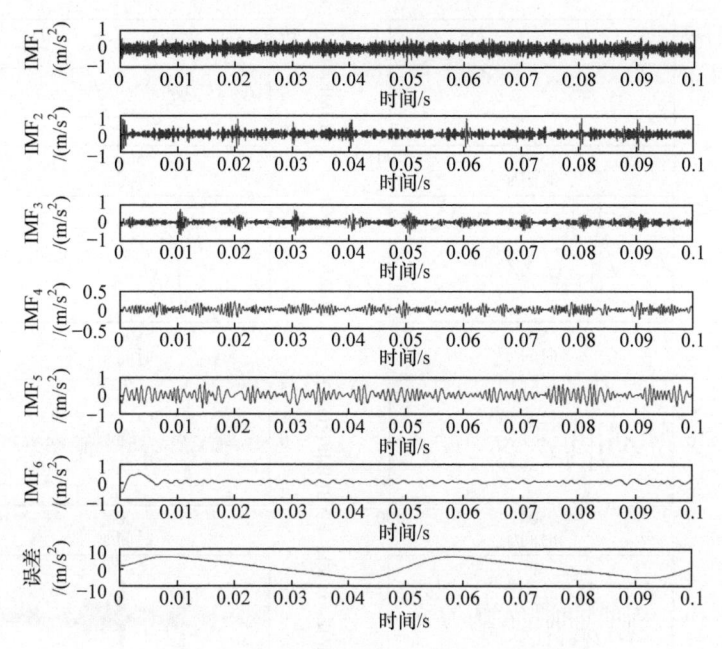

图 3.20 仿真信号用 EMD 分解后的模态分量

供有关系统动力学缓慢和快速演化的有用信息。本节讨论从给定时间序列中过滤低频趋势的问题，基本假设是趋势由一组低频 BLIMF 描述。目前已经开发了一些方法过滤趋势，如基于 EMD 的技术及其在测量电力系统振荡趋势识别中的应用[16,17]。趋势项提取泛指低频趋势与高频波动的分离。给定待分解的信号 $x(t)$ 包括缓慢变化的(低频)趋势 $T(t)$，对于波动项，可以通过 BLIMF 直接捕捉趋势。因此，提取趋势项 $x(t)$，对应于 $T(t)$，相当于计算从简到精的分量，然后进行重建，即

$$\hat{T}_K(t) = \sum_{k=1}^{K} u_k(t) \tag{3.26}$$

其中，$\hat{T}_K(t)$ 为过滤趋势。

通过设置 P_z 和 α 可以将 VMD 用于从时间序列中过滤趋势。在这个具体应用中，VMD 采用两个不同的 α 来检查其去趋势性能，分别设置 $\alpha = 1 \times 10^4$ 和 $\alpha = 1 \times 10^3$ 使用 VMD 得到精分解，如图 3.21 所示。原始信号基于不同 α 的提取趋势如图 3.22 所示。当在 VMD 中采用较大的 α 时，可以获得更平滑的曲线，这可以显示足够的物理趋势信息。因此，该示例证明，通过控制参数 α，可以使用 VMD 直接实现部分重建。正确的 α 值的选择决定了结果重建的预期。

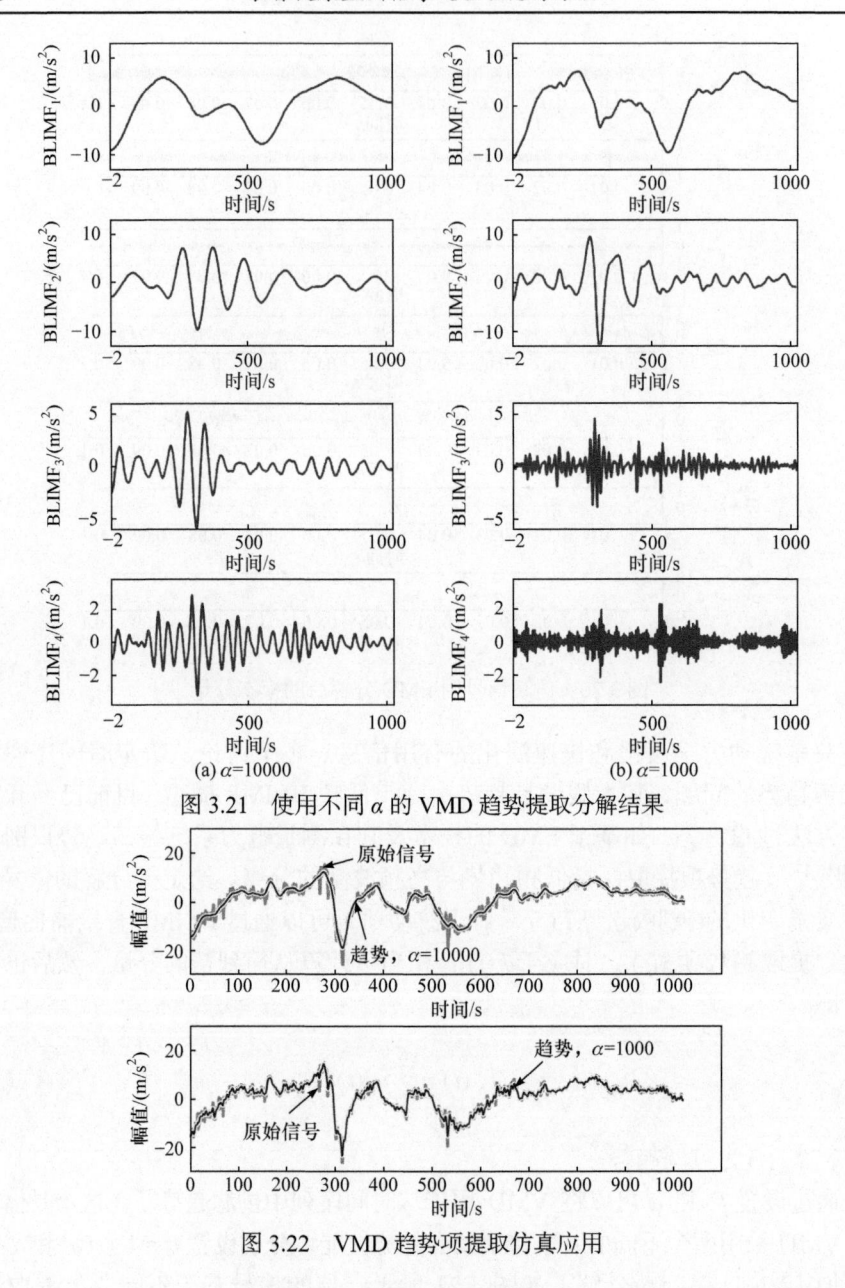

图 3.21 使用不同 α 的 VMD 趋势提取分解结果

图 3.22 VMD 趋势项提取仿真应用

3.4 VMD 时频分析

3.4.1 瞬时幅值和瞬时频率

基于 VMD 的时频表达式可以通过对每一个 BLIMF 进行 Hilbert 变换得到,

对于每一个模态分量 $u_k(t)$，其 Hilbert 变换可以写为

$$\mathcal{H}[u_k(t)] = \frac{1}{\pi}\int_{-\infty}^{+\infty}\frac{u_k(t)}{t-\tau}\mathrm{d}\tau \tag{3.27}$$

其中，t 和 τ 为实变量。

结合模态分量 $u_k(t)$ 及其 Hilbert 变换 $\mathcal{H}[u_k(t)]$，可以得到解析信号 $z(t)$、瞬时幅值 $A(t)$ 和瞬时相位 $\varphi(t)$，即

$$\begin{cases} z(t) = u_k(t) + \mathrm{i}\mathcal{H}[u_k(t)] = A(t)\cdot\exp[\mathrm{i}\varphi(t)] \\ A(t) = \sqrt{u_k^2(t) + \mathcal{H}[u_k(t)]^2} \\ \varphi(t) = \arctan\bigl(\mathcal{H}[u_k(t)]/u_k(t)\bigr) \end{cases} \tag{3.28}$$

那么，各个模态 $u_k(t)$ 的瞬时频率可以表示为

$$\vartheta(t) = \frac{\mathrm{d}\varphi(t)}{\mathrm{d}t} \tag{3.29}$$

可以看出，瞬时频率和瞬时幅值都是随时间变化的函数，并且包含信号的局部信息。通过瞬时频率和瞬时幅值，可以得到信号的时频表达式，即

$$\mathcal{H}(\vartheta,t) = \mathrm{Re}\left\{\sum_{r=1}^{n}A(t)\mathrm{e}^{r\int\vartheta(t)\mathrm{d}t}\right\} \tag{3.30}$$

其中，n 为模态的个数。

通过式(3.30)，可以把时间 t、频率 $\vartheta(t)$ 和幅值 $A(t)$ 在一个三维图中表示。因此，可以通过 VMD 时频谱综合表示信号的瞬时频率和瞬时幅值关系。

3.4.2 VMD 时频谱稀疏性和时频谱峭度测量

为了充分验证 VMD 时频谱聚集性优于其他方法，本节利用 Gini 指数和时频谱峭度对基于 VMD 的时频表示进行分析。

1. Gini 指数

在信号的时频表达式中，可以从很多方面定义其稀疏性。例如，如果一个信号表达式中的非零系数比它的维度小，那么这个信号就是稀疏的，但是在实际的信号中，这种定义方式就不适用了。对于实际信号，用能量集中在一小部分系数上的方法定义其稀疏性。同时，将稀疏性用于图像时，稀疏性具有不变的特性。通常来说，稀疏性的测量应该基于整个图像能量的相对分布，而不是单独计算每个系数能量的绝对值。换句话说，稀疏性从侧面反映出时频图时频聚集性的好坏。通过研究发现，Gini 指数满足一些很好的属性，因此本节用 Gini 指数作为 VMD 时频表达式稀疏性的一个指标。

Gini 指数作为一种稀疏性测量指标[18,19]，定义为

$$\mathrm{GI} = 1 - 2\sum_{m=1}^{N^2} \frac{x(m)}{\|x\|_1} \frac{N^2 - m + 0.5}{N^2} \tag{3.31}$$

其中，$\|x\|_1$ 表示信号 $x(t)$ 的 L_1 范数。

Gini 指数相比传统规范度量方法的一个重要优势是，它是归一化的，并且是在 0～1 的。如果值为 0，则表示信号几乎不具有稀疏性；值为 1，则表示信号具有很好的稀疏性，在时频谱图中的直观反映则是信号具有很好的时频聚集性，并且有用的信息能很好地观察到。Gini 指数对于时频分布谱图给出了很好的解释，可以直观展示时频谱的稀疏性。

2. 时频谱峭度

时频谱峭度可以提供定量的评价标准来评估不同时频表达式的性能，因此对时频表达方法的选择上会有所帮助。全局的时频谱峭度指的是在整个时频面上考虑时频分布的聚集性。对于给定信号 $s(t)$ 的时频表达式 $T(n,k)$，运用最广的聚集性测量方式是 Jones 等[20]提出的时频分布峰值的概念，定义为

$$M = \frac{\sum_n \sum_k T^4(n,k)}{\left(\sum_n \sum_k T^2(n,k)\right)^2} \tag{3.32}$$

可以看出，时频谱峭度指标被定义为时频表达式能量的 L_4 范数和 L_2 范数的比值。由于分子上的四次幂倾向于一个峰态分布，所以值越大表示信号能量越多地集中在时频面上。峭度指标越大，表示时频聚集性越好。为了更好地进行对比，本节将聚集性指标 M 规范在[0,1]。

3. 仿真分析

为了验证 VMD 在提取多分量信号时具有良好的抗模态混叠能力，并且其 VMD 频谱具有良好的时频聚集性。本节采用蝙蝠信号进行分析。

该信号由一个大棕蝙蝠[21]发出，是一个非线性的多分量调频信号。数据长度为 400，采样周期约为 7 μs。蝙蝠回声定位信号如图 3.23 所示。

采用 VMD 算法对信号进行分解时，设置模态分解个数 $K = 4$，惩罚因子 $\alpha = 20$，中心频率初始化方式为零初始化。通过 VMD 分解，分别得到 4 个 BLIMF 模态分量。如图 3.24 所示，信号的全部频率成分都可以被很好地分解出来，而且没有残余分量产生。相比 EMD 分解方法，EEMD 的模态混叠现象不是很严重，因此采用 EEMD 作为对比方法，对蝙蝠信号进行 EEMD 分解。EEMD 中高斯白噪声添加次数为 200 次，结果如图 3.25 所示，从图中可以发现，有效的模态主要

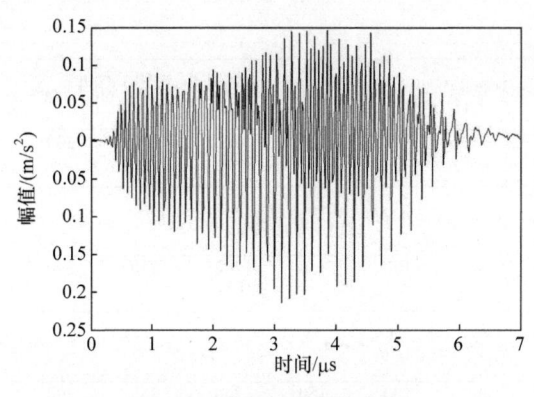

图 3.23 蝙蝠回声定位信号

出现在 C1~C4 中，并且模式混叠现象在 C2、C3 中存在。C5~C9 为残余分量。另外，由于 VMD 不是递归式的分解方法，得到的 BLIMF 并不同于 EEMD 分解得到的 IMF 从高频到低频的分布排列方式。

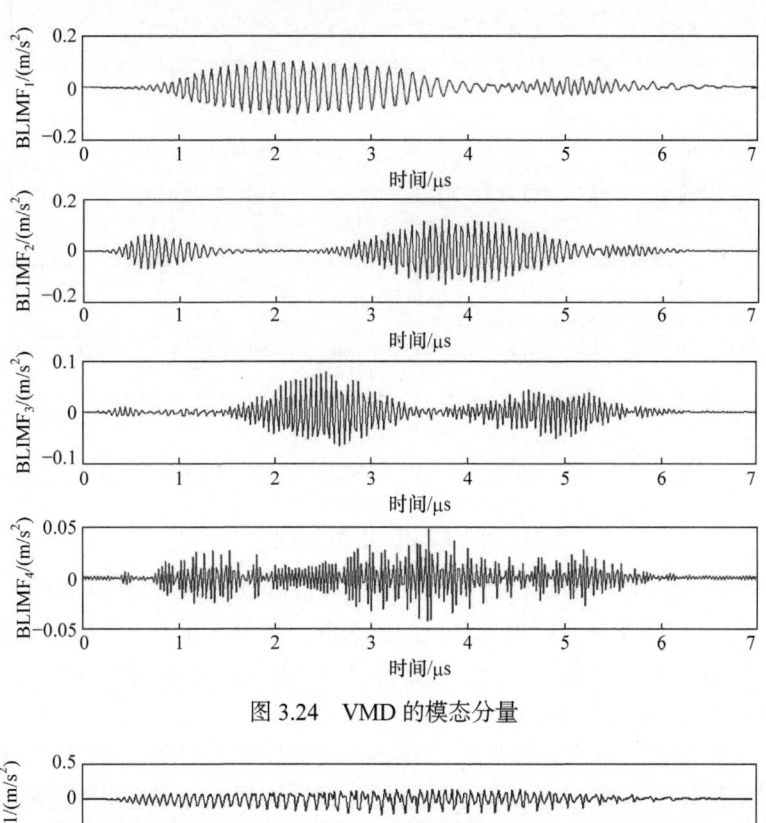

图 3.24 VMD 的模态分量

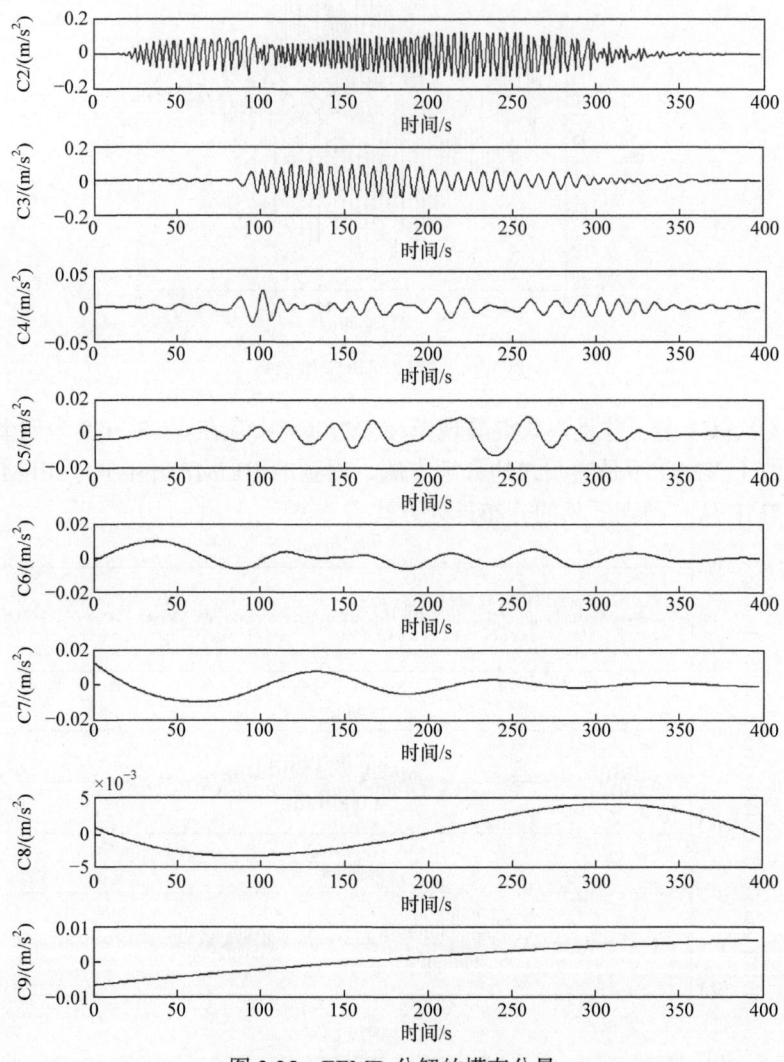

图 3.25　EEMD 分解的模态分量

如图 3.26 所示，VMD 分解几乎没有模态混叠现象，蝙蝠信号中的 4 种成分都能有效分离；EEMD 分解出现严重的模态混叠现象，除了 1 种频率成分明显分解出来，其余 3 个频率成分完全没有分解出来。因此，VMD 算法在抗模态混叠方面优于 EEMD，并且能够有效地提取多个频率成分。

对 VMD 分解后的模态分量进行 Hilbert 变换得到信号的时频图，蝙蝠信号的 VMD 时频谱如图 3.27 所示。4 个分量的非线性调频成分都能得到清晰的识别，即使是对信号微弱部分 D 也能有效地进行提取，并且瞬时频率和瞬时幅值估计在 VMD 时频图中有很好的表示。

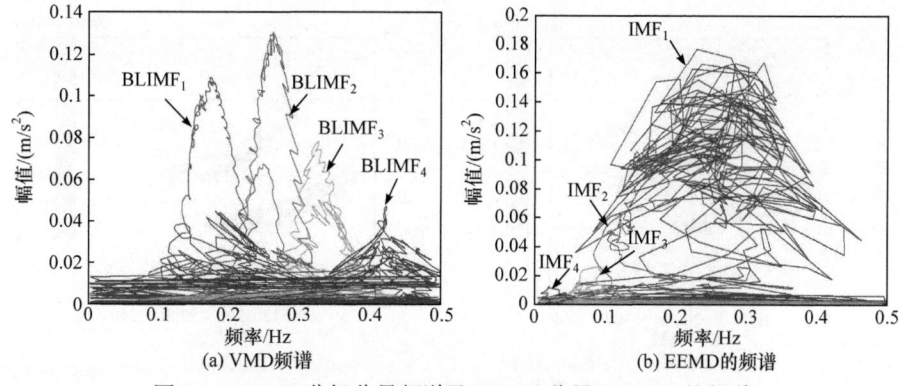

图 3.26　VMD 分解分量频谱及 EEMD 分量 C1～C4 的频谱

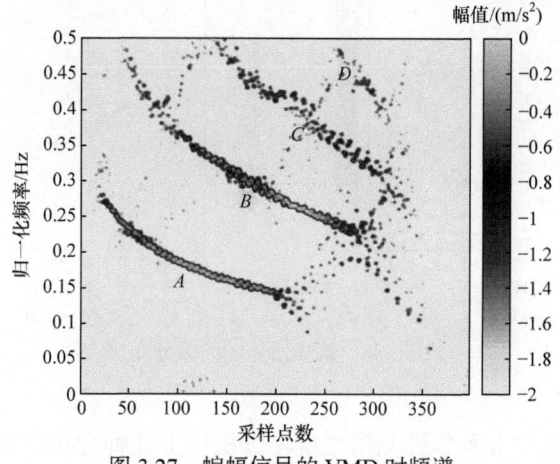

图 3.27　蝙蝠信号的 VMD 时频谱

为了证明 VMD 时频谱的有效性，我们将蝙蝠信号的 VMD 时频谱与 STFT、连续小波变换(continuous wavelet transform，CWT)、HHT，以及 WVD 几种方法进行对比。蝙蝠信号的时频分布如图 3.28 所示。

信号的 STFT 表示如图 3.28(a)所示，其中使用汉明窗函数，长度为 64。可以看出，虽然 3 个分量被正确地分离，但是微弱部分 D 没有被准确提出来，并且时频图的时频聚集性不是特别好。图 3.28(b)为 CWT 的结果，采用复 Morlet 小波基函数，并且带宽中心频率都为 5。结果表明，在提取非线性频率变化成分时，CWT 的结果优于 STFT。然而，它们都未能识别出微弱成分 D。图 3.28(c)所示为 HHT 结果，从图中可以发现，HHT 出现了严重的模态混叠，没有正确的提取出信号的成分。WVD 的结果如图 3.28(d)所示，结果表明，WVD 拥有良好的时频聚集性，但受到了交叉项的影响使结果不准确。可以看出，STFT、CWT、WVD 三种方法只能提取蝙蝠信号的 3 个频率成分，但基于 VMD 的时频图可以从原始信号中提取出 4 个分量。因此，利用 VMD 时频图对非平稳、非线性多分量信号进行分析

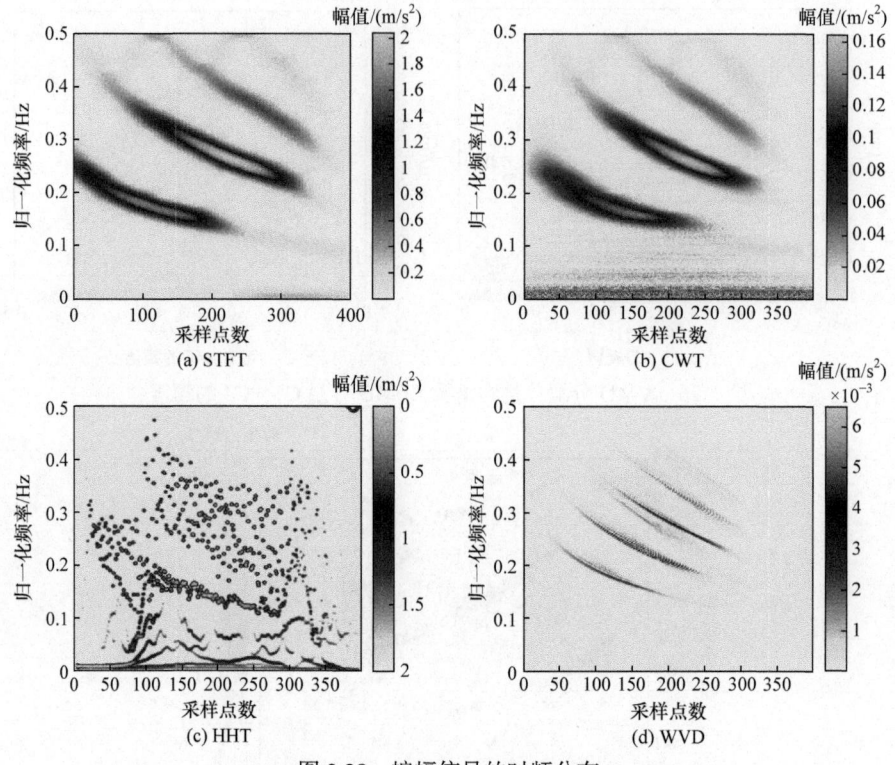

图 3.28 蝙蝠信号的时频分布

有良好的精度。

接着应用稀疏性和聚集性测量来定量分析以上几种时频分析方法的性能。如图 3.29 所示，基于 VMD 的时频分析方法在稀疏性和聚集性上都是最大值，这表明 VMD 时频谱图相对于其他四种方法，拥有最好的时频聚集性。

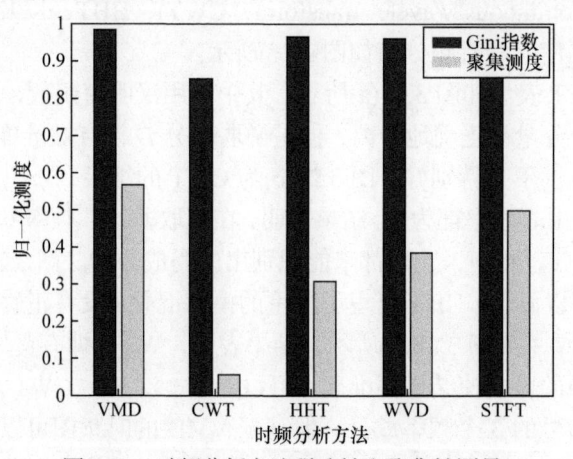

图 3.29 时频分析方法稀疏性和聚集性测量

3.5 基于蝙蝠算法的 VMD 参数优化方法

VMD 算法中主要有 4 个参数，即模态分解个数 K、二次惩罚因子 α、保真系数 τ、判别精度 ϵ。研究发现，保真系数与判别精度值对分解结果几乎没有影响，通常采用默认值；模态分解个数和二次惩罚因子在运用 VMD 算法对多分量信号进行分解时，需要预先设定，并且 K 和 α 对分解效果有很大的影响。

当 K 较大时，会出现过分解现象，如果 α 很大，则会出现模态混叠现象；反之，会使高频分量不包含信号有效成分。当 K 较小时，会出现欠分解现象，如果 α 较小，会出现模态混叠现象；如果 α 较大，会使分量带宽变小，导致某些有用信息的丢失。上述几种情况都会使分解结果不准确，导致信号有用信息无法成功提取，并且 K 的选择对是否能够成功提取信号信息非常关键，而 α 值的正确选择则可以保证 VMD 算法进行信号重构时的精度。

因此，在运用 VMD 算法对信号进行分析时，为实现信号处理的最佳效果，需要对 VMD 算法中的 K 和 α 两个参数进行优化。我们利用蝙蝠算法具有良好的全局搜索能力和收敛速度快的优点，对 VMD 算法的最佳参数组合 (K,α) 进行搜寻，并用优化后的参数组合对信号进行 VMD 分解，同时结合 VMD 时频谱进行分析。

3.5.1 蝙蝠算法基本理论

在蝙蝠算法中，每一个蝙蝠个体代表一个解，利用适应度值对其位置进行评价，同时蝙蝠通过调节本身的发射率、速度等，追随当前最优蝙蝠个体，从而达到全局的最优搜索[22]。

上述蝙蝠算法都建立在以下理想规则中[23]。

第一步，蝙蝠通过回声定位原理判断目标物的方向和距离，利用两耳接收回声波的差异对猎物和障碍物进行判别。

第二步，蝙蝠以速度 v_i、频率 F (或波长 λ) 在位置 x_i 附近随机飞行，通过变化的波长 λ 和脉冲响度 A 实现对目标的搜寻，同时它们的脉冲频率 r 是根据目标物体的接近程度调整的。

第三步，脉冲响度是从最大值 A_{max} 逐渐减少到最小值 A_{min}，以便更好地搜索目标。

蝙蝠算法的步骤可以概括如下。

(1) 初始化蝙蝠个体位置 x_i、速度 v_i、脉冲响度 A^I、迭代次数、种群规模数，同时蝙蝠个体频率在区间 $[F_{min}, F_{max}]$ 随机产生。

(2) 假设第 i 个蝙蝠个体在第 t 代蝙蝠的位置为 x_i^t、速度为 v_i^t，通过种群迭代，

x_i^t 和 v_i^t 更新方式的表达式为

$$F_i = F_{\min} + (F_{\max} - F_{\min})\beta_i \tag{3.33}$$

$$v_i^t = v_i^{t-1} + (x_i^t - x_*)F_i \tag{3.34}$$

$$x_i^t = x_i^{t-1} + v_i^t \tag{3.35}$$

其中，$\beta \in [0,1]$，为一随机向量且满足均匀分布；x_* 为当前全局最优解。

(3) 在局部搜索过程中，如果 rand > r 在最优解中随机产生当前最优解 x_{old}，那么蝙蝠个体局部最优新解表达式为

$$x_{\text{new}} = x_{\text{old}} + \varepsilon A^t \tag{3.36}$$

其中，$\varepsilon \in [-1,1]$，是一个随机数；$A^t = \langle A_i^t \rangle$ 表示蝙蝠在该时间的平均响度。

(4) 蝙蝠个体随机飞行并产生新的解。

(5) 如果 rand < A，则蝙蝠个体接收新解，并且其个体的适应值得到改善，同时脉冲响应 A_i 和速率 R_i 随着迭代过程更新为

$$A_i^{t+1} = cA_i^t \tag{3.37}$$

$$R_i^{t+1} = R_i^0[1 - \exp(-\gamma t)] \tag{3.38}$$

其中，c 和 γ 为常量。

(6) 更新当前最优解 x，找到全局适应值最小的蝙蝠个体。

(7) 判断是否满足算法终止条件，如果不满足，则返回(2)继续进行迭代；反之，则终止执行。

(8) 算法结束，输出运行结果，即最优蝙蝠个体的适应值及位置。

3.5.2 基于蝙蝠算法的 VMD 参数寻优

VMD 的分解性能与分解参数 α 和 K 的选择密切相关。如果参数 α 设置不当，由 VMD 分解所得到的 IMF 将不适合故障特征的提取，同时也不能得到最优的 IMF 的带宽。

由于寻优时蝙蝠算法具有良好的全局搜索能力，并且收敛速度较快，将此方法应用于 VMD 算法中，对 K 和 α 进行参数优化，可以得到最优的输入参数。

利用蝙蝠算法搜寻最优的分解参数时，需要确定一个适应度函数，蝙蝠个体每次更新位置时计算一个适应度函数，通过对比蝙蝠个体新的适应度值进行更新。Shannon 信息熵作为一种评价信号稀疏性的标准，其值的大小反映信号的不确定程度，值越大，则信号的不确定性越大[24]。轴承和齿轮的故障通常表现为周期性的冲击特征，并且这种特征可以通过给定信号的包络熵检测到。因此，可以将信号经分解后的包络信号序列 p_j 的熵值作为适应度值。对于给定的信号 $s(t)$，其包络熵值 E_p 为[25]

$$\begin{cases} E_p = -\sum_{j=1}^{N} p_j L_n(p_j) \\ p_j = \dfrac{a(j)}{\sum_{j=1}^{N} a(j)} \end{cases} \tag{3.39}$$

$$a(j) = \sqrt{s^2(j) + \hat{s}^2(j)} \tag{3.40}$$

其中，$a(j)$ 为信号 $s(j)$ 经 Hilbert 变换后的包络；p_j 为 $a(j)$ 的归一化形式。

根据信息熵理论，熵值越小，信号的稀疏性越好。换句话说，包络熵值 E_p 越小，信号序列越清晰。

因此，可将 BLIMF 的最小包络熵值作为蝙蝠算法的适应度函数，即

$$\min\{E_p\} = \min\{E_{p1}, E_{p2}, \cdots, E_{pk}\} \tag{3.41}$$

其中，E_{pk} 表示第 k 个 BLIMF 的包络熵值。

为了搜寻全局的最佳分量，将局部 $\min\{E_p\}$ 作为寻优过程中的适应度值，最终的目标是求得全局的 $\min\{E_p\}$。基于蝙蝠算法的参数寻优方法流程图如图 3.30 所示。优化步骤总结如下。

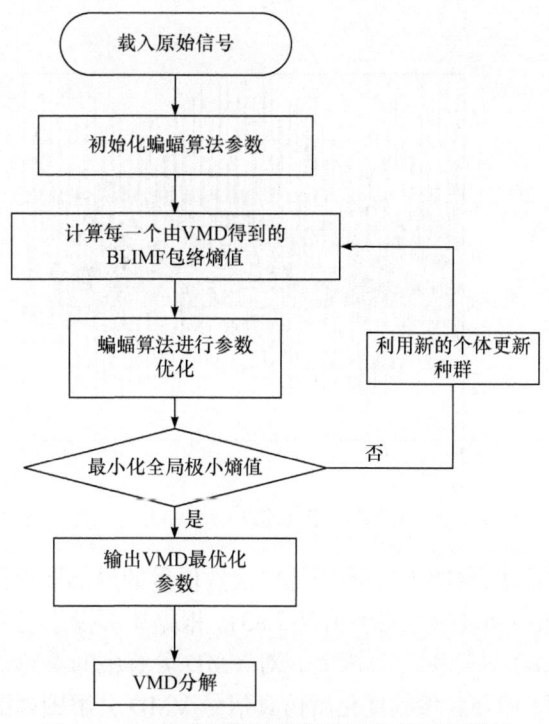

图 3.30 基于蝙蝠算法的参数寻优方法流程图

(1) 初始化蝙蝠算法的各项参数，编码 K 和 α 的蝙蝠个体形式为 $p_i(i=1,2,\cdots,L)$，蝙蝠个体数 $L=10$，迭代次数为 10。为了提高计算效率和精度，K 和 α 的范围分为[2,8]和[100,2000]。

(2) 通过 VMD 算法得到 BLIMF，同时基于式(3.36)计算每一个模态的包络熵值 E_p。

(3) 通过(2)得到最小化包络熵值，将此值作为适应度值进行全局的搜索。

(4) 利用式(3.30)~式(3.32)更新蝙蝠个体的速度和位置。

(5) 判断最小包络熵值是否符合终止条件，如果满足，则输出最优的参数组合 (K,α)；否则返回(4)。

3.5.3 仿真及实验结果分析

为了验证蝙蝠算法参数化优化的 VMD 方法的有效性，构造一个多谐波信号进行分析，多谐波信号的表达式为

$$x(t)=10\cos(340\pi t)+8\cos(240\pi t)+2\cos(100\pi t) \tag{3.42}$$

其中，信号 $x(t)$ 的采样频率设置为 512Hz，采样点数设为 512。

多谐波仿真信号原始波形如图 3.31 所示。信号由 170Hz、120Hz 和 50Hz 三个频率成分组成。

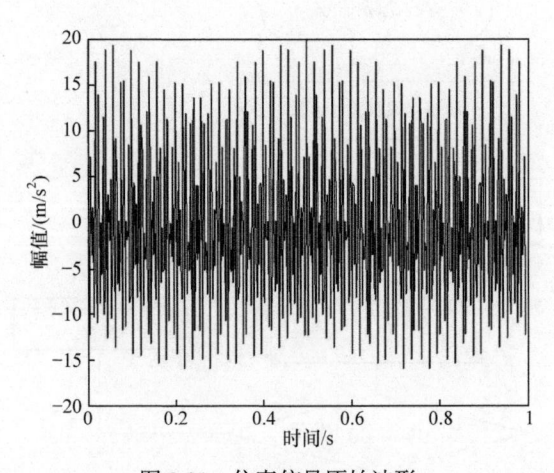

图 3.31 仿真信号原始波形

图 3.32 为蝙蝠算法寻优时，不同迭代次数信号的局部极小包络熵值。可以发现，第 5 代时出现局部极小包络熵值为 2.831，根据局部极小包络熵值搜索得到的全局最优解为 $(K,\alpha)=(3,1945)$。因此，对 VMD 分解中的模态个数和二次惩罚因子分别设置为 3 和 1945。参数优化后仿真信号 VMD 分解图如图 3.33 所示。

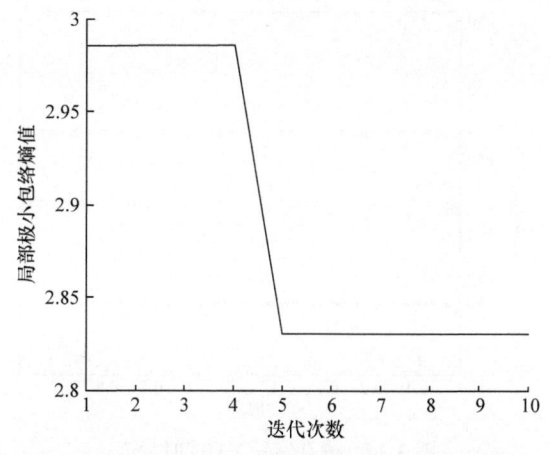

图 3.32 不同迭代次数时局部极小包络熵值

可以看出，原始信号的三个分量都完全被分解出来，并且没有出现过分解和欠分解的情况。对分量进行 VMD 时频变换，如图 3.34 所示，可以看出信号中的全部频率成分都被很好地提出来，并且没有多余的虚假成分及模态混叠现象产生，同时，时频谱保有良好的时频聚集性。

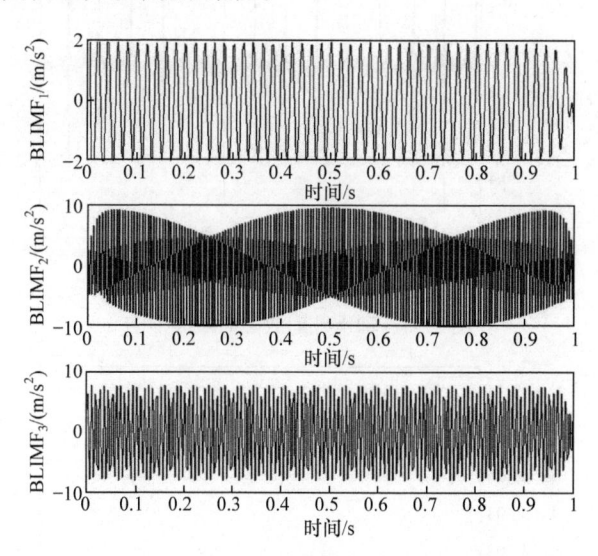

图 3.33 参数优化后仿真信号 VMD 分解图

为了验证本章方法对实际轴承故障诊断的有效性，选取凯斯西储大学轴承数据进行诊断，故障类型为轴承外圈故障。采样频率 25.6KHz，采样点数 4096，通过计算得出故障特征频率为 90.81Hz。轴承外圈故障时域波形图如图 3.35 所示。虽然有冲击存在，但是在噪声的影响下，也不能判断出信号特征。

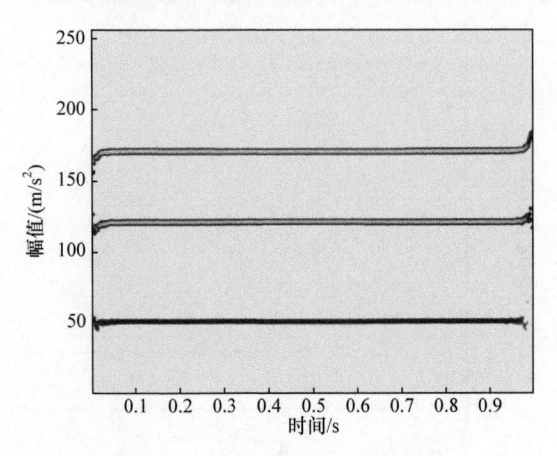

图 3.34 仿真信号 VMD 时频谱

如图 3.36 所示,迭代 6 次时,出现局部极小值包络熵 3.2986,将此值作为新

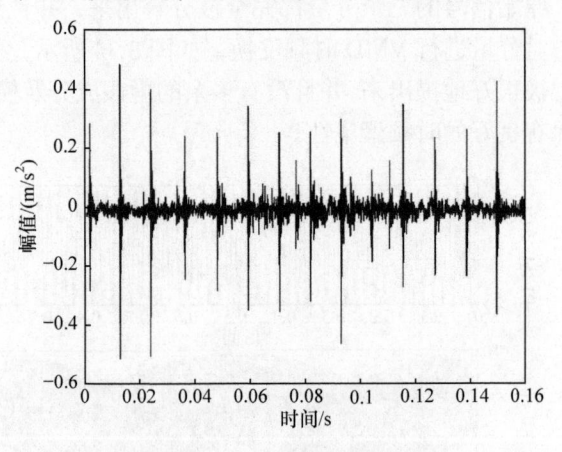

图 3.35 轴承外圈故障时域波形图

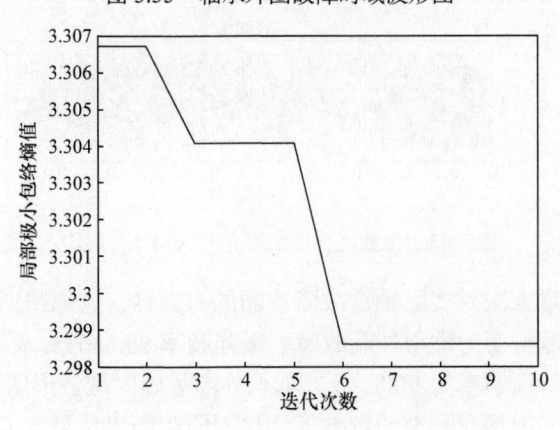

图 3.36 不同迭代次数时局部极小包络熵值

的自适应值返回蝙蝠算法寻找全局最优解,即 $(K,\alpha)=(6,1829)$。将此参数作为 VMD 分解时的参数,得到 VMD 分解图如图 3.37 所示。

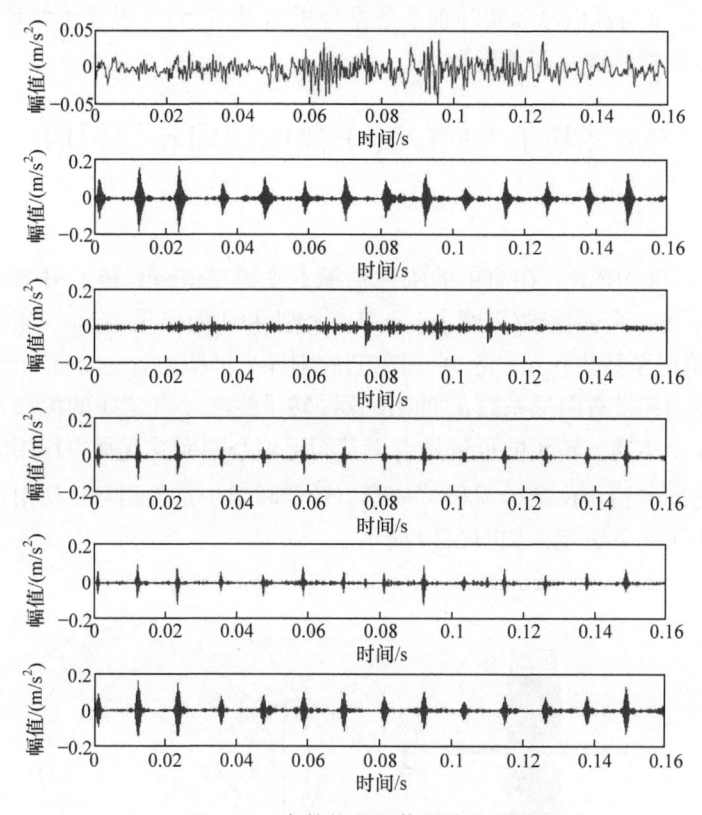

图 3.37　参数优化后信号分解图

可以看出明显的冲击成分,并且几乎不受噪声的影响。如图 3.38 所示,对

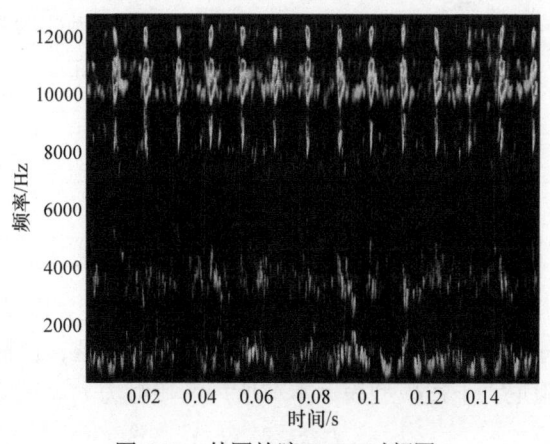

图 3.38　外圈故障 VMD 时频图

BLIMF 分量进行 VMD 时频分析,可以明显看到周期性的冲击响应,并且周期为 0.011s,与故障的特征频率 90.81Hz 吻合,成功诊断出外圈故障。

因此,通过仿真信号和实际轴承数据分析结果,验证了基于蝙蝠算法的 VMD 参数优化方法的有效性和正确性。

3.6 基于 VMD 转子碰摩故障特征提取

3.6.1 仿真分析

如图 3.39(a)所示,在简单的刚性轴承上支撑 Jeffcott 转子用于数值模拟。Jeffcott 转子由一个弹性轴(刚度为 k_R)和一个刚性圆盘(质量为 m_R、质量偏心距为 ε_M、外部阻尼系数为 b_R)组成。采用柔韧的刚环来模拟质量为 m_S 的转子,定子由弹簧(刚度 k_S)和带有阻尼系数 b_S 的阻尼器。转子挠度 r_R 和定子的位移 r_S 使用复数记号 $r=z+iy$ 描述。转子的重量是由于其固定偏心距而受支承力作用的重力。转子和定子之间的错位由定子偏移 r_S^0 表示,转子和定子是否相互接触由转子和定子之间的最小距离 δ 决定,如图 3.39 所示。

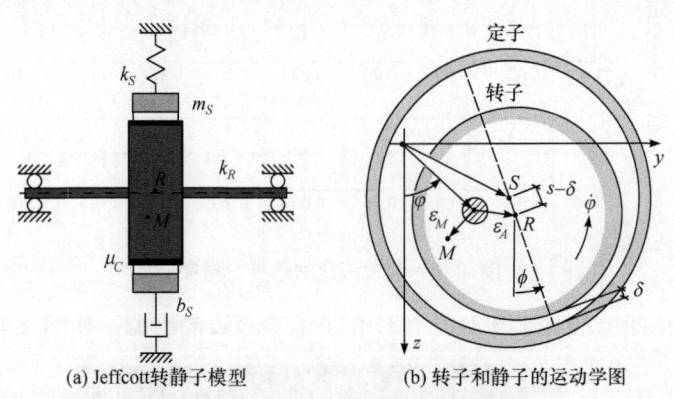

(a) Jeffcott转静子模型　　(b) 转子和静子的运动学图

图 3.39　Jeffcott 动力学模型和运动学图

转子和定子运动的复数方程为[18]

$$m_R \ddot{r}_R + b_R \dot{r}_R + k_R r_R = -m_R \varepsilon_M e^{i\ddot{\varphi}} - F_C \tag{3.43}$$

$$m_S \ddot{r}_S + b_S \dot{r}_S + k_S (r_S - r_S^0) = F_C \tag{3.44}$$

其中,F_C 为非线性碰摩力。

在实际中,接触力完全取决于几何尺寸、材料性能,以及碰撞的强度和速度[26]。文献[27]讨论了固定轴承转子系统中几个接触模型,包括线性刚度和阻尼及非线性刚度和阻尼。下述模型表示本节所用的接触力 F_{CN},其表达式为

$$F_{CN} = \langle -\delta k_C - \dot{\delta} b_C \rangle \langle -\delta \rangle^0 \tag{3.45}$$

其中，k_C 和 b_C 为局部接触刚度和局部接触阻尼。

$$\langle x^p \rangle = \begin{cases} 0, & x \leqslant 0 \\ x^p, & x > 0 \end{cases} \tag{3.46}$$

局部接触刚度系数可由接触线性弹簧力模型的等效刚度[24]为

$$k_C = 1.2\lambda^{-(6/5)} \left(\frac{1-v_R^2}{E_R} + \frac{1-v_S^2}{E_S} \right)^{-(4/5)} \left(\frac{R^2}{S} \right)^{2/5} (m_R u_0^2)^{1/5} \tag{3.47}$$

其中，E_i、$v_i (i = R, S)$ 分别为弹性模量和接触点的转子、定子的泊松比；u_0 为最初的正碰撞速度。

局部接触阻尼由 $b_C = \varsigma\sqrt{k_C m_R}$ 估计，其中 ς 是常数。利用库仑摩擦定律，给出碰磨力计算公式，即

$$F_C = (1 + \mathrm{i}\mu_C)F_{CN} \tag{3.48}$$

其中，F_{CN} 为标准接触力；μ_C 为转子与定子间的摩擦系数。

基于式(3.43)，转子工作时其无量纲位移的数值模拟显示在图 3.40(a)，幅值可由转子扰度 r_R、质量偏心距 ε_M 计算得到。可以看出，在宽转速范围内转子的响应是不稳定的。在时间域和频率域与 $\Omega/\omega_R = 2.1$ 相关的响应信号如图 3.40(b) 和图 3.40(c)所示。基本工频振动(1×)、次谐波(0.5×)和超谐波(1.5×)分量，以及许多其他超谐波分量均在谱中清楚显示，如图 3.40(c)所示。转子接触定子时，其中涉及非线性现象，如摩擦和碰撞。常见的特点是转子振动响应信号的频域中含有丰富的高谐波频谱。然而，其在时域或者频域都不能直接检测到。应用 VMD 技术，不但可以检测到这些碰撞，而且还能检测到基本谐波、次谐波和超谐波分量。图 3.41(a)显示利用 VMD 分解的结果，所有的特征都能被成功地提取出来并清楚地显示在第 1~4 个 BLIMF 上面。利用经验小波变换(empirical wavelet transform, EWT)、EEMD 和 EMD 得到的结果如图 3.41(b)、图 3.42(a)、图 3.42(b)所示。

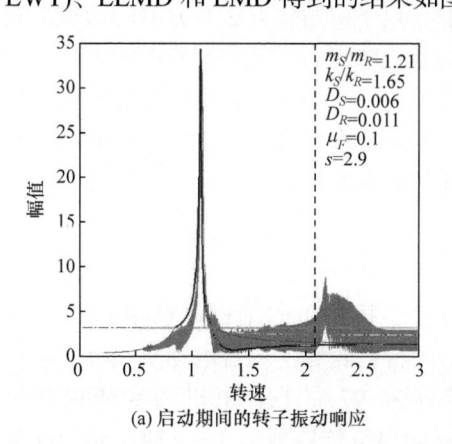

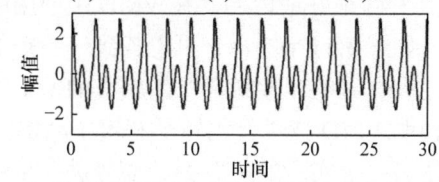

(a) 启动期间的转子振动响应

(b) 在(a)中所示的点线处具有恒定速度的转子y方向响应

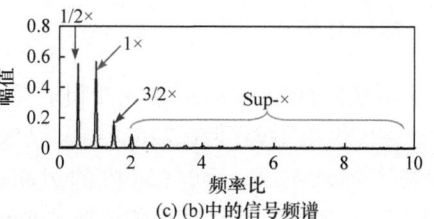

(c) (b)中的信号频谱

图 3.40 转子振动响应及其频谱

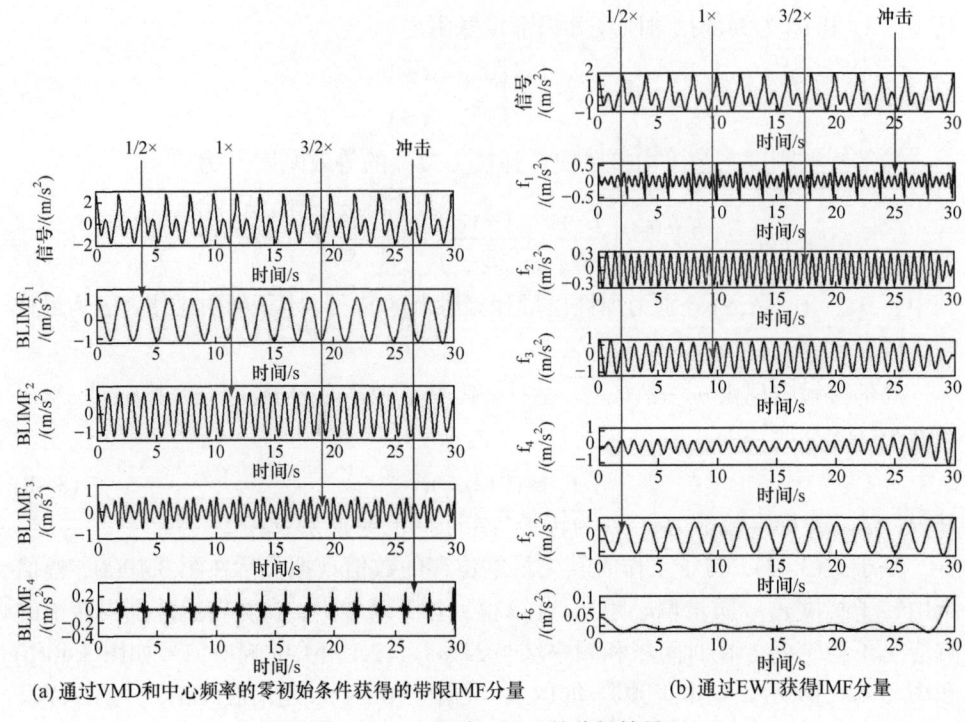

(a) 通过VMD和中心频率的零初始条件获得的带限IMF分量　　(b) 通过EWT获得IMF分量

图 3.41　VMD 与 EWT 的分解结果

EWT 虽然也能检测出在这种数值情况下所有摩擦的特征，但是分解分量的端点部分也会产生一些失真。EEMD 和 EMD 只能提取部分特征或更多的冗余信息。例如，由于 EEMD 分解的特点，该方法能检测到很多碰撞产生的分量和 0.5× 的次谐波分量，而 EMD 只能准确识别 0.5× 的分量。应用 EEMD 得到的 1× 的分量和应用 EMD 得到的碰撞分量都不准确。

图 3.43 很好地说明了在 VMD 中使用中心频率初始化方法对分解的结果影响不大。如图 3.44(a)所示，可以找到一些短的非接触瞬态。这种现象揭示了转子和定子之间短时的非接触会产生相应的冲击特征。因此，利用数值模拟信号可以很好地说明 VMD 技术检测转子和定子摩擦的多特征的有效性。在接下来的章节中，将使用另一个实际的碰摩振动信号进一步评估其有效性。

3.6.2　案例分析

案例实际的信号是从燃气轮机收集的[26]。机器组的结构示意图如图 3.45 所示。该机组由一台烟气轮机、一台风扇、一台齿轮箱、一台电动机、两个联轴器和若干轴承组成。烟气轮机的风机转频为 97.66Hz。电机的旋转频率为 25.19Hz。振动信号通过采样频率为 2000Hz 的涡流传感器从 1～5 轴承测量点采

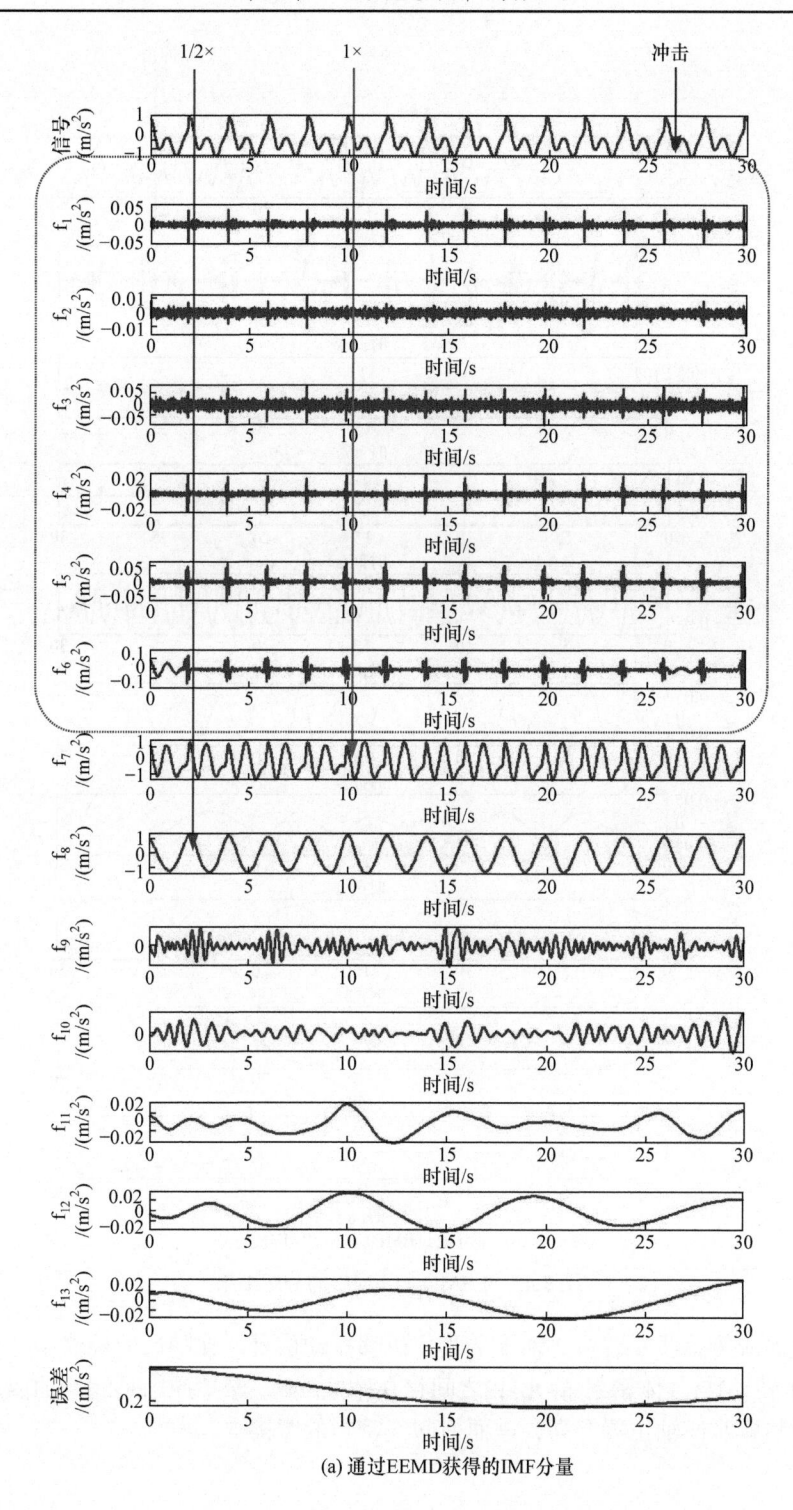

第3章 变分模态分解及其应用 ·117·

(a) 通过EEMD获得的IMF分量

(b) 通过EMD获得的IMF分量

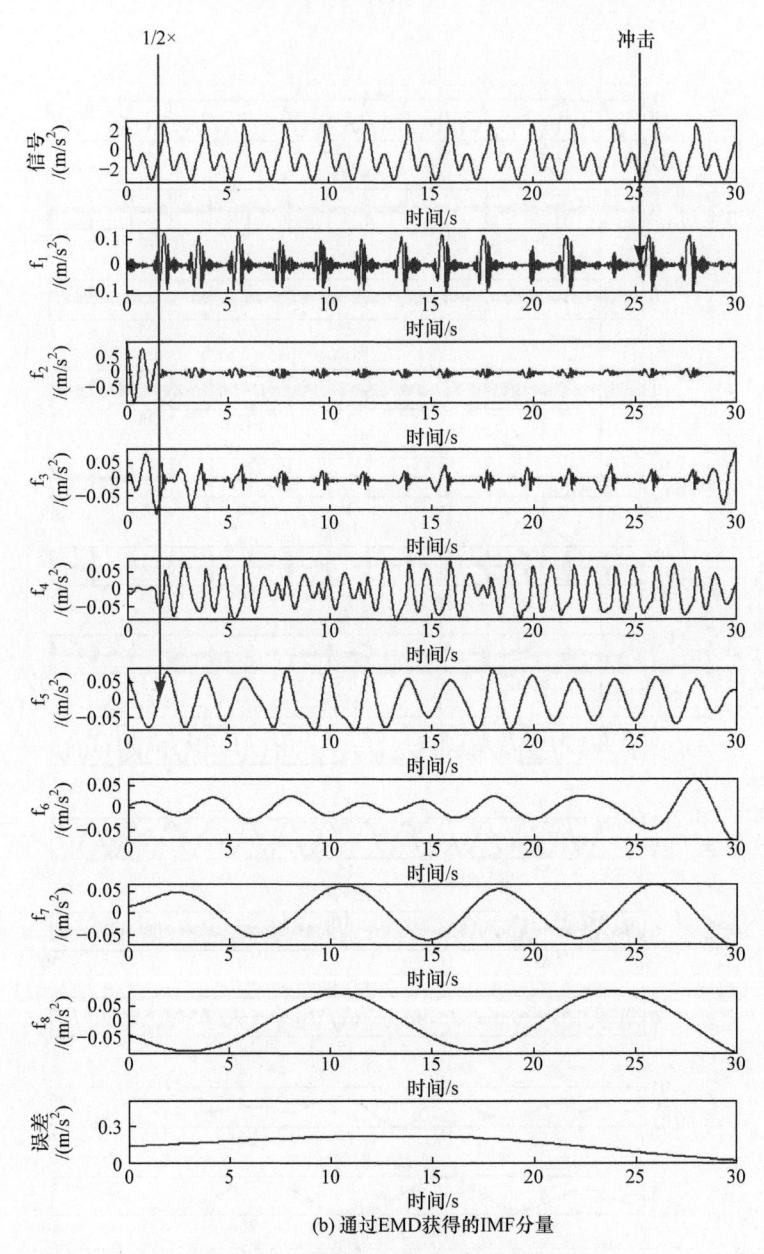

图 3.42 EEMD 与 EMD 的分解结果

集。将涡流传感器安装在 2 轴承上收集位移振动信号。在随后的检修中，发现轮毂(转子转动)与气体密封(静元件)之间存在摩擦故障。摩擦原因是润滑油温度升高引起的热膨胀使轴位置升高，进而引起气密封的摩擦。

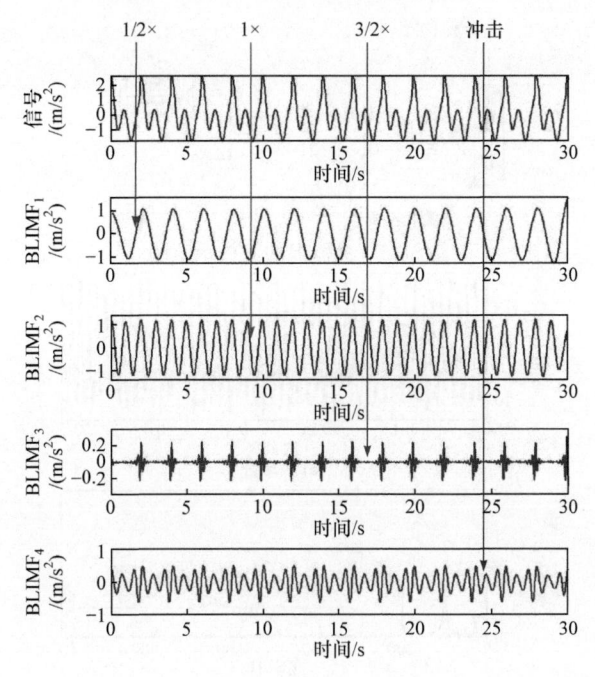

图 3.43 通过使用 VMD 和中心频率在均匀初始条件下获得有限带宽的 IMF 分量

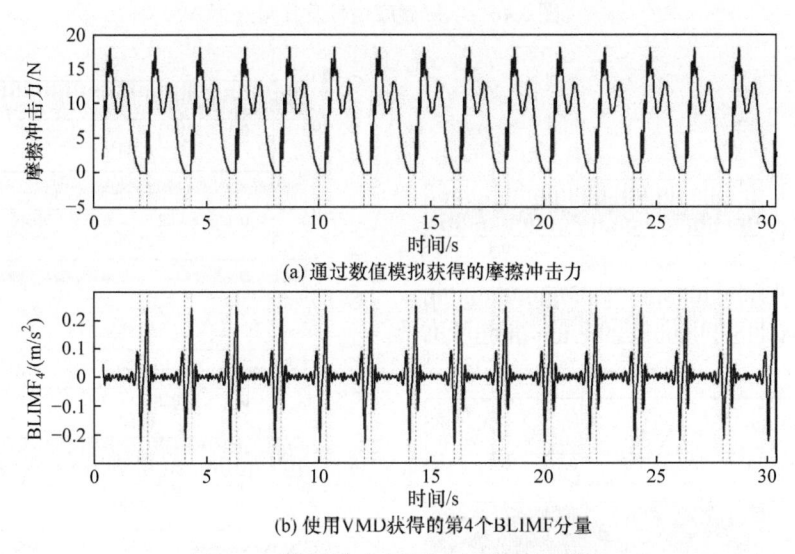

图 3.44 模拟的冲击力与 VMD 分解结果

(a) 通过数值模拟获得的摩擦冲击力

(b) 使用 VMD 获得的第 4 个 BLIMF 分量

如图 3.46 所示,在频谱中存在 $1/3\times$、$1\times$ 和一些超谐波分量等。利用 VMD 和 EWT 分解的结果如图 3.47 所示。VMD 算法又一次成功地检测到提到的特征。

图 3.45　机器组的结构示意图

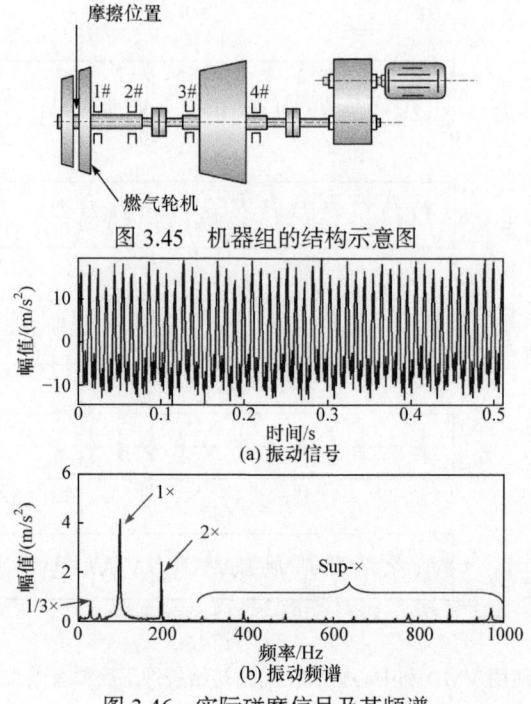

图 3.46　实际碰摩信号及其频谱

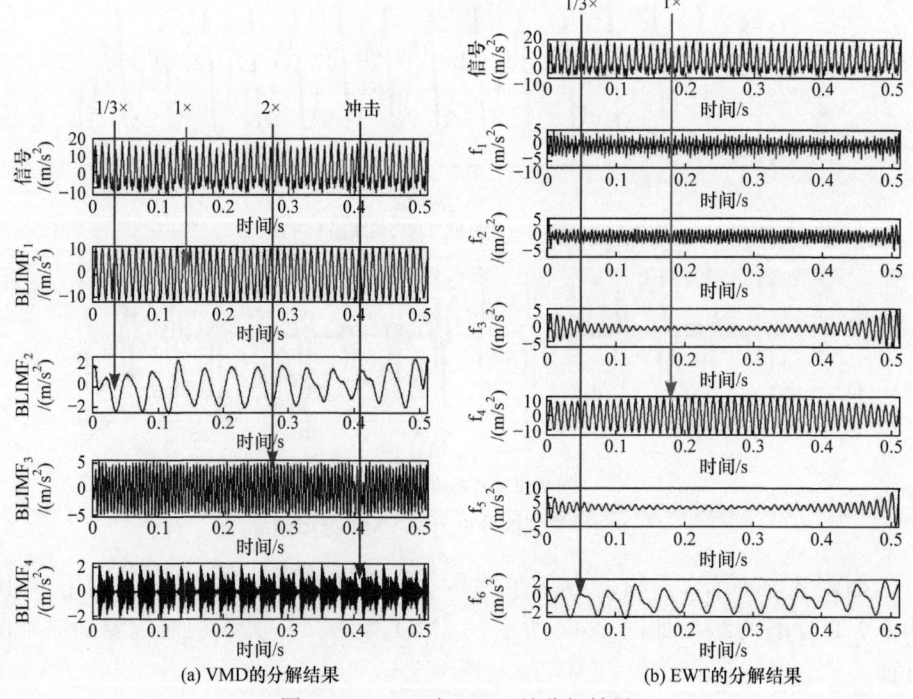

图 3.47　VMD 与 EWT 的分解结果

同时可以看到，检测到的碰撞特征的频率与1/3×谐波分量的频率相同，这很好地说明了该机械中存在碰摩故障。EWT 只能提取1/3×和1×次谐波分量。然而，它不能检测到这种情况下重要的脉冲分量。图 3.48(a)和图 3.48(b)分别显示了使用 EEMD 和 EMD 产生的分量，其中的特征难以识别。因此，这个案例进一步论证了 VMD 在同时检测多碰摩和谐波特征的有效性。

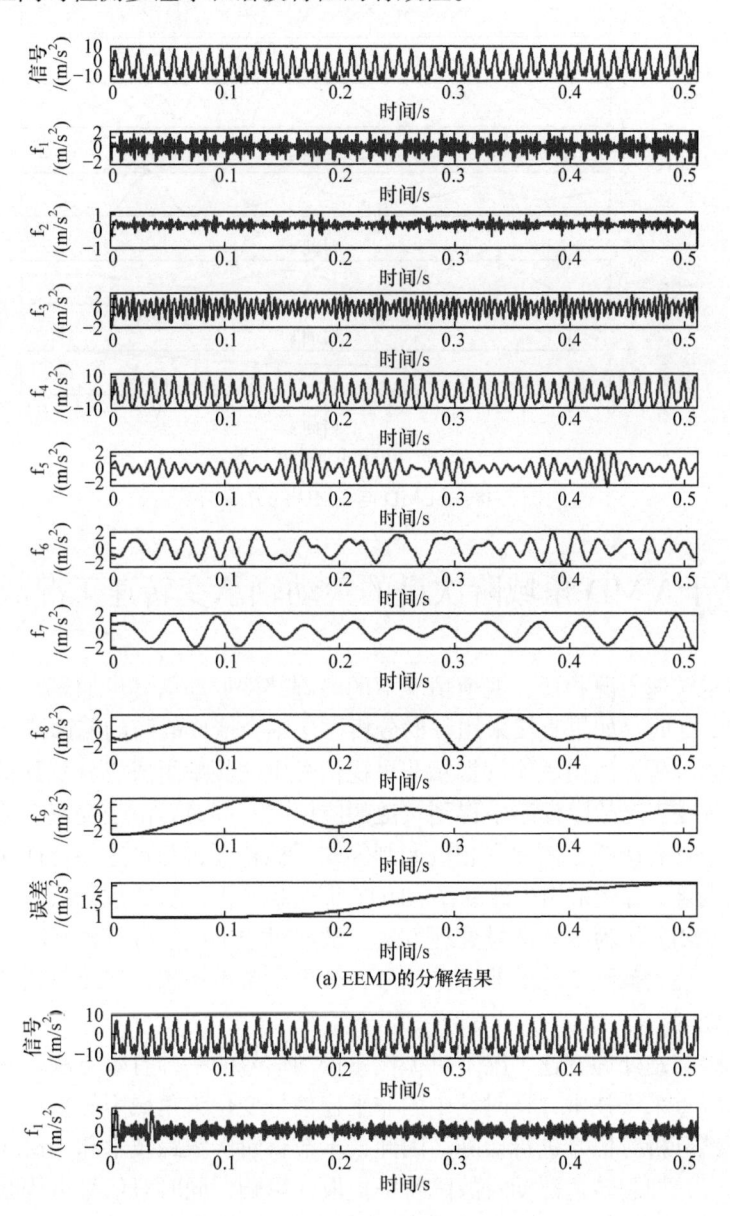

(a) EEMD的分解结果

(b) EMD 的分解结果

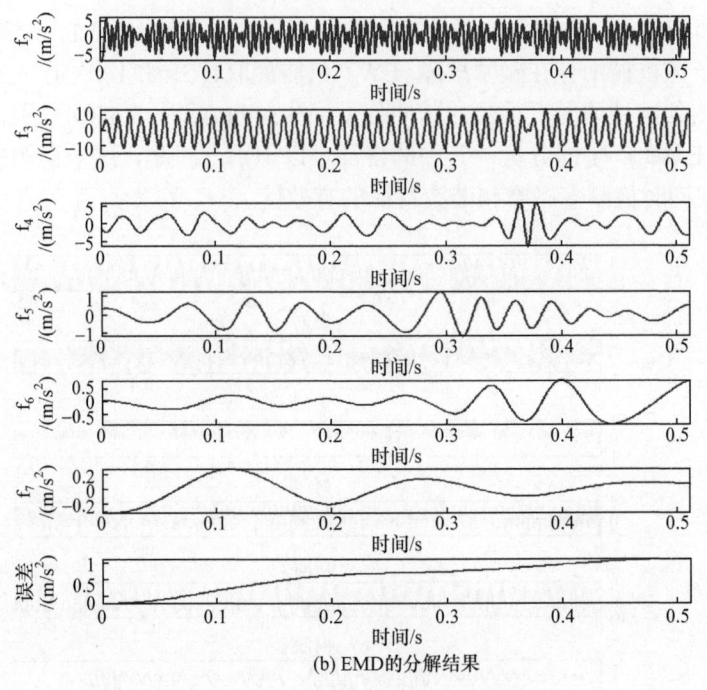

图 3.48　EEMD 与 EMD 的分解结果

3.7　基于 VMD 角域阶次谱的滚动轴承变转速工况故障诊断

与恒定转速工况相比，变速情况下的关键部件振动信号更加复杂，分析起来更加困难。此时，如果直接采用频谱分析方法则会造成故障的漏诊或误判[28]。近年来，时频分析方法由于能够揭示非平稳信号中的频率组成成分及其幅值的时变特征，在时变工况故障诊断中得到广泛的应用[29]。同时，由于变速下的机械设备的动态信号具有调频、调幅和相位调制等非平稳特征，并且这些特征在时域中也存在强烈耦合，直接采用小波变换、HHT 等时频分析方法往往无法有效进行故障诊断[30]。VMD 作为一种信号处理方法，虽然对非平稳信号有较好的分解效果，但是直接处理大范围变化的非平稳信号，效果非常不理想，需要对快变的信号进行平稳化处理。

阶次跟踪是处理变速工况下机械设备振动信号的一种有效方法。其主要思想是通过角域重采样技术，将时域中的非平稳信号变化为角域中的平稳信号，其后通过时频谱分析对信号进行诊断。因此，本节将阶次跟踪技术和 VMD 时频分析方法相结合，抑制转速波动对故障特征提取的影响，同时对信号重构获取角域信号,并对其进行阶次分析完成时变工况的滚动轴承故障诊断。

阶次跟踪是描述信号的频域成分关于转速变化的一种频率分析方法。其过程是指当机械转过一定角度时,对信号进行一次数据采集,无论旋转机械的转速怎样变化,参考轴每旋转一周,其采样点数固定,因此每一转的采样点数总是相同的,从而消除转速变化的影响[31]。

科研工作者和工程师提出多种阶次跟踪技术,总结起来,主要分为如下两类。一类是带有辅助设备的阶次跟踪技术,需要通过转速计等记录其脉冲,然后通过软件的方法做后续处理,如计算阶次跟踪(computing order tracking, COT)。另一类是无转速计的阶比跟踪,通常利用短时傅里叶等时频分析方法提取瞬时频率变化,根据瞬时频率变化曲线进行等角度重采样。本节重点讨论第一类。

3.7.1 原理与方法

对原始振动信号和转速计脉冲信号以等时间间隔 Δt 采样时,需要确定恒角度增量 $\Delta \theta$ 的发生时刻。为了确定重采样发生时刻,假定轴以恒定的角加速度进行运动,则转过的角度与时间的关系为[32]

$$\theta(t) = b_0 + b_1 t + b_2 t^2 \tag{3.49}$$

其中,b_0、b_1 和 b_2 由三个连续的键相脉冲到达时间确定。

假设 t_1、t_2 和 t_3 发生时刻所对应的角增量为 $\Delta \varphi$,$\Delta \varphi = 2\pi$,可得

$$\begin{cases} \theta(t_1) = 0 \\ \theta(t_2) = \Delta \varphi \\ \theta(t_3) = 2\Delta \varphi \end{cases} \tag{3.50}$$

将式(3.49)代入式(3.50),可得

$$\begin{pmatrix} 0 \\ \Delta \varphi \\ 2\Delta \varphi \end{pmatrix} = \begin{bmatrix} 1 & t_1 & t_1^2 \\ 1 & t_2 & t_2^2 \\ 1 & t_3 & t_3^2 \end{bmatrix} \begin{pmatrix} b_0 \\ b_1 \\ b_2 \end{pmatrix} \tag{3.51}$$

通过式(3.51),可得

$$\begin{pmatrix} b_0 \\ b_1 \\ b_2 \end{pmatrix} = \begin{bmatrix} 1 & t_1 & t_1^2 \\ 1 & t_2 & t_2^2 \\ 1 & t_3 & t_3^2 \end{bmatrix}^{-1} \begin{pmatrix} 0 \\ 2\pi \\ 4\pi \end{pmatrix} \tag{3.52}$$

一旦系数确定,在增量 $0 \sim 2\Delta \varphi$ 内任意角度所对应的时刻就确定了,即

$$t = \frac{1}{2b_2}\left[\sqrt{4b_2(\theta - b_0) + b_1^2} - b_1\right] \tag{3.53}$$

在每一个新的键相脉冲到达后,对数据重新采样,此时的脉冲时刻作为 t_3,前面的两个连续脉冲时刻作为 t_1 和 t_2。为了避免采样重叠,重采样的计算时间仅间隔一半,即 $\pi \leqslant \theta \leqslant 3\pi$。一般来说,角度重采样都是离散的,因此令

$$\theta = k\Delta\theta \tag{3.54}$$

其中, $\Delta\theta$ 为重采样时间间隔。

$$\frac{\pi}{\Delta\theta} \leqslant k \leqslant \frac{3\pi}{\Delta\theta} \tag{3.55}$$

将式(3.54)、式(3.55)代入式(3.53)中,式(3.53)变为

$$t = \frac{1}{2b_2}\left[\sqrt{4b_2(k\Delta\theta - b_0) + b_1^2} - b_1\right] \tag{3.56}$$

一旦计算重采样时间确定,就可以利用三次样条插值计算出信号的相应幅值。在机械故障诊断领域中,角域的重采样数据通常都是通过傅里叶变换转换为阶次域。本节利用 VMD 时频分析技术将重采样后的数据转变到角域-阶次谱中进行故障诊断。

当滚动轴承出现局部缺陷时,滚动体通过缺陷表面时,会引起脉冲响应。在恒转速工况下时,滚动体在运行过程中反复冲击故障表面,因此会产生周期性的冲击分量,周期分量的频率即故障特征频率。当速度发生变化时,脉冲将是非周期性的,这种情况下,无法通过检测故障特征频率的方法判定轴承故障。

COT 可以将一个非平稳时间信号转换到平稳的角域信号,很好地消除可变速度的影响。接着,通过 VMD 分解,可以在 BLIMF 中找到周期性的特征。最后,利用 VMD 角域-阶次谱完整地重构故障特征信息。

通过 3.3 节可知,VMD 时频谱有良好的时频聚集性,因此在 VMD 时频表示式中可以很好地表征脉冲信号,并且通过间隔周期可以分别识别对应的故障信息,完成轴承的故障诊断。基于 COT 和 VMD 的故障诊断方法流程图如图 3.49 所示。

3.7.2 案例分析

1. 实验装置

为了验证所提方法的有效性,在机械故障综合模拟实验平台(MFS-MG)上进行实验。MFS-MG 故障模拟实验台如图 3.50 所示。实验台转速由变速控制器控制,在驱动电机附近安装有缺陷的滚动轴承,通过压电式加速度传感器采集振动信息。转速计安装在电动机的驱动端,加速度传感器和转速计都被用来同步测量振动和速度数据。表 3.1 为实验室实验设备相关参数。故障轴承采用的是 ER-12K,

其相关参数如表 3.2 所示。

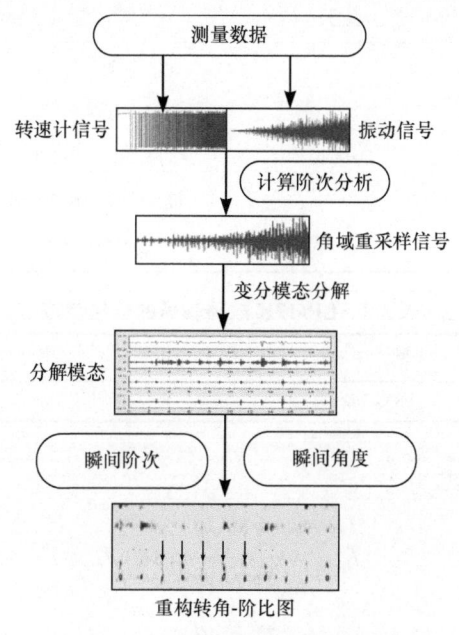

图 3.49 故障诊断方法流程图

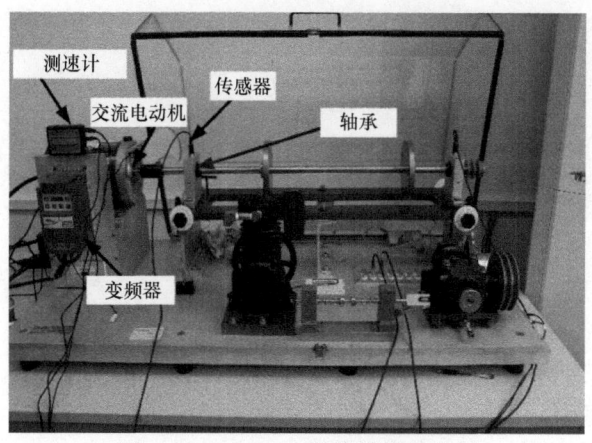

图 3.50 MFS-MG 故障模拟实验台

表 3.1 实验设备相关参数

设备器材	型号	主要参数	
16 通道便携式数据采集仪	VQ-USB16	最高采样频率/kHz	102.4
		输入电压/V	±10
		频宽/kHz	20
		通道数量	12

续表

设备器材	型号	主要参数	
IEPE 压电式加速度传感器	DH186	轴向灵敏度/(mV/g)	98.59
		量程/g	50
		频率响应 (±10) /Hz	0.5~5000
		最大横向灵敏度比/%	<5
		安装谐振频率/kHz	>20

表 3.2　ER-12K 故障轴承的规格参数

内径/mm	外径/mm	节圆直径/mm	滚动体个数/mm	滚动体直径/mm	接触角/(°)
25.4	52	33.4772	8	7.9375	0

滚动轴承特征频率为

$$f_{\text{outer}} = \frac{z}{2}\left(1 - \frac{d}{D}\cos\theta\right)f_r \tag{3.57}$$

$$f_{\text{inner}} = \frac{z}{2}\left(1 + \frac{d}{D}\cos\theta\right)f_r \tag{3.58}$$

$$f_{\text{ball}} = \frac{1}{2}\frac{D}{d}\left[1 - \left(\frac{d}{D}\right)^2\cos^2\theta\right]f_r \tag{3.59}$$

其中，z 为滚动体个数；d 为滚动体直径；D 为节圆直径；f_r 为转频。

通过以上参数，可以计算出特征频率和转频之间的关系，即

$$f_{\text{outer}} = 3.05 f_r \tag{3.60}$$

$$f_{\text{inner}} = 4.95 f_r \tag{3.61}$$

$$f_{\text{ball}} = 1.99 f_r \tag{3.62}$$

因此，滚动轴承内圈、外圈和滚动体的特征阶次分别是 3.05、4.95 和 1.99。以上三个参数将用在下面的故障诊断应用中。

2. 轴承外圈故障

下面在减速条件下测试外圈轴承故障。如图 3.51(a)所示，输入轴的转速变化是一个逐渐下降的非平稳过程，并且瞬时转频从 40Hz 下降到 5Hz。由于是转速下降过程，可以看出振动信号在逐渐变弱，是一个随时间变化的非平稳过程，同时也说明轴承的振动与输入轴的转速有直接的关系。如图 3.51(b)所示，通过频谱可以发现，由于速度的变化，出现了频谱模糊。

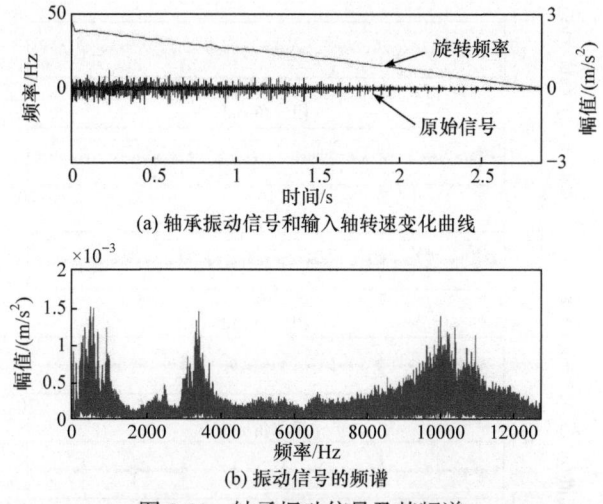

图 3.51 轴承振动信号及其频谱

对图 3.51(a)中的振动信号采用 COT 方法,将时域信号通过重采样变换到角域。外圈故障振动信号角域重采样如图 3.52 所示。角域重采样增量为 0.01047rad ($\Delta\theta = \pi / O_{max}$),$O_{max}$ 表示最大分析阶次为 300。从角域图中,我们可以看到周期性的冲击。

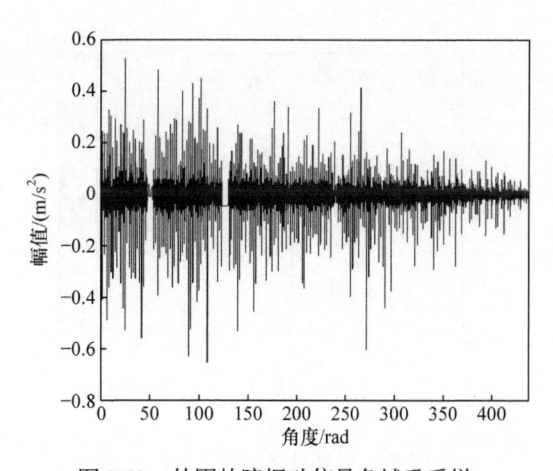

图 3.52 外圈故障振动信号角域重采样

VMD 分解结果如图 3.53 所示,其中分解个数和二次惩罚参数由第 3 章参数优化所得为 6 和 1920,数据点个数为 1906。在图 3.53 中,BLIMF$_5$ 中可以很容易地观察到周期性的脉冲分量。根据式(3.24)得到 VMD 的时频谱。对于滚动体、轴承外圈缺陷相互作用引起的瞬态振动,在图 3.54 中可以明显看到,周期 $T_{outer} = 2\pi / 3.05 \approx 2.05$,为外圈故障的特征周期。因此,根据 VMD 角域阶次谱可以确定轴承中的外圈故障。

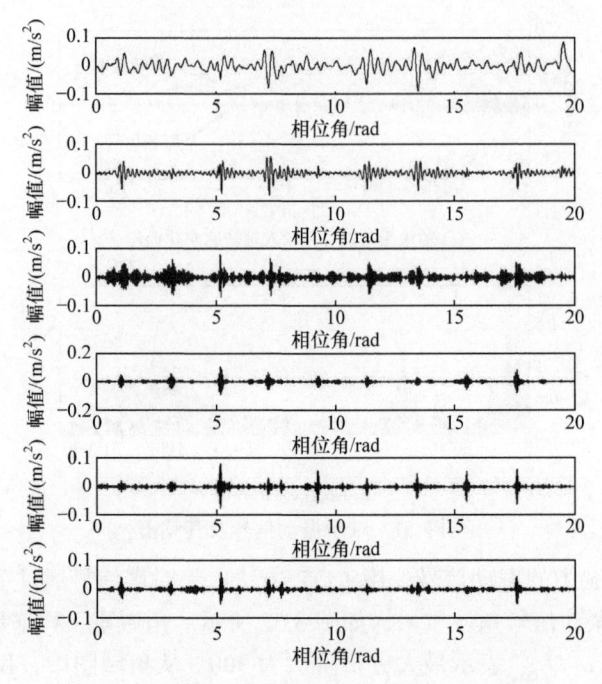

图 3.53　外圈故障角域重采样信号 VMD 分解

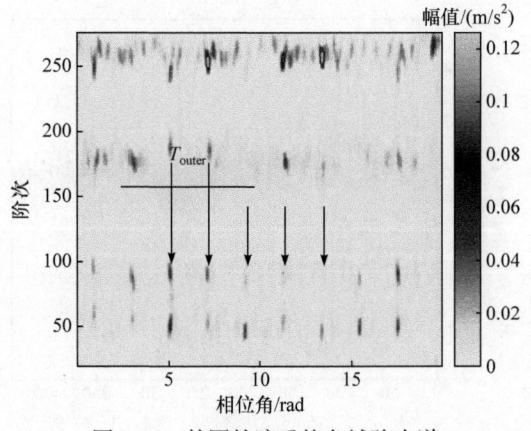

图 3.54　外圈故障重构角域阶次谱

3. 轴承内圈故障

轴承内圈出现故障时，其故障点随着主轴的旋转而转动，并且轴承内圈故障损伤点与滚动体表面碰撞产生冲击力，使内圈故障信号出现幅值调制的现象。图 3.55(a)为内圈故障振动信号和瞬时转频变化曲线，通过振动信号可以发现，信号随着转速的增大而逐渐增强，最终稳定下来，变转速的轴承内圈故障信号是一个非平稳的变化过程。对振动信号进行 FFT 变换，结果如图 3.55(b)所示，频谱出现频率混叠现象，且无法找出故障特征的信息。实验采样频率为 25.6kHz，转速从 248r/min 上升到 2400r/min。

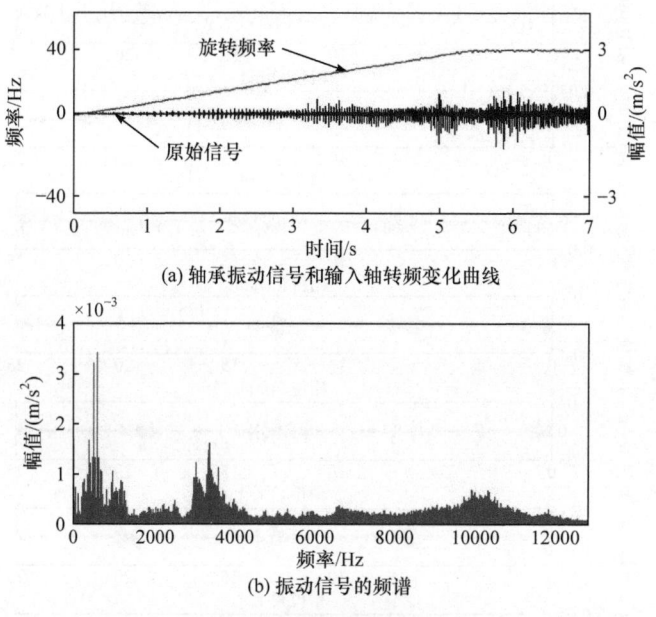

(a) 轴承振动信号和输入轴转频变化曲线

(b) 振动信号的频谱

图 3.55 轴承振动信号

内圈故障振动信号角域重采样如图 3.56 所示。角域重采样增量为 0.01047rad （$\Delta\theta = \pi / O_{max}$），$O_{max}$ 表示最大分析阶次为 300。可以看到，存在明显的周期冲击。如图 3.57 所示，第 7 个分量中可以明显地观察到存在周期性的冲击。对它进行 VMD 频谱变换，结果如图 3.58 所示。由于内圈故障点随轴一起转动，因此除了存在内圈故障特征周期 $T_{inner} = \dfrac{2\pi}{4.95} \approx 1.26\text{rad}$，还存在轴的旋转周期 $T_{shaft} = 2\pi$，

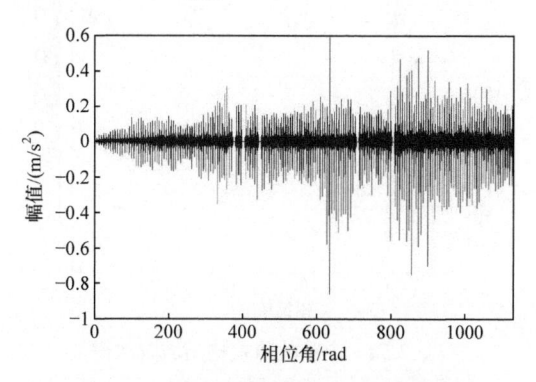

图 3.56 内圈故障振动信号角域重采样

这与内圈故障特点相吻合。通过重构的阶次频谱图，准确揭示了滚动轴承内圈故障的特征，有效诊断出变转速下的内圈故障。

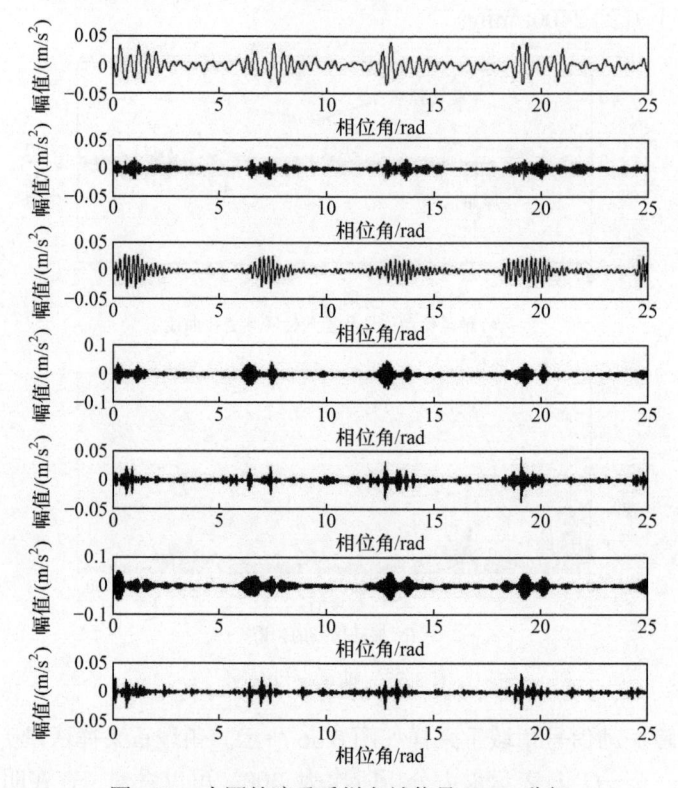

图 3.57　内圈故障重采样角域信号 VMD 分解

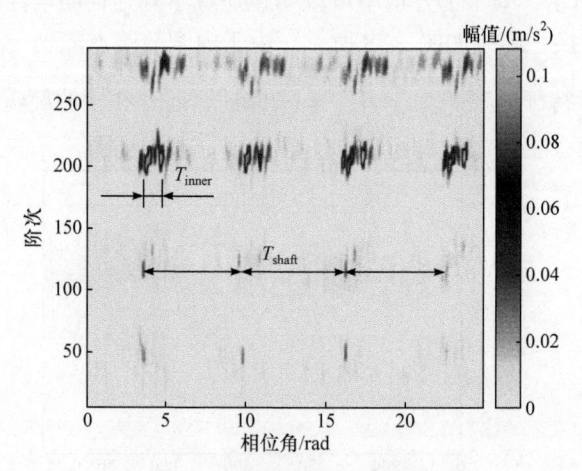

图 3.58　内圈故障重构角域阶次谱

4. 轴承滚动体故障

当采样频率为 25.6kHz 时,设置主轴转频,由 0 开始上升到 40Hz,然后平稳运行一段时间后下降停止。如图 3.59(a)所示,可以明显观察到速度的变化曲线,振动信号由弱变强再变弱的过程。图 3.59(b)为振动信号的频谱,由于速度一直在变化,从频谱图中无法提取到与滚动体有关的有用信息。

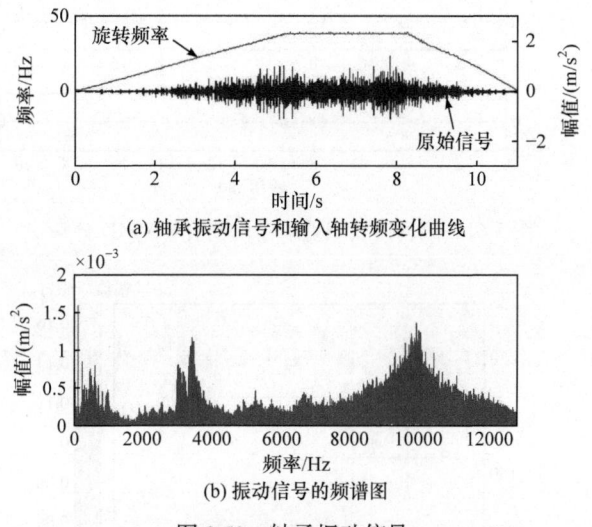

(a) 轴承振动信号和输入轴转频变化曲线

(b) 振动信号的频谱图

图 3.59 轴承振动信号

对滚动体振动信号进行等角度重采样,重采样信号如图 3.60 所示。由于对整个轴承启停过程进行分析,信号量较大,导致从重采样图中只能看到有冲击性的分量存在,对是否有故障还不能确定。对信号进行 VMD 分解和时频变换,结果分别如图 3.61 和图 3.62 所示。

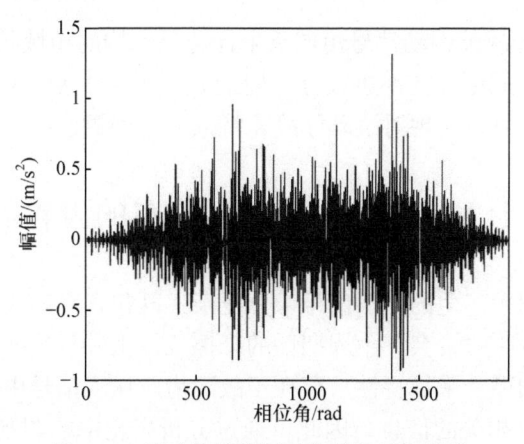

图 3.60 滚动体故障振动信号角域重采样

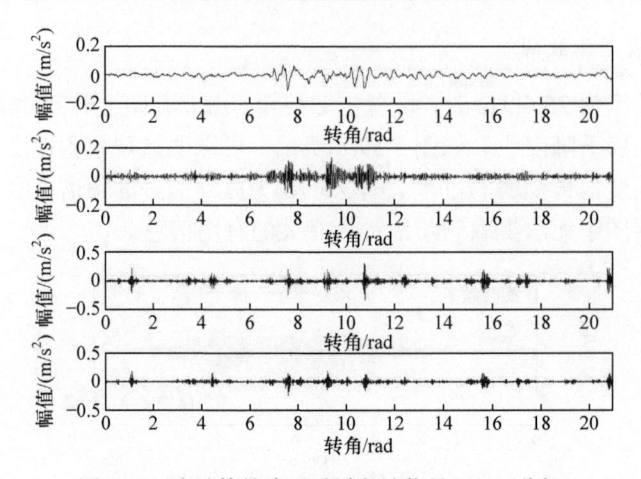

图 3.61 滚动体故障重采样角域信号 VMD 分解

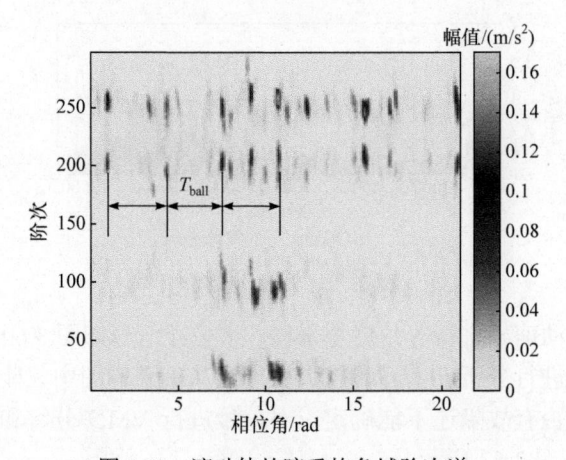

图 3.62 滚动体故障重构角域阶次谱

图 3.60 滚动体故障振动信号角域重采样通过重构的角域阶次谱，我们可以明显观察到信号存在周期性的冲击成分。周期 $T_{ball}=2\pi/1.99\approx 3.157\mathrm{rad}$，是滚动体故障的特征周期，可以实现对滚动体故障特征的正确提取。

3.8 基于 VMD 与调制强度分布的齿轮故障诊断

齿轮传动过程中产生的振动信号十分复杂，既包含高斯成分又包含非高斯成分。当齿轮发生故障时，会产生周期性的摩擦或冲击并且伴随着调制现象，使故障信号具有一定的循环平稳特性。存在于故障齿轮振动信号中的调制成分通常携有与齿轮运转状况相关的信息，因此可通过分析齿轮中的调制频率(循环频率)来诊断齿轮的健康状况。调制强度分布(modulation intensity distribution，MID)是一种能够检测和识别信号中是否存在调制成分的信号处理方法，它可以看作一种广义谱相关密度(spectral correlation density)。MID 在一定程度上可以检测出故障轴承振动信号中的调制成分，但是对于混有其他谐波成分的多重调制振动信号即故障齿轮振动信号，MID 不能够准确地检测出其中的载波成分和相应的调制成分[33]。VMD 可以把多分量信号分解成一定数量的具有有限带宽的单分量信号，因此为了克服 MID 在分析多分量信号时的不足，我们将 VMD 作为 MID 的前处理方法，提出一种基于 VMD 的 MID 齿轮故障诊断方法。

3.8.1 调制强度分布的基本理论

1. 循环平稳的基本概念

严格循环平稳可描述为随机过程 $x(t)$ 中，假定在任意选定的 t_1, t_2,…,t_k 时刻，由随机过程确定的 k 维随机变量的概率密度函数存在某个 T_0，满足

$$f(x(t_1),x(t_2),\cdots,x(t_k)) = f(x(t_1+L_1T_0),x(t_2+L_2T_0),\cdots,x(t_k+L_kT_0)) \quad (3.63)$$

其中，$L_i(i=1,2,\cdots,k)$ 为任意整数，随机过程为严格随机平稳过程。

广义循环平稳可描述为：如果随机过程 $x(t)$ 的统计特征呈周期或多周期(各周期不能通约)变化，则称该随机过程为广义循环平稳。

通常情况下，对循环平稳随机过程的研究都是在广义上展开的，因此称为广义循环平稳。根据呈现的不同周期性的统计特征，循环平稳随机过程可以分为一阶、二阶和高阶循环平稳[34]。

如果随机过程 $x(t)$ 的一阶矩 $m_x(t)$ 满足 $m_x(t) = m_x(t+nT_0)$，n 为任意整数，则称 $x(t)$ 为一阶循环平稳。

如果随机过程 $x(t)$ 的自相关函数 $R_x(t,\tau)$ (即该随机过程的二阶矩)满足 $R_x(t,\tau) = R_x(t+nT_0,\tau)$，$n$ 为任意整数，则称 $x(t)$ 二阶循环平稳[34]。

二阶循环平稳信号是指其自相关函数或 PDF 具有周期性变化规律的一类特殊非平稳信号，描述二阶循环平稳信号的循环统计量有循环自相关函数和循环密度函数。

2. 调制强度分布基本原理

MID 是一种基于循环平稳特性的信号分析方法，既适合分析一阶调制(载波频率离散)也适合分析二阶调制(载波频率随机)信号，能够在一定程度上揭示循环频率和载波频率之间的关系[33]。为了更好地阐释 MID 的原理，假定一个调制信号为

$$x(t) = \sin(2\pi ft)[1+A_1\sin(2\pi t)+A_2\sin(2\pi 2\beta t)+\cdots+A_N\sin(2\pi n\beta t)] \quad (3.64)$$

其中，A_n 为幅值，$n=1,2,\cdots,N$；$n\beta$ 为倍频。

调制信号 $x(t)$ 的频谱(图 3.63)由载波频率 f 和对称分布于以载波频率 f 为中心且间隔是 $n\beta$(β 为循环频率, $n=1,2,\cdots,N$)的谱线组成, $n\beta$ 表示信号中的多个调制成分。

MID 的核心是采用边带滤波的方法提取载波信号和调制信号[33]。以这种方法过滤的信号仅包含特定的信号成分, 并且一定程度上也降低了噪声。滤波后的信号可以认为包含三种成分, 即[35]

$$x_i = x_{\Delta f}(t, f - i\beta), \quad i = \{-1, 0, 1\} \tag{3.65}$$

其中, Δf 为带宽; $x_{\Delta f}(t,f)$ 为信号 $x(t)$ 在一个窄带区间 $[f - \Delta f/2, f + \Delta f/2]$ 的滤波频带。

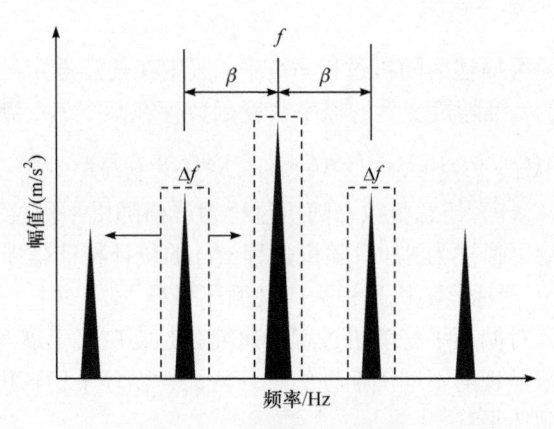

图 3.63 边带滤波示意图

通过计算边带滤波输出的三个间隔是 β 的谱分量之间的相关性, 可以作为检测信号中是否存在调制成分的指标[33]。谱相关密度也可以作为检测信号中是否存在调制成分的指标, 被定义为

$$\mathrm{SCor}_x^\beta(f) = \lim_{\Delta f \to 0} \lim_{\Delta t \to \infty} \frac{1}{\Delta t} \int_{-\Delta t/2}^{\Delta t/2} X_{1/\Delta f}\left(t, f + \frac{\beta}{2}\right) * X_{1/\Delta f}^*\left(t, f - \frac{\beta}{2}\right) \mathrm{d}t \tag{3.66}$$

其中, $X_{1/\Delta f}$ 表示信号 $x(t)$ 在窄带区间 $[f - \Delta f/2, f + \Delta f/2]$ 滤波后的复包络, 也可以看作带有矩形窗的短时傅里叶变换的计算为

$$X_{1/\Delta f}(t,f) \stackrel{\mathrm{def}}{=\!\!=} \int_{t-1/2\Delta f}^{t+1/2\Delta f} x(t) \mathrm{e}^{-\mathrm{j}2\pi ft} \mathrm{d}t \tag{3.67}$$

$X_{1/\Delta f}$ 和 $x_{\Delta f}$ 的关系为

$$x_{\Delta f}(t,f) = X_{1/\Delta f}(t,f) \mathrm{e}^{-\mathrm{j}2\pi ft} \tag{3.68}$$

根据式(3.66)中对 $x_{\Delta f}(t,f)$ 的定义, 为了使 $x_{\Delta f}(t, f + \beta/2)$ 和 $x_{\Delta f}(t, f - \beta/2)$ 具

有相同的中心频率，在式(3.68)中乘以 $\mathrm{e}^{-\mathrm{j}2\pi\beta t}$，进行频移(降频处理)。

式(3.66)也可以表示成循环周期图谱在一段时间内的均值，即

$$\mathrm{SCor}_x^\beta(t,f) = \frac{1}{\Delta f} x_{\Delta f}\left(t, f+\frac{\beta}{2}\right) x_{\Delta f}^*\left(t, f-\frac{\beta}{2}\right) \mathrm{e}^{-\mathrm{j}2\pi\beta t} \tag{3.69}$$

那么

$$\mathrm{SCor}_x^\beta(f) = \lim_{\Delta f \to 0} \lim_{T \to \infty} \frac{1}{T\Delta t} \int_{-T}^{T} x_{\Delta f}\left(t, f+\frac{\beta}{2}\right) x_{\Delta f}^*\left(t, f-\frac{\beta}{2}\right) \mathrm{e}^{-\mathrm{j}2\pi\beta t} \mathrm{d}t \tag{3.70}$$

谱相关密度显示的是两个频带成分之间的关系，而 MID 是对三种频带成分进行分析。因此，可以计算原信号分别向左和向右频移 $\beta/2$ 后的互相关谱，也就是谱相关密度函数。

引入两种谱相关密度，即 $x_{\Delta f}(t, f+\beta)$ 和 $x_{\Delta f}(t,f)$ 之间的谱相关密度，以及 $x_{\Delta f}(t, f-\beta)$ 和 $x_{\Delta f}(t,f)$ 之间的谱相关密度，可以表示为

$$\mathrm{SCor}_x^\beta\left(f+\frac{\beta}{2}\right) = \lim_{\Delta f \to 0} \lim_{T \to \infty} \frac{1}{T\Delta t} \int_{-T}^{T} x_{\Delta f}(t,f) x_{\Delta f}^*(t, f+\beta) \mathrm{e}^{-\mathrm{j}2\pi\beta t} \mathrm{d}t \tag{3.71}$$

同理，$x_{\Delta f}(t, f-\beta)$ 和 $x_{\Delta f}(t,f)$ 之间的谱相关密度可以表示为

$$\mathrm{SCor}_x^\beta\left(f-\frac{\beta}{2}\right) = \lim_{\Delta f \to 0} \lim_{T \to \infty} \frac{1}{T\Delta t} \int_{-T}^{T} x_{\Delta f}(t,f) x_{\Delta f}^*(t, f-\beta) \mathrm{e}^{-\mathrm{j}2\pi\beta t} \mathrm{d}t \tag{3.72}$$

在式(3.71)和式(3.72)中，频移会使 f 成为滤波成分的中心频率。

为了计算三个间隔为 β 的谱成分之间的谱相关密度，只需求式(3.71)和式(3.72)之间的谱相关密度。其表达式为

$$\mathrm{MID}_{\Delta f}^{\mathrm{SCor}}(f,\beta) = \mathrm{SCor}_x^\beta\left(f+\frac{\beta}{2}\right) \mathrm{SCor}_x^\beta\left(f-\frac{\beta}{2}\right)^* \tag{3.73}$$

对于既定的 Δf，关于 f 和 α 的函数就称 MID，其表达式就是式(3.71)。在由 (β,f) 组成的 MID 双频图中，β 为调制频率显示在横坐标轴上，f 为载波频率显示在纵坐标轴上，SCor 表示两个谱相关密度的乘积，为调制强度分布因子。如果载波信号不存在于轴承或齿轮振动信号中，该方法将出现错误的检测，但是这种情况是不存在的。

在一些实际的振动信号检测应用当中，由于信号在不同频带中的能量值存在很大的差异，所以 SCor 并不能充分发挥作为调制强度因子的作用。在这种情况下，当测定的调制强度变化范围在[0,1]时，MID 的效果也许会更有效。因此，$\mathrm{MID}_{\Delta f}^{\mathrm{SCor}}$ 可以扩展到利用谱相干密度的积(spectral coherence density, SCoh)作为调制因子的调制强度分布。为了避免尺度的影响，归一化的谱相干密度为

$$\mathrm{SCoh}_x^\beta\left(f+\frac{\beta}{2}\right)=\frac{\mathrm{SCor}_x^\beta\left(f+\frac{\beta}{2}\right)}{\sqrt{\mathrm{SCor}_x^0(f)\mathrm{SCor}_x^0\left(f+\frac{\beta}{2}\right)}} \quad (3.74)$$

$$\mathrm{SCoh}_x^\beta\left(f-\frac{\beta}{2}\right)=\frac{\mathrm{SCor}_x^\beta\left(f-\frac{\beta}{2}\right)}{\sqrt{\mathrm{SCor}_x^0(f)\mathrm{SCor}_x^0\left(f-\frac{\beta}{2}\right)}} \quad (3.75)$$

那么以 SCoh 作为调制因子的调制强度分布表达式为

$$\mathrm{MID}_{\Delta f}^{\mathrm{SCoh}}(f,\beta)=\mathrm{SCoh}_x^\beta\left(f+\frac{\beta}{2}\right)\mathrm{SCoh}_x^\beta\left(f-\frac{\beta}{2}\right)^* \quad (3.76)$$

$\mathrm{MID}_{\Delta f}^{\mathrm{SCor}}$ 与 $\mathrm{MID}_{\Delta f}^{\mathrm{SCoh}}$ 均可用于信号解调分析。

3. 二阶循环分量提取

机械振动信号主要是由二阶循环平稳分量 $s(t)$ 和噪声成分 $m(t)$ 组成，即
$$x(t)=s(t)+m(t) \quad (3.77)$$
那么其谱相关密度可以表示为

$$\mathrm{SCor}_{s+m}^\beta(f)=\lim_{\Delta f\to 0}\lim_{T\to\infty}\frac{1}{T\Delta t}\int_{-T}^{T}\left(s_{\Delta f}\left(t,f+\frac{\beta}{2}\right)+m_{\Delta f}\left(t,f+\frac{\beta}{2}\right)\right)\left(s_{\Delta f}\left(t,f-\frac{\beta}{2}\right)\right.$$
$$\left.+m_{\Delta f}^*\left(t,f-\frac{\beta}{2}\right)\right)\mathrm{e}^{-\mathrm{j}2\pi\beta t}\mathrm{d}t$$
$$(3.78)$$

即

$$\mathrm{SCor}_{s+m}^\beta(f)=\lim_{\Delta f\to 0}\lim_{T\to\infty}\frac{1}{T\Delta t}\int_{-T}^{T}\left(s_{\Delta f}\left(t,f+\frac{\beta}{2}\right)s_{\Delta f}^*\left(t,f-\frac{\beta}{2}\right)+s_{\Delta f}^*\left(t,f-\frac{\beta}{2}\right)m_{\Delta f}\left(t,f+\frac{\beta}{2}\right)\right.$$
$$\left.+s_{\Delta f}\left(t,f+\frac{\beta}{2}\right)m_{\Delta f}^*\left(t,f-\frac{\beta}{2}\right)+m_{\Delta f}\left(t,f+\frac{\beta}{2}\right)m_{\Delta f}^*\left(t,f-\frac{\beta}{2}\right)\right)\mathrm{e}^{-\mathrm{j}2\pi\beta t}\mathrm{d}t$$
$$(3.79)$$

或等效为

$$\mathrm{SCor}_{s+m}^\beta(f)=\mathrm{SCor}_s^\beta(f)+\mathrm{SCor}_m^\beta(f)+\mathrm{SCor}_{sm}^\beta(f)+\mathrm{SCor}_{ms}^\beta(f) \quad (3.80)$$

其中，$\mathrm{SCor}_s^\beta(f)$ 为信号 $s(t)$ 的谱相关密度；$\mathrm{SCor}_m^\beta(f)$ 为加性噪声 $m(t)$ 的谱相关密度；$\mathrm{SCor}_{sm}^\beta(f)$ 和 $\mathrm{SCor}_{ms}^\alpha(f)$ 为噪声 $m(t)$ 谱和信号 $s(t)$ 谱的谱相关密度。

对于非循环平稳噪声，当 $T\Delta\to\infty$ 时，$\mathrm{SCor}_m^\beta(f)$ 趋近于零。此外，$\mathrm{SCor}_{sm}^\beta(f)$

和 $\mathrm{SCor}_{ms}^{\beta}(f)$ 也趋近于零，那么认为所有信号 $s(t)$ 的谱分量与噪声 $m(t)$ 都互不相关。在周期性的调制信号中，对于所有的循环频率 α，$\mathrm{SCor}_{s}^{\beta}(f)$ 可以取得极大值。因此，$\mathrm{SCor}_{x}^{\beta}(f)$ 也应当表现出类似的性质。

由于振动信号受随机噪声、转速、机械结构、传感器位置的因素的影响，通常表现出复杂的特征，这就导致对振动信号的理想化模型评估是不可行的。因此，式(3.80)中理想的谱相关密度 $\mathrm{SCor}_{s}^{\beta}(f)$ 也不能得到。对于含有冲击的仿真信号模型，可以认为循环频率 α 的谱分量之间是相关的，谱相干密度为 1，即对于 $n=\{0,1,\cdots,N\}$，其表达式定义为

$$\mathrm{SCoh}_{s+m}^{\beta}(f\pm n\beta)=1 \tag{3.81}$$

3.8.2 仿真分析

在理想状态下，齿轮传动的过程是平稳的，但是由于齿隙、制造装配误差、弹性变形和磨损、点蚀、剥落、断齿等一些因素影响，齿轮在啮合传动的过程中不可避免地会产生冲击振动现象[36]。齿轮产生的振动是受到内部激励(刚度激励、误差激励、啮合冲击激励)和外部激励(输入载荷、零件旋转不平衡)后产生动态响应的体现。

根据动态激励产生的不同原因可分为正常啮合激励和故障激励[34]。在忽略外部激励仅考虑内部激励的情况下，即无论齿轮副是否存在故障，刚度激励和啮合冲击激励一直存在，它们属于正常啮合激励；误差激励是在齿轮啮合部位有误差的情况下出现，属于故障激励。齿轮故障的振动信号通常以幅值调制和频率调制共有的形式存在，经调制后的齿轮振动信号在频域内会出现以载波频率(啮合频率 f_m)及其倍频为中心的谱线和以调制频率(齿轮所在的轴频 f_r)为间隔分布于载波频率两侧的边带频，如图 3.64 所示。由于啮合频率两侧边频带成分的相位不同，边频的幅值有的增加有的减小，其形状主要与调制强度和一些其他的因素相关[37]。另外，当存在局部故障的齿轮啮合时会产生冲击振动，单位时间内该局部故障齿轮与其他齿轮啮合的次数即齿轮局部故障的特征频率[38]。在定轴齿轮系的齿轮箱中，齿轮局部故障的特征频率等于其所在轴的旋转频率。以上两种情况都是从齿轮振动信号中分析齿轮是否存在故障的重要依据。

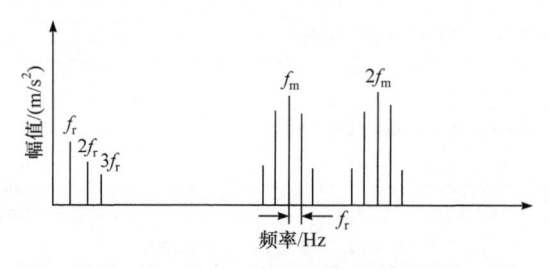

图 3.64 齿轮故障振动信号的调幅调制频谱示意图

旋转机械中的振动信号通常由不同耦合件的振动信号成分组成，是一种复杂的调制信号。每个信号成分具有不同的信号能量，而能量弱的信号通常被能量强的信号或噪声掩盖。对于这种多种谐波调制的信号，可以通过 VMD 作为预处理，将多种谐波调制的信号分解成单分量信号，从而提高调制强度分布的检测效果。为了验证本章方法的有效性，本节将通过数值仿真信号对该方法进行验证，仿真信号及相应的参数与式(3.19)相同。

如图 3.65 所示，共振频率在 3kHz 左右，微弱的冲击特征全部被能量较大的低频信号和噪声湮没。对此信号，采用 VMD 和 EMD 进行分析，结果如图 3.66 所示。

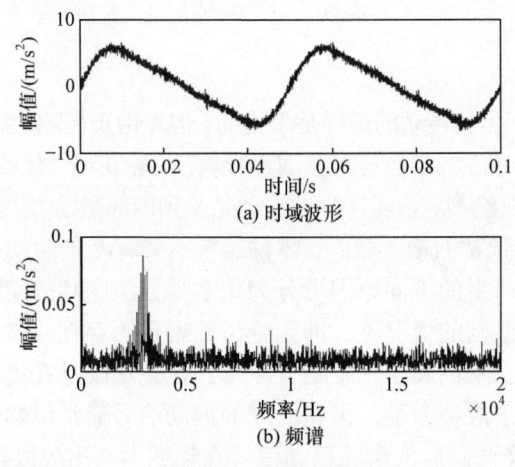

图 3.65 仿真信号

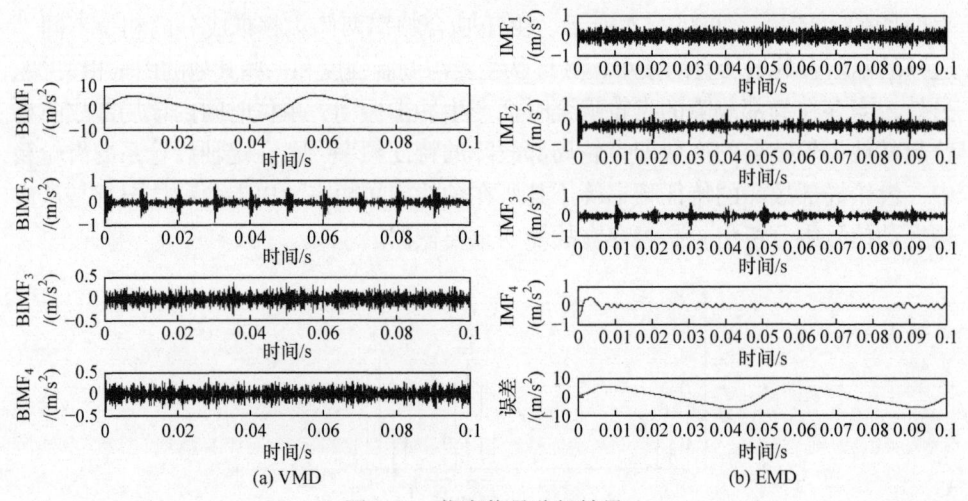

图 3.66 仿真信号分解结果

使用 $\text{MID}_{\Delta f}^{\text{SCoh}}$ 来分析原始仿真信号，结果如图 3.67 所示。噪声及其他的信号成分干扰比较严重，循环频率及载波频率不能清晰地显现出来。在 VMD 分解的模态分量中，发现 BLIMF_2 模态存在明显的周期性冲击，因此可运用 $\text{MID}_{\Delta f}^{\text{SCoh}}$ 算法对 BLIMF_2 模态进行分析。如图 3.68 所示，可以清晰地看出载波频率 3000Hz、循环频率 100Hz 及其倍频。

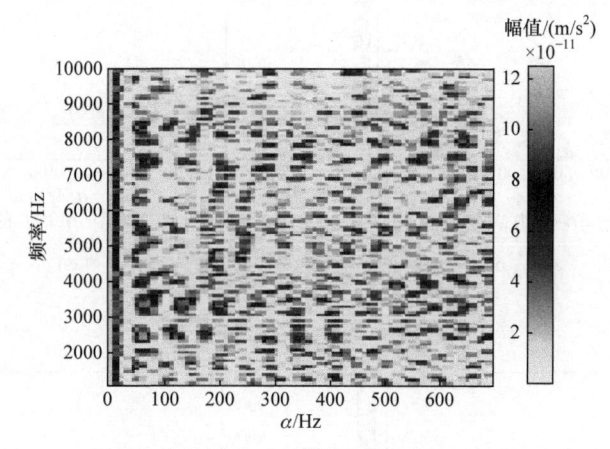

图 3.67 原始仿真信号的 $\text{MID}_{\Delta f}^{\text{SCoh}}$ 调制强度分布(噪声方差 0.3)

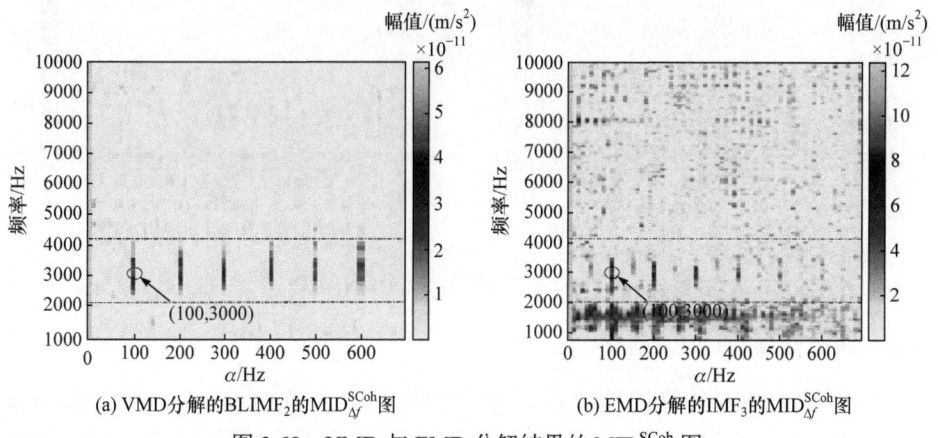

(a) VMD 分解的 BLIMF_2 的 $\text{MID}_{\Delta f}^{\text{SCoh}}$ 图

(b) EMD 分解的 IMF_3 的 $\text{MID}_{\Delta f}^{\text{SCoh}}$ 图

图 3.68 VMD 与 EMD 分解结果的 $\text{MID}_{\Delta f}^{\text{SCoh}}$ 图

VMD 作为前处理能够在一定程度上抑制噪声，并且能够从多分量信号中提取出周期特征明显的单分量信号。图 3.69 和图 3.70 显示了提高噪声干扰之后的信号调制强度谱和 VMD 分解后 BLIMF_2 的调制强度谱。不难发现，运用 $\text{MID}_{\Delta f}^{\text{SCoh}}$ 算法分析 VMD 分解出的 BLIMF_2 模态分量，能够清晰地检测出信号中的载波频率及循环频率，而且效果要优于 $\text{MID}_{\Delta f}^{\text{SCor}}$ 分析的结果，验证了基于 VMD 的调制强度分布在诊断中的可行性。为进一步检验该方法的诊断效果,下面通过齿轮故障实例进行验证。

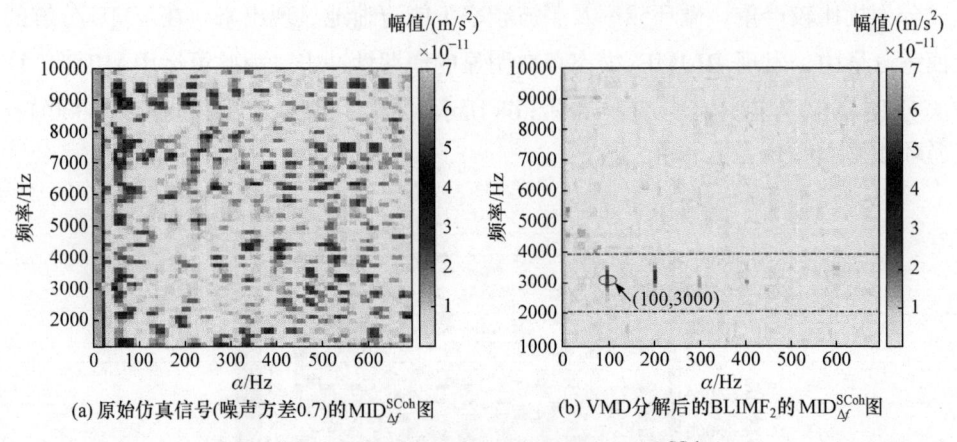

(a) 原始仿真信号(噪声方差0.7)的 $\text{MID}_{\Delta f}^{\text{SCoh}}$ 图

(b) VMD分解后的BLIMF$_2$的 $\text{MID}_{\Delta f}^{\text{SCoh}}$ 图

图 3.69　仿真信号和 VMD 分解结果的 $\text{MID}_{\Delta f}^{\text{SCoh}}$ 图

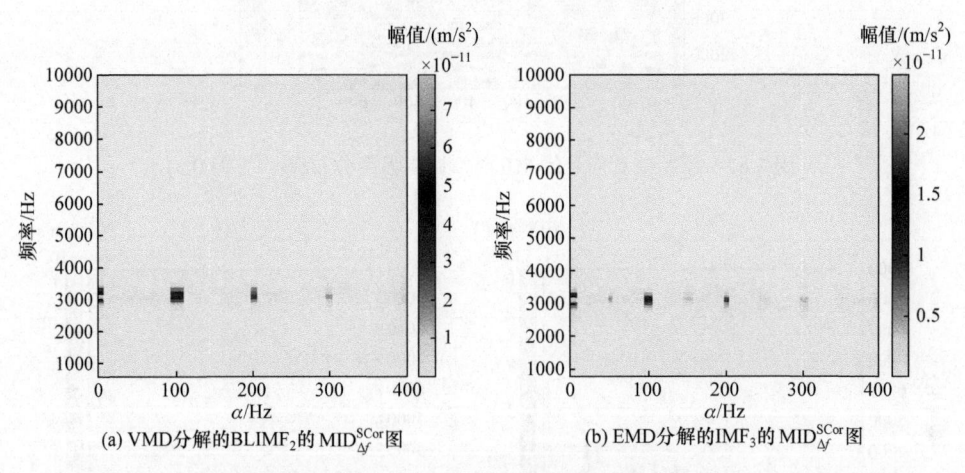

(a) VMD分解的BLIMF$_2$的 $\text{MID}_{\Delta f}^{\text{SCor}}$ 图

(b) EMD分解的IMF$_3$的 $\text{MID}_{\Delta f}^{\text{SCor}}$ 图

图 3.70　VMD 与 EMD 分解信号的 $\text{MID}_{\Delta f}^{\text{SCor}}$ 图

3.8.3　实验验证

本节通过风力涡轮机动力传动故障诊断综合实验台(wind turbine diagnosis system, WTDS)对存在缺陷的齿轮振动数据进行采集,运用本章提到的方法来提取缺陷齿轮振动信号中的载波频率和调制成分,进一步验证该方法在实际应用中的效果。

1. 齿轮故障实验台

风力涡轮机动力传动系统故障诊断实验装置如图 3.71 所示。其中动力传动系统主要是 1 个由滚动轴承或套筒轴承支撑的 2 级平行轴齿轮箱,1 个轴承负载,1 个 2 级行星齿轮箱和 1 个可编程的磁力制动器组成。

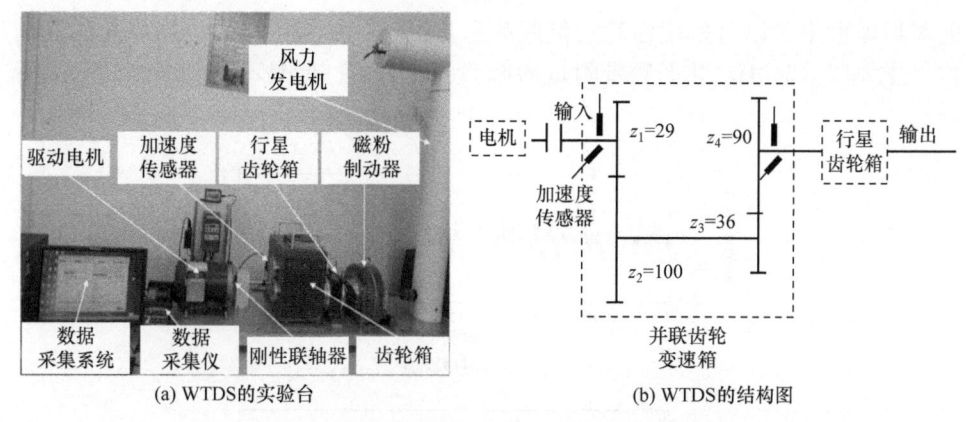

(a) WTDS的实验台　　(b) WTDS的结构图

图 3.71　风力涡轮机动力传动系统故障诊断实验装置

该设备由 3HP 的电机驱动，实验齿轮 z_1 安装在与电机相连接的输入轴上，采用 VQ 数据采集系统(包括计算机、数据采集仪、NI 采集卡)通过安装在 2 级平行轴齿轮箱上的压电式加速度传感器可采集齿轮箱内的振动数据。2 级平行轴齿轮箱具有两级减速功能，其内部结构如图 3.72(a)所示。实验过程中所用的实验齿轮 z_1 包括齿根裂纹齿轮和断齿齿轮两种类型，如图 3.72(b)和图 3.72(c)所示。采集两种不同类型振动信号时的输入轴转动频率均为 29.81Hz，采样频率均为 2.56kHz。经计算齿轮的啮合频率为 864.5Hz。

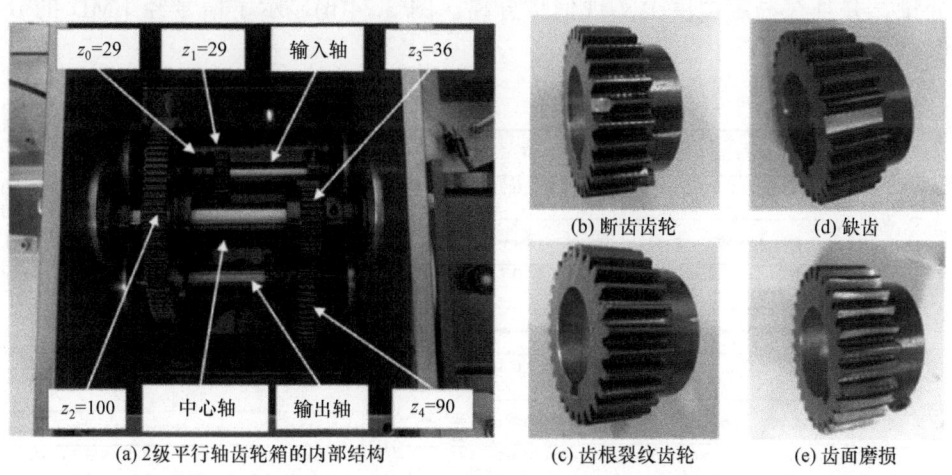

(a) 2级平行轴齿轮箱的内部结构　　(b) 断齿齿轮　(d) 缺齿
　　　　　　　　　　　　　　　　　　(c) 齿根裂纹齿轮　(e) 齿面磨损

图 3.72　齿轮箱内部结构及其故障类型

2. 齿根裂纹故障

存在故障的齿轮振动信号中不仅存在调幅调频现象，而且伴有一定的噪声。实验采集的齿轮齿根裂纹振动信号如图 3.73 所示，从存在随机噪声和调制现象的时域波形中难以辨别出齿轮的健康状态。虽然在频域中可以看出齿轮的振动信号主要以 1000Hz 共振频带附近的低频成分为主，但是不易判断齿轮的运行状态。

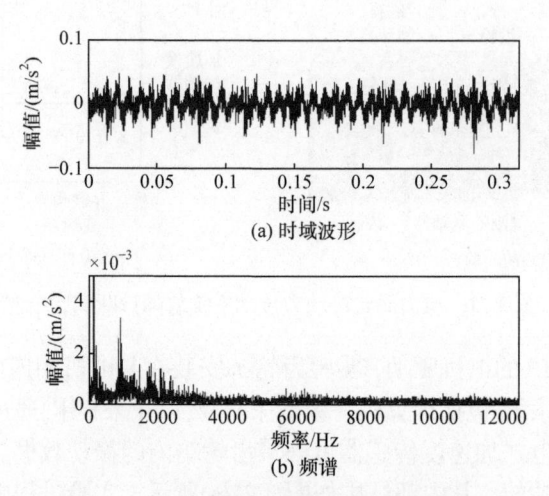

图 3.73 齿轮齿根裂纹振动信号及其频谱

如图 3.74(a)所示，VMD 既可以从原始齿轮齿根裂纹振动信号中分离出低频 BLIMF$_1$ 模态分量，又可以提取出具有周期性冲击特征的 BLIMF$_2$ 模态分量，并且在一定程度上实现信噪分离。图 3.74(b)显示了信号经 EMD 的分解结果。

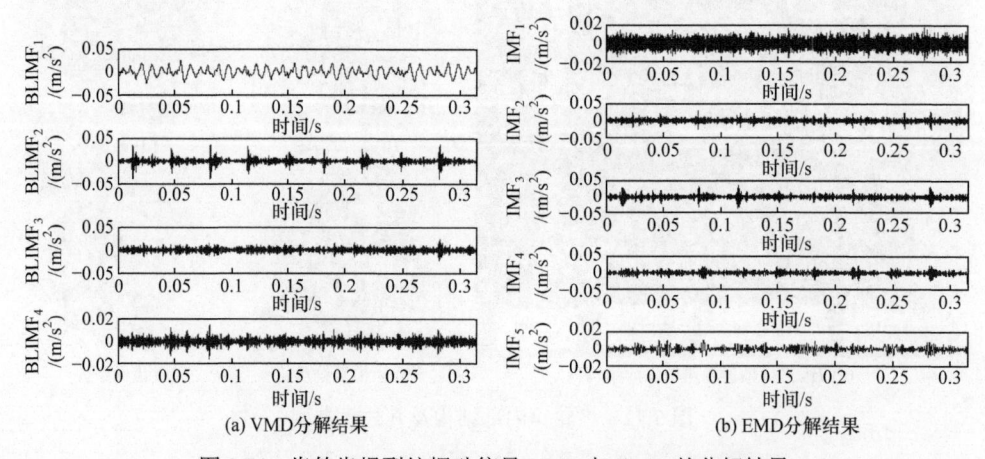

图 3.74 齿轮齿根裂纹振动信号 VMD 与 EMD 的分解结果

分别对 VMD 分解得到的 BLIMF$_2$，以及 EMD 分解得到的 IMF$_3$ 成分进行解调分析。如图 3.75 所示，从低频区可以清晰地看到，调制频率即循环频率 β

(29.13Hz)及其倍频与齿轮的调制频率 29.81Hz 相近，另外在强度最大的点处与齿轮啮合频率(载波频率)相近，因此可以推断该齿轮存在输入轴小齿轮局部故障。

(a) BLIMF$_2$ 的调制强度分布

(b) IMF$_3$ 的调制强度分布

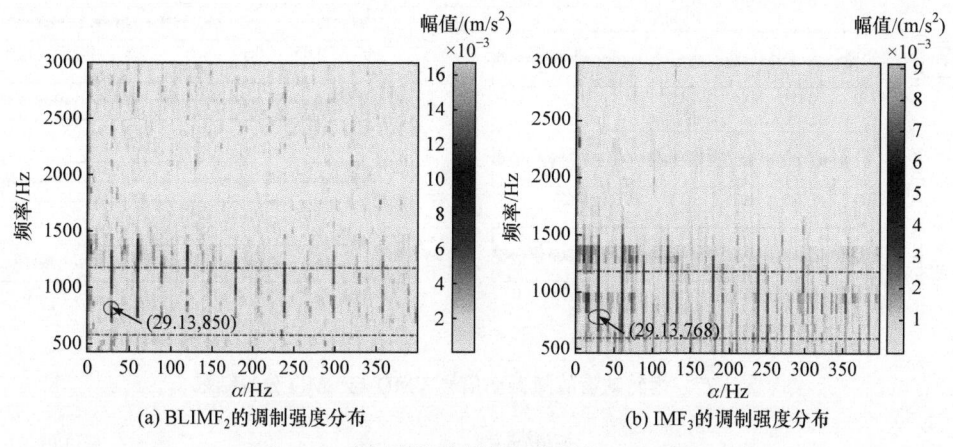

图 3.75　齿根裂纹信号分解分量的 MID 分析

3. 缺齿故障

齿轮缺齿时域振动信号及其频谱如图 3.76 所示。同样采用 VMD 与 EMD 进行分解，可以得到如图 3.77 所示的结果。不难发现，VMD 分解得到 BLIMF$_2$ 成分显示出明显周期性冲击特征；EMD 分解得到的 IMF$_4$ 显示存在周期性冲击。随后，对 BLIMF$_2$ 与 IMF$_4$ 分别进行调制强度解调分析，结果如图 3.78 所示。从图 3.78(a)中低频区处可以清晰地看到调制频率即循环频率 β(29.13Hz)及其多个倍频，该频率为小齿轮调制频率。另外，对比图 3.75(a)，齿轮循环频率信息在图 3.78 中更明显，这是因为齿轮缺齿故障要比齿根裂纹严重。

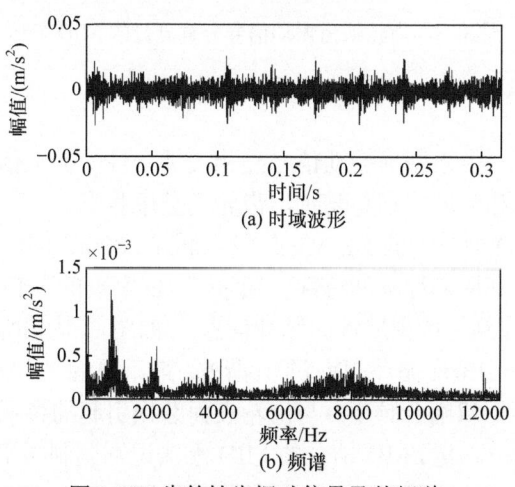

(a) 时域波形

(b) 频谱

图 3.76　齿轮缺齿振动信号及其频谱

(a) VMD 分解结果　　　　　(b) EMD 分解结果

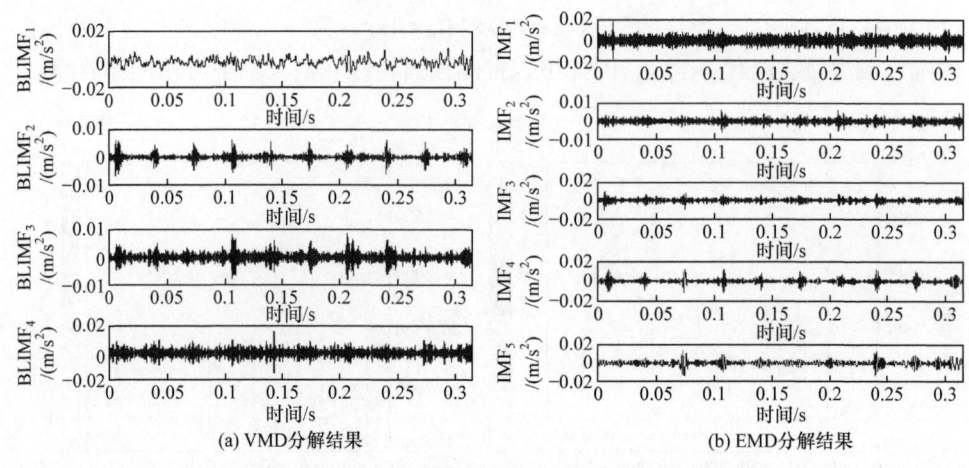

图 3.77　齿轮缺齿故障振动信号 VMD 与 EMD 分解结果

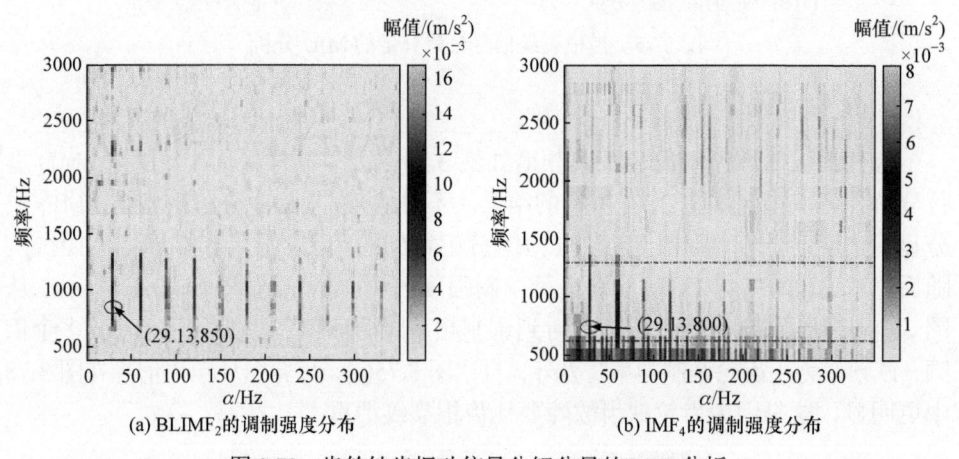

(a) BLIMF$_2$ 的调制强度分布　　　　(b) IMF$_4$ 的调制强度分布

图 3.78　齿轮缺齿振动信号分解分量的 MID 分析

4. 齿面磨损

如图 3.79 所示,由于磨损振动信号受相关耦合件的振动信号调制和噪声的影响,仅从时域波形和频域中不易辨别出齿轮的健康状态。

再次使用 VMD 的分解的 BLIMF 分量。如图 3.80(a)所示,可以从第二和第三子信号中明显地找到周期性脉冲特性。通过 EMD 实现的 IMF 如图 3.80(b)所示,可以从第二 IMF 找到一些周期性的脉冲信息。如图 3.81(a)所示,可以清楚地找到调制频率(等于 29.13Hz 循环频率)及其谐波。最重要的是,在这种情况下,载波频率(约 1750Hz)近似双啮合频率,与齿轮表面磨损引起的特征一致。如图 3.81(b)所示,在这种情况下,与 EMD 结合的 MID 无法识别调制频率和载波频率。这表明,所提出的技术可以很好地区分不同的齿轮缺陷。

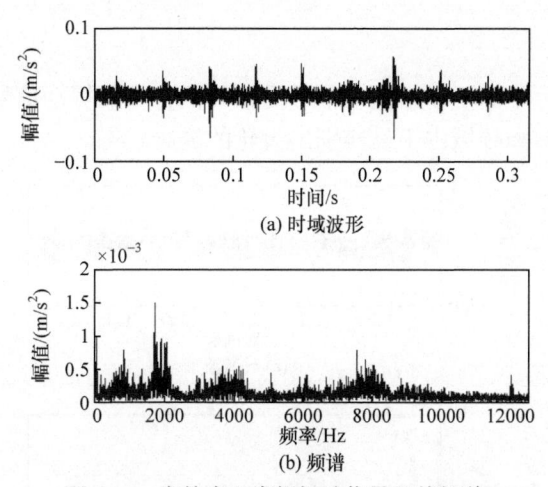

图 3.79 齿轮齿面磨损振动信号及其频谱

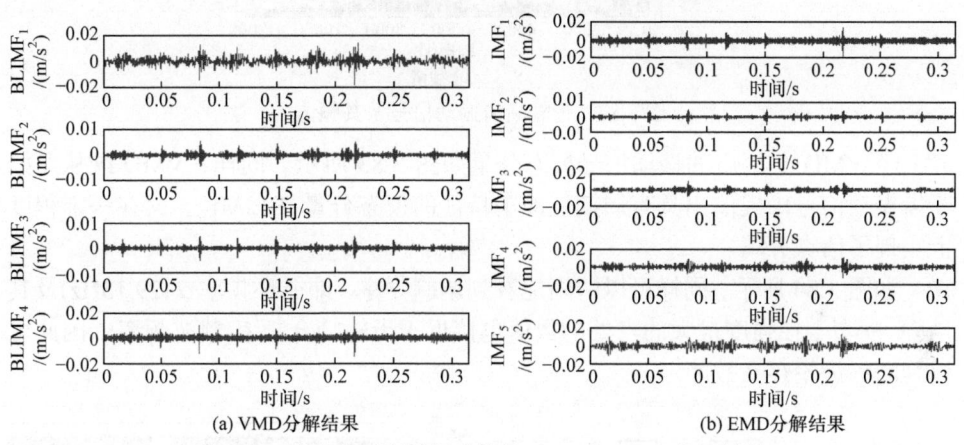

图 3.80 齿轮齿面磨损振动信号 VMD 与 EMD 分解结果

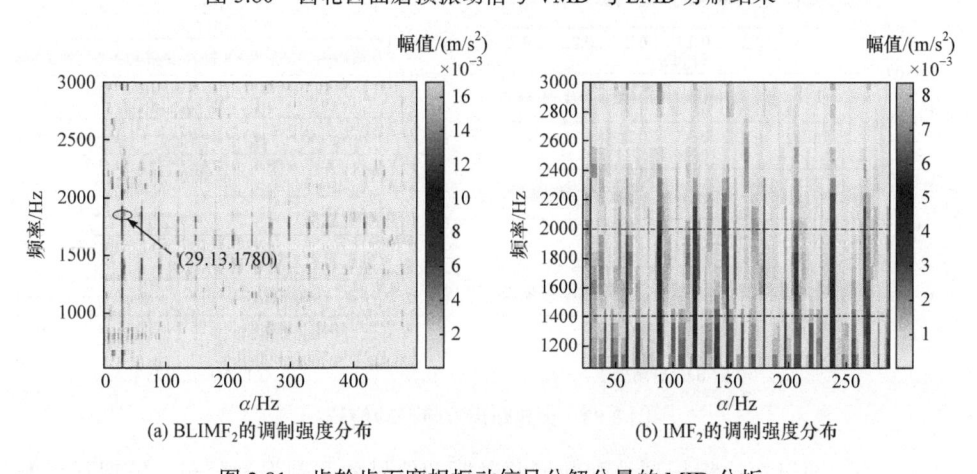

图 3.81 齿轮齿面磨损振动信号分解分量的 MID 分析

5. 断齿故障

如图 3.82 所示，由于断齿振动信号受相关耦合件的振动信号调制和噪声的影响，仅从时域波形和频域中不易辨别出齿轮的健康状态。

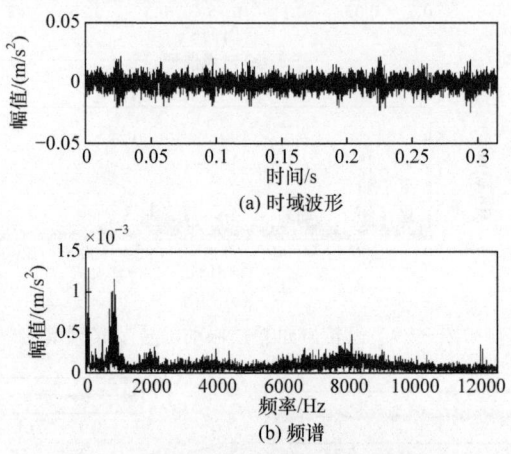

图 3.82　齿轮断齿振动信号及其频谱

经 VMD 分解后的振动信号模态分量如图 3.83 所示。同样，VMD 既从原始断齿振动信号中提取出具有周期性冲击特征的模态分量 $BLIMF_2$，又在一定程度上实现了信噪分离。

如图 3.84 所示，同样可以清晰地看到调制频率，即循环频率 α(29.13Hz)及其倍频。另外，在强度最大的点处的数值也接近于齿轮啮合频率(载波频率)，因此可以判断该齿轮存在故障。

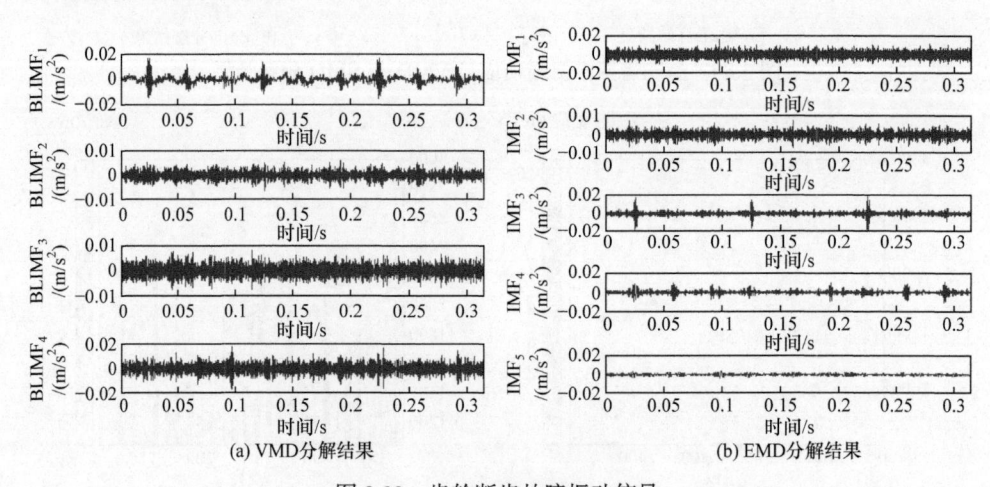

图 3.83　齿轮断齿故障振动信号

另外，通过对比齿根裂纹和断齿两者振动信号的调制强度分布，发现断齿振动信号的调制强度分布的能量要高于前者,与事实相符。因此,在某种程度上可以通过查看调制谱强度分布能量的大小来判断齿轮故障的严重程度。

(a) BLIMF$_1$的调制强度分布

(b) IMF$_3$的调制强度分布

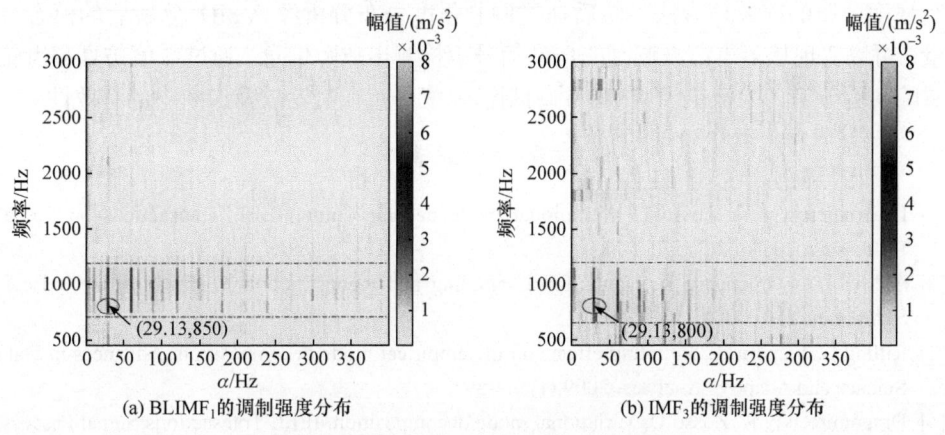

图 3.84　断齿振动信号分解分量的 MID 分析

3.9　本章小结

　　VMD 算法为信号自适应分解提供了一种新的途径。本章简单介绍 VMD 算法,并通过大量数值仿真分析,发现 VMD 具有非常好的抗均匀采样效果。VMD 的等效脉冲响应与 Gabor 小波类似。通过分析不同的 Hurst 指数的时间序列,得出 VMD 的等效滤波器,发现该滤波器还依赖中心频率初始化方式。通过对两个相近成分分离仿真分析,发现 VMD 优良的 Tone 分离性能,并给出 VMD 在多成分谐波、冲击(暂态成分)与趋势特征中的典型应用案例。

　　引入 Gini 指数和时频谱峭度两个指标,定量的对 VMD 时频谱时频聚集性进行分析。通过对蝙蝠仿真信号的分析发现,VMD 在抗模态混叠和特征提取方面优于 EEMD,并且通过与 STFT、WVD、CWT、HHT 四种时频方法作对比,结果表明 VMD 时频谱不仅能够很好地表征信号的频率组成成分,而且具有很好的时频聚集性。考虑 VMD 方法在实现过程中需要预先设定参数,提出基于蝙蝠算法的 VMD 参数优化方法。该方法利用包络熵值作为蝙蝠算法寻优过程中的适应度函数,对 VMD 算法的最佳参数组合(K,α)进行搜寻,输出结果即 VMD 算法最佳参数。利用最佳参数对信号进行 VMD 分解,然后通过 VMD 时频谱进行故障诊断。通过数值仿真和实验分析,验证了该方法的准确性和有效性。

　　将 VMD 方法和计算阶次跟踪结合,提出变转速下的 VMD 角域阶次谱轴承故障诊断方法。首先通过 COT 将时域变速信号转变为角域平稳信号,然后利用 VMD 对角域信号进行分解,最后通过重构的角域-阶次谱检测出故障信息。通过实验台上采集变转速工况的三种不同类别故障的振动信号进行验证分析,验证本章所提方法，提取轴承故障特征。

阐述调制强度分布中谱相关对二阶循环分量检测的理论依据，将 VMD 作为调制强度分布的前处理方法，然后通过调制强度分布分析经 VMD 分解后的模态分量，可以实现从多重谐波调制的振动信号中检测出故障信息。通过数值仿真和齿轮故障实验分析，验证基于 VMD 的调制谱强度分布在齿轮故障诊断中的有效性。

参 考 文 献

[1] Dragomiretskiy K, Zosso D. Variational mode decomposition. IEEE Transactions on Signal Processing, 2014, 62(3):531-544.

[2] Aldroubi A, Gröchenig K. Nonuniform sampling and reconstruction in shift-invariant spaces, SIAM Rev. 2001,43(4): 585-620.

[3] Rilling G, Flandrin P. Sampling effects on the empirical mode decomposition. Advances in Data Science and Adaptive Analysis, 2009,(1): 43-59.

[4] Dragomiretskiy K, Zosso D. Variational mode decomposition. IEEE Transactions Signal Process. 2014, 62(3): 531-544.

[5] Wu Z, Huang N E. Ensemble empirical mode decomposition: a noise-assisted data analysis method. Advances in Data Science and Adaptive Analysis, 2009, 1(1): 1-41.

[6] Flandrin P, Gonalves P, Rilling G, et al. From Interpretation to Applications in Hilbert-Huang Transform and Its Applications. Singapore:World Scientific, 2005.

[7] Flandrin P, Rilling G, Goncalves P. Empirical mode decomposition as a filter bank. IEEE Signal Processing Letter,2004, 11(2): 112-114.

[8] Flandrin P, Goncalves P. Empirical mode decompositions as data driven wavelet-like expansions. International Journal of Wavelets, Multiresolution and Information Processing, 2004, 2(4): 477-496.

[9] Mandelbr B B, VanNess J W. Fractional Brownian motions fractional noises and applications. Mathematics, Physics Siam Review, 1968(4), 10: 422.

[10] Wang Y X, He Z, Zi Y. A comparative study on the local mean decomposition and empirical mode decomposition and their applications to rotating machinery health diagnosis. Journal of Vibration and Acoustics. 2010, 132(1): 21010.

[11] Xiong Z X, Ramchandran K, Herley C, et al. Flexible tree-structured signal expansions using time-varying wavelet packets. IEEE Transactions on Signal Processing, 1997,45(2): 333-345.

[12] Rilling G, Flandrin P. One or two frequencies? The empirical mode decomposition answers. IEEE Transactions Signal Processing, 2008, 56(1): 85-95.

[13] Hautieng W, Flandrin P I. Daubechies. One or two frequencies? The synchrosqueezing answers, Advanced Adaptive Data Anal, 2011,3(1-2): 29-39.

[14] Dragomiretskiy K, Zosso D. Variational mode decomposition. IEEE Transactions Signal Processing, 2014, 62(3): 531-544.

[15] Xiang J W, Zhong Y T, Gao H. Rolling element bearing fault detection using PPCA and spectral kurtosis. Measurement, 2015, 75: 180-191.

[16] Moghtaderi A, Flandrin P, Borgnat P. Trend filtering via empirical mode decompositions. Computational Statistics and Data Analysis, 2013, 58: 114-126.

[17] Messina A R, Vittal V, Heydt G T, et al. Nonstationary approaches to trend identification and

denoising of measured power system oscillations. IEEE Transactions on Power System, 2009, 24(4): 1798-1807.

[18] Dalton H. The measurement of the inequality of incomes. The Economic Journal, 1920, 30(119): 348-361.

[19] Gastwirth J L. The estimation of the Lorenz curve and Gini index . The review of economics and statistics, 1972, 54(3):306-316.

[20] Jones D L, Parks T W. A high resolution data-adaptive time-frequency representation. IEEE Transactions on Acoustics, Speech, and Signal Processing, 1990, 38(12):2127-2135.

[21] Denny M. The physics of bat echolocation: Signal processing techniques. American Journal of Physics, 2004, 72(12): 1465-1477.

[22] Yang X S. A new metaheuristic bat-inspired algorithm. Computer Knowledge and Technology, 2010, 284:65-74.

[23] Yang X S, He X S. Bat algorithm: literature review and applications. International Journal of Bio-Inspired Computation, 2013, 5(3): 141-149.

[24] 蒋永华, 汤宝平, 刘文艺, 等. 基于参数优化 Morlet 小波变换的故障特征提取方法. 仪器仪表学报, 2010: 56-60.

[25] Li H K, Zhang Z X, Ma X J. Investigation on diesel engine fault diagnosis by using Hilbert spectrum entropy. Journal Dalian University of Technology, 2008, 48(2): 220.

[26] Groll G V, Ewins D J. A mechanism of low subharmonic response in rotor/stator contact - Measurements and simulations, Journal of Vibration and Acoustics-transactions of The Asme, 2002, 124(3): 350-358.

[27] Markert R, Wegner G. Transient vibrations of elastic rotors in retainer bearings, Engineering, Materials Science, 1998 2: 764-774.

[28] 林京, 赵明. 变转速下机械设备动态信号分析方法的回顾与展望.中国科学:技术科学, 2015, 7:669-686.

[29] Wang Y X, He Z, Zi Y. A demodulation method based on local mean decomposition and its application in rub-impact fault diagnosis. Measurement Science and Technology, 2009, 20(2): 10.

[30] Feng Z, Chen X, Wang T. Time-varying demodulation analysis for rolling bearing fault diagnosis under variable speed conditions. Journal of Sound and Vibration, 2017, 400: 71-85.

[31] 杨炯明, 秦树人, 季忠. 旋转机械阶比分析技术中阶比采样实现方式的研究.中国机械工程, 2005, 16(3):249-253.

[32] Fyfe K R, Munck E D S. Analysis of computed order tracking. Mechanical Systems & Signal Processing, 1997, 11(2):187-205.

[33] Urbanek J, Antoni J, Barszcz T. Detection of signal component modulations using modulation intensity distribution . Mechanical Systems & Signal Processing, 2012, 28: 399-413.

[34] 陈明. 循环平稳理论在齿轮及滚动轴承故障诊断中的应用研究. 太原: 太原理工大学, 2008.

[35] Urbanek J, Barszcz T, Antoni J. Integrated modulation intensity distribution as a practical tool for condition monitoring. Applied Acoustics, 2014, 77: 184-194.

[36] 赖达波. 某齿轮箱故障振动信号特征提取及分析技术研究. 成都: 电子科技大学, 2013.

[37] 张西宁.齿轮状态监测和识别方法的研究. 机械传动,1998,(3):28-30.

[38] 冯志鹏, 赵镭镭, 褚福磊. 行星齿轮箱齿轮局部故障振动频谱特征. 中国电机工程学报, 2013, 33(5): 119-127.

第4章 复值信号处理与双树复数小波变换方法

4.1 引 言

在现代学科中,复值信号的应用非常广泛,如结构健康监测、传感器阵列处理、生物医学科学、物理学。

对于双变量(或复值)数据的情况,目前已经开发了一些对传统实值信号分解方法的扩展方法。例如,文献[1]提出双变量 EMD(bivariate empirical mode decomposition,BEMD)方法,文献[2]利用BEMD在信息融合方面的优势,将BEMD用于风力涡轮机的状态监测。在 BEMD 方法双变量框架的启发下,文献[3]提出一种复值 LMD 算法。然而,此类复值扩展方法只能在复杂信号是固有的或循环的假设下使用。一个固有的复数随机变量与它的复数共轭不相关,一个循环的复数随机变量在复平面上旋转时,概率分布是不变的[4]。在很多情况下,固有的和循环的随机信号是底层物理非常差的模型。因此,文献[5]通过巧妙地利用正负频率分量之间的关系,引入 EMD 的另一种复值扩展方法——复值经验模态分解(complex empirical mode decomposition,CEMD)。目前,CEMD 已经应用于多通道和异构源的数据融合[6]。然而,CEMD 不能保证实值数据通道和虚值数据通道具有相同数量的 IMF,这是现实应用中的一个主要要求。

VMD 是文献[7]提出的一种替代 EMD 的方法,用于将混合实值时间序列分离成各自的模态。相比 EMD 的顺序迭代筛选,VMD 更有理论依据,因为 VMD 是基于一个明确的变分模型,产生的最小化步骤是以一种直观的方式进行并发模态的提取。相比 EMD,VMD 在声调分离上也更有优势,而且对噪声和采样不太敏感[7]。基于这些特性,文献[8]将 VMD 用于转子系统碰磨故障的检测[8]。不过,目前对 VMD 的一些开发仅适用于实值数据,这限制了 VMD 在信号处理和相关领域的更广泛应用。受文献[5]的启发,本章提出一种新的 VMD 扩展方法——复值变分模态分解(complex variational mode decomposition,CVMD),用于处理复值时间序列。为进一步阐明 CVMD 的性能,本章分析 CVMD 在高斯白噪声干扰下的表现,这对 CVMD 的应用有很大的价值。

科学和工程中的许多信号会表现出时变的振荡行为,传统的傅里叶分析无法对此振荡行为充分刻画。时频分析可以识别信号的频率成分,揭示其时变特征,是提取非平稳信号中机械健康信息的有效工具。在机械故障诊断领域,已开发并应用了众多时频(time-frequency,TF)分析方法[9]。近年来,随着多变量数据驱动算法在多通道相关性分析中的应用[10,11],针对多通道数据的时频分析研究逐渐兴起。文献[12]开发了一种基于同步挤压变换的多变量时频算法。该算法生成多通道信号的紧凑时频表示。受 Hilbert-Huang 谱[13]启发,本章继而提出 CVMD 的全 Hilbert 时频谱,将正、负频率分量分别表示在正、负频率平面上。

现代制造工业广泛采用设备的关键部件,如轴承、齿轮或其他重要旋转部件经常会出现点蚀、裂纹和碰磨等故障。另外,多个故障同时发生,以及采集信号中存在大量噪声成分,都给故障诊断工作带来巨大挑战。为保证设备正常运行,需要采用快速的、鲁棒的信号分析方法,及时、全面、准确地检测出潜在的各种故障。目前,广泛采用的信号处理技术有经典 DWT、第二代小波变换、谱峭度等,但这些方法在实际的故障诊断中都存在不足之处。

经典小波变换(第一代小波变换)分析方法通过改变分析时频窗的大小,提供了对信号同时进行空间和频率定位的能力。它为信号处理领域各自独立开发的方法建立了一个统一的框架,已广泛应用于图像处理、语音分析、数值计算、模式识别和故障诊断等领域,被认为是工具和方法上的重大突破。但是,经典 DWT 存在平移变化性、尺度方向的网格稀疏,以及频带混叠等缺陷,有时限制了其在故障特征提取中的应用。第二代小波变换是一种更为快速、有效的小波变换实现方法。它可以不依赖傅里叶变换,完成在时域构造双正交小波滤波器。这种构造方法在结构化设计和自适应构造方面的突出优点弥补了传统频域构造方法的不足。但是,第二代小波变换同样存在平移变化和频带混叠等缺陷。

谱峭度[14]和快速峭度图[15]是一种适合冲击特征提取的信号处理方法,并已成功解决轴承[16]、齿轮[17]等部件的单故障诊断问题。快速峭度图是广义的谱峭度方法,通过寻找峭度最大的频带,可以在信号 SNR 较低时检测出冲击故障特征。但是,快速峭度图方法的这种峭度最大化结果只能检测某个能量较大的冲击特征,无法识别其他潜在的弱能量冲击。另外,快速谱峭度对谐波不敏感,因此无法检测信号中的谐波成分。鉴于这些原因,快速谱峭度图方法并不适合机械复合故障诊断。

4.2 复延迟时频分布

4.2.1 分布算法

复延迟时频分布(complex-time distribution,CTD)[18-20]是 Stankovic 等提出

的一种新型的高阶时频分布方法。它在分布中引入复时间延迟的概念，并且对于单分量信号有良好的时频聚集性，同时对于变化较快的非线性信号的瞬时频率估计具有很好的效果。因此，对于快变非线性信号的瞬时频率估计是一个很好的选择。

假设 $z(t)$ 是实值单分量信号 $\zeta(t)$ 归一化解析成分，即

$$z = e^{j\zeta(t)} \tag{4.1}$$

则 N 阶 CTD 的表达式定义为[18]

$$\mathrm{CTD}_N(t,\omega) = \int_{-\infty}^{+\infty} \prod_{l=1}^{\frac{N}{2}} z\left(t + \frac{\tau}{N(a_l + jb_l)}\right)^{\pm(a_l + jb_l)} e^{-j\omega\tau} d\tau \tag{4.2}$$

其中，N 为分布阶数且是一个偶数；a_l 和 b_l 为单位圆上的点。

CTD 的延迟项为

$$z(t \pm (a_l + jb_l)\tau) = \frac{1}{2\pi} \int_{-\infty}^{+\infty} Z(\omega) e^{j\omega(t \pm (a_l + jb_l)\tau)} d\omega \tag{4.3}$$

其中，$Z(\omega)$ 为信号 $z(t)$ 的傅里叶变换；对称点 $\pm(a_l + jb_l)$ 消除扩散因子中的偶数项。

通过选择一个合适的分布阶次，同样可以消除相位导数中的奇数项。因此，扩散因子能够有效地降低并得到一个高时频聚集性的分布。

当 $N = 2, a_1 = 1, b_1 = 0$ 时，可以得到

$$\mathrm{CTD}_2(t,\omega) = \int_{-\infty}^{+\infty} z\left(t + \frac{\tau}{2}\right) z^{-1}\left(t - \frac{\tau}{2}\right) e^{-j\omega\tau} d\tau \tag{4.4}$$

其表达形式与 WVD 相似。两者只是幅值不同，但相位是一样的。

当 $N = 4$、$a_1 = 1$、$b_1 = 0$、$a_2 = 0$、$b_2 = 1$ 时，可以得到常用 4 阶复延迟时间分布，即

$$\mathrm{CTD}_4(t,\omega) = \int_{-\infty}^{+\infty} z\left(t + \frac{\tau}{4}\right) z^{-1}\left(t - \frac{\tau}{4}\right) z^{j}\left(t + j\frac{\tau}{4}\right) z^{-j}\left(t - j\frac{\tau}{4}\right) e^{-j\omega\tau} d\tau \tag{4.5}$$

其对应的扩展因子为

$$Q(t,\tau) = \psi^{(5)}(t) \frac{\tau^5}{4^4 5!} + \psi^{(9)}(t) \frac{\tau^9}{4^8 9!} + \psi^{(11)}(t) \frac{\tau^{11}}{4^{10} 11!} + \cdots \tag{4.6}$$

相比式(4.4)，式(4.5)的分布形式提供了一个更好的集中性。式(4.6)中的主导项是 5 阶的，这就确保了多项式相位信号为 4 阶时有一个理想的集中性。

当 $N = 6$ 时，$(a_1, b_1, a_2, b_2, a_3, b_3) = (1, 0, 1/2, \sqrt{3}/2, -1/2, \sqrt{3}/2)$，可以得到 6 阶 CTD，即

$$CTD_6(t,\omega) = \int_{-\infty}^{+\infty} z\left(t+\frac{\tau}{6}\right) z^{-1}\left(t-\frac{\tau}{6}\right) \left(z\left(t+\left(\frac{1}{2}+\mathrm{j}\frac{\sqrt{3}}{2}\right)\frac{\tau}{6}\right) z^{-1}\left(t-\left(\frac{1}{2}+\mathrm{j}\frac{\sqrt{3}}{2}\right)\frac{\tau}{6}\right)\right)^{\frac{1-\mathrm{j}\sqrt{3}}{2}}$$

$$\left(z\left(t+\left(-\frac{1}{2}+\mathrm{j}\frac{\sqrt{3}}{2}\right)\frac{\tau}{6}\right) z^{-1}\left(t-\left(-\frac{1}{2}+\mathrm{j}\frac{\sqrt{3}}{2}\right)\frac{\tau}{6}\right)\right)^{\frac{-1-\mathrm{j}\sqrt{3}}{2}} \mathrm{e}^{-\mathrm{j}\omega\tau} \mathrm{d}\tau$$

(4.7)

其对应的扩展因子为

$$Q(t,\tau) = \psi^{(7)}(t)\frac{\tau^7}{6^6 7!} + \psi^{(13)}(t)\frac{\tau^{13}}{6^{12} 13!} + \cdots \quad (4.8)$$

根据式(4.6)和式(4.8)中的扩展因子，式(4.8)中的扩展因子被大大减小，因此 6 阶 CTD 相比 4 阶 CTD 有更好的时频聚集性，并且在交叉项抑制上效果也更好。

4.2.2 瞬时频率的估计

根据 CTD 的调制不变性，$\mathrm{CTD}_N(t,\omega)$ 关于频率的一阶矩为单分量非平稳信号提供了一种瞬时频率的估计方法。通过定义，在时间轴上与 $\mathrm{CTD}_N(t,\omega)$ 最大峰值相关的成分产生了瞬时频率的估计[21]。离散瞬时频率定义为

$$\hat{f}_\mathrm{i}[\mathcal{H}] = \frac{F_\mathrm{s}}{2N_\mathrm{sig}} \frac{\sum_{\kappa=0}^{N_\mathrm{sig}-1} \kappa \mathrm{CTD}_N(t,\omega)}{\sum_{\kappa=0}^{N_\mathrm{sig}-1} \mathrm{CTD}_N(t,\omega)}, \quad 1 < \mathcal{H} < N_\mathrm{sig} \quad (4.9)$$

因此，频率的峰值为[21]

$$\hat{f}_\mathrm{i}[\mathcal{H}] = \frac{1}{2N_\mathrm{sig}} \left\{ \{\arg[\max_\kappa \mathrm{CTD}_N(t,\omega)]\} - \frac{N_\mathrm{sig}}{2} \right\}, \quad 1 < \mathcal{H} < N_\mathrm{sig} \quad (4.10)$$

其中，$\mathrm{CTD}_N(t,\omega)$ 的大小为 $N_\mathrm{sig} \times N_\mathrm{sig}$；i 表示瞬时的意思。

本节利用峰值频率的定义提取非平稳信号的瞬时频率。

4.2.3 仿真信号分析

本节利用复延迟时频分析方法估计瞬时频率，并对比分析 4 阶、6 阶，以及低阶复延迟时频方法在提取瞬时频率上的准确性。

为了验证所提方法的有效性，构造一个频率快速变化的非平稳信号，即

$$z(t) = \mathrm{e}^{\mathrm{j}(3\cos(\pi t) + 0.5\cos(15\pi t) + 0.5\cos(12\pi t))} \quad (4.11)$$

采样频率 $F_\mathrm{s}=128$，$t \in [-1,1]$，无噪声。以 4 阶、6 阶和低阶复延迟时频方法为例，对式(4.11)中的信号进行时频变换，仿真信号时频分布图如图 4.1 所示。仿真信号瞬时频率曲线如图 4.2 所示。

图 4.1 从上往下为 4 阶 CTD、6 阶 CTD，以及低阶 CTD。可以看出，4 阶 CTD 出现交叉项的干扰，导致频率成分提取不精确。6 阶 CTD 和低阶 CTD 没有出现交叉项的干扰，但是 6 阶与低阶比较，6 阶方法有较好的时频聚集性。

如图 4.2 所示，6 阶复延迟时频方法提取的瞬时频率曲线几乎与真实曲线吻合。4 阶方法提取的瞬时频率由于出现交叉项的干扰，频率出现严重的偏差。低阶方法提取的瞬时频率曲线的大体上变化趋势和真实频率曲线相吻合，但是实际的点也存在一些误差。

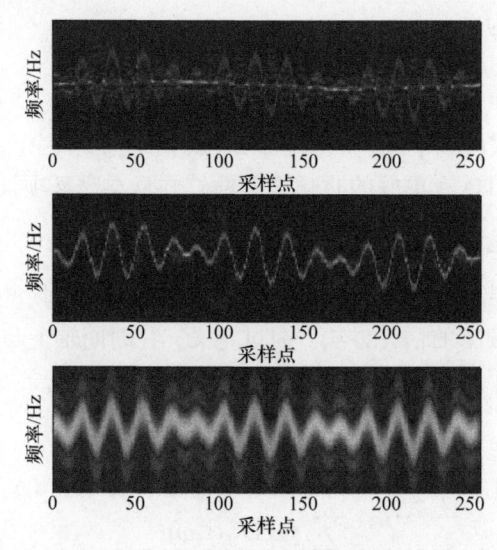

图 4.1 仿真信号时频分布图

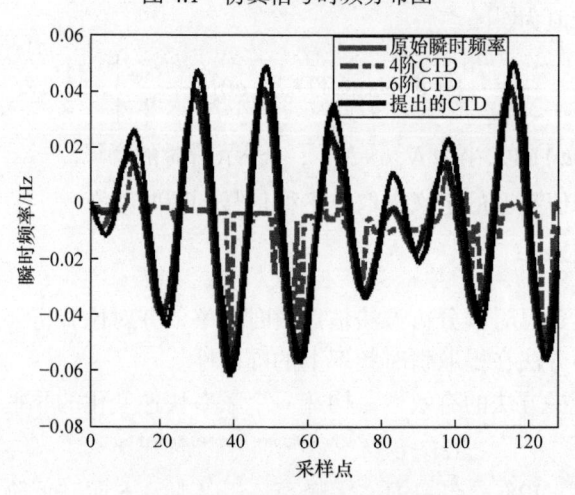

图 4.2 仿真信号瞬时频率曲线

三种方法相比较，6 阶复延迟时频方法的分析效果最好，时频图不仅具有良好的聚集性，没有交叉项的干扰，而且提取的瞬时频率也与真实的瞬时频率相差无几。但是，复延迟时频方法容易受到噪声的干扰，并且随着阶次的增加，虽然时频聚集性和瞬时频率提取有很好的效果，但是计算量更大了。现有的 N 阶复延迟时频分析方法只适用于信号长度较短的信号，这限制了其在实际工程中的应用。

4.3 复值变分模态分解

4.3.1 CVMD 算法

VMD 可以非递归地将一个实值多分量信号 f 分解成若干个离散的准正交带限子信号 u_k，信号 u_k 在谱域具有其带宽的特定稀疏性[7]。每个模态都是围绕中心脉冲 ω_k 压缩的，模态的带宽用移位信号的 $\mathcal{H}^1$ 高斯平滑度来估计。为方便讨论，我们先将通过 VMD 分解得到的这些模态称作带限 IMF(BLIMF)。BLIMF 不同于 EMD 技术中定义的 IMF，IMF 是根据极值和零交叉点的数量，以及零均值约束条件来定义的。VMD 首先将实值模态 u_k 转换成具有单侧频谱的解析信号 u_k^+，即

$$u_k^+(t) = \left(\delta(t) + \frac{\mathrm{j}}{\pi t}\right) * u_k(t) \tag{4.12}$$

然后，向下移动单边频谱至 0 频率基带，最后利用时间导数的 L_2 范数即可得到解析信号的有效带宽。实际上，CVMD 可以概括为使用一个理想带通滤波器将复数信号分解成两个单侧的频谱。VMD 方法可表示成一个约束变分问题[7]，即

$$\min_{\{u_k\},\{\omega_k\}} \left\{ \sum_{k=1}^{K} \left\| \partial_t \left[u_k^+(t) \mathrm{e}^{-\mathrm{j}\omega_k t} \right] \right\|_2^2 \right\} \quad \text{s.t.} \quad \sum_{k=1}^{K} u_k(t) = f(t) \tag{4.13}$$

式(4.13)中的约束可以通过引入二次惩罚函数和拉格朗日乘子 $\lambda(t)$ 来解决。增广拉格朗日为

$$\begin{aligned}\mathcal{L}(\{u_k\},\{\omega_k\},\lambda) = &\alpha \sum_{k=1}^{K} \left\| \partial_t \left[u_k^+(t) \mathrm{e}^{-\mathrm{j}\omega_k t} \right] \right\|_2^2 \\ &+ \left\| f(t) - \sum_{k=1}^{K} u_k(t) \right\|_2^2 + \langle \lambda(t), f(t) \rangle - \sum_{k=1}^{K} u_k(t) \end{aligned} \tag{4.14}$$

其中，α 为数据保真项约束平衡参数。

然后，采用 ADMM 求解式(4.14)中对应的无约束问题[22]。从傅里叶域中的解得到的 $i<k$ 的模态在本质上都是通过 Wiener 滤波更新的，滤波过程是在频谱的

正半部分中(即 $\omega \geq 0$)使用一个已调谐到当前中心频率的滤波器进行，其表达式为

$$\hat{u}_k^{n+1}(\omega) = \frac{\hat{f}(\omega) - \sum_{i<k}\hat{u}_i^{n+1}(\omega) - \sum_{i>k}\hat{u}_i^n(\omega) + \dfrac{\hat{\lambda}(\omega)}{2}}{1 + 2\alpha(\omega - \omega_k^n)^2} \tag{4.15}$$

其中，中心频率 ω_k^n 被相应地更新为对应模态功率谱的重心 $\hat{u}_k^{n+1}(\omega)(\omega \geq 0)$。

由于算法中嵌入了 Wiener 滤波，VMD 对采样和噪声具有更强的鲁棒性。ω_k^{n+1} 的计算为

$$\omega_k^{n+1} = \frac{\int_0^\infty \omega \left|\hat{u}_k^{n+1}(\omega)\right|^2 \mathrm{d}\omega}{\int_0^\infty \left|\hat{u}_k^{n+1}(\omega)\right|^2 \mathrm{d}\omega} \tag{4.16}$$

在本章，模态的中心频率 ω_k 以两种方式初始化，即均匀分布和零。一般来说，采用不同的初始化方式可能得到不同的结果。参数 α 也被指定为一个适当的值。对这些参数及参数影响的过多研究超出了本章内容的研究范围，感兴趣的读者可以参考文献[23]。

文献[7]对 VMD 的完整算法进行了详细介绍。VMD 目前只适用于分析实值信号。复值信号在许多科学和工程领域中出现，如力学、电磁学、光学和声学，具有重要意义。因此，鉴于复值信号处理的应用越来越多，将传统的 VMD 扩展到复数域是非常有价值的。

本节提出一种用于处理复值时间序列的 VMD 新扩展方法。通常，将实值信号分解方法扩展到复数域的一个简单方法是将该方法分别应用于复值信号的实部和虚部。但是，当实部和虚部之间存在相互信息的复双变量时间序列，被映射到两个独立的实值单变量时间序列上时，会引起双变量间的相互信息丢失[5]。BEMD 只能处理时域信号，无法处理复数域信号。

在 VMD 算法中，对于真实数据，只有分析信号的正频率和 $\mathcal{H}^1$ 范数需要分别进行频移与测量。然而，对于一个给定的非解析复值信号 $\{x(t)\}$，其傅里叶变换 $X(\mathrm{e}^{\mathrm{j}\omega})$ 不是 Hermitian 函数。因此，在文献[5]的启发下，我们提出复值数据的 VMD 扩展方法。应用频谱中正负频率分量之间的关系，相应的正负频率分量可以使用指定的理想带通滤波器提取，即

$$H(\mathrm{e}^{\mathrm{j}\omega}) \begin{cases} 1, & 0 \leq \omega < \pi \\ 0, & -\pi \leq \omega < 0 \end{cases} \tag{4.17}$$

这种复值的矩形带通滤波器可通过频响掩蔽[24]等数字滤波器设计方法来构造。本章从有限脉冲响应(finite impulse response, FIR)滤波器设计和移位操作两个方面给出一种构造该滤波器的简单方法。图 4.3(b)展示了本章设计的一个带通滤

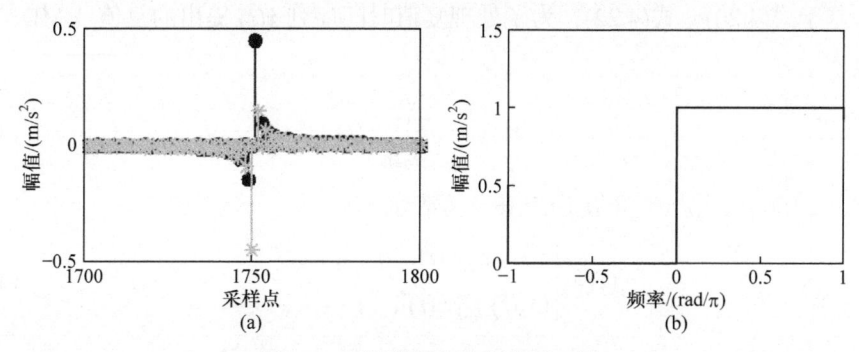

波器。可以看出，此带通滤波器的频率响应(图 4.3(b))十分吻合式(4.17)的结果。

图 4.3 原始信号与恢复信号比较

基于以上设计的理想带通滤波器，可以在频域内生成两个解析信号，即 $H(e^{j\omega})X(e^{j\omega})$ 和 $H(e^{j\omega})X^*(e^{-j\omega})$。鉴于解析信号的特性，即便只处理解析信号的实部，也不会引起信息丢失。因此，根据式(4.18)和式(4.19)，可导出两个实值信号，即

$$x_+(t) = \Re\{\mathcal{F}^{-1}(H(e^{j\omega})X(e^{j\omega}))\} \tag{4.18}$$

$$x_-(t) = \Re\{\mathcal{F}^{-1}(H(e^{j\omega})X^*(e^{-j\omega}))\} \tag{4.19}$$

其中，* 为复共轭运算；$\Re\{\cdot\}$ 为提取复函数实部的算子；$\mathcal{F}^{-1}(\cdot)$ 为傅里叶逆算子。

由于 $H(e^{j\omega})X(e^{j\omega})$ 和 $H(e^{j\omega})X^*(e^{-j\omega})$ 的解析特性，原始信息可由 $x_+(t)$ 和 $x_-(t)$ 获取。原始复值信号的重构是通过 $x_+(t)$ 和 $x_-(t)$，以及两者的希尔伯特变换对来实现的，即

$$x(t) = (x_+(t) + j\hbar(x_+(t))) + (x_-(t) + j\hbar(x_-(t)))^* \tag{4.20}$$

其中，$\hbar(x) = \frac{1}{\pi}\int_{-\infty}^{+\infty}\frac{x(u)}{t-u}du$ 为采用柯西主值积分的希尔伯特变换。

然后，用 VMD 分解两个实值信号 $x_+(t)$ 和 $x_-(t)$。不同于 CEMD[24]，对于两个不同的解析信号 $x_+(t)$ 和 $x_-(t)$，CVMD 总是可以将它们分解成相同数量的 BLIMF，这是因为在 VMD 的程序中，分解层数需要作为一个先验参数事先设定好。假设分解层数为 N，用 VMD 分别分解两个实值信号 $x_+(t)$ 和 $x_-(t)$，即

$$x_+(t) = \sum_{i=1}^{N} x_i(t) \tag{4.21}$$

$$x_-(t) = \sum_{i=-N}^{-1} x_i(t) \tag{4.22}$$

其中，$\{x_i(t)\}_{i=1}^{N}$ 和 $\{x_i(t)\}_{i=-N}^{-1}$ 为对应于 $x_+(t)$ 和 $x_-(t)$ 的 BLIMF 集合。因此，模态中

的固有信息可以通过这些分解的模态分量来获取。

基于式(4.20)~式(4.22)，为了处理复值时间序列 $x(t)$ 提出的复值 VMD 最终可写为

$$x(t) = \sum_{i=-N, i\neq 0}^{-N} z_i(t) \tag{4.23}$$

其中，$z_i(t)$ 表示第 i 个复值 BLIMF，可表示为

$$z_i(t) = \begin{cases} x_i(t) + \mathrm{j}y_i(t), & i = 1, \cdots, N \\ (x_i(t) + \mathrm{j}y_i(t))^*, & i = -N, \cdots, -1 \end{cases} \tag{4.24}$$

其中，$y_i = \hbar(x_i)$。

从式(4.23)和式(4.24)给出的恢复过程可以看出，x_+ 和 x_- 分别与它们各自的希尔伯特变换对耦合。本节所提出的方法并没有考虑 x_+ 和 x_- 的耦合中心频率。

采用一个非解析复值信号演示由两个子部 x_+ 和 x_- 对原始信号的重建。令 $x(t) = 0.5\sin(2\pi f_1 t) + \mathrm{j}\cos(2\pi f_2 t)$，分别设定 $f_1 = 30\mathrm{Hz}$、$f_2 = 40\mathrm{Hz}$ 和 $t \in [0, 0.512]$。随后，基于设定的理想带通滤波器，通过式(4.18)和式(4.19)可以得到 x_+ 和 x_-。图 4.4

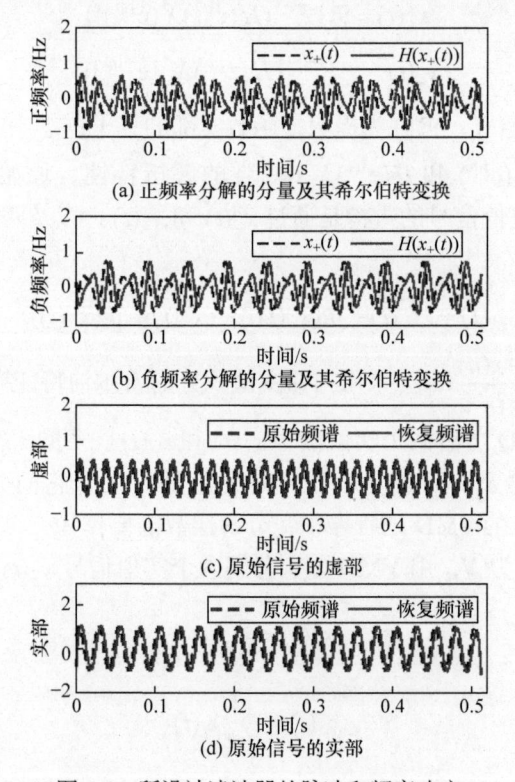

(a) 正频率分解的分量及其希尔伯特变换

(b) 负频率分解的分量及其希尔伯特变换

(c) 原始信号的虚部

(d) 原始信号的实部

图 4.4 所设计滤波器的脉冲和频率响应

给出了 x_+ 和 x_- 的希尔伯特变换对。$H(\mathrm{e}^{\mathrm{j}\omega})X(\mathrm{e}^{\mathrm{j}\omega})$ 和 $H(\mathrm{e}^{\mathrm{j}\omega})X^*(\mathrm{e}^{-\mathrm{j}\omega})$ 的频谱如图 4.5(a)所示，该图很好地表明了两者的解析特征。通过重新整理由 $(x_+(t)+\mathrm{j}\hbar(x_+(t)))+(x_-(t)+\mathrm{j}\hbar(x_-(t)))^*$ 得到的实部和虚部，最终恢复的实部和虚部(深色)如图 4.4(c)和图 4.4(d)所示。图 4.4(c)和图 4.4(d)给出了仿真复值信号原始的实部和虚部(浅色)。可以看出，恢复的实部和虚部很好地吻合了原始的实部和虚部(信号仅仅出现了因希尔伯特运算所引起的少许相位偏移)。此外，从图 4.5(b)可以看出，CVMD 技术可以很好地重建仿真信号的频谱。所以，此案例直观证明了式(4.20)的完整性。基于 CVMD 算法，后面通过仿真实验对复合滤波器组的性能做更深入研究。

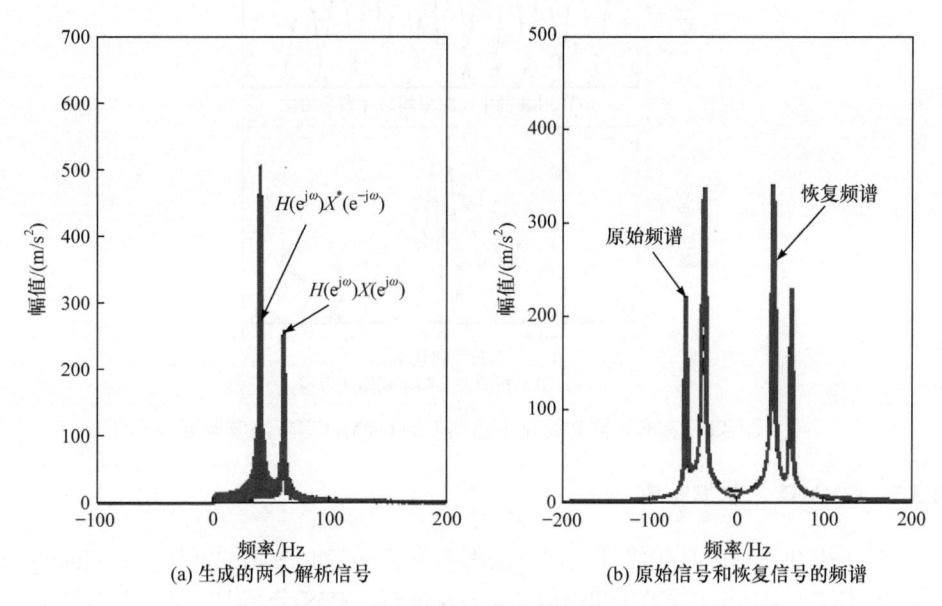

图 4.5　原始信号和解析信号的频谱

4.3.2　CVMD 等效滤波器组

文献[25]证明，由 EMD 分解所得的 IMF 与双变量滤波器组有相似的频率响应。文献[26]分析了存在高斯白噪声时多变量 EMD 的性能，其中对于多变量白噪声的输入来说，通过多通道可呈现相似的滤波器组结构。同样对 CVMD 的等效滤波进行了实质性的研究。随机生成 5000 个独立高斯复值时间序列，每个序列 1024 个样本，用于数值实验。所有 BLIMF 的中心频率以两种方式初始化，即均匀分布和零，式(4.14)中的 α 设为 2000。将分解得到的 6 个频谱进行平均，结果如图 4.6 所示。图中展示了 BLIMF 从精细到粗糙的多分辨率。可以看出，CVMD 的等效滤波器组结构取决于中心频率的初始化方法。如图 4.6(a)所示，当中心频率以均

匀间隔分布 $\omega_k^0 = \dfrac{k-1}{2N}, k = 1,2,\cdots,N$ 的方式初始化时，CVMD 的等效滤波器组的带宽几乎恒定(除了分量 $x_{\pm 1}(t)$ 的频谱)，而当所有中心频率从零开始初始化时，CVMD 的等效滤波器组的带宽却表现出更大的自适应带宽(图 4.6(b))。因此，后面的实际应用将会把中心频率初始化为零。为了全面解释 CVMD 技术的物理意义，下面利用分解得到的分量总和来开发 CVMD 希尔伯特谱。

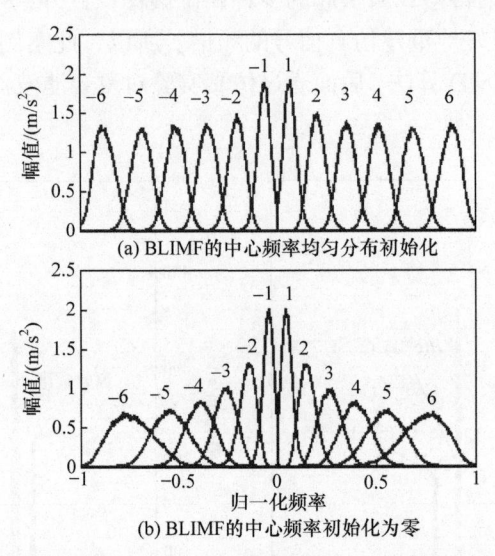

图 4.6 具有不同初始化中心频率的 CVMD 等效滤波器组

4.3.3 CVMD 希尔伯特谱

众所周知，每种时频信号处理方法都有自己构建时频图的框架。由 Huang 等开创的 Hilbert-Huang 频谱(Hilbert-Huang spectral，HHS)分析[13]，先采用希尔伯特变换找到实值信号的解析信号表示，再根据解析信号来计算瞬时频率。此外，文献[27]还通过小波投影对希尔伯特谱进行希尔伯特变换，用于多分量非平稳信号的分析。因为采用非 LMD 算法可以得到瞬时频率和振幅，所以文献[28]没有采用希尔伯特谱，而是直接构造瞬时时频谱。容易看出，这些方法都是根据自己的特点推导相应的时频图。通过 CVMD 算法会生成正、负频率分量的解析 BLIMF，而 BLIMF 的希尔伯特谱又可以采用希尔伯特变换推导。更确切地说，如果一个复值信号是由两个解析子信号(式(4.24)推导出的复值 BLIMF 的离散版)组成，则可以用极坐标进一步地表示为

$$z_i(t) = \begin{cases} a_i(t) \mathrm{e}^{\mathrm{j}\phi_i(t)}, & i = 1,2,\cdots,N \\ a_i(t) \mathrm{e}^{-\mathrm{j}\phi_i(t)}, & i = -N,-N+1,\cdots,-1 \end{cases} \quad (4.25)$$

其中，瞬时振幅 $a_i(t) = \sqrt{x_i(t)^2 + y_i(t)^2}$；瞬时相位 $\phi_i(t) = \arctan\left(\dfrac{y_i(t)}{x_i(t)}\right)$。

因此，瞬时频率 $f_i(t)$ 可以定义为

$$f_i(t) = \frac{\mathrm{sgn}(i)}{2\pi}\frac{\mathrm{d}\phi_i(t)}{\mathrm{d}t}, \quad i = -N,\cdots,-1,1,\cdots,N \tag{4.26}$$

复值数据 $x(t)$ 的 CVMD 希尔伯特谱可表示为

$$x(t) = \sum_{i=-N, i\neq 0}^{N} a_i(t)\exp(\mathrm{j}\!\int 2\pi f_i(t)\mathrm{d}t) \tag{4.27}$$

在时频图中，正、负分量表示在正、负频率平面上，从而全面地揭示底层时变特征，以及分量之间的相关性。与 HHS 一样，CVMD 希尔伯特谱也是基于所分析信号的 BLIMF 产生的瞬时频率，因此它不受时间和频率分辨率的不确定性限制的限制。下面对 CVMD 及其希尔伯特谱在实际复值信号中的应用进行评估。

4.3.4 实验验证

1. 风速信号分析

现实世界的风测量可以通过风速 $v(t)$ 和风向 $\varphi(t)$ 的复变量来表示，即 $\varphi(t) = v(t)\mathrm{e}^{\mathrm{j}\varphi(t)/2\pi}$，风信号的这种复值表示提供了一个比单变量实值更好的表示模型[29]。如果采用 VMD 单独分析风速和风向信号，那么就会造成风速和风向两者间的关系信息丢失，而 CVMD 算法却可以很好地保留这些信息。风速和风向的时间序列，以及 CVMD 的分解结果如图 4.7 所示。文献[25]中的 CEMD 也曾处理过此案例所采用的数据。此案例的分析结果很清楚地表明 CVMD 相比 CEMD 的一个优点，那就是 CVMD 在负频域和正频域中的 BLIMF 数目是相同的。这个良好

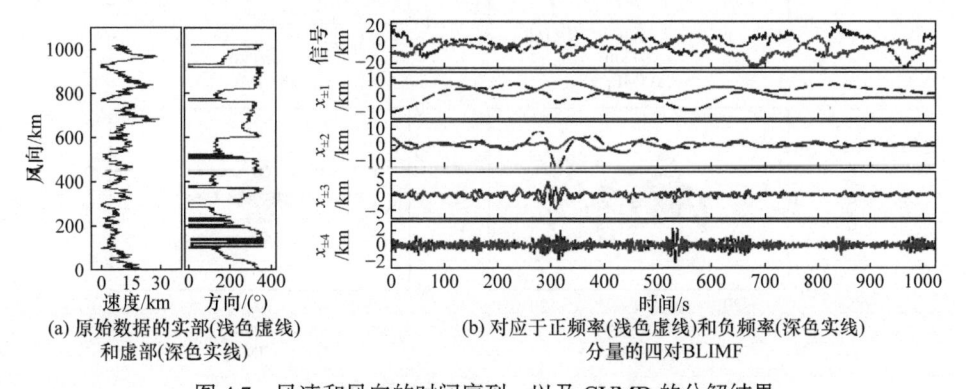

(a) 原始数据的实部(浅色虚线)和虚部(深色实线)

(b) 对应于正频率(浅色虚线)和负频率(深色实线)分量的四对BLIMF

图 4.7 风速和风向的时间序列，以及 CVMD 的分解结果

的性质在分析物理数据时会更加适用和合理。图 4.8 给出了所得的 CVMD 希尔伯特谱可以看出瞬时频率的物理意义和表示，以及正负分量的功率。

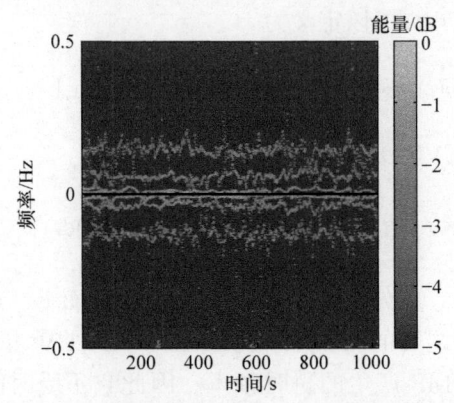

图 4.8　复值风数据的 CVMD 希尔伯特谱

2. 浮漂数据分析

案例采用数据是一个自由漂流的海洋浮子在亚热带大西洋东部沿洋流漂流数百公里的轨迹[30]，可从世界海洋环流实验水下浮子数据汇编中心(WFDAC)在线获取。在图 4.9 中可以清楚地观察到环形轨迹，显示出了强烈的涡流。图 4.10 给出了 CVMD 算法的另一个典型应用。CVMD 的处理结果不同于 BEMD[1]。BLIMF 分量是有物理意义的，因为其相应的尺度具有物理意义。如文献[31]所说，实际上，每一个与实部、虚部相关联的 BLIMF 都分别代表着漩涡演化过程中一种不同

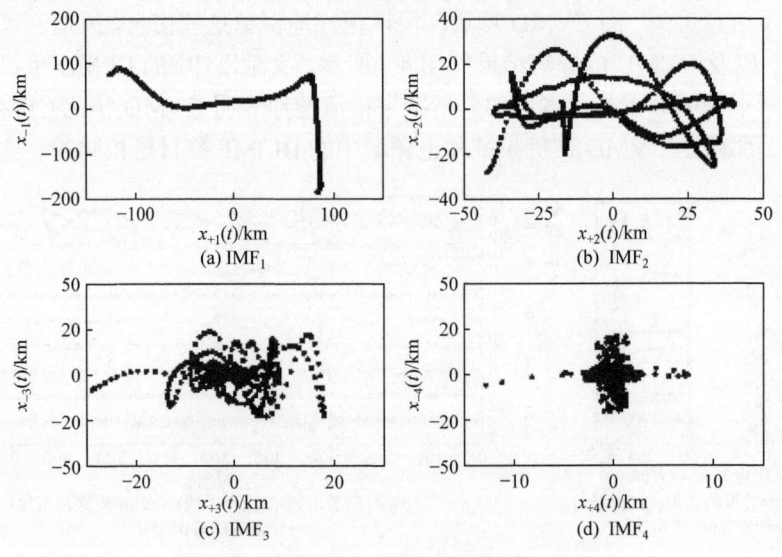

图 4.9　海洋浮标信号各分解模态的轨迹

第 4 章 复值信号处理与双树复数小波变换方法 · 163 ·

的物理路径。这也就是我们开发 CVMD 希尔伯特谱的目的。如图 4.11 所示,由正、负频率的 BLIMF 分量导出的局部能量和瞬时频率可以表征复值数据完整的能量-频率-时间分布,从而全面揭示分解产生的分量的整体物理意义。从图 4.11 可以看出,CVMD 希尔伯特谱展示了丰富的信号时变变化信息。这些时变信息其实是海底漩涡结构瞬时频率变化的一种映射。

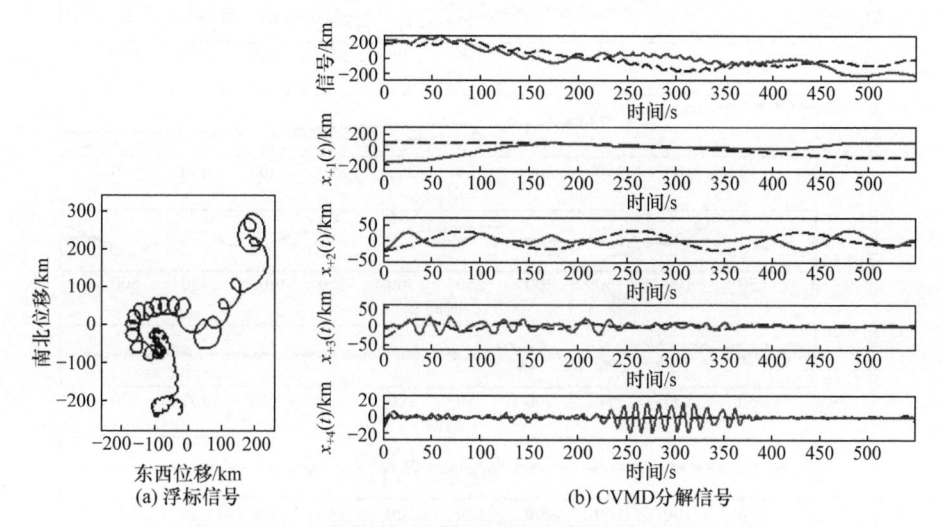

(a) 浮标信号　　(b) CVMD 分解信号

图 4.10　自由漂流的海洋浮标信号及其 CVMD 分解结果

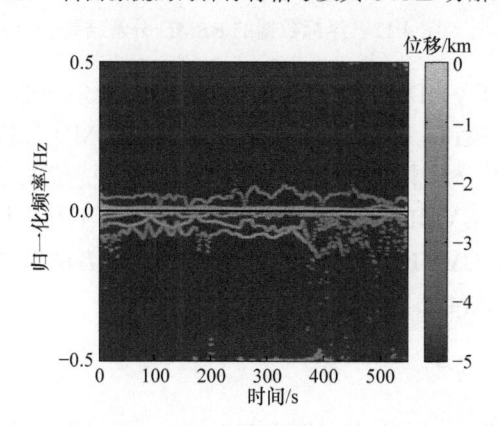

图 4.11　自由漂流的海洋浮标数据的 CVMD 希尔伯特谱

BEMD[1]是为应对双变量信号提出的一种方法,在信号处理领域有着广泛应用。与 BEMD 一样,可以用 VMD 单独分析原始信号的实部和虚部。本案例将自由漂流的海洋浮标的轨迹作为一个复值序列来处理。同样,文献[1]和[23]也是将其作为一个双变量数据进行分析。我们想用此案例比较 CVMD 和双变量经验模式分解 (bivariate empirical mode decomposition,BEMD)之间的差异。需要指出的是,与

BEMD 一样，BEMD 只能处理那些两个分量可以被同化为二维空间中移动的点的笛卡儿坐标的特殊双变量时间序列[1]。另外，如果简单地采用 VMD 处理复值信号的实部和虚部，将复值双变量映射到两个独立的实值单变量上，那么实部和虚部之间存在的互信息将会丢失[5]，这个问题可从图 4.12 中看到。

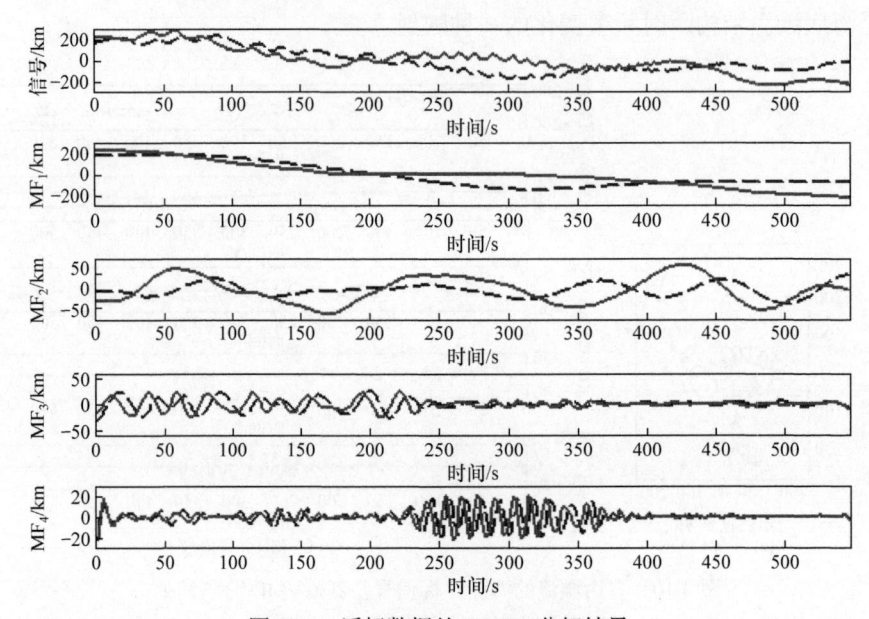

图 4.12 浮标数据的 BEMD 分解结果

值得一提的是，CVMD 只需要根据所分解的一些子分量就能直接表明原始信号和旋转分量的变化趋势。但是，与文献[32]中的 BEMD 分析结果相比，CVMD 无法从分解的单个子分量中直观地获取一些信息(低频趋势)，这是 CVMD 的一个限制所在。这是因为 CVMD 是用于带通滤波数据，而不是直接用于原始数据。为了表示出趋势特征，CVMD 需要将 x_+ 和 x_-，以及两者的希尔伯特变换结果结合起来，如式(4.20)和式(4.23)所示。

3. 机械碰摩信号分析

近年来，以机器健康监测为目标应用领域，HHS 等时频分析技术在非平稳、瞬态振动信号[33]的特征提取中得到广泛应用。这里采用 CVMD 检测摩擦特征。如图 4.13 所示，碰摩实验在 Spectraquest 机械故障模拟平台(MFKMG)上进行。摩擦力在水平方向上被一点一点地施加到转子上。用两个位移正交的加速度计采集原始的水平和垂直振动信号，如图 4.14 所示。基于水平和垂直振动信号，图 4.14 给出了合成的轴轨迹，其中浅色轨迹表示无摩擦，深色轨迹表示存在摩擦。采用所提的 CVMD 分解两个方向的位移信号，所得的 BLIMF 如图 4.14 所示。在图 4.14(a) 中，浅线表示非摩擦状态，深线表示摩擦。在图 4.14(b) 中，垂直和水平位移测量值分别用浅色虚线和深色实线显示。容易看出，CVMD 可以成功地检测到基础旋转频率 ($x_{\pm 1}(t)$) 及其谐波成分 ($x_{\pm 2}(t), x_{\pm 3}(t), x_{\pm 4}(t)$)，以及摩擦所引起的脉冲成分 ($x_{\pm 5}(t)$)。实际上，脉冲分量清楚地说明了摩擦开始于 0.26s 左右。如图 4.15 所示，从摩擦信号分解的每个模态对的轨迹中也可以看出基础旋转频率。图 4.16 给出了

图 4.13　碰摩实验的测试台

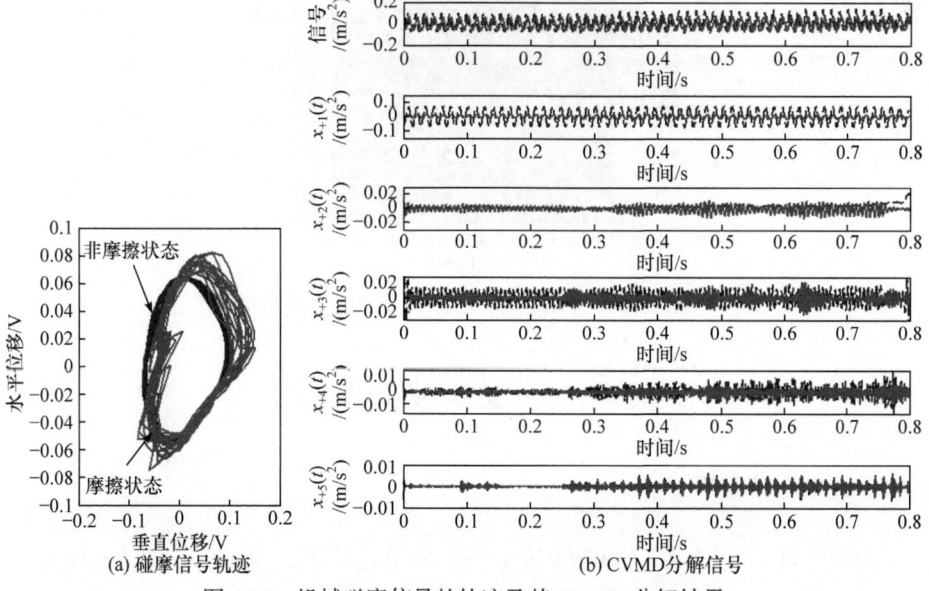

(a) 碰摩信号轨迹　　(b) CVMD 分解信号

图 4.14　机械碰摩信号的轨迹及其 CVMD 分解结果

处理所得到的 CVMD 希尔伯特谱，瞬时频率的物理意义和表示，以及水平、垂直信号的功率。例如，在负频率平面内，基础旋转子分量(水平测量)在 0.26s 左右开始波动。同时，在图 4.16 的归一化±0.3Hz 区域也可以发现冲击。因此，此实例表明，CVMD 能够很好地提取隐藏在复值信号中有意义的特征，而且 CVMD 希尔伯特谱可以在时频域中全面地揭示这些信息。

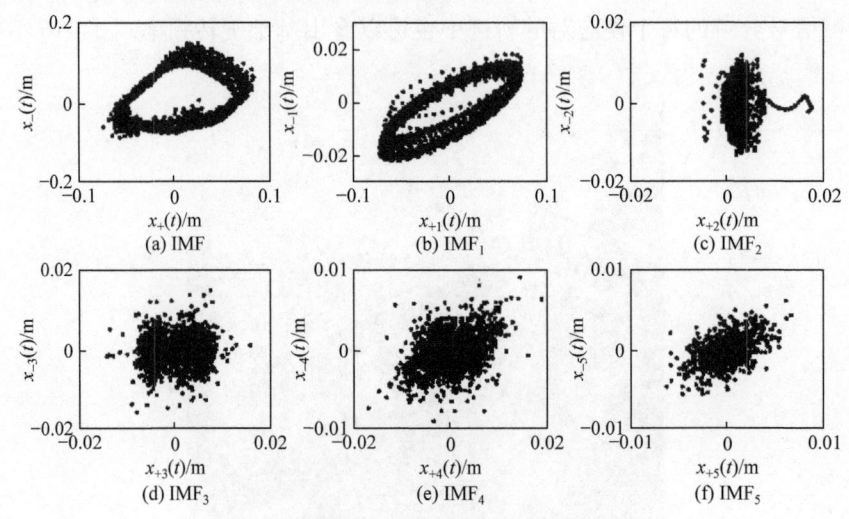

图 4.15 碰摩信号分解的每个模态对的轨迹

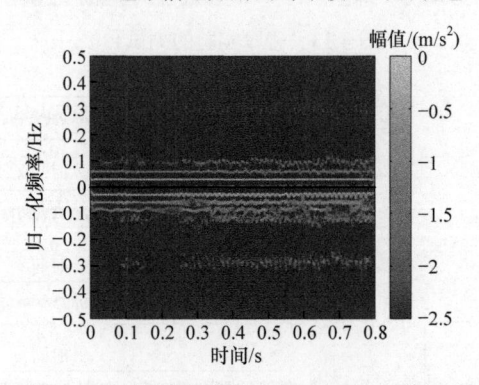

图 4.16 机械碰摩信号的 CVMD 希尔伯特谱

4.4 双树复小波变换理论

4.4.1 经典小波变换

为便于计算机实现，ConWT 需要进行离散化处理，令 $a = a_0^{-j}$、$b = kb_0 a_0^{-j}$，定义则该式转化为

$$W_{\text{ConWT}}(t,a) \stackrel{\text{def}}{=} \frac{1}{\sqrt{a}} \int_{-\infty}^{+\infty} s(\tau) \psi^* \left(\frac{t-\tau}{a} \right) d\tau \tag{4.28}$$

$$W_{\text{DWT}}(k) = a_0^{\frac{j}{2}} \int_{-\infty}^{+\infty} s(t) \psi^* \left(a_0^{\frac{j}{2}} t - k b_0 \right) dt \tag{4.29}$$

当 $a_0 = 2$、$b_0 = 1$ 时，ConWT 转化为经典二进 DWT，即

$$W_{\text{DWT}}(k) = 2^{\frac{j}{2}} \int_{-\infty}^{+\infty} s(t) \psi^* \left(2^{\frac{j}{2}} t - k \right) dt \tag{4.30}$$

在正交多分辨基础上，Mallat 提出小波变换的快速分解与重构算法，即 Mallat 算法。该算法通过级联的多采样滤波器将信号 $x(t)$ 正交投影到空间 V_j 和 W_j，得到 j 尺度下 DWT 的逼近信号 $c_j(k)$ 和细节信号 $d_j(k)$ [34]。具体分解算法可表示为

$$c_{j+1}(k) = \sum_n h_0(n-2k) c_j(n) \tag{4.31}$$

$$d_{j+1}(k) = \sum_n h_1(n-2k) c_j(n) \tag{4.32}$$

图 4.17(a) 表示离散小波分解过程，重构为其逆过程(图 4.17(b))。重构过程可表示为

$$c_j(k) = \sum_n \tilde{h}_0(k-2n) c_{j+1}(n) + \sum_n \tilde{h}_1(k-2n) d_{j+1}(n) \tag{4.33}$$

其中，$\tilde{h}_0(n)$ 与 $\tilde{h}_1(n)$ 为重构过程中所用的低通与高通滤波器系数。

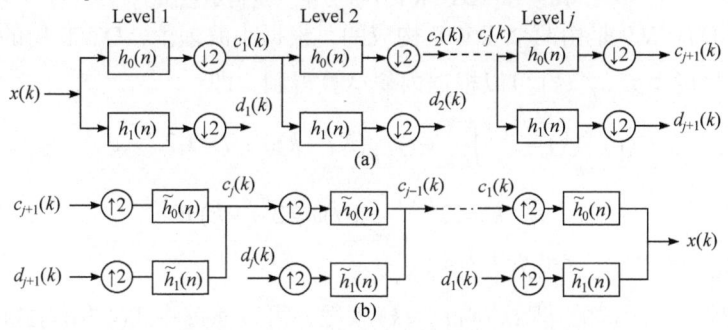

图 4.17　经典 DWT 分解(a)与重构(b)框图

4.4.2　双树复小波变换结构

DWT 由于提供了某一信号的一种有效的基的表示形式，且运算效果较高，因此得到广泛的应用。但是，DWT 存在诸如混叠效应、Gipps 效应，以及平移变化性等缺点[35]。双树复小波变换(dual-tree complex wavelet transform, DTCWT)是一种具有诸多优良特性的新型小波变换方法，具有平移不变性、方向选择性(针对二

维图像处理)与逼近解析性等优点[36,37]。所谓解析性是指双树小波滤波器频谱几乎没有负频率成分。DTCWT 实现非常简单，它采用两个平行且不同的低通与高通滤波器的 DWT。DTCWT 小波分解与重构示意图如图 4.18 所示。两个实小波变换用两组不同的滤波器，每一组都分别满足完美重构条件。两组滤波器的联合设计使整个变换是近似解析的，具体滤波器设计问题将在后续阐述。此处，设 $\psi_h(t)$ 与 $\psi_g(t)$ 分别表示 DTCWT 所采用的两个实值小波，实际上两个小波由下式构成一个复小波，即

$$\psi^C(t) = \psi_h(t) + j\psi_g(t) \tag{4.34}$$

另外，复小波 $\psi^C(t)$ 是解析的，即其频谱无负频率成分。

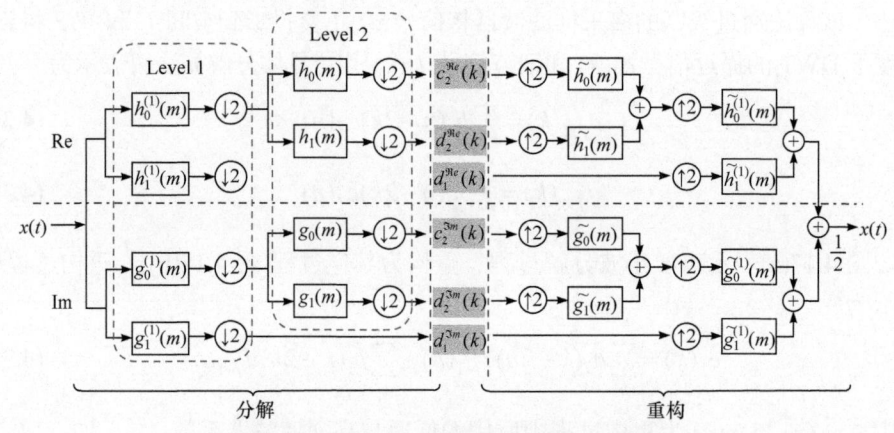

图 4.18 DTCWT 小波分解与重构示意图

既然 DTCWT 是由两个 DWT 构成的，根据小波理论，DWT 树的小波系数 $d_l^{\Re e}(k)$ 与尺度系数 $c_J^{\Re e}(k)$ 可以根据内积运算得到，即

$$d_l^{\Re e}(k) = 2^{l/2} \int_{-\infty}^{+\infty} x(t)\psi_h(2^l t - k)\mathrm{d}t, \quad l = 1, 2, \cdots, J \tag{4.35}$$

$$c_J^{\Re e}(k) = 2^{J/2} \int_{-\infty}^{+\infty} x(t)\varphi_h(2^J t - k)\mathrm{d}t \tag{4.36}$$

其中，l 为尺度因子；J 为最大分解尺度。

类似地，下面树的 $d_l^{\Im m}(k)$ 与 $c_J^{\Im m}(k)$ 系数，可以通过将式(4.34)与式(4.35)中的 $\psi_h(t)$ 和 $\varphi_h(t)$ 调换为 $\psi_g(t)$ 和 $\varphi_g(t)$ 后得到。最终的 DTCWT 输出小波分解系数是根据两树组合得到，即

$$d_l^C(k) = d_l^{\Re e}(k) + \mathrm{j}d_l^{\Im m}(k), \quad l = 1, 2, \cdots, J \tag{4.37}$$

$$c_J^C(k) = c_J^{\Re e}(k) + \mathrm{j}c_J^{\Im m}(k) \tag{4.38}$$

这样得到的小波系数长度随着分解的深入会逐渐减半，若要得到与原始信号等长的分解结果，可以采用下式表示的小波系数单支重构算法，即

$$d_l(t) = 2^{(l-1)/2}\left[\sum_n d_l^{\Re e}(k)\psi_h(2^l t - n) + \sum_m d_l^{\Im m}(k)\psi_g(2^l t - m)\right], \quad l = 1, 2, \cdots, J$$

(4.39)

$$c_J(t) = 2^{(J-1)/2}\left[\sum_n c_J^{\Re e}(k)\varphi_h(2^J t - n) + \sum_m c_J^{\Im m}(k)\varphi_g(2^J t - m)\right] \quad (4.40)$$

其中，m 和 n 表示滤波器的数量，取值范围取决于小波系数 $d_l(t)$ 和 $c_J(t)$。

小波分解与重构算法采用 Mallat 的快速算法。图 4.18 中的上面"实树"分支系数两尺度 l 及 $l+1$ 之间的系数 $c_{l+1}^{\Re e}(k)$、$d_{l+1}^{\Re e}(k)$ 与 $c_l^{\Re e}(k)$ 具有如下关系，即

$$c_{l+1}^{\Re e}(k) = \sum_m h_0(m - 2k) c_l^{\Re e}(m) \quad (4.41)$$

$$d_{l+1}^{\Re e}(k) = \sum_m h_1(m - 2k) c_l^{\Re e}(m) \quad (4.42)$$

$$c_l^{\Re e}(k) = \sum_m \tilde{h}_0(k - 2m) c_{l+1}^{\Re e}(m) + \sum_m \tilde{h}_1(k - 2m) d_{l+1}^{\Re e}(m) \quad (4.43)$$

同样，"虚树"系数可由下式得到，即

$$c_{l+1}^{\Im m}(k) = \sum_n g_0(n - 2k) c_l^{\Im m}(n) \quad (4.44)$$

$$d_{l+1}^{\Im m}(k) = \sum_n g_1(n - 2k) c_l^{\Im m}(n) \quad (4.45)$$

$$c_l^{\Im m}(k) = \sum_n \tilde{g}_0(k - 2n) c_{l+1}^{\Im m}(n) + \sum_n \tilde{g}_1(k - 2n) d_{l+1}^{\Im m}(n) \quad (4.46)$$

类似地，下面用 g_0 和 g_1 表示"虚树"小波变换所用的低通与高通滤波器，$\tilde{g}_0$ 与 $\tilde{g}_1$ 表示重构滤波器。

从 DTCWT 算法可以看出两个 DWT 之间没有数据流，因此 DTCWT 的分解与重构过程完全可以采用现有的小波分解与重构软件和硬件实现。采用 Mallat 快速算法，其计算时间消耗较低，只是 DWT 的两倍。对于长度为 N 的信号，采用 DWT、DTCWT、平稳小波变换(stationary wavelet transform，SWT)、小波包变换(wavelet packet transform，WPT)、谱峭度(kurtogram)、连续小波变换(ConWT)的计算复杂性对例如表 4.1 所示。可以看出，DTCWT 的运算效率要高于 SWT、kurtogram 和 ConWT。

表 4.1 不同信号分解方法的计算复杂性对比

分析方法	DWT	DTCWT	SWT	WPT	kurtogram	ConWT
计算复杂性	$O(N)$	$O(2 \times N)$	$O(N \times N)$	$O(N \times \log_2 N)$	$O(N \times \log_2 N)$	$O(N \times \log_2 N)$

4.4.3 双树复小波平移不变滤波器设计

双树复小波变换的优良性能源于 $\psi^C(t)$ 的解析性。若 $\psi^C(t)$ 满足解析性特点，则需要 $\psi_h(t)$ 与 $\psi_g(t)$ 构成 Hilbert 变换对[36,37]，即

$$\psi_g(t) = H[\psi_h] \tag{4.47}$$

其中，$H[\cdot]$ 表示 Hilbert 变换算子。

文献[9]证实了两个正交小波函数互为 Hilbert 变换对时的充分必要条件为两低通滤波器系数满足的半采样延迟条件，即

$$g_0(n) \approx h_0(n-0.5) \tag{4.48}$$

或用频域形式表示为

$$G_0(e^{j\omega}) = e^{-j0.5\omega} H_0(e^{j\omega}) \tag{4.49}$$

Selecnick 等[6]系统阐述了基于半采样延迟的有限脉冲响应的双树小波滤波器构造方法。该滤波器设计的难点是在保证其尽可能好的解析性。幸运的是，研究人员在此领域做了大量的研究工作，提出正交、双正交的滤波器构造方法和具有优良特性的双树小波滤波器[36-45]。这里需要特别指出的是，上述构造的双树滤波器适用于除了第一层分解的 DTCWT，也就是说第一层分解使用的滤波器组不满足半采样延迟的条件。有研究证明，现有的满足一个采样延迟的任何可完美重构的滤波器组均可用于 DTCWT 第一层分解[46]。因此，在本章所有应用研究中，DTCWT 第一层分解均采用(13,19)阶近似对称的双正交滤波器，其余层分析均是选用 14 阶线性相位 Q 平移滤波器[47]，该滤波器如图 4.19(a)所示。实际上，不同阶次的 Q 平移滤波器对分析结果的影响不大。其中的主要原因就是 DTCWT 是充分利用两个树小波之间的 Hilbert 变换对关系，而传统 DWT 或者二代小波变换(second generation wavelet transform，SGWT)则是基于基函数与待分析信号的匹配

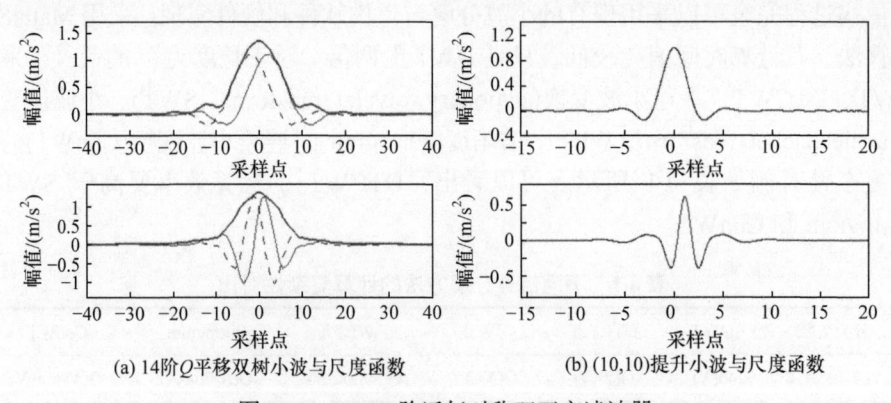

(a) 14阶Q平移双树小波与尺度函数　　　　(b) (10,10)提升小波与尺度函数

图 4.19　(13,19)阶近似对称双正交滤波器

关系。另外，不同阶次的 Q 平移滤波器基本具有相同的优良特性，因此，对于实际工程应用来说，DTCWT 相比 DWT 和 SGWT 等小波变换技术具有鲁棒性和更为广阔的应用前景。

4.4.4 双树复小波变换特性分析

对于一维信号分析，DTCWT 具有抗频带混叠与近似平移不变等特性，前者有助于检测多重谐波信号，后者对提取周期性冲击特征非常有利。

1. 抗频带混叠效应

混叠效应多数是滤波器在平移过程中滤波器负频率通带的重叠部分造成的[47]。双树小波的带通频率响应只在正半频率轴上(除第一层分解)，如图 4.20(a)即采用的 14 阶 Q 平移滤波器的频率响应。除第一层次分解和最后低通滤波外，基本无负频率成分。因此，DTCWT 具有减小的频带混叠效应。另外，双树小波这种近似解析性也是 DTCWT 具有平移不变特性的一个关键因素。

对于一维信号，经过经典 DWT 多层分解后，得到的细节信号与逼近信号将分处在不同频带。具体来讲，若 f_s 表示采样频率，则第 l 尺度细节信号 d_l 所处频带为

$$f(d_l) \in \left[2^{-(l+1)} \cdot f_s, 2^{-l} \cdot f_s\right] \text{Hz} \tag{4.50}$$

最终分解得到 J 尺度逼近信号所处频带为

$$f(c_J) \in [0, 2^{-(J+1)} \cdot f_s] \text{Hz} \tag{4.51}$$

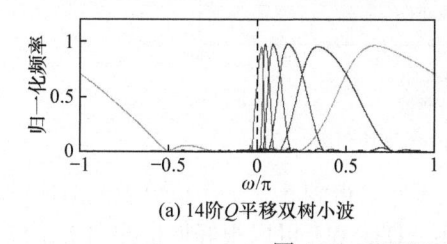

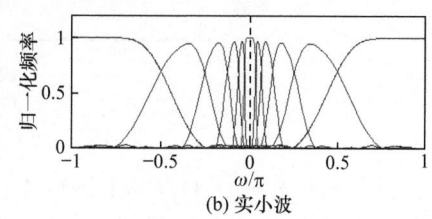

(a) 14 阶 Q 平移双树小波　　(b) 实小波

图 4.20　DTCWT 与 DWT 转移函数

经典 DWT 4 尺度分解频带划分结果如图 4.21 给出 DWT 经 4 尺度分解后得到 5 个小波子代系数所处的频带情况。为了证实 DTCWT 具有较小的频带混叠特性，仿真一个多谐波成分信号，其表达式为

$$\begin{aligned} s_1(t) = {} & 0.5\cos(2\pi \cdot 30t) + \cos(2\pi \cdot 150t + \phi) + 1.5\cos(2\pi \cdot 200t) \\ & + \cos(2\pi \cdot 300t) + 0.5\cos(2\pi \cdot 500t), \quad \phi \in (-\pi, \pi), \quad t \in [0, 0.256] \end{aligned} \tag{4.52}$$

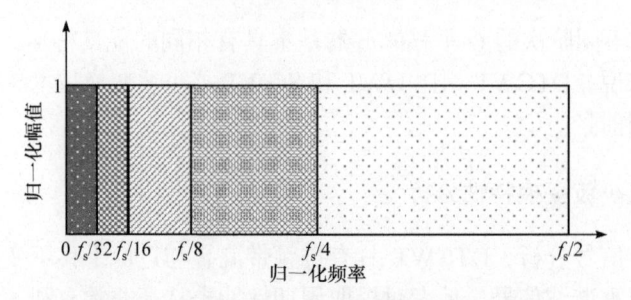

图 4.21 经典 DWT 4 尺度分解频带划分结果

信号的采样频率和采样点数分别设置为 2000Hz 和 512。该仿真信号的时域波形及其频谱如图 4.22 所示。从其频谱图可以看出该仿真信号包含 30Hz、150Hz、200Hz、300Hz 和 500Hz 等 5 个频率成分。根据前述小波变换频带划分理论，若分解 4 个尺度(图 4.23)，d_1 将包含 500Hz 频率成分，d_2 将包含 300Hz 频率成分，d_3 包含 150Hz 与 200Hz 两个频率成分，d_4 包含 150Hz 频率成分，a_4 包含 30Hz 频率成分。

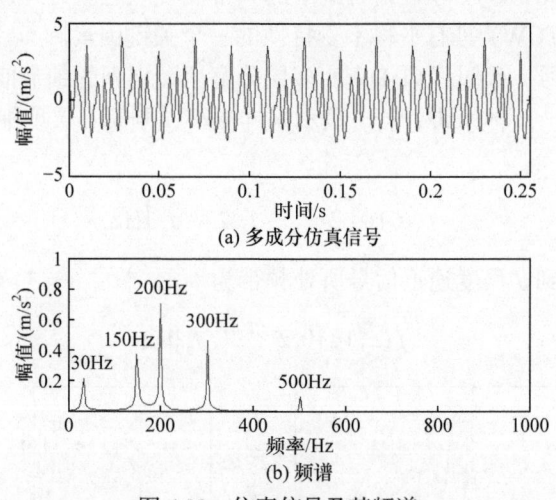

图 4.22 仿真信号及其频谱

对此仿真信号采用 DTCWT 进行 4 层分解，得到 5 个子带成分及其对应的频谱如图 4.24(a)与图 4.24(b)所示。可以看出，DTCWT 可以很好地检测出 5 个成分信号且没有其他多余成分产生。图 4.24(c)与图 4.24(d)显示了该仿真信号的 SGWT 分解结果及其各成分的频谱。可以看出，d_4 与 d_1 子带分别包含 100Hz 与 700Hz 的虚假的频率成分。这些虚假频率成分就是由 SGWT 的频带混淆产生。

EMD 分解是一种自适应的信号分解算法，本章采用 EMD 提取这 5 个谐波成分，得到如图 4.24(c)所示的 5 个 IMF 分量。不难看出，其时域波形没有得到理想的谐波频率成分。另外，从各 IMF 分量频谱可以看出第 3 个 IMF 分量同样不可避免地分离出 100Hz 的虚假频率成分。

(a) 双树CWT (b) 真实DWT

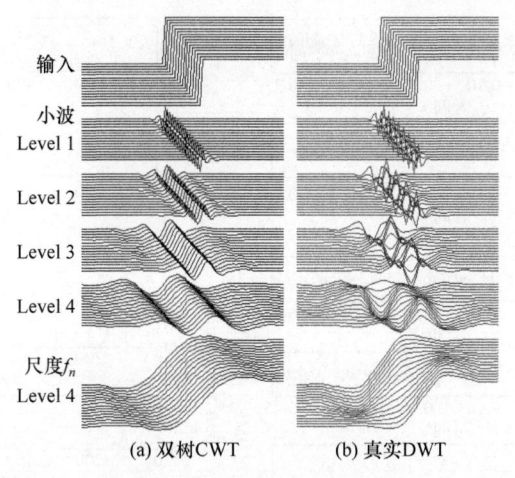

图 4.23 双树复小波变换与 DWT 平移不变特性对比

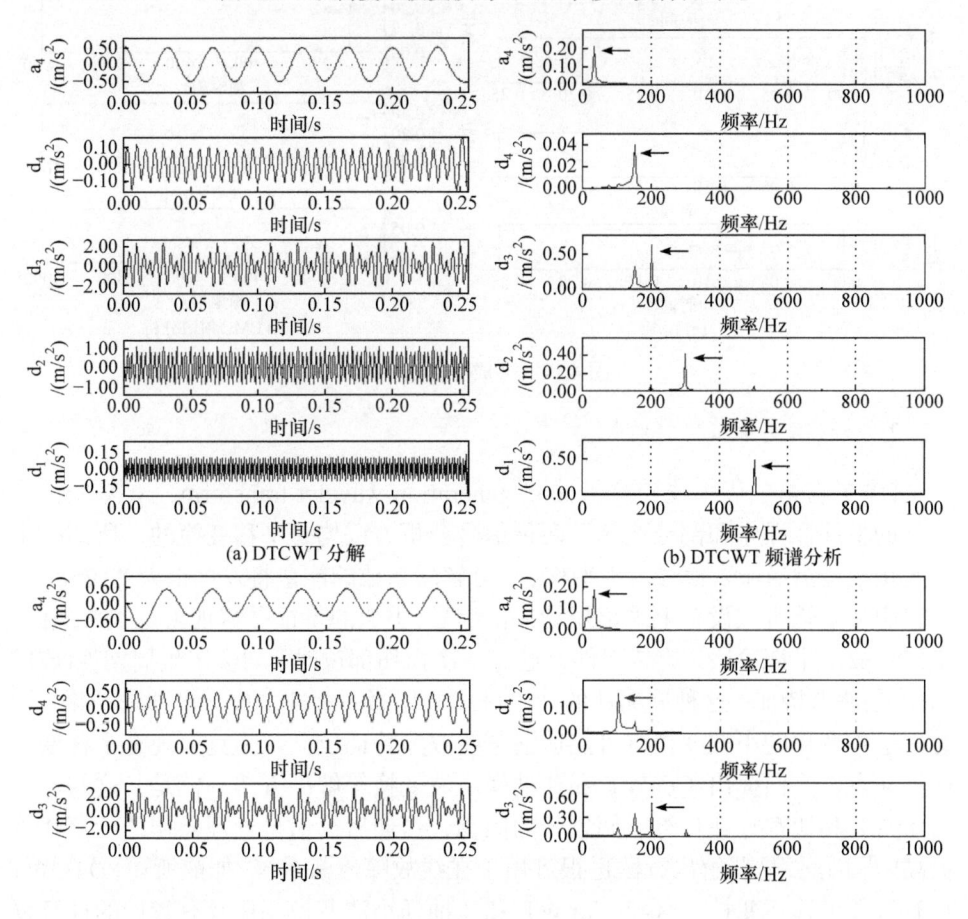

(a) DTCWT 分解 (b) DTCWT 频谱分析

(c) SGWT

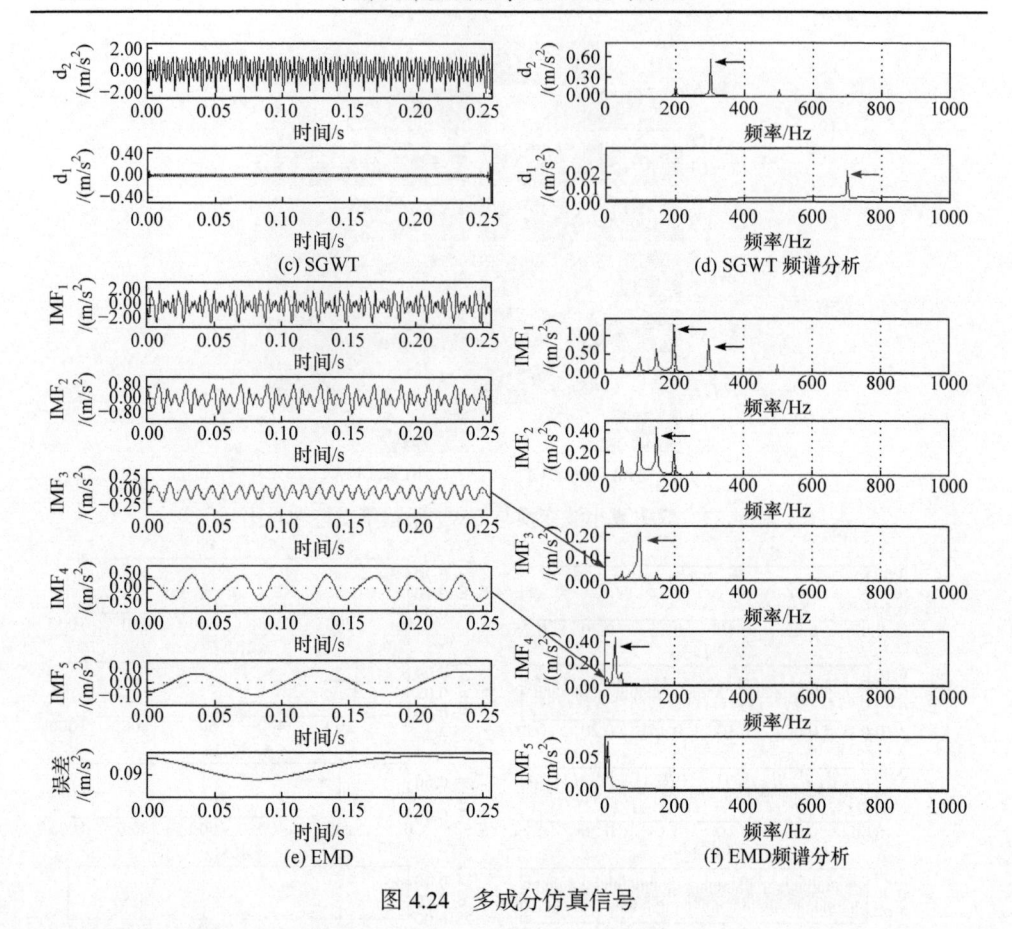

(d) SGWT 频谱分析

(e) EMD

(f) EMD频谱分析

图 4.24　多成分仿真信号

2. 平移不变特征保持特性

　　DWT 与第二代小波变换(second generation wavelet transform，SGWT)由于各自的下抽样操作和剖分运算，两种信号分析方法均是平移变换的。所谓的平移变化性是指当输入信号发生平移后，分解后系数的能量将发生很大的波动[16]。现实中从旋转机械设备上采集振动冲击信号,类似的特征平移现象是很普遍的。特别是故障早期阶段，旋转部件每通过一次损伤部位时，均会产生周期性(或准周期性)冲击特征。这种周期性的冲击可以看作第一个冲击成分平移的结果。因此，平移变化的小波变换有可能遗漏某些故障特征成分。为克服现有平移变化这一缺点，人们提出 ConWT 和非抽样小波变换等解决方法。但是，这些方法与 DWT 相比都存在计算时间较长的问题，这使后续信号处理操作的计算代价更高[16]。因此，这些解决方法也很难用于在线故障诊断系统。如前所述,DTCWT 具有近似平移不变性，且与 ConWT 和非抽样小波变换相比具有较低的计算复杂性。

为检验 DTCWT 平移不变特性，仿真一个包含两种不同能量的冲击成分，一种为单边衰减的冲击，另一种为 δ 函数，后者对于平移不变性更为敏感。该仿真信号可表示为

$$s_2(t) = 0.4\sum_{i=1}^{8} I(t)\cdot\delta(t-111i) + \sum_{i=1}^{4}\mathrm{rand}(1)\mathrm{e}^{-50(t-t_i)}\sin\left[2\pi 80(t-t_i)\right] \quad (4.53)$$

其中，$I(t)$ 为单位向量；$t_i = 204.8$ 为延迟时间。

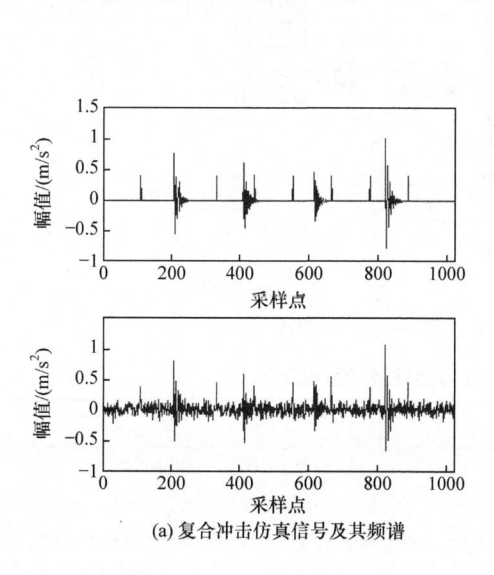

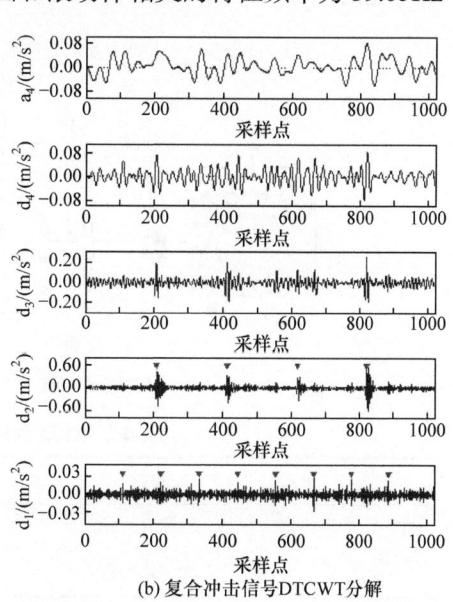

图 4.25(a)显示了仿真复合冲击信号及其添加高斯白噪声后时域信号。对此复合冲击信号，采用 DTCWT、EMD 和 SGWT 分解结果如图 4.25(b)~图 4.25(d)所示。从图 4.25(b)中的 d_1 和 d_2 子带可以看出 DTCWT 技术提取全部冲击特征(图中倒三角符号表示)。EMD 和 SGWT 只提取能量较大的冲击特征。这表明，SGWT 固有的剖分运算有可能使冲击特征抽取掉，例如该仿真信号中的 δ 冲击成分。EMD 技术虽然不存在剖分等抽取运算，但是分解算法有可能使某一冲击特征成分分解到邻近的几个 IMF 中[48]。DTCWT 显示强大的复合冲击提取能力，除了 DTCWT 的平移不变性，另一个重要原因是所采用的 Q 平移的双树滤波器。这种滤波器具有线性相位，因为线性相位滤波器可以减小波形失真，非常适合提取冲击特征[49]。

4.4.5 滚动轴承复合故障诊断

滚动轴承复合故障振动信号基于轴承故障仿真实验台(图 4.26)。实验所用的轴承为 NU312 型轴承。滚动轴承几何参数及特征频率如表 4.2 所示。轴承轴转速为 400r/min，则与齿轮内圈故障、外圈和滚动体相关的特征频率为 39.65Hz

(a) 复合冲击仿真信号及其频谱

(b) 复合冲击信号DTCWT分解

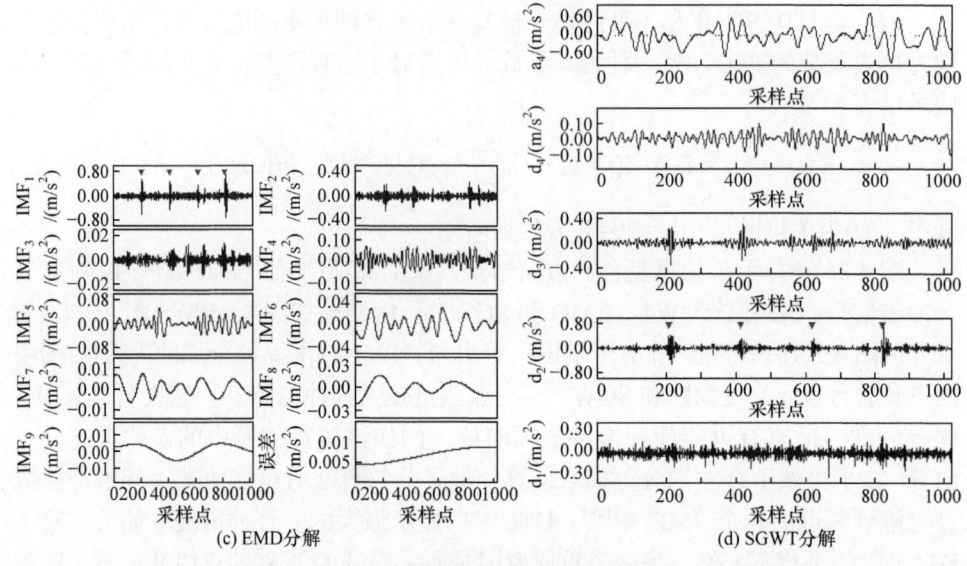

figure (c) EMD分解 (d) SGWT分解

图 4.25 复合冲击信号及其分解结果

(25.2ms)、27.02Hz(37ms)和 33.922Hz(29.5ms)。采用线切割方法模拟滚动体、内圈与外圈损伤故障，如图 4.27(a)、图 4.27(c)、图 4.27(e)所示，损伤尺寸为 0.05mm×0.30mm(深度×宽度)、0.15mm×0.30mm(深度×宽度)和 0.05mm×0.70mm(深度×宽度)。在上述单一故障模式下，采样频率为 51.2kHz 时轴承时域振动信号如图 4.27(b)、图 4.27(d)、图 4.27(e)所示，可以明显看出存在冲击特征，并且冲击周期与理论计算的周期一致。

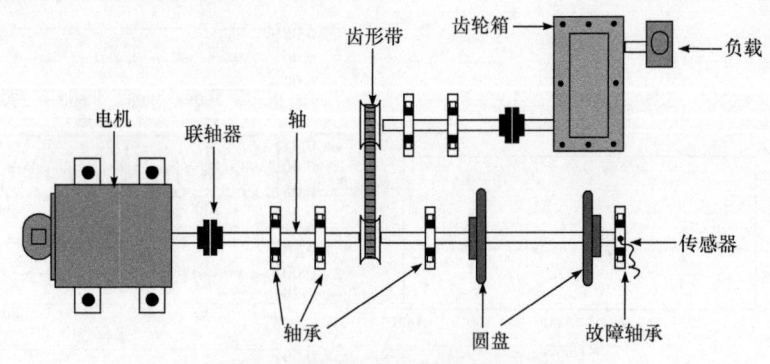

图 4.26 轴承故障仿真实验台示意图

表 4.2 滚动轴承几何参数及特征频率

指标	值
转速/(r/min)	400
滚动体个数	10

续表

指标	值
滚子直径/mm	18
接触角/(°)	20
外圈直径/mm	130
内圈直径/mm	60
外圈损伤特征频率 f_o/Hz	27.02
内圈损伤特征频率 f_i/Hz	39.65
滚动体损伤特征频率 f_e/Hz	16.96

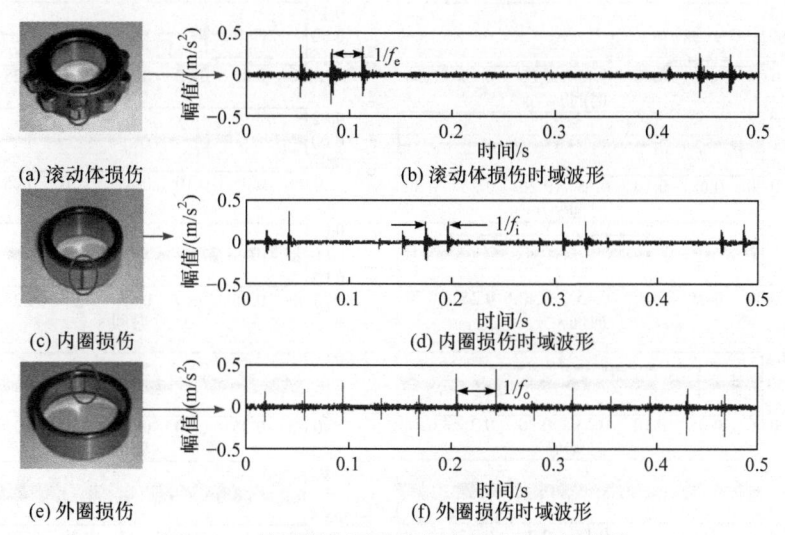

图 4.27 轴承损伤图及其故障信号的时域波形

为检验所提方法的有效性，模拟一组轴承滚动体和外圈复合故障模式，损伤具体尺寸为滚动体 0.15mm×0.50mm(深度×宽度)和外圈 0.05mm×0.30mm(深度×宽度)。在此复合故障情况下，采集的振动信号及其频谱如图 4.28 所示。可以看出，存在与滚动体损伤特征相一致的冲击成分，而外圈故障则不明显，这主要是滚动体损伤要比外圈损伤严重得多的原因造成的。对此振动信号采用 DTCWT 与 SGWT 进行分解，结果如图 4.29 所示。从 DTCWT 分解 a₄ 小波系数可以看到存在滚动损伤相关冲击特征，而 d₂ 和 d₃ 系数中可以发现与轴承外圈损伤相关的冲击特征，因此 DTCWT 技术可以有效提取出滚动轴承复合故障。另外，SGWT 分解 a₄ 成分有效地提取出滚动体损伤冲击特征，d₂ 成分同样也可提取出部分外圈损伤冲击特征。原因是所选的第二代小波函数与信号冲击特征相匹配。DTCWT 有效提取复合冲击故障则是利用其所具有的较小的频带混叠，以及冲击特征保持特性(由平移不变性带来)。

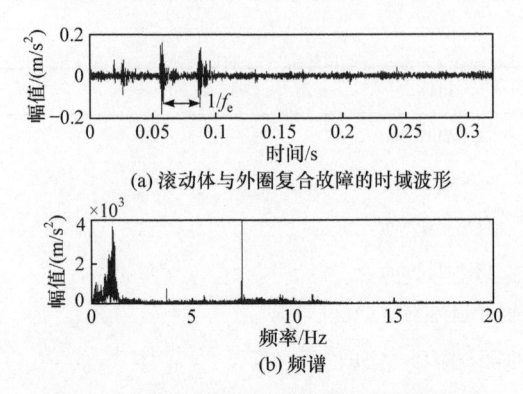

图 4.28　复合故障信号的时域波形及其频谱

(a) DTCWT分解结果　　(b) SGWT分解结果

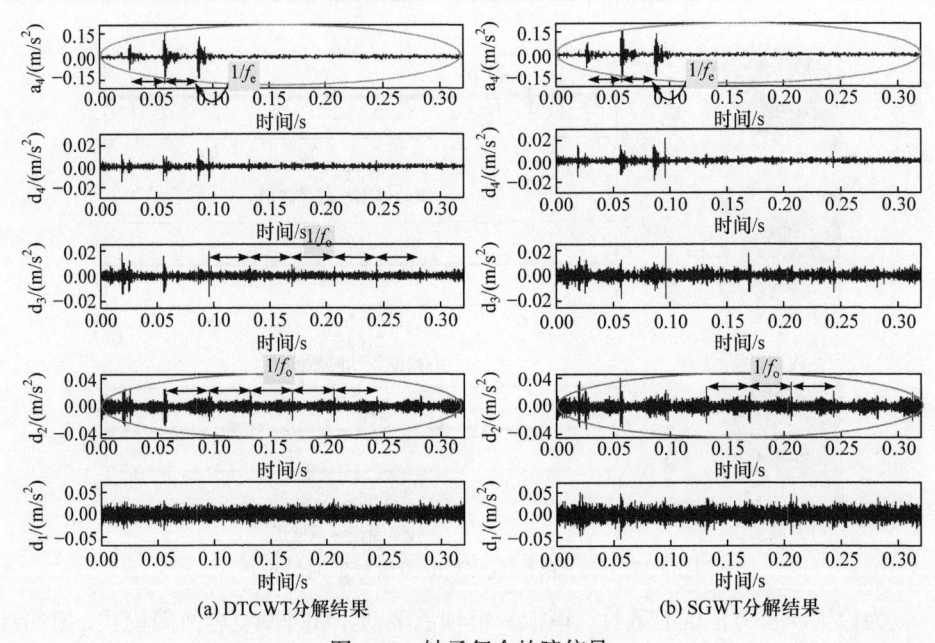

图 4.29　轴承复合故障信号

对此复合故障信号，同样采用谱峭度分析，结果如图 4.30(a)所示。在其峭度最大值为第一尺度，以频带中心频率为 6400Hz，带宽为 12800Hz 对其进行带通滤波。最优滤波信号平方包络谱如图 4.30(b)所示。可以看出，谱峭度分析成功检测出滚动体损伤故障，而没能检测到外圈损伤故障。原因是谱峭度分析依据的是信号的最大峭度所处的频带，因此如果信号中存在强弱不同的两种冲击，谱峭度技术往往只能提取较强的冲击特征。这也充分证明了谱峭度技术在复合故障诊断中的局限性。

(a) 谱峭度分析　　　　　　　　　　(b) 最优滤波信号平方包络谱

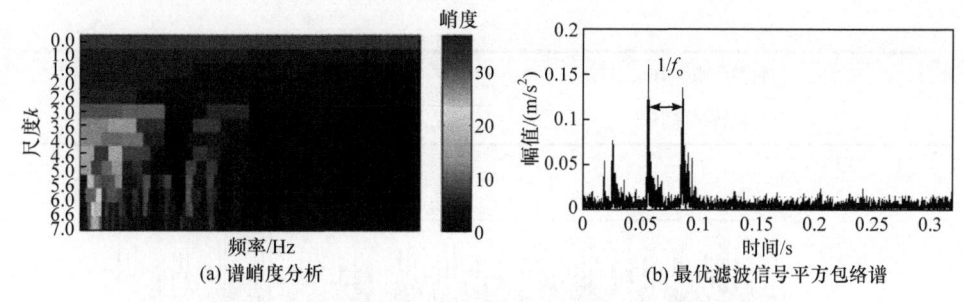

图 4.30　轴承复合故障信号谱峭度分析及其平方包络

4.4.6　空分机多重故障特征检测

图 4.31(a)为某空气分离压缩机组(简称空分机)结构图。该机组主要由电机、齿轮箱、压缩机等组成。空气分离压缩机参数如表 4.3 所示。机组在某次大修后开机发现齿轮箱振动剧烈,并伴随尖叫声,为此采用加速度传感器对齿轮箱的 3#、4#、5#和 6#测点(图 4.31(a))进行测量,采样频率为 15000Hz,采样长度为 1024。图 4.32(a)与图 4.32(b)即采集的齿轮箱 5#测点轴承座振动时域波形及其频谱。图 4.32 波形表现出强烈高频振动,除此之外无明显特征信息。可以看到,在 1480Hz、2960Hz 和 4231Hz 处有较为集中的谱峰,以及 213Hz 的边频成分。通过与表 4.3 中机组的啮合频率和风机叶片转频比较发现,上述三个明显谱峰无一对应,而 213Hz 的边频则与轴 II 的转频是一致的。据此只能推测故障与轴 II 或其上齿轮有关系,无法得到更为准确的故障信息。

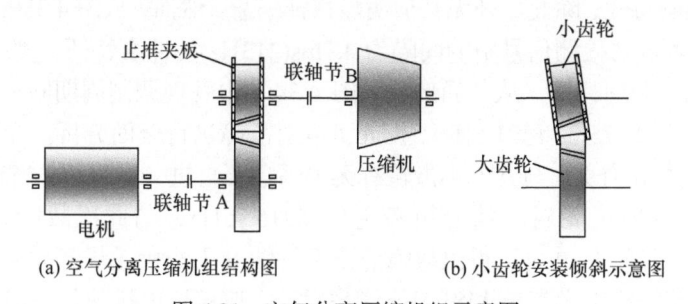

(a) 空气分离压缩机组结构图　　　　　(b) 小齿轮安装倾斜示意图

图 4.31　空气分离压缩机组示意图

表 4.3　空气分离压缩机参数

电机转速/(r/min)	2985
齿轮箱型号	ZMCL457-27
齿数(z_2/ z_1)	32/137
轴 I 转频/Hz	49.75
轴 II 转频/Hz	213

续表

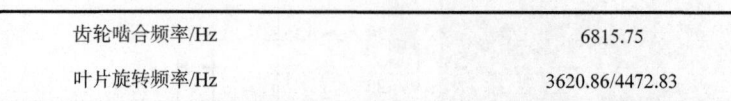

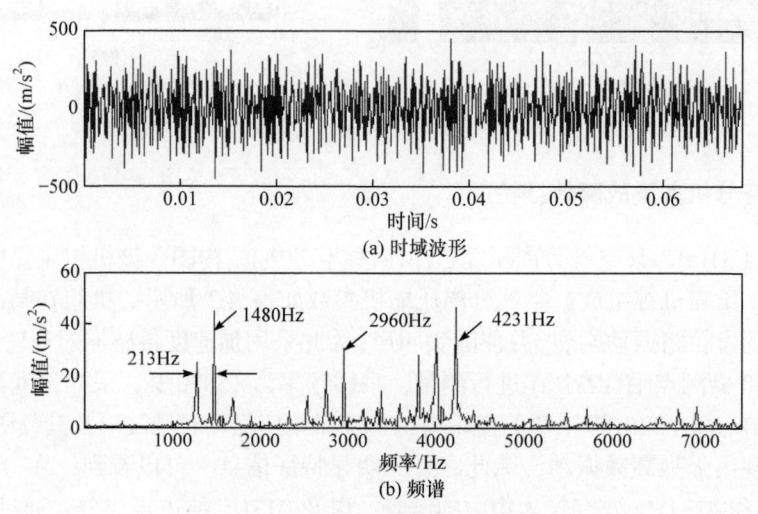

齿轮啮合频率/Hz	6815.75
叶片旋转频率/Hz	3620.86/4472.83

图 4.32 空分机 5#轴承座振动信号

该振动信号的 DTCWT 与 SGWT 分解结果如图 4.33 所示。图 4.34 为重绘的图 4.33(a)中的 d_2 与 d_3 子带成分。从 SGWT 的分解结果(图 4.33(b))得到 d_3 成分表现出幅值调制特性，除此之外无其他明显特征信息。然而，从图 4.33(a)可以看出，DTCWT 技术成功检测信号中的间隔为 4.7ms(213Hz)的冲击特征。图 4.33(b)表现出明显的幅值调制特征，从其局部放大图 4.34(c)中发现调制周期同为 4.7ms，而载波周期约为 0.675ms(1481.5Hz)。据此可以对故障进行全面分析。首先可以肯定的是故障与轴 II 有关，与其上小齿轮有无关系需要再进一步分析。当轴 II 转频为 213Hz 时，这时齿轮对的啮合频率应为 6815.75Hz，与此次故障是调制频率 1481.5Hz 不相符，因此可以得出故障应该不是轴 II 上小齿轮局部故障引起的。由于表 4.3 中特征频率没有与 1481.5Hz 频率对应，应该可以排除是其他故障。我们推断 1481.5Hz 是激起的系统固有频率。结合前面所提取的冲击特征，以及现场刺耳的噪声，现场的故障情形很好地被重现出来。某种"外力"作用限制了高速轴所在小齿轮的正常旋转，导致了小齿轮每旋转一周出现一次冲击，而冲击又激发了系统共振，并在共振作用下产生幅值调制现象。开机检查发现，由于加工或安装误差的存在，小齿轮两侧的止推夹板与大齿轮端面不是严格平行，因此两者之间产生摩擦现象。所谓的"外力"即两者之间的摩擦力。故障一经确诊，再重新

第 4 章 复值信号处理与双树复数小波变换方法 ·181·

(a) 信号DTCWT分解结果　　　　　(b) SGWT分解结果

图 4.33 振动信号的 DTCWT 与 SGWT 分解结果

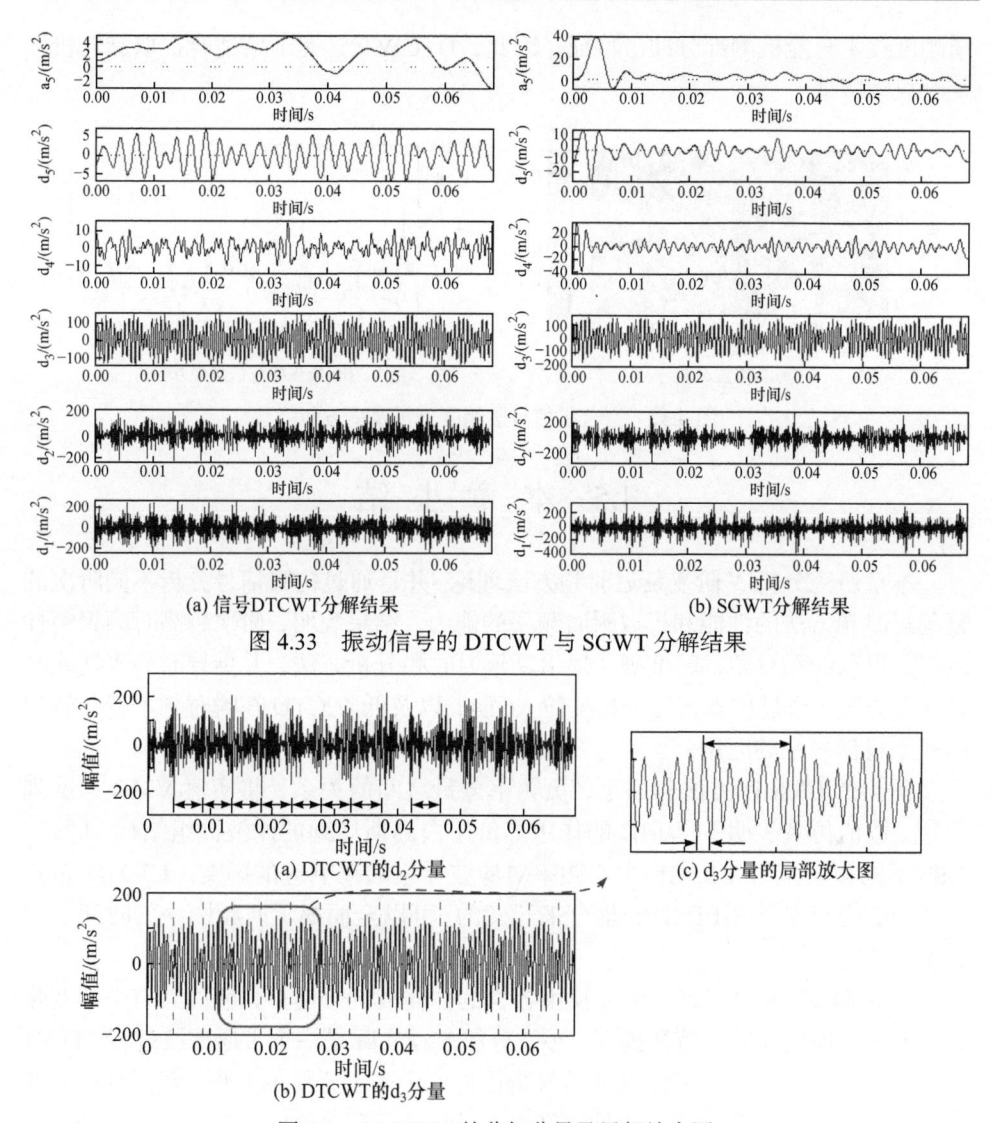

(a) DTCWT的d_2分量

(c) d_3分量的局部放大图

(b) DTCWT的d_3分量

图 4.34 DTCWT 的分解分量及局部放大图

装配齿轮箱并打磨止推夹板与大齿轮的接触端面，开机后振动明显降低，尖叫声消失。

如图 4.35(a)所示，第二尺度峭度最大。对原始信号采用带宽为 1875Hz，中心频率为 6265.5Hz 的带通滤波器滤波后的平方包络信号如图 4.35(b)所示。可以看出，谱峭度技术只能提取部分冲击特征，无法检测出调制成分。这是由谱峭度技术本身限制条件——对谐波信号的不敏感引起的。

从此次诊断过程中可以看出全面提取故障特征信息对于确诊故障的重要性。但是，SGWT 技术只能提取出信号中的复制调制特征，没能识别出冲击特征，而谱峭度技术只能检测部分冲击特征。因此，DTCWT 还是非常适合提取旋转机械复合故障特征。

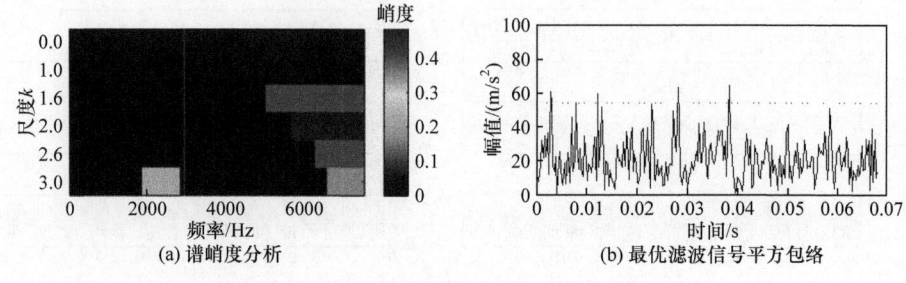

(a) 谱峭度分析

(b) 最优滤波信号平方包络

图 4.35 空分机信号谱峭度分析及平方包络

4.5 本章小结

本章研究分析 N 阶复延迟时频方法理论，并且通过仿真信号分析不同阶次的复延迟时频方法的性能和提取瞬时频率的能力。结果表明，阶次越高时频聚集性越好，提取的瞬时频率越准确。提出复延迟时频分析方法，并推导时频表达式及其实现方式。通过仿真信号分析 4 阶、6 阶，以及低阶 CTD 在瞬时频率变化较快的非平稳信号中的应用。

提出的 CVMD 方法利用正、负频率分量之间的关系，将实值 VMD 扩展到复域。数值仿真表明，CVMD 的作用等价于白高斯序列的滤波器组结构。同时，分析不同初始化的 BLIMF 中心频率对滤波器组频率响应的影响。CVMD 希尔伯特谱是基于整个 BLIMF 的集合来开发的，可以全面揭示时频图中的时间变化特征。

经典 DWT 和第二代小波变换由各自的抽样或剖分运算，使其具有平移变化性，不利于周期性冲击特征提取。小波分解过程实际是一个带通滤波过程，DWT 滤波器存在的负频率成分给谐波信号特征提取带来不必要的麻烦。双树复小波变换具有近似平移不变性和解析性等特性，因此可以有效地检测到信号中的冲击和谐波等特征。仿真分析信号对比分析结果证实了这一结论。

提出的基于双树复小波变换的复合诊断方法，克服经典小波变化、谱峭度等诊断方法只对单一故障敏感的局限性，可以成功提取出轴承复合故障和某工况复合特征，为复合故障诊断提供一种有效方法。

参 考 文 献

[1] Rilling G, Flandrin P, Gonçalves P, et al. Bivariate empirical mode decomposition. IEEE Signal Processing Letters, 2007, 14(12): 936-939.

[2] Yang W, Court R, Tavner P J, et al. Bivariate empirical mode decomposition and its contribution to wind turbine condition monitoring. Journal of Sound and Vibration, 2011, 330(15): 3766-3782.

[3] Park C, Looney D, VanHulle M M, et al. The complex local mean decomposition. Neurocomputing, 2011, 74(6): 867-875.

[4] Adali T, Schreier P J. Complex-valued signal processing: The proper way to deal with impropriety. Scharf L L, 2011, 59(11): 5101-5125.

[5] Tanaka T, Mandic D P. Complex empirical mode decomposition. IEEE Signal Processing Letters, 2007, 14(2): 101-104.

[6] Selesnick I W, Baraniuk R G, Kingsbury N C. The dual-tree complex wavelet transform. IEEE Signal Processing Magazine, 2005, 22(6):123-151.

[7] Dragomiretskiy K, Zosso D. Variational mode decomposition. IEEE Transactions Signal Process, 2014, 62: 531-544.

[8] Wang Y X, Markert R, Xiang J W, et al. Research on variational mode decomposition and its application in detecting rub-impact fault of the rotor system. Mechanical Systems & Signal Processing, 2015, 60-61: 243-251.

[9] Feng Z, Liang M, Chu F L. Recent advances in time-frequency analysis methods for machinery fault diagnosis: a review with application examples. Mechanical Systems & Signal Processing, 2013, 38(1): 165-205.

[10] Rehman N, Mandic D P. Multivariate empirical mode decomposition. Proceedings of the Royal Society A: Mathematical, Physical and Engineering Sciences, 2010, 466(2117): 1291-1302.

[11] Fleureau J, Kachenoura A, Albera L, et al. Multivariate empirical mode decomposition and application to multichannel filtering. Signal Processing, 2011, 91(12): 2783-2792.

[12] Ahrabian A, Looney D, Stankovic L, et al. Synchrosqueezing-based time-frequency analysis of multivariate data. Signal Processing, 2015, 106: 331-341.

[13] Huang N E, Shen Z, Long S R. A new view of nonlinear water waves: the Hilbert spectrum. Annu Rev. Fluid Mech, 1999, 31(1): 417-457.

[14] Antoni J, Randall R B. The spectral kurtosis: application to the vibratory surveillance and diagnostics of rotating machines. Mechanical Systems & Signal Processing, 2006, 20(2):308-331.

[15] Antoni J. Fast computation of the kurtogram for the detection of transient faults. Mechanical Systems & Signal Processing, 2007, 21(1):108-124.

[16] Endo N. The enhancement of fault detection and diagnosis in rolling element bearings using minimum entropy deconvolution combined with spectral kurtosis. Mechanical Systems & Signal Processing, 2007, 21(6): 2616-2633.

[17] Gelman Γ C. Optimal filtering of gear signals for early damage detection based on the spectral kurtosis. Mechanical Systems & Signal Processing, 2009, 23(3): 652-668.

[18] Stankovic S, Stankovic L. Introducing time-frequency distribution with a 'complex-time' argument. Electronics Letters, 1996, 32(14):1265-1267.

[19] Stankovic S, Zaric N, Orovic I, et al. General form of time-frequency distribution with complex-lag argument. Electronics Letters, 2008, 44(11):699-701.

[20] Orovic I, Orlandic M, Stankovic S, et al. A virtual instrument for time-frequency analysis of

signals with highly nonstationary instantaneous frequency. IEEE transactions on Instrumentation and Measurement, 2011, 60(3):791-803.

[21] Boashash B. Time-Frequency Signal Analysis and Processing: A Comprehensive Reference. Pittsburgh: Academic Press, 2015.

[22] Hestenes M R. Multiplier and gradient methods. Journal of Optimization Theory and Applications, 1969, 4(5): 303-320.

[23] Wang Y X, Markert R. Filter bank property of variational mode decomposition and its applications. Signal Processing, 2016, 120: 509-521.

[24] Lim Y C. Frequency-response masking approach for the synthesis of sharp linear-phase digital filters. IEEE Transactions on Circuits and Systems, 1986, 33: 357-364.

[25] Flandrin P, Rilling G, Goncalves P. Empirical mode decomposition as a filter bank. IEEE Signal Processing Letters, 2004, 11(2): 112-114.

[26] Rehman N U, Mandic D P. Filter bank property of multivariate empirical mode decomposition. IEEE Transactions Signal Process, 2011, 59(5): 2421-2426.

[27] Olhede S, Walden A T. The Hilbert spectrum via wavelet projections. Proceedings of the Royal Society of London. Series A: Mathematical, Physical and Engineering Sciences, 2004, 460(2044): 955-975.

[28] Wang Y X, He Z, Zi Y. A demodulation method based on local mean decomposition and its application in rub-impact fault diagnosis. Measurement Science & Technology, 2009, 20(2): 25704.

[29] Goh S L, Chen M, Popovic D H, et al. Complex-valued forecasting of wind profile. Renewable Energy, 2006, 31(11): 1733-1750.

[30] Richardson P L, Walsh D, Armi L, et al. Tracking three meddies with SOFAR floats. Journal of Physical Oceanography, 1989, 19(3): 371-383.

[31] McWilliams J C. The vortices of geostrophic turbulence. Journal of Fluid Mechanics, 1990, 219: 387-404.

[32] Lilly J M, Olhede S C. Bivariate instantaneous frequency and bandwidth. IEEE Transactions on Signal Processing, 2010, 58(2): 591-603.

[33] Yan R, Gao R X. Hilbert-Huang transform-based vibration signal analysis for machine health monitoring. IEEE Transactions on Instrumentation and Measurement, 2006, 55(6): 2320-2329.

[34] Sweldens W. The lifting scheme: A construction of second generation wavelets. SIAM Journal on Mathematical Analysis, 1998, 29(2): 511-546.

[35] Selesnick I W, Baraniuk R G, Kingsbury N G. The dual-tree complex wavelet transform. IEEE Signal Processing Magazine, 2005. 22(6): 123-151.

[36] Selesnick I W. The design of approximate Hilbert transform pairs of wavelet bases. IEEE Transactions on Signal Processing, 2002. 50(5): 1144-1152.

[37] Selecnick I W. Hilbert transform pairs of wavelet bases. IEEE Signal Processing Letters, 2001, 8(6): 170-173.

[38] Kingsbury N G. The dual-tree complex wavelet transform: A new technique for shift invariance and directional filters// IEEE Digital Signal Processing Workshop, Rhodes, 1998, 86: 120-131.

[39] Kingsbury N G. A dual-tree complex wavelet transform with improved orthogonality and symmetry properties// Proceedings 2000 International Conference on Image Processing, Vancouver, 2000, 2: 375-378.

[40] Tay D B H, Palaniswami M. Hilbert pair of wavelets via the matching design technique// 2005 IEEE International Symposium on Circuits and Systems. Kobe, 2005: 2303-2306.

[41] Yu R, Ozkaramanli H. Hilbert transform pairs of biorthogonal wavelet bases. IEEE Transactions on Signal Processing, 2006, 54(6): 2119-2125.

[42] Shi H, Hu B, Zhang J Q. A novel scheme for the design of approximate Hilbert transform pairs of orthonormal wavelet bases. IEEE Signal Processing, 2008. 56(6): 2289-2297.

[43] Tay D B H. Orthonormal Hilbert pair of wavelets with (almost) maximum vanishing moments. IEEE Signal Processing Letters, 2007, 13(19): 533-536.

[44] Dumitrescu B, Bayram I, Selesnick I W. Optimization of symmetric self-Hilbert an filters for the dual-tree complex wavelet transform. IEEE Signal Processing Letters, 2008: 146-149.

[45] Yu R, Baradarani A. Sampled-data design of FIR dual filter banks for dual-tree complex wavelet transforms via LMI optimization. IEEE Transactions on Signal Processing, 2008, 56(7): 3369-3375.

[46] Chaudhury K, Unser M. Construction of Hilbert transform pairs of wavelet bases and Gabor-like transforms. IEEE Transactions on Signal Processing, 2009, 57(9): 3411-3425.

[47] Kingsbury N G. Complex wavelets for shift invariant analysis and filtering of signals. Journal of Applied and Computational Harmonic Analysis, 2001, 10(3): 234-253.

[48] Gao Q, et al. Rotating machine fault diagnosis using empirical mode decomposition. Mechanical Systems & Signal Processing, 2008, 22(5): 1072-1081.

[49] Antoni J. Fast computation of the kurtogram for the detection of transient faults. Mechanical Systems & Signal Processing, 2007, 21(1): 108-124.

第5章 稀疏时频压缩感知方法及其在故障诊断中的应用

时频域特征提取方法在旋转机械故障诊断中得到广泛应用，然而，时频特征提取方法也需要更多的时间和空间来存储时间频率信息，这限制了它的实际应用，尤其是在远程健康监测中。基于最近提出的压缩感知(compressive sensing，CS)技术，本章提出一种新的并行类近端分解算法，即快速迭代收缩阈值算法(fast iterative shrinkage threshold algorithm，FISTA)，用于重建有限带噪信号的稀疏时频表示(time-frequency representation，TFR)。通过数值仿真，验证该方法重建隐藏稀疏特征的有效性。所提方法比传统的(reconstruction from partial Fourier，RecPF)方法分析效果更好。依托无线通信技术的进步，结合所提算法，提出一种新的远程机械健康状态监测框架。通过大量的实例分析，进一步验证所提稀疏时频表示新方法在旋转机械的轴承和齿轮的缺陷检测中的有效性。分析结果表明，所提方法仅需要非常有限的测量数据，并可以很好地保留数据的时频特征，同时保证重建的时频特征没有明显干扰。

5.1 引　言

在过去的几十年里，时频表示方法一直是一个活跃的研究领域。在时频域内对非平稳信号进行精准表示，这在许多领域都是非常重要的，尤其是在机械故障诊断领域。传统的时频表示用二维的时间、频率函数表示信号的能量或功率，能准确揭示诊断中的故障特征。目前，不同的时频表示使用不同的核函数，如STFT采用线性核函数，WVD采用二次核函数，而小波变换则采用时间和频率上受约束的小波基。其中大部分方法已成功应用于齿轮、轴承等机械系统故障诊断中的波形数据分析[1]。WVD是广泛使用的二次型时频表示方法，它在时间和频率上分配信号的能量，可以做出很好的时频定位并且保留时频偏移。为了减轻二次交叉项的不良影响，基于频率和时间的平滑，提出很多WVD派生方法，即平滑伪WVD(smoothed-pseudo Wigner-Ville distribution，SPWVD)。近年来，SPWVD被用于旋转机械周期性故障识别的时频流形的相关匹配[2]。Choi-Williams分布可以克服STFT和Wigner分布的缺点，能在提供高分辨率的时间和频率的同时抑制干扰成分。Choi-Williams减少干扰时频分布的作用也被用于机械诊断[3]。此外，还有一些数据驱动的信号分解方法被用于构造第三种时频策略，如 LMD[4,5]和 EMD[6]。时频表示可以为非平稳信号分析提供潜在的强大特征。时频表示通常表示为二维灰度/彩色图像，其中一个轴表示时间，另一个轴表示频率，灰度值表示时间和频带中某一特定时刻的能量。但是，这些表示中包含大量信息，例如对于一个采样频率为 16 kHz 的 64ms 的信号，如果设定时频表示的分辨率为 512×1024，那么最终的时频表示将包含 524288 个时频采样点。由于计算的复杂性，将如此庞大的数据量应用于实际是不可能的，特别是远程传输和实时应用。另外，并非时频面的所有信息都是表示测量信号特征的。因此，为了使时频表示更适合诊断应用，在记录时频表示的同时必须尽可能多地移除冗余信息。

由于自动化程度的提高、快速的采样率，以及计算能力的进步，数据每天都在增加，因此需要一些方法来减少数据保存和远程诊断的实时负担。一些基于变换方法的时域信号压缩技术被相继提出。Oltean 等[7]基于正交变换，提出一种机械振动信号的压缩方法，将信号分解为大量子带成分。Guo 等[8]提出一种基于最优集成 EMD 的信号压缩方法，用于轴承振动信号的处理。文献[9]提出另一种利用二维提升小波变换的旋转机械振动压缩方法，它将周期振动数据从一维转换为二维，以减少单周期内和跨周期的依赖性。然而，这些方法都只是针对时间信号的压缩。在机械故障诊断的实际应用领域中，时频数据压缩方法目前使用较少。

CS 是最近提出的一种框架，利用稀疏性作为原始信号的先验知识，可以从少量的测量中恢复稀疏信号。基于 CS 的应用大多数集中在计算摄影和地震数据处理方面。在文献[10]基于声发射的结构健康长期监测中，首次采用 CS 技术。实际上，时频域的信号具有更好的稀疏性，这已经在文献[11]、[12]中得到证明。文献[13]通过仿真，基于 CS 研究了存在脉冲噪声的非平稳信号的稀疏时频表示。文献[14]采用 CS 对瞬时频率和时频特征进行估计。但是，文献[13]、[14]都是使用传统的正交匹配追踪(orthogonal matching pursuit，OMP)进行信号的重建。文献[15]采用基于 Wigner-Ville 分布的联合时频分布和 CS 分析雷达信号特征，为 WVD 的定位提供了减少交叉项的方法。但是，文献[15]并没有提到压缩性能，而且传统的压缩方法是将采样和压缩分开进行的。

本章采用 CS 来恢复离线和远程机械健康状况监测的稀疏时频表示，主要贡献如下。

(1) 提出一种新的并行类 FISTA 近端分解算法(parallel FISTA proximate decomposition algorithm，PFPDA)，用于带噪信号的稀疏时频表示重构。

(2) 借助无线通信的快速发展，引入一种用于远程和离线机械健康状况监测的新框架。

(3) 验证测量的振动信号时频表示的稀疏性。这种稀疏性是故障诊断中应用 CS 技术的前提。

5.2 CS 理论

CS 是一种新颖的技术,可以在低于奈奎斯特采样频率的情况下进行采样,而无须(很少)牺牲重建质量。它利用信号典型域中的稀疏性,对于一段有限长度的实值 1-D 离散信号 s,其在域 Ψ 中的表示为

$$s = \sum_{i=1}^{N} \psi_i x_i = \Psi x \tag{5.1}$$

其中,$x \in \mathrm{R}^N$,$s \in \mathrm{R}^N$,都是 $N \times 1$ 阶向量;$\Psi \in \mathrm{R}^{N \times N}$ 是以向量 $\{\psi_i\}(i=1,2,\cdots,N)$ 为列构成的 $N \times N$ 阶基底矩阵。

如果在域 Ψ 中,系数 x 中有 K 个非零项,则称信号 s 是 K 稀疏,而且当 $K \ll N$ 时,就称信号 s 是稀疏信号。通过线性变换 Φ,对 $M(K \leqslant M \leqslant N)$ 进行线性变化且对 s 进行非适应性测量,即

$$b = \Phi s = \Phi \Psi x = Ax \tag{5.2}$$

其中,$\Phi \in \mathrm{R}^{M \times N}$ 是 $M \times N$ 阶矩阵,且它的每个行向量 M 都可以看成是一个基向量,基向量之间相互正交;$b \in \mathrm{R}^M$ 是一个列向量。

矩阵 x 和 b 都是通过叠加其相应的二维时频图的列而形成的。信号 s 通过这种方法被转换,或者是降维采样成一个 $M \times 1$ 的向量 y。给定一个向量 x,则可以通过逆变换恢复所需的基本信号。例如,一种反离散余弦变换或小波变换,这取决于稀疏表示中使用哪种基。测量矩阵 Φ 必须满足 $M < N$,这有一个充分条件,就是矩阵 A 满足所谓的限制等距属性[16]。相关研究表明,高斯或伯努利分布的随机矩阵是 Φ 的较好选择,因为它们有很高的概率来满足这个性质[17]。目前的研究主要采用随机高斯、伯努利和部分傅里叶测量[11]。在大多数二维压缩感测中,线性变换 Φ 通常表示局部离散傅里叶变换,之所以它是局部的,是因为 Φs 仅给出对应于不完整频率集合的傅里叶系数。由于 x 是稀疏的,一般它都可以作为欠定方程 $Ax = b$ 的最稀疏解,除非这些方程存在另一个更稀疏的解。这就上升到 l_0 问题,即

$$\min_{x \in \mathrm{R}^N} \{x_0 : Ax = b\} \tag{5.3}$$

然而,这个问题是 NP 问题,对于几乎所有的实际应用来说都是不切实际的,所以解决方案是用 L_1 问题来替代上述问题,即

$$\min_{x \in \mathrm{R}^N} \{x_1 : Ax = b\} \tag{5.4}$$

这在某些情况下也能产生稀疏解。当 b 被噪声干扰时,必须放宽约束 $Ax = b$,

使其变成拉格朗日型问题，即

$$\min_{x\in R^N} \mu x_1 + \frac{1}{2}Ax - b_2^2 \tag{5.5}$$

其中，μ 为拉格朗日参数。

5.3 稀疏时频表示的压缩感知

5.3.1 非光滑凸优化模型

在 MR 图像重建的开创性研究[18-20]的启发下，本节将总变差法引入时频图像重建中。同时，还提出振动信号的时频图像可以用小波基来稀疏表示，且总变化量(total variations，TV)较小。TV 定义为 $TV(u) = \sum_{ij}\left\|(\nabla_1 u_{ij}, \nabla_2 u_{ij})\right\|_2$，其中 ∇_1 和 ∇_2 分别表示第一和第二坐标上的正向有限差分算子。因此，时频图像重建表示为

$$\underset{x\in R^N}{\operatorname{argmin}}\left\{\alpha TV(\Psi x) + \beta\|x\|_1 + \frac{1}{2}\|Ax - b\|_2^2\right\} \tag{5.6}$$

其中，α 和 β 为正参数。

因为 $TV(\Psi x)$ 和 $\|x\|_1$ 在 x 中都是非光滑的，所以式(5.6)更难解决，并且其计算量也是实际应用的困难所在。因此，文献[21]提出一种算子分裂算法来求解式(5.6)。不同于文献[21]，文献[22]提出一种增广拉格朗日法的变量分裂来解决这个重建问题。这两种方法都可以节省大量时间。此研究为了从非常有限的测量点中恢复信号和运算符，提出一种高效算法来求解式(5.6)。假设 $g_\beta(x) = \beta\|x\|_1$、$g_\alpha(x) = \alpha TV(\Psi x)$ 和 $f_1(x) = \frac{1}{2}\|Ax - b\|_2^2$，将迭代收缩阈值算法及线性函数的近端算子联合起来求解 $f(x)$，详细可参考文献[23]。

5.3.2 快速迭代收缩阈值算法

目前大部分的研究工作都集中在仅有两个函数的非光滑凸优化模型上，即[24]

$$\underset{x\in R^N}{\operatorname{argmin}}\{F(x) := g(x) + f(x)\} \tag{5.7}$$

在式(5.7)的凸函数优化中，经常会使用近端映射。给定任意标量 $\rho > 0$，与封闭的固有凸函数 g 相关的近端映射定义为

$$\operatorname{prox}_\rho(g)(y) := \underset{x\in R^N}{\operatorname{argmin}}\left\{g(x) + \frac{1}{2\rho}\|x - y\|^2\right\} \tag{5.8}$$

基于梯度模型算法，式(5.7)的求解量可用下式表示为

$$x^* = (I + t\partial g)^{-1}(I - t\nabla f)(x^*) \tag{5.9}$$

根据定点迭代方法，式(5.7)可以改写为

$$x_k = (I + t_k\partial g)^{-1}(I - t_k\nabla f)(x_{k-1}) \tag{5.10}$$

其中，$t_k > 0$ 是步长。

根据文献[24]中定理 3.1 给出的重要性质，即

$$\begin{aligned} x_k &= \text{prox}_{t_k}(g)(x_{k-1} - t_k\nabla f(x_{k-1})) \\ &= \underset{x \in \mathbf{R}^N}{\text{argmin}}\left\{g(x) + \frac{t_k}{2}\left\|x - \left(x_{k-1} - \frac{1}{t_k}\nabla f(x_{k-1})\right)\right\|_2^2\right\} \end{aligned} \tag{5.11}$$

当满足 $f(x) = \|Ax - b\|_2^2$ 和 $g(x) = g_\beta(x) = \beta\|x\|_1$ 时，式(5.11)可以归结为流行的迭代收缩阈值算法(iterative shrinkage threshold algorithm，ISTA)，即

$$x_k = T_{\beta t}(x_{k-1} - 2tA^{\mathrm{T}}(Ax_{k-1} - b)) \tag{5.12}$$

其中，t 为常数步长。

$T_\alpha : \mathbf{R}^N \to \mathbf{R}^N$ 是下述公式定义的收缩算子，即

$$T_\sigma(x)_i = (|x_i| - \sigma)_+ \text{sgn}(x_i) \tag{5.13}$$

实际上，给定 y，对于任意 Lipschitz 常数 $L_f > 0$，我们可以用下述公式构造 $F(x)$ 的二次近似，即

$$Q_{L_f}(x, y) := f(y) + \langle x - y, \nabla f(y) \rangle + \frac{L_f}{2}\|x - y\|_2^2 + g \tag{5.14}$$

通过映射 $p_{L_f, g}(y)$，存在唯一解决方案，即

$$p_{L_f, g}(y) := \underset{x \in \mathbf{R}^N}{\text{argmin}}\{Q_{L_f}(x, y)\} \tag{5.15}$$

其中，L_f 通常定义为 $\nabla f(x)$ 的最小 Lipschitz 常数。

忽略常数项后，这个等式为

$$p_{L_f, g}(y) := \underset{x \in \mathbf{R}^N}{\text{argmin}}\left\{g(x) + \frac{L_f}{2}\left\|x - \left(y - \frac{1}{L_f}\nabla f(y)\right)\right\|_2^2\right\} \tag{5.16}$$

$$p_{L_f, g}(y) = \text{prox}_{\frac{1}{L_f}}(g)\left(y - \frac{1}{L_f}\nabla f(y)\right) \tag{5.17}$$

因此，由式(5.11)可得

$$x_k = p_{L_f, g}(x_{k-1}) \tag{5.18}$$

如文献[23]、[24]所述，式(5.18)可以使用迭代运算用 FISTA 以恒定步长求解。

设置 $y_1 = x_0 \in \mathrm{R}^N$，$t_1 = 1$

$$x_k = p_{L_f,g}(y_k) \tag{5.19}$$

$$t_{k+1} = \frac{1+\sqrt{1+4t_k^2}}{2} \tag{5.20}$$

$$y_{k+1} = x_k + \left(\frac{t_k-1}{t_{k+1}}\right)(x_k - x_{k-1}) \tag{5.21}$$

根据文献[23]中的定理 4.4，该算法的收敛速度为 $O(1/k^2)$。FISTA 计算简单、收敛迅速，因此可以很好地解决自然图像等大规模问题。但是，该算法只能求解两个函数之和的模型。

5.3.3 并行近端分解算法

在文献[25]中，并行近端分解算法(parallel proximal decomposition algorithm, PPDA)被提出来，用于求解两个以上函数之和的最优模型。

设 $f_1, \cdots, f_m$ 是 $\varGamma(\mathrm{R}^N)$ 的函数，则问题为[26]

$$\min_{x \in \mathrm{R}^N} f_1(x) + \cdots + f_m(x) \tag{5.22}$$

这个问题可以重新定义为 m 倍乘积空间 $\varOmega = \mathrm{R}^N \times \cdots \times \mathrm{R}^N$ 中的 2 函数问题。因此，式(5.22)可以改写为

$$\min_{\substack{(x_1,\cdots,x_m)\in\varOmega \\ x_1=\cdots=x_m}} f_1(x_1) + \cdots + f_m(x_m) \tag{5.23}$$

这可以使用从 Douglas Rachford 算法推导出的并行算法来解决。该算法的详细介绍可参考文献[25]。

5.3.4 用于 CS 重建的并行类 FISTA 近端算法

将 FISTA 和并行近端分解算法结合，提出 PFPDA 用于 CS 的重建问题。新算法的主要思想是将 FISTA 嵌入并行近端分解算法中。该算法的程序下。

输入：$L_f \geqslant L(f)$，Lipschitz 常数的上限 ∇f

Step 0：令 $y_1 = x_0 \in \varOmega$，$t_1 = 1$，$\sum_i \omega_i = 1$

Step k：($k \geqslant 1$) 计算为

$$z_k^\alpha = p_{L_f,g_\alpha}(y_k) \tag{5.24}$$

$$z_k^\beta = p_{L_f,g_\beta}(y_k) \tag{5.25}$$

由于 $g_\beta(x) = \beta\|x\|_1$，式(5.25)是一个特例，可以用式(5.12)和式(5.13)计算。而 $g_\alpha(x) = \alpha \mathrm{TV}(\varPsi x)$，式(5.24)可以用式(5.19)~式(5.21)给出的 FISTA 计算。用

式(5.26)中所示的并行算法的核心来求取 z_k，即

$$z_k = \omega_1 z_k^\alpha + \omega_2 z_k^\beta \tag{5.26}$$

然后，采用文献[24]中给出的单调 FISTA 替代传统的 FISTA，即

$$x_k = \arg\min\{F(x): x = z_k, x_{k-1}\} \tag{5.27}$$

$$y_{k+1} = x_k + \left(\frac{t_k-1}{t_{k+1}}\right)(x_k - x_{k-1}) + \left(\frac{t_k}{t_{k+1}}\right)(z_k - x_k) \tag{5.28}$$

5.4 仿真测试

压缩感知(CS)算法通常依赖于信号在某个变换域(如傅里叶变换、小波变换等)的稀疏性这一先验知识[11]。稀疏性意味着信号可以用少数几个非零或显著系数来表示，这是 CS 算法最基本的假设和前提条件。为了验证所提算法在稀疏时频表示中的有效性，首先对时间频域内的稀疏多分量信号进行仿真。如图 5.1 所示，仿真信号的时域波形由三个短瞬态(箭头指示)和两个线性调频的信号组成。图 5.2(a)为理想时频表示。采用 SPWVD 对仿真信号进行稀疏时频表示，结果如图 5.2(b)所示。仿真信号长度设为 1024，时频分布矩阵为 1024×1024。

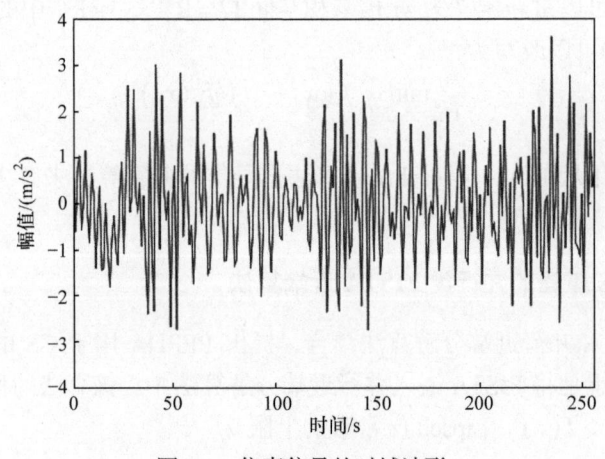

图 5.1 仿真信号的时域波形

将所提 CS 方法与传统的 RecPF[27]技术进行比较。由于测量设备在任何实际应用中都没有无限的精度，而且信号在传输中也存在一些噪声，所以在测量中会考虑小的扰动。采样数据中添加的噪声方差为 0.02。本研究采用变密度随机下采样方法。式(5.6)中的参数 α 和 β 分别设为 0.002 和 0.005。将 Daubechies 正交小波(Db4)用于 TF 图的稀疏表示。注意，后续所有应用分析均采用此参数设定值。在采样率首次设置为 11.8%的情况下，图 5.2(c)显示了 RecPF 的结果。可以看到，使用

RecPF 方法恢复的主要是带有明显伪影的特征。在图 5.2(d)可以发现，PFPDA 产生的是一个清晰的结果，没有明显的伪影。因此，使用 PFPDA，11.8%的采样率便足够重构这种稀疏时间频率分布。

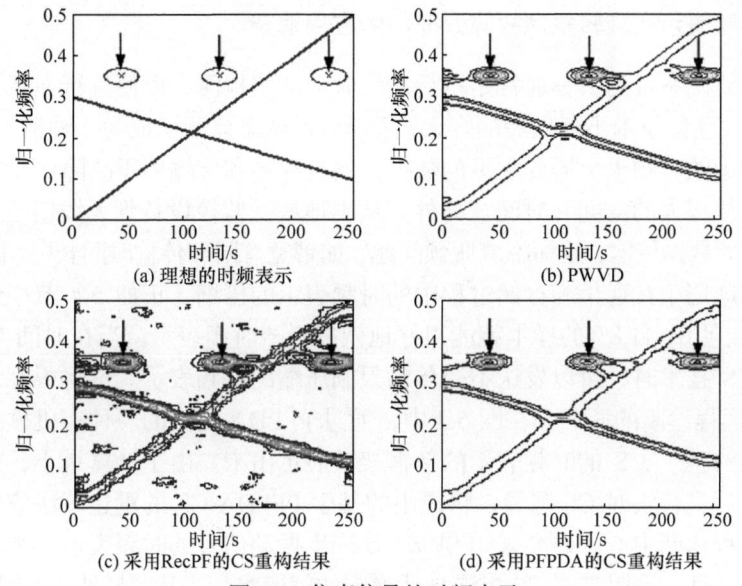

图 5.2 仿真信号的时频表示

为了进一步展示 PFPDA 的优势，在模拟中使用不同采样比(0.01~1)，对数值实验进行扩展。如图 5.3 所示，在不同采样比的情况下对时频表示进行恢复，提出的 PFPDA 比 RPF 有更高的 SNR。此外，当采样比率设置为大约 0.3 时，PFPDA 可以达到更好的重建结果，这表明 PFPDA 比 RecPF 更快更稳定。

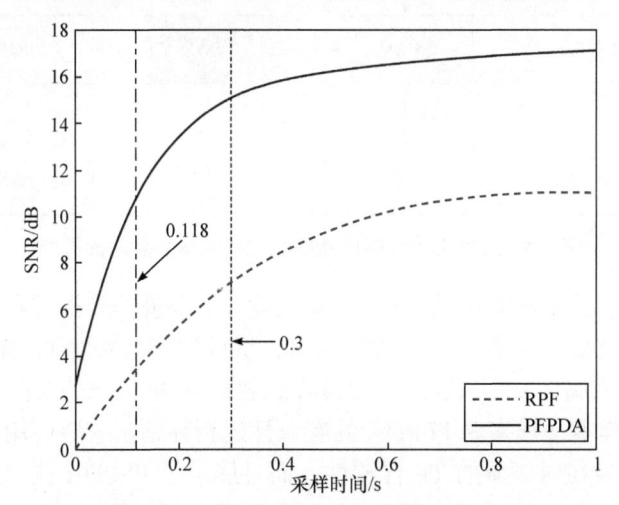

图 5.3 采用 RPF 和提出的 PFPDA 重构时频表示的 SNR

5.5 时频压缩感知特征提取方法的应用

5.5.1 时频表示在旋转机械故障诊断中的应用框架

健康监测系统的目标通常是执行离线时的缺陷检测，以便进行损坏预测和维护。在无线通信技术不断发展的今天，远程机器状态监测已成为一种流行的方法。机械诊断中的时频表示需要大量的数据，而且存储和传输用于故障诊断的时频表示通常需要很大的空间和时间。另外，从本地或受监控设备到无线信道上的远程维护中心的数据传输，也面临着瓶颈问题，如带宽有限和传输时间长[8]。因此，CS首先被考虑用于在通信和存储过程中的时频表示的压缩。正如 5.4 节中证明的，PFPDA 仅使用 11.8%的样本就能很好地恢复稀疏时频表示。当在时间-频率分析中使用 CS 技术时，可以发送不受传输限制压缩的时频表示。这将很好地解决基于 TF 的远程诊断的瓶颈。在图 5.4 中，通过 PFPDA 提出的一种在机械故障诊断领域应用的基于 CS 的时频表示的新框架被展示出来。由于计算量小，可以在振动测量完后进行实时 CS 测量，将提出的基于 PFPDA-CS 的重建算法应用于离线诊断和远程诊断中心。研究采用 SPWVD 产生振动信号的时频表示。为增强时频分布的稀疏性，采用基于 TF 矩阵自动确定的阈值减少干扰。另外，使用文献[28]提出的模型去除感知上下相关的成分，可以提高时频稀疏性。

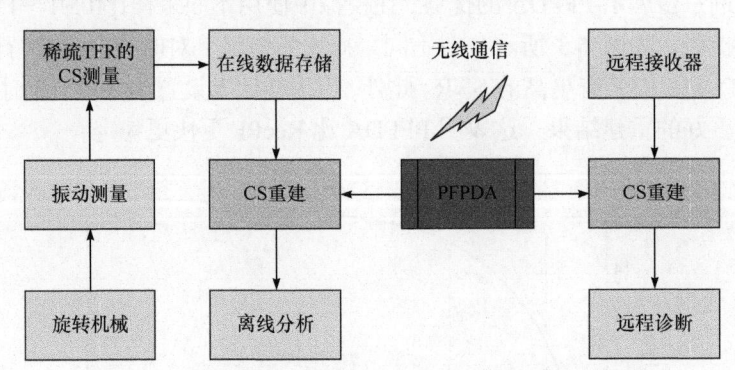

图 5.4 远程机械健康诊断的时频特征压缩算法的框架

可以看出，框架的关键是 CS 重建。因此，下面进一步探讨新提出的重建方法在旋转机械诊断中的有效性。我们知道，机械损伤经常发生在轴承(齿圈和滚动元件的剥落或腐蚀)和齿轮(齿面磨损或断裂)。在接下来的实际案例中，采用基于 11.8%的样本采样率对 PFPDA 的有效性进行评估。这些应用不仅说明了旋转机械振动信号在时频域的 TF 稀疏性，而且展示了 PFPDA 技术在实际应用中的有效性。

5.5.2 基于 CS 的时频表示在轴承故障诊断中的应用

轴承缺陷检测数据来自凯斯西储大学轴承数据中心。如图 5.5 所示，用于数据采集的测试台由电机、扭矩传感器、测力计和电气控制设备(未显示)组成。两个深沟球轴承分别支撑电机的驱动端和风扇端的电机轴。使用电火花加工方法在实验轴承的外滚道、内滚道和滚动体的位置上设置单点缺陷。通过连接在电机外壳驱动器端上的一个加速度计，采集带有外圈、滚动体(滚珠)和内圈缺陷的轴承(6205.2RS 型 JEM SKF)振动数据。采样频率设置为 12 kHz。实验轴承参数如表 5.1 所示(1in=2.54cm)。

图 5.5 轴承实验的实验装置

表 5.1 实验轴承参数

缺陷类型	缺陷尺寸/in	旋转速度/(r/min)	特征频率/Hz
内圈	0.014	1796	162.1
外圈	0.014	1749	104.5
滚动体	0.014	1749	137.4

1. 内圈故障

用于产生分析信号的测试轴承的缺陷大小为 0.014in，电机转速为 1796r/min。内圈故障特征的频率为 162.1 Hz。图 5.6(a)展示了时域内的内圈故障振动信号。SPWVD 的分析结果如图 5.6(b)所示，可以清楚地检测到周期性时间间隔为 6.2ms 的脉冲。这也表明，时频表示在本质上的稀疏性。图 5.6(c)和图 5.6(d)分别显示了使用 RecPF 和提出的 PFPDA 的分析结果。我们可以很容易地发现，PFPDA 比 RecPF 有更清晰的时频表示(没有显著的伪影)。此外，缺陷诱发脉冲的周期频率可以在图 5.6(d)中标识，为 161.3 Hz(6.2ms)。这与表 5.1 中给出的内圈缺陷的特征频率一致。

(a) 轴承内圈故障振动信号的时域波形
(b) 基于SPWVD内圈故障振动信号的时频表示
(c) 基于RecPF内圈故障振动信号的时频表示
(d) 基于PFPDA内圈故障振动信号的时频表示

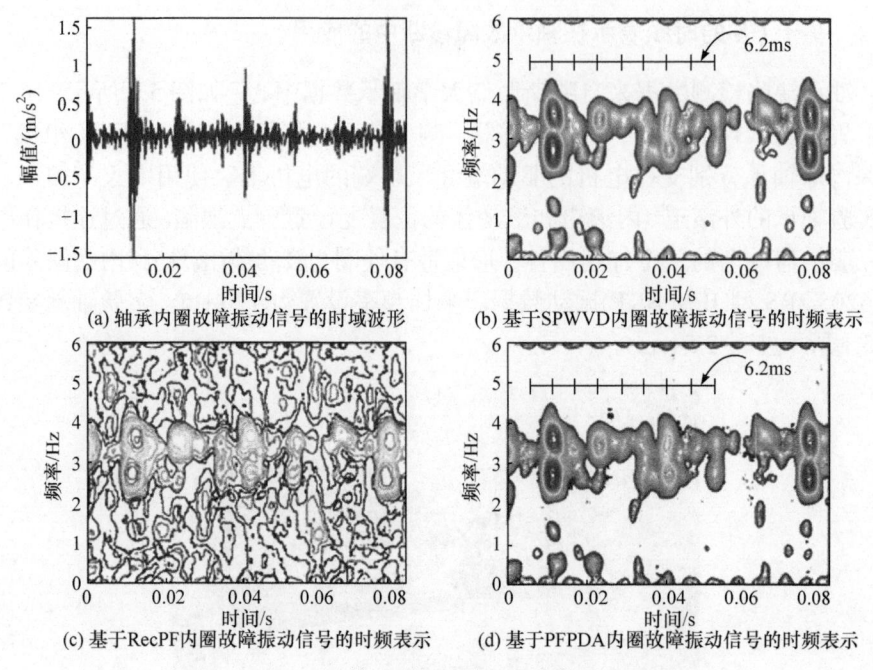

图 5.6 轴承内圈故障的振动信号

2. 外圈故障

电机转速为 1749r/min，轴承缺陷尺寸为 0.014in，采集的振动信号时域波形如图 5.7(a)所示。外圈故障特征频率为 104.5Hz。图 5.7(b)给出了原始的 SPWVD，可以找到周期为 9.6 ms 的周期性脉冲。RecPF 和 PFPDA 的分析结果分别如图 5.7(c)和图 5.7(d)所示。可以看出，PFPDA 分析结果更优。此外，从图 5.7(d)中也可以清楚地看到 104.5Hz(9.6ms)的周期特征。这也符合外圈缺陷的特征频率。

3. 滚子故障

电机转速为 1749r/min，滚动体缺陷尺寸为 0.014in，从测试轴承采集到的时间信号如图 5.8(a)所示。在这种情况下，滚子故障特征频率为 137.4Hz。图 5.8(b)显示了原始 SPWVD，可以检测周期为 7.3ms 的周期性脉冲。RecPF 和 PFPDA 的结果分别如图 5.8(c)和图 5.8(d)所示。可以看出，使用 PFPDA 方法时可以获取更好的结果。如图 5.8(d)所示，周期特征频率为 137.4Hz(1/7.3ms)，这是由滚子故障造成的。

5.5.3 基于 CS 的时频表示在齿轮健康状态监测中的应用

齿轮缺陷检测中的单级锥齿轮箱实验装置如图 5.9 所示。单级斜齿轮箱由交流电机通过周长 3/4in 的钢轴和一个减速比 2.527 的皮带来驱动。斜齿轮箱的齿轮和齿轮分别有 18 和 27 个齿。因此，基本的啮合频率计算为18×轴转速/2.527。

(a) 轴承外圈故障振动信号的时域波形　　(b) 基于SPWVD外圈故障振动信号的时频表示

(c) 基于RecPF外圈故障振动信号的时频表示　　(d) 基于PFPDA外圈故障振动信号的时频表示

图 5.7　轴承外圈故障的振动信号

(a) 轴承转子故障振动信号的时域波形　　(b) 基于SPWVD转子故障振动信号的时频表示

(c) 基于RecPF转子故障振动信号的时频表示　　(d) 基于PFPDA转子故障振动信号的时频表示

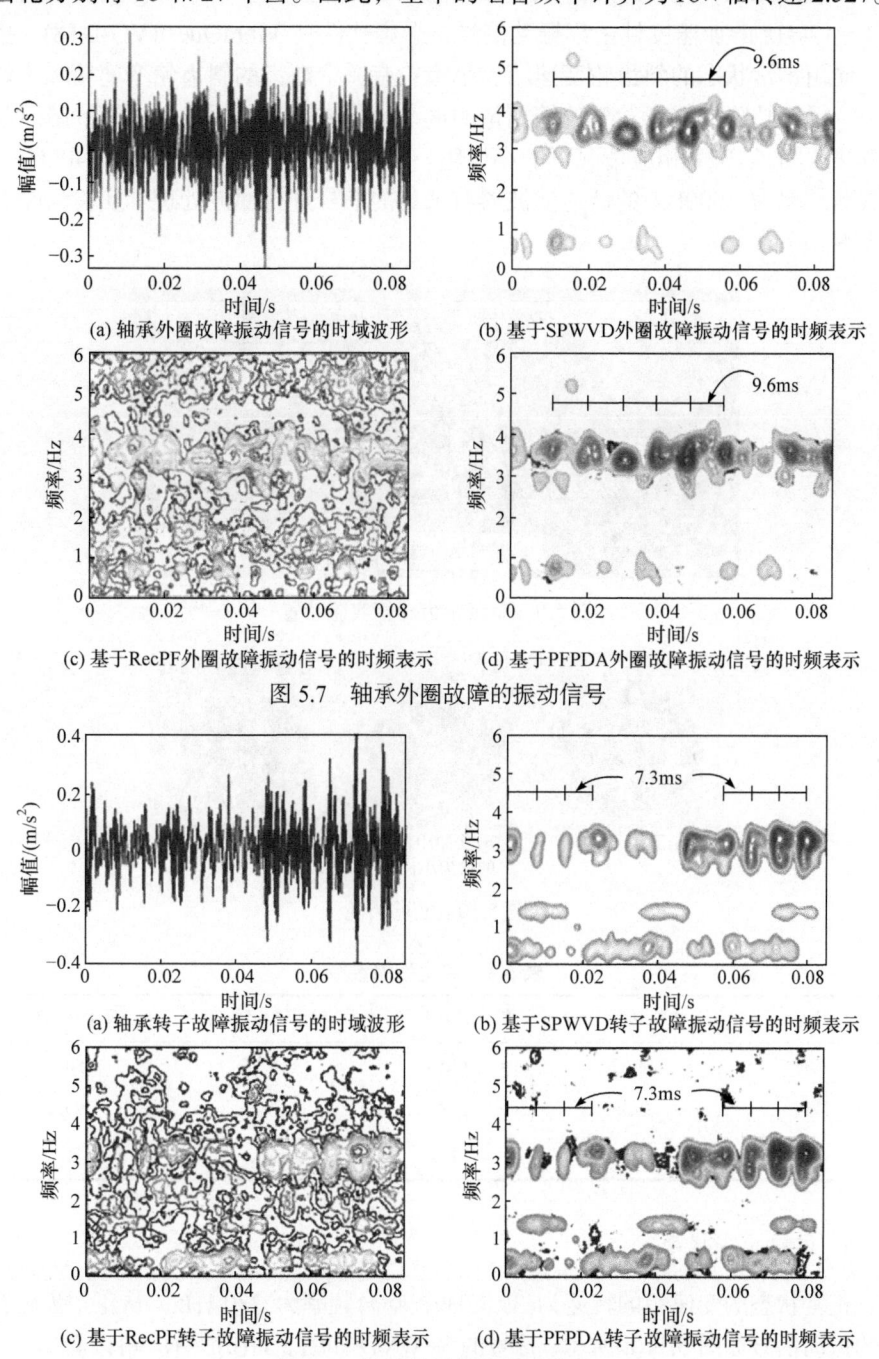

图 5.8　轴承转子故障振动信号

可调磁制动器的负载设置为 5lb(1lb ≈ 0.454kg)，交流电机转速由脉宽调制(pulse width modulation，PWM)驱动器控制，采用两个灵敏度为 100mV/g 且灵敏度范围为 1~12kHz 的加速度计采集振动信号，采集软件是 VibraQuest(VQ-DT8)。接下来，使用正常状态的斜齿轮变速箱、小齿轮有一个缺齿的斜齿轮变速箱和小齿轮有一个局部缺陷的斜齿轮变速箱测量的振动信号来评估所提出的压缩稀疏时频表示方法。图 5.10 为相应情况下的小齿轮。实验中的采样频率设置为 6400Hz，采用截断频率为 3000Hz 的低通滤波器对采集的信号进行滤波处理。实验齿轮参数如表 5.2 所示。

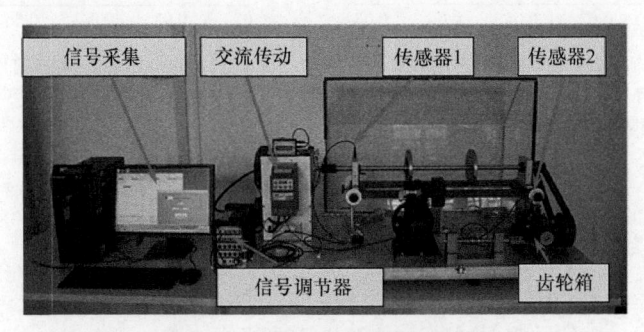

图 5.9　单级锥齿轮箱实验装置

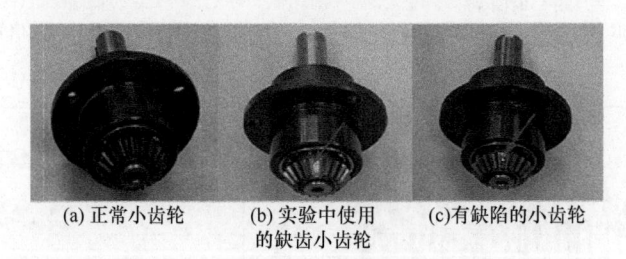

(a) 正常小齿轮　　(b) 实验中使用的缺齿小齿轮　　(c) 有缺陷的小齿轮

图 5.10　实验齿轮

表 5.2　实验齿轮参数

状态	电机转频/Hz	输入轴转频/Hz	输出轴转频/Hz	啮合频率/Hz
正常	39.32	15.56	10.37	280.1
缺齿	39.20	15.51	10.34	279.2
断齿	49.37	19.54	13.03	351.7

1. 齿轮正常状态

正常状态的变速箱的转速为 39.32Hz，啮合频率为 280.1Hz。从正常齿轮箱采集的振动信号如图 5.11(a)所示，信号的 SPWVD 如图 5.11(b)所示。可以看出，信号的时频表示是稀疏的,只有啮合频率,不存在其他明显的重复性脉冲。图 5.11(c)和图 5.11(d)给出了采用 RecPF 和 PFPDA 的压缩时频表示。在 RecPF 的重建结果中,出现很多伪影(图 5.11(c)),严重影响原始时频表示的固有特征。相反,从图 5.11(d)可以看出,PFPDA 方法在仅使用 11.8%的样本的情况下,就可以很好地重建时频表示。

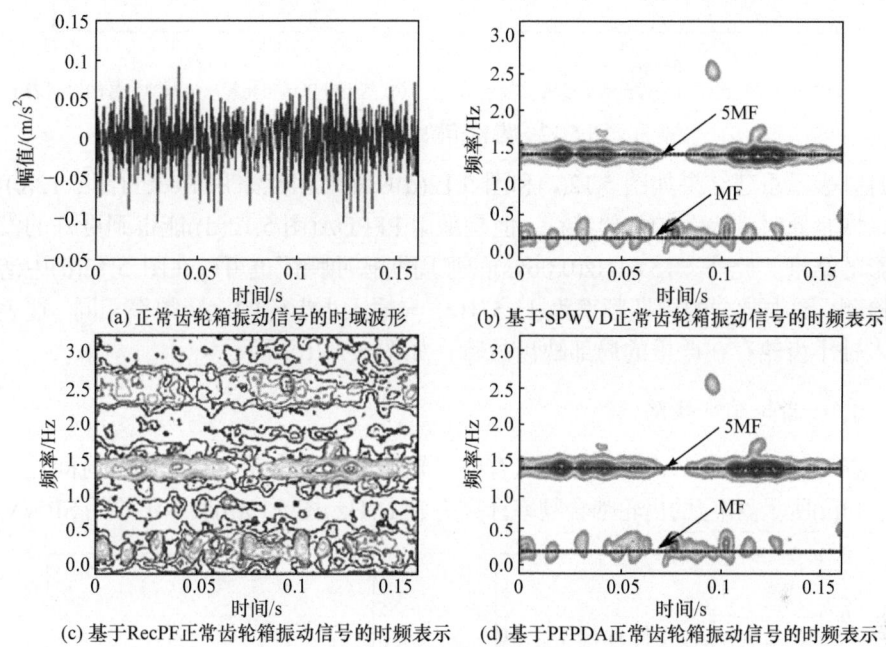

(a) 正常齿轮箱振动信号的时域波形

(b) 基于SPWVD正常齿轮箱振动信号的时频表示

(c) 基于RecPF正常齿轮箱振动信号的时频表示

(d) 基于PFPDA正常齿轮箱振动信号的时频表示

图 5.11 正常齿轮箱的振动信号

2. 小齿轮缺失

图 5.12(a)展示了在电机转速为 39.20Hz 的情况下,从具有缺齿缺陷的实验齿轮上收集的时间信号。相应的齿轮啮合频率计算为 279.2Hz。图 5.12(b)给出了原始 SPWVD,可以检测到时间间隔为 0.065 s 的周期性脉冲。采用 RecPF 和 PFPDA

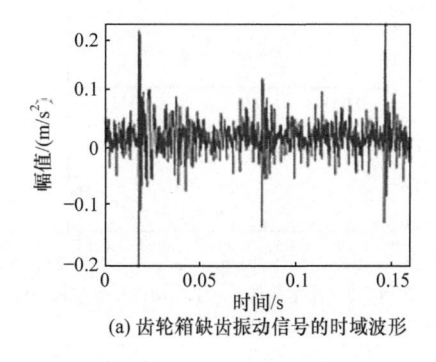

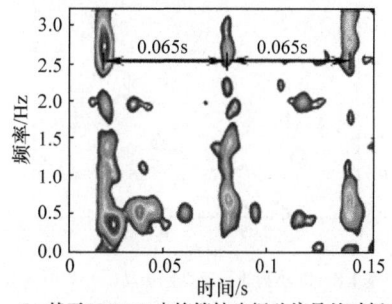

(a) 齿轮箱缺齿振动信号的时域波形

(b) 基于SPWVD齿轮箱缺齿振动信号的时频表示

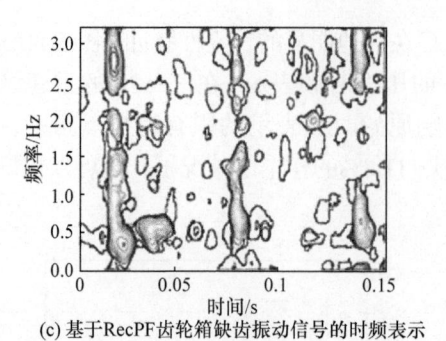

(c) 基于RecPF齿轮箱缺齿振动信号的时频表示 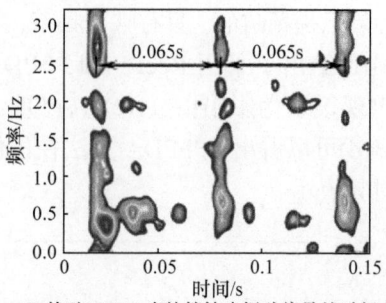　　(d) 基于PFPDA齿轮箱缺齿振动信号的时频表示

图 5.12　齿轮箱缺齿的振动信号

的时频表示重建结果如图 5.12(c)和图 5.12(d)所示。虽然采用 RecPF(图 5.12(c))也可以恢复原时频表示的主要特征，但是采用 PFPDA(图 5.12(d))能得到更好的没有伪影的结果。此外，15.51Hz(0.065s)的强周期脉冲特征也可以在图 5.12(d)中清楚地检测。图中脉冲的周期频率为 15.51Hz，与输入小齿轮的旋转频率相同，这表明输入轴小齿轮存在严重的局部缺齿故障，如图 5.10(b)所示。

3. 小齿轮局部缺陷

在电机转速为 49.37Hz 时，从有缺口缺陷的实验齿轮上采集到的时间信号如图 5.13(a)所示。相应的齿轮啮合频率计算为 351.7Hz。图 5.13(b)展示了原始 SPWVD，

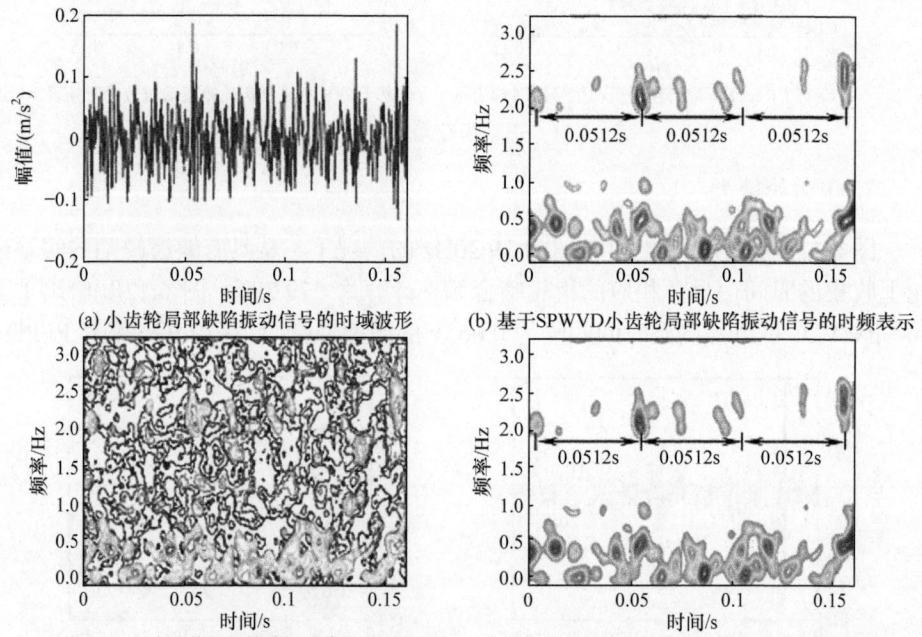

(a) 小齿轮局部缺陷振动信号的时域波形　　(b) 基于SPWVD小齿轮局部缺陷振动信号的时频表示

(c) 基于RecPF小齿轮局部缺陷振动信号的时频表示　　(d) 基于PFPDA小齿轮局部缺陷振动信号的时频表示

图 5.13　小齿轮局部缺陷的振动信号

可以检测到时间间隔约为 0.0512s 的周期性脉冲。图 5.13(c)和图 5.13(d)分别给出了采用 RecPF 和 PFPDA 的压缩时频表示重建结果。可以发现，采用 RecPF(图 5.13(c))的结果中出现很多伪影，采用 PFPDA(图 5.13(d))能得到更好的结果。此外，在图 5.13(d)中可以清楚地检测到 19.54Hz(0.0512s)的微弱周期性特征。周期频率 15.51Hz 与输入小齿轮的旋转频率相同，表明输入轴小齿轮存在严重的局部缺陷故障，如图 5.10(c)所示。

5.6 本章小结

本章提出一种新的 PFPDA 算法，用于重构带噪信号的稀疏 TFR。通过仿真，证明这种基于压缩传感的稀疏 TFR 的实用性。通过仿真分析，验证这种基于 CS 的稀疏 TFR 方法检测隐藏线性结构和脉冲信号的有效性，而且该方法比普通的 RecPF 方法有着更好的重构性能。基于该算法，开发了一种用于实际应用的旋转机械远程和离线状态监测的新框架，将 PFPDA 方法用于旋转机械故障诊断的稀疏 TFR。通过轴承缺陷诊断和齿轮故障诊断的应用实例，进一步验证该方法的有效性。结果表明，实际振动信号的 TFR 具有稀疏性；该方法可以很好地恢复稀疏 TFR，并在有限的测量下保留故障特征而不产生明显的伪影。

由于仿真和实验证明该算法仅使用少量样本就能很好地重构非平稳信号的 TFR，所以该方法也为时频分析技术在远程机械健康状态监测实际应用中的瓶颈问题提供了一种可行的解决途径。我们将进一步考虑提出的新型框架的片上系统(system-on-chip，SoC)设计的硬件实现，使其具有在线和实时的时频处理、便携和多功能等特性，而这些特性是大多数商用监测设备不容易具备的。

参 考 文 献

[1] Ma H, Yu T, Han Q, et al. Time-frequency features of two types of coupled rub-impact faults in rotor systems. Journal of Sound & Vibration, 2009, 321(3-5): 1109-1128.

[2] He Q, Wang X Y. Time-frequency manifold correlation matching for periodic fault identification in rotating machines. Journal of Sound & Vibration, 2013, 332(10): 2611-2626.

[3] Gaberson H A. Application of Choi-Williams reduced interference time-frequency distribution to machinery diagnostics. Shock Vibration,1995, 2(6): 437-444.

[4] Wang Y X, He Z J, Xiang J W, et al. Application of local mean decomposition to the surveillance and diagnostics of low-speed helical gearbox. Mechanism and Machine Theory, 2012, 47: 62-73.

[5] Wang Y, He Z, Zi Y. A demodulation method based on improved local mean decomposition and its application in rub-impact fault diagnosis. Measurement Science & Technology, 2009, 20(2): 025704.

[6] Yan R, Gao R X. Hilbert-Huang transform-based vibration signal analysis for machine health

monitoring. IEEE Transactions on Instrumentation and Measurement, 2006, 55(6): 2320-2329.

[7] Oltean M, Picheral J, Lahalle E, et al. Compression methods for mechanical vibration signals: Application to the plane engines. Mechanical Systems & Signal Processing, 2013, 41(1-2): 313-327.

[8] Guo W, Tse P W. A novel signal compression method based on optimal ensemble empirical mode decomposition for bearing vibration signals. Journal of Sound and Vibration, 2013, 332(2): 423-441.

[9] Bao W, Wang W, Zhou R, et al. Application of a two-dimensional lifting wavelet transform to rotating mechanical vibration data compression. Proceedings of the Institution of Mechanical Engineers Part C-Journal of Mechanical Engineering Science, 2009, 223(10): 2443-2449.

[10] Cattaneo A, Park G, Farrar C, et al. The application of compressed sensing to long-term acoustic emission-based structural health monitoring// Smart Sensor Phenomena, Technology, Networks and Systems Integration, San Diego, 2012: 273-284.

[11] Pfander G E, Rauhut H. Sparsity in time-frequency representations. Journal of Fourier Analysis & Applications, 2010, 16(2): 233-260.

[12] Flandrin P, Borgnat P. Time-Frequency Energy Distributions Meet Compressed Sensing. IEEE Transactions on Signal Processing, 2010, 58(6): 2974-2982.

[13] Orović I, Stanković S, Amin M. Compressive sensing for sparse time-frequency representation of nonstationary signals in the presence of impulsive noise//Compressive Sensing II, Baltimore, 2013: 69-76.

[14] Jokanović B, Amin M, Stanković S. Instantaneous frequency and time-frequency signature estimation using compressive sensing// Radar Sensor Technology XVII, Baltimore, 2013: 411-421.

[15] Whitelonis N, Hao L. Application of a compressed sensing based time-frequency distribution for radar signature analysis// 2012 IEEE Antennas and Propagation Society International Symposium and USNC/URSI National Radio Science Meeting, Chicago, 2012: 432-441.

[16] Candes E J, Romberg J, Tao T. Robust uncertainty principles: Exact signal reconstruction from highly incomplete frequency information. IEEE Transactions on Information Theory, 2006, 52(2): 489-509.

[17] Candes E J, Romberg J K, Tao T. Stable signal recovery from incomplete and inaccurate measurements, A Journal Issued by the Courant Institute of Mathematical Sciences, 2006, 59(8): 1207-1223.

[18] Lustig M, Donoho D, Pauly J M. Sparse MRI: The application of compressed sensing for rapid MR imaging. Magnetic Resonance in Medicine, 2007, 58(6): 1182-1195.

[19] Ma S, Yin W, Zhang Y, Chakraborty A. An efficient algorithm for compressed MR imaging using total variation and wavelets// 2008 IEEE Conference on Computer Vision and Pattern Recognition (CVPR), Anchorage, 2008: 1-8.

[20] Huang J, Yang F. Compressed magnetic resonance imaging based on wavelet sparsity and nonlocal total variation// 2012 IEEE 9th International Symposium on Biomedical Imaging, Barcelona, 2012: 968-971.

[21] Ma. S Q, Yang W T, Yin Z, et al. An efficient algorithm for compressed MR imaging using total variation and wavelets// 2008 IEEE Conference on Computer Vision and Pattern Recognition (CVPR), Anchorage, 2008: 1-8.

[22] Yang J, Zhang Y, Yin W. A fast alternating direction method for TVL1-L2 signal reconstruction from partial Fourier data. IEEE Journal of Selected Topics in Signal Processing, 2010, 4(2): 288-297.

[23] Beck A, Teboulle M. A fast iterative shrinkage-thresholding algorithm for linear inverse problems. SIAM Journal on Imaging Sciences, 2009, 2(1): 183-202.

[24] Beck A, Teboulle M. Fast gradient-based algorithms for constrained total variation image denoising and deblurring problems. IEEE Transactions on Image Process, 2009, 18(11): 2419-2434.

[25] Combettes P L, Pesquet J C. A proximal decomposition method for solving convex variational inverse problems. Inverse Problems, 2008, 24(6): 065014.

[26] Combettes P L, Pesquet J C. Proximal splitting methods in signal processing, in: Fixed-Point Algorithms for Inverse Problems in Science and Engineering. Optimization and Control, 2011: 185-212.

[27] Kumar V, Heikkonen J, Rissanen J, et al. Description length denoising with histogram models. IEEE Transactions on Signal Processing Minimum, 2006, 54(8): 2922-2928.

[28] Balazs P, Laback B, Eckel G, et al. Time-frequency sparsity by removing perceptually irrelevant components using a simple model of simultaneous masking. IEEE transactions on Audio, Speech, and Language Processing, 2009, 18(1): 34-49.

第6章　机械信号降噪与特征增强方法

6.1　基于改进归一化最大似然估计的最小描述长度降噪方法

针对现有各种降噪方法存在的缺点，本节提出一种改进归一化最大似然估计的最小描述长度(minimum description length，MDL)降噪方法。该方法可以增加编码过程中对集合本身的码长计算，降噪中自适应地确定降噪阈值。通过仿真信号和实际某轴承故障信号降噪分析，表明该方法可以有效消除噪声并尽可能保留有用信号成分，降噪后信号的 SNR 高于 VisuShrink 降噪和 BayesShrink 降噪等方法。基于改进归一化最大似然估计的 MDL 降噪方法可以进一步完善 MDL 降噪理论，提升降噪效果。

6.1.1　引言

为了从测量机械振动信号中提取有用信息，需要消除信号中的随机噪声等无用成分。传统基于小波的降噪算法首先对信号进行小波变换，将信号分解到多个尺度；其次确定信号阈值，采用某种阈值规则修改小波系数；最后对修剪后的小波系数进行小波逆变换得到降噪的信号。对上述基于小波的降噪算法，最重要的就是要定出合适阈值，因为这直接决定最后的降噪效果。传统代表性的降噪方法有 Donoho 提出采用统一阈值 $\theta = \hat{\sigma}\sqrt{2\ln N}$ 的 VisuShrink 方法[1]，其中 $\hat{\sigma}^2$ 为估计噪声信号方差，N 为信号长度；采用统一阈值与施泰因无偏风险估计(Stein's unbiased risk estimate，SURE)阈值所确定的混合阈值的 SureShrink 方法[2]、BayesShrink 方法、多尺度积阈值[3]、双收缩阈值函数降噪[4]、联合尺度间与尺度内统计模型降噪[5]、K-Hybrid 阈值[6]等。臧玉萍等[7]提出基于小波细节系数自相关分析的分层阈值降噪法，并应用于发动机振动信号分析中。上述降噪算法阈值的计算均要估计噪声信号的方差。对于模拟加性含噪信号(干净信号与白噪声信号的叠加)，可以精确估计噪声信号的方差，但是对于实际信号，由于根本不存在干净信号，所以很难估计噪声的方差。曲巍崴等提出一种噪声方差估计的方法，并将小波阈值方法应用于反求工程的降噪中[8]。信号方差的估计过程是一个循环推理过程，即从原始信号中估计噪声信号，再根据此噪声信号估计信号方差，然后据此方差确定阈值消除原始信号噪声。

2000 年，MDL 原理的创始人 Rissanen 提出一个全新的信号降噪理念，将信号降噪过程看作一个聚类分析问题，同时给予信号中噪声成分新的定义，即噪声被看作信号中不可压缩的部分[9]。因此,信号中可以被压缩的成分便是有用信号,而且有用信号不一定是光滑信号,这也与实际情况相符。MDL 降噪方法在质谱信号噪声消除中得到成功应用,并证实具有较好的鲁棒性[10]。另外,Kumar 等针对不同噪声分布模型,将 MDL 降噪方法与柱状图模型相结合,解决不同噪声分布情况下(包括非高斯噪声分布)的信号降噪问题,而且降噪效果明显优于 BayesShrink 等方法[11]。

本章基于归一化最大似然(normalized maximum likelihood,NML)估计 MDL 降噪模型,增加编码过程中对集合本身码长的计算,自适应确定信号降噪各小波尺度阈值。仿真信号和实际某轴承故障信号降噪分析结果表明,所提方法可以有效消除噪声并尽可能保留有用信号成分,降噪后信号的 SNR 高于 VisuShrink 降噪和 BayesShrink 降噪等方法。

6.1.2 基于改进归一化最大似然估计的 MDL 降噪方法

对于某个信号 $y^n = (y_1, y_2, \cdots, y_n)^T$,首先采用正交小波变换将信号分解到各小波子空间为

$$c^n = W^T y^n \tag{6.1}$$

其中,W 为小波扩展成的正交矩阵,且 $W^{-1} = W^T$;$c^n = (c_1, c_2, \cdots, c_n)^T$ 为小波分解系数向量。

若 y^n 又可表示为有用成分 $\beta^n = (\beta_1, \beta_2, \cdots, \beta_n)^T$ 和噪声序列 $\varepsilon^n = (\varepsilon_1, \varepsilon_2, \cdots, \varepsilon_n)^T$ 的叠加,即

$$y^n = W\beta^n + \varepsilon^n \tag{6.2}$$

其中,$\varepsilon_i \overset{\text{i.i.d.}}{\sim} N(0, \sigma_N^2)$,则 $y^n = Wc^n = W\beta^n + WW^T \varepsilon^n$。

$$c_i \overset{\text{i.i.d.}}{\sim} \begin{cases} N(0, \sigma_I^2), & i \in \gamma \\ N(0, \sigma_N^2), & i \notin \gamma \end{cases} \tag{6.3}$$

基于 MDL 降噪的原理就是寻找集合 γ,$\gamma = \{1, 2, \cdots, k(\gamma)\} \subset \{1, 2, \cdots, n\}$,$k(\gamma) = k$。为此,Rissanen 采用 NML 长度确定集合 γ,即

$$-\ln f_{\text{NML}}(y^n; \gamma) = -\ln \frac{f(y^n; \hat{\sigma}_I^2, \hat{\sigma}_N^2)}{\int_{y^n} f(y^n; \hat{\sigma}_I^2, \hat{\sigma}_N^2) \mathrm{d}y^n} \tag{6.4}$$

由于计算 NML 码长积分的上下限是无法确定的,Rissanen 提出二次归一化最大似然(renormalized maximum likelihood,RNML)估计消除码长计算中超静定参数问题,即

$$-\ln f_{\text{NML}}(y^n;\gamma) = \frac{k}{2}\ln S_\gamma(y^n) + \frac{n-k}{2}\ln(S(y^n) - S_\gamma(y^n)) - \ln\Gamma\left(\frac{k}{2}\right) - \ln\Gamma\left(\frac{n-k}{2}\right) + C \tag{6.5}$$

其中，C 为不依赖 k 的常数。

借助简单的 Stirling 逼近，即
$$\ln\Gamma(z) \approx (z-0.5)\ln z - z + 0.5\ln 2\pi \tag{6.6}$$
可以得到近似的码长函数，即
$$-\ln f_{\text{NML}}(y^n;\gamma) \approx \frac{k}{2}\ln\frac{S_\gamma(y^n)}{k} + \frac{n-k}{2}\ln\frac{(S(y^n) - S_\gamma(y^n))}{n-k} + \frac{1}{2}\ln(k(n-k)) + C_{\text{RNML}} \tag{6.7}$$

$S_\gamma(y^n) := \sum_{i\in\gamma} c_i^2$，$S(y^n) := \sum_{i=1}^{n} c_i^2$，$\gamma$ 便是使码长函数最短的集合，即

$$\min_{\gamma}\left[\frac{k}{2}\ln\frac{S_\gamma(y^n)}{k} + \frac{n-k}{2}\ln\frac{(S(y^n) - S_\gamma(y^n))}{n-k} + \frac{1}{2}\ln(k(n-k))\right] \tag{6.8}$$

但是，在 RNML 模型中，并没有考虑模型本身的码长，即没有考虑 k 对码长的影响。Roos 对模型做了一些改进，提出改进归一化最大似然码长模型(improved normalized maximum likelihood，INML)。INML 模型中增加 γ 集合模型码长为 $\ln\binom{n}{k}$，得到的码长为

$$\frac{k}{2}\ln\frac{S_\gamma(y^n)}{k} + \frac{n-k}{2}\ln\frac{S(y^n) - S_\gamma(y^n)}{n-k} + \frac{1}{2}\ln(k(n-k)) + \ln\binom{n}{k} + C_{\text{RNML}} \tag{6.9}$$

其为

$$\ln\binom{n}{k} = \ln n + \ln\Gamma(n) - \ln(k(n-k)) - \ln\Gamma(k) - \ln\Gamma(n-k) \tag{6.10}$$

同样，对式(6.10)进行 Stirling 逼近可得

$$\ln\binom{n}{k} \approx (n+0.5)\ln n - (k+0.5)\ln k - (n-k+0.5)\ln(n-k) - \frac{1}{2}\ln 2\pi \tag{6.11}$$

因此，最终求得 INML 码长为

$$-\ln f_{\text{INML}}(y^n;\gamma) \approx \frac{k}{2}\ln\frac{S_\gamma(y^n)}{k^3} + \frac{n-k}{2}\ln\frac{S(y^n) - S_\gamma(y^n)}{(n-k)^3} + C_{\text{INML}} \tag{6.12}$$

其中，C_{INML} 为不依赖 k 的常数。

γ 集合的选择方式与 RNML 相同，即

$$\min_{\gamma}\left(\frac{k}{2}\ln\frac{S_{\gamma}(y^n)}{k^3}+\frac{n-k}{2}\ln\frac{S(y^n)-S_{\gamma}(y^n)}{(n-k)^3}\right) \tag{6.13}$$

当 γ 集合确定下来，将属于集合 γ 中的分解系数看作信号的有用成分，而将集合以外的系数看作噪声。采用硬阈值方式对小波系数进行修剪，即

$$\hat{c}_i=\begin{cases}c_i, & i\in\gamma \\ 0, & i\notin\gamma\end{cases} \tag{6.14}$$

令 $\hat{c}^n=(\hat{c}_1,\hat{c}_2,\cdots,\hat{c}_n)^{\mathrm{T}}$ 为小波阈值后系数，当把 c_i 与 $\hat{c}_i$ 进行排序后，可以得到 INML 降噪方法确定的阈值。因此，阈值的选择是由方法本身根据信号来自适应确定。

最后降噪信号 $\hat{y}^n$ 可经小波逆变换得到，即

$$\hat{y}^n=W\hat{c}^n \tag{6.15}$$

其中，$\hat{y}^n=(\hat{y}_1,\hat{y}_2,\cdots,\hat{y}_n)^{\mathrm{T}}$ 为滤波后的信号向量。

6.1.3 仿真分析

为了验证 INML 的 MDL 降噪效果，构造无噪声冲击信号(图 6.1(a))，无噪声信

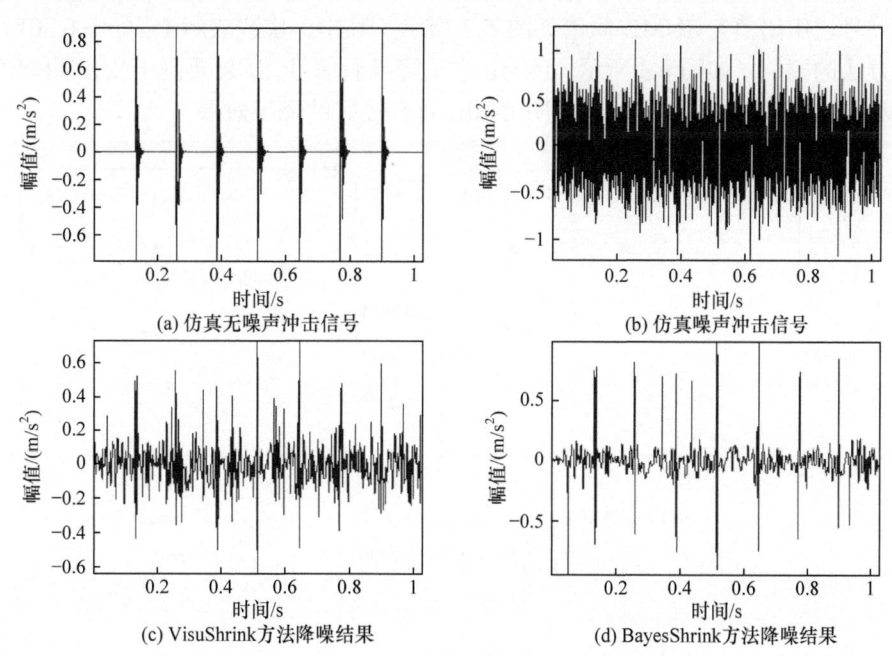

(a) 仿真无噪声冲击信号

(b) 仿真噪声冲击信号

(c) VisuShrink方法降噪结果

(d) BayesShrink方法降噪结果

（图）

(e) INML方法降噪结果

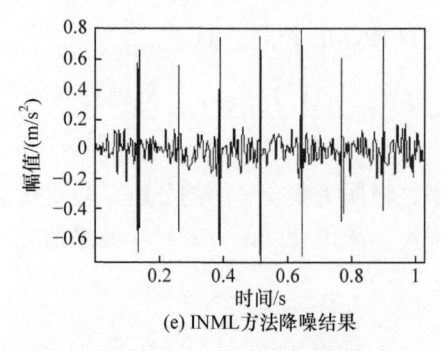

图 6.1　仿真信号及不同方法降噪结果

号叠加 $\sigma = 0.30$ 的白噪声后的噪声冲击信号如图 6.1(b)所示。选用 db10 小波分解 4 层，得到 4 个细节信号和一个逼近信号，对 4 层细节信号分别采用 VisuShrink、BayesShrink 和 INML 方法进行降噪处理，逼近信号不做降噪处理。最后对三种方法处理后的小波系数进行小波逆变换，分别得到降噪信号，如图 6.1(c)~图 6.1(e)所示。可以看出，INML 方法明显要优于 VisuShrink 和 BayesShrink 方法。

为了进一步研究 INML 方法在不同噪声方差时的降噪效果，进行仿真实验。实验信号的噪声方差由 0 变化到 0.4，间隔为 0.01，对每一组 σ 分别用统一阈值(分为软硬两种阈值方式)、BayesShrink 和 INML 方法降噪。小波分解不同尺度细节信号通用阈值与 INML 阈值如图 6.2 所示。其中，虚线表示上面 $\sigma = 0.30$ 时两种方法的阈值。如图 6.3 所示，INML 方法降噪后信号 SNR 要高于软、硬阈值降噪和 BayesShrink 降噪方法，表明 INML 具有较好的降噪效果。

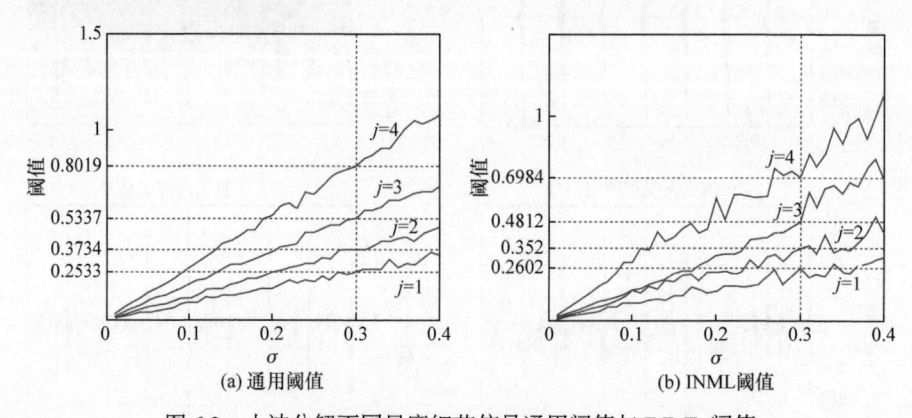

(a) 通用阈值　　　(b) INML 阈值

图 6.2　小波分解不同尺度细节信号通用阈值与 INML 阈值

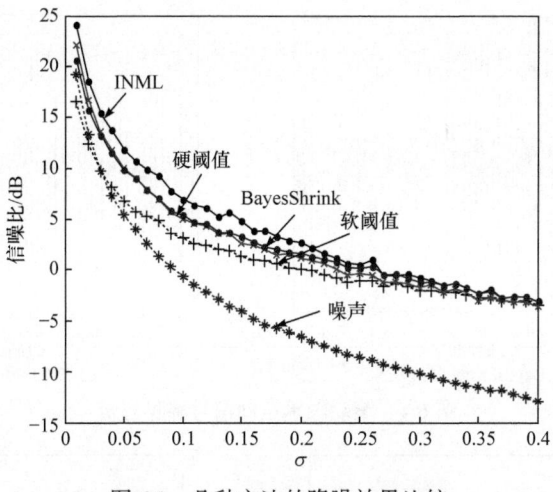

图 6.3 几种方法的降噪效果比较

6.1.4 滚动轴承振动信号降噪分析

为验证 INML 方法在机械故障信号降噪的优越性，本节使用某装备的滚动轴承实验信号。图 6.4(a)是采集的轴承外圈故障时域信号，可以看出信号中含有大量噪声。对此信号，选用 db10 小波分解 5 层，对于 5 层细节信号分别采用 VisuShrink、BayesShrink 和 INML 方法进行降噪处理，逼近信号不做降噪处理。如图 6.4(b)~图 6.4(d)所示，INML 方法不但大大降低噪声成分，而且可以完整保留轴承振动信号中的冲击成分。对于 5 层小波分解细节信号，采用 INML 方法计算得到的码长为 2.9531×10^5、3.5252×10^5、3.8913×10^5、4.2938×10^5 和 4.5624×10^5。滚动轴承振动信号谱分析如图 6.5 所示(只显示 0~1000Hz 频段，纵坐标采用 dB 表示)，降噪后信号频谱接近原始信号，但是其中故障特征信息成分(图中箭头所示)更加明显。不难看出，INML 方法在不损伤原始信号基础上，可以尽可能地消除噪声干扰。

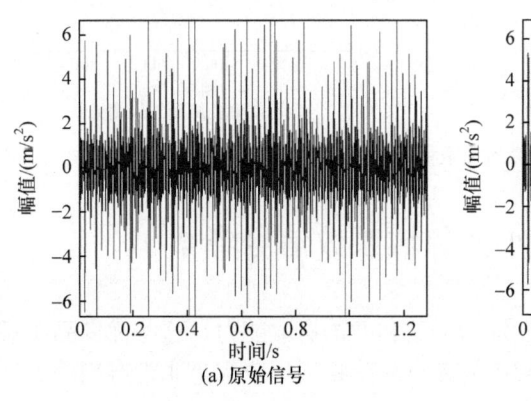

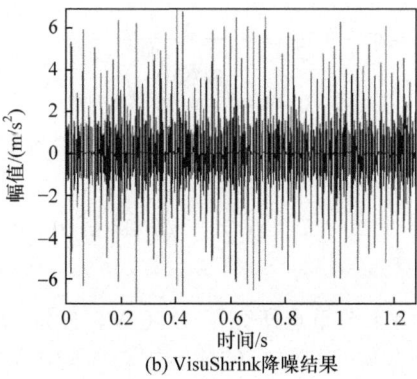

(a) 原始信号　　(b) VisuShrink降噪结果

(c) BayesShrink降噪结果

(d) INML降噪结果

图 6.4 滚动轴承振动信号降噪分析

(a) 原始信号频谱

(b) VisuShrink降噪结果频谱

(c) BayesShrink降噪结果频谱

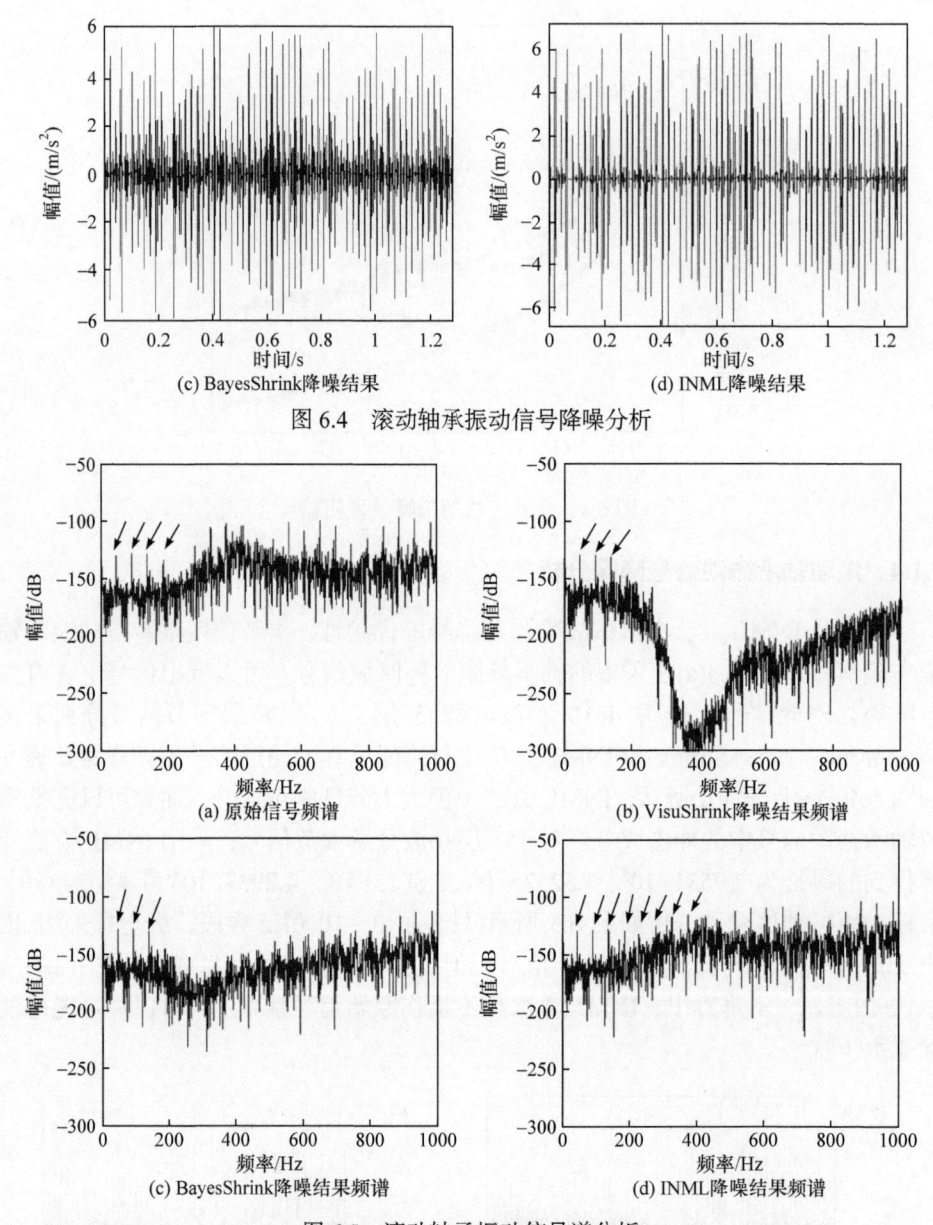

(d) INML降噪结果频谱

图 6.5 滚动轴承振动信号谱分析

6.2 双树复小波邻域系数信号降噪

4.4 节重点研究了 DTCWT 良好的谐波和冲击提取能力。这些优良品质对于信号降噪处理及后续实际工程应用中的多重故障特征提取都是非常有用的。

在采集信号过程中总是会混杂有各种噪声成分。这些噪声成分有时会淹没故障特征，因此需要对原始采集信号进行各种降噪处理。一个理想的降噪方法应该是在保持有用信息的同时，去除尽可能多的噪声成分。由于各种小波变换方法可有效地在时域分离出有用信号与噪声，基于小波变换的阈值方法是目前广泛采用的降噪方法。众所周知，采用冗余小波变换可显著提高信号降噪效果。因此，研究人员提出基于非抽样 DWT[12]、平移不变降噪[13]、逼近 CWT[14]，以及冗余第二代小波变换[15]等冗余小波降噪技术。这些冗余小波变换技术普遍需要大量的存储空间，并会耗费大量时间，因此并不适合实时工程应用。DTCWT 具有有限的冗余性，对于 d 维信号其冗余度为 2^d，同时，其较低的计算复杂性使 DTCWT 非常适合实时的信号降噪问题。DTCWT 的平移不变性及减小的频带混淆也会进一步增强其降噪效果。另外，相比对每个树分解后实部和虚部系数进行阈值处理，对 DTCWT 后组合的复小波系数进行阈值处理的降噪效果要更好、更稳定[16]。原因是复系数幅值具有变化缓慢、无混叠失真，加之 DTCWT 的平移不变性，实际上 DTCWT 降噪也是一种平移不变降噪方法。因此，我们基于 DTCWT 的降噪算法是对其分解后组合的复系数进行非线性阈值处理。

6.2.1 双树复小波邻域系数降噪算法

当考虑信号分解后系数之间的统计相关性时，其降噪效果也能得到提高。对小波分解系数的统计建模进行了大量的研究工作，提出隐马尔可夫模型[17]、双收缩模型[18]与高斯尺度混合[19]等模型，这些模型已在图像处理领域得到成功应用。采用 DTCWT 和双收缩模型对齿轮振动信号进行降噪处理，成功提取出微弱故障特征信息[20]。文献[21]对 DTCWT 分解后的系数的统计方差特性进行了详细研究，这为本章的 DTCWT 降噪研究奠定了理论基础。由于 DTCWT 所用 Q 平移滤波器的正交特性，信号与噪声在分解后具有不同方差特性，因此阈值处理可以有效区分信号与噪声。Cai 等在充分考虑小波分级后，提出使用一维信号的 NeighBlock 降噪与 NeighCoeff 收缩降噪[22]。本节将 DTCWT 与 NeighCoeff 两种技术相融合，充分发挥 DTCWT 的平移不变等特性，具体降噪步骤如下。

(1) 借助某种小波变换,将信号 x 变换到小波域 $\tilde{\Theta} = W \cdot x$，其中 $\tilde{\Theta} = [\tilde{\theta}_{j,k}]_{j,k \in Z}$，$\tilde{\theta}_{j,k}$ 为第 j 尺度的第 k 个系数。

(2) 在每一尺度，例如 j 尺度上对小波系数进行分组 b_i^j (定义组员个数为 1)，然后以每组中心元素向左右扩展为大组 B_i^j (这里定义左右扩展的个数均为 1)。

(3) 令 λ_j、β_i^j 与 $\hat{\theta}_{j,k}$ 分别表示阈值系数、收缩因子和降噪小波系数，在每一个小波区间内，采用 NeighCoeff 降噪流程(图 6.6)处理每一小波系数 $\tilde{\theta}_{j,k}$。

(4) 采用逆小波变换计算降噪小波系数 $\hat{x} = W^{-1} \cdot \tilde{\Theta}$，其中 $\tilde{\Theta} = [\hat{\theta}_{j,k}]_{j,k \in Z}$。

基于 DTCWT、SGWT 和 DWT 的 NeighCoeff 降噪流程如图 6.6 所示。

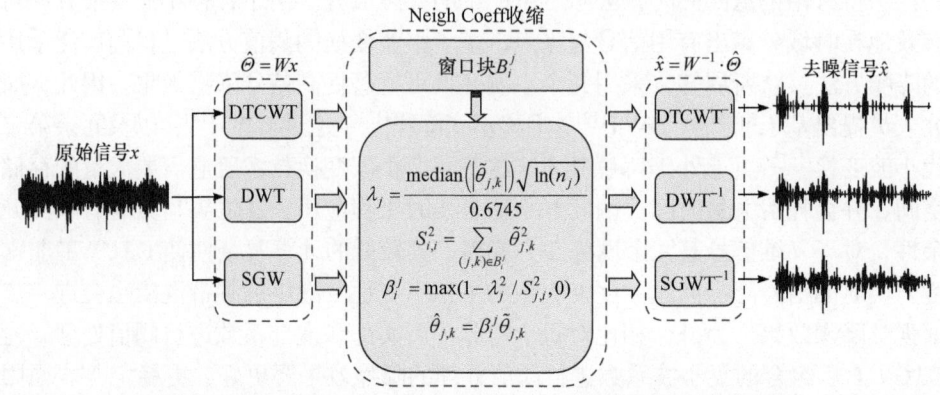

图 6.6　基于 DTCWT、SGWT 和 DWT 的 NeighCoeff 降噪流程

6.2.2　齿轮微裂纹检测

齿轮故障模拟实验台如图 6.7(a)所示。齿轮箱采用单级传动，齿轮对参数如表 6.1 所示。齿轮故障为大齿轮齿根裂纹，如图 6.7(b)所示。裂纹的长度和深度为 20mm 和 2mm。小齿轮转速 n_1 为 960r/min，采样频率为 12.8kHz，采样长度为 16384。当齿轮存在裂纹等局部故障时，其振动信号会产生与故障所在齿轮相同频率的冲击特征[23]。大齿轮裂纹故障导致的冲击周期理论上为 $f_{n_2} = \dfrac{n_1 \cdot z_1}{z_2 \cdot 60} = 11.73\text{Hz}$ (85.3ms)。图 6.8(a)显示了一组记录的振动信号，可以看出信号中存在冲击成分，但是由于强大背景噪声的干扰，很难识别冲击的周期。对此信号采用 DTCWT、DWT 与 SGWT 的 NeighCoeff 降噪技术，结果如图 6.8(b)～图 6.8(d)所示。可以明显看出，DTCWT 的降噪效果要优于 DWT 和 SGWT 的降噪效果。从图 6.8(b)可以看出，存在周期约为 85.3ms 的冲击成分，证实 DTCWT 和 NeighCoeff 降噪方法的有效性。

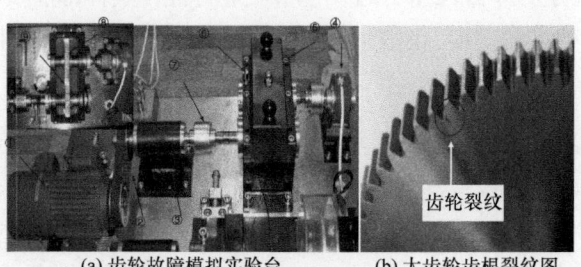

(a) 齿轮故障模拟实验台　　(b) 大齿轮齿根裂纹图

图 6.7　齿轮故障实验装置

第 6 章 机械信号降噪与特征增强方法

表 6.1 实验中齿轮对参数

参数	钢/钢
模数/mm	2
齿数(z_2/z_1)	75/55
压力角/(°)	20
齿面宽度/mm	20

为进一步量化比较的结果,我们对原始信号及降噪信号用下式分别计算其"有效的"峭度,即

$$\text{kurtosis}(\hat{x}) = \frac{E(\hat{x}-\mu)^4}{\sigma^4} \tag{6.16}$$

其中,μ 和 σ 分别为信号均值和标准差。

如图 6.8 所示,信号经 DTCWT 的 NeighCoeff 降噪后的峭度达到 41.30,相比 DWT 和 SGWT 的结果有明显提高。

(a) 齿轮裂纹振动信号的时域波形(kurtosis=3.913)

(b) DTCWT降噪结果(kurtosis=41.30)

(c) DWT降噪结果(kurtosis=16.9)

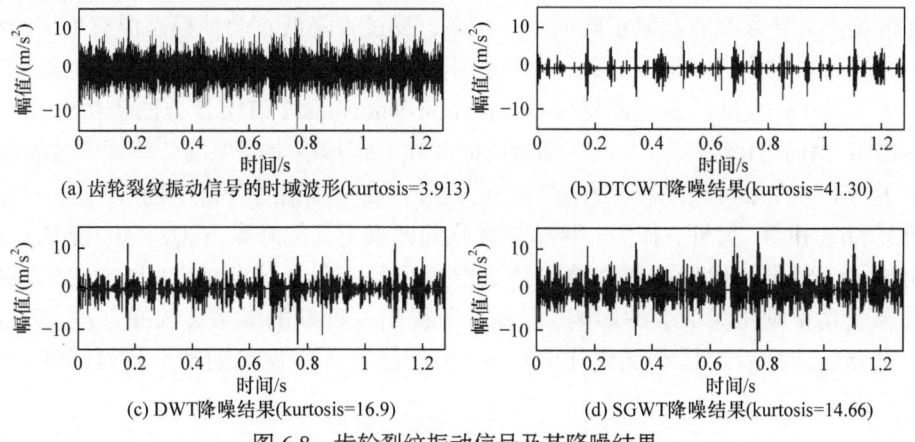

(d) SGWT降噪结果(kurtosis=14.66)

图 6.8 齿轮裂纹振动信号及其降噪结果

对此振动信号进行谱峭度和优化滤波分析如图 6.9 所示。可以看出,信号最

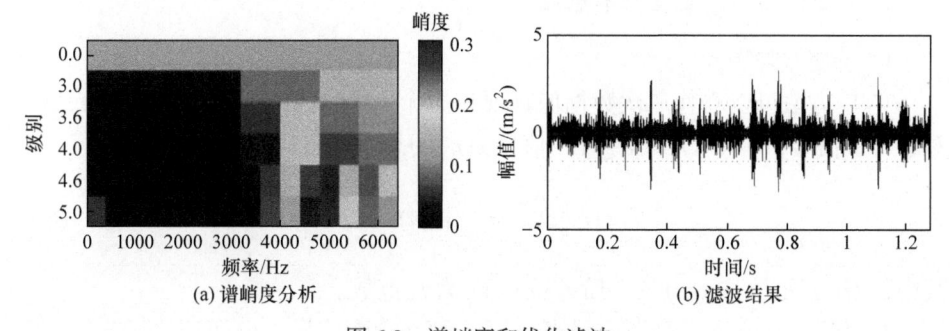

(a) 谱峭度分析

(b) 滤波结果

图 6.9 谱峭度和优化滤波

大峭度出现在第五尺度上，滤波带的中心频率为 4400Hz。在图 6.9(b)中可以看出间隔为 85.3ms 的冲击成分。实际上，谱峭度能取得这样的结果来自于其所采用的准解析的滤波器，以及方法本身平移不变的约束条件。

6.3 基于 VMD 和总变差降噪的滚动轴承故障诊断方法研究

如何有效地去除振动信号中的噪声并突出相关特征信息以便提取故障特征，一直是信号处理领域研究的热点和故障诊断的关键环节。常用的方法有时域同步平均、小波降噪、奇异值降噪、数学形态学滤波(mathematical morphology filtering, MMF)降噪[24,25]，以及最大相关峭度解卷积(maximum correlated kurtosis deconvolution, MCKD)[26]等。

虽然 VMD 具有一定的鲁棒性，但是在分析含强噪声的信号时，VMD 中的拉格朗日乘子 λ 不再起作用，因此不能保证算法收敛到正确的全局最小值，即 VMD 分解的模态受到强噪声的严重影响[27]。直接通过提高数据保真度的平衡参数 α 增加带宽，会导致不能获取正确的中心频率，反过来降低 α 会使模态混有更多的噪声，从而影响分析结果。因此，本节提出一种与传统低通滤波方法不同的降噪方法——最小优化的总变差降噪(total variation denoising, TVD)。该方法最初由 Rudin 等提出，用于图像降噪，可以在降噪的同时在一定程度上确保细节特征不被滤除。由于 TVD 在维持边缘特征方面有一定优势，在一维信号分析中也得到进一步的研究和应用[28]。另外，作为一种依据优化问题来定义的降噪方法，TVD 是通过最小化一个特定的代价函数来输出结果[29]，但是，最小优化的 TVD 方法的降噪效果受其正则化参数 λ 的影响，因此本节提出一种新的参数 λ 选择方法。最后，通过参数选择后的最小优化 TVD 与 VMD 结合，实现滚动轴承信号降噪与故障诊断。

6.3.1 总变差法的基本理论

1. 最小优化的总变差基本原理

1) 总变差降噪

TVD 方法可以看作二次数据保真项和凸优化项组成的一种数值优化算法[29]。对于一维信号 $x(n)(0 \leqslant n \leqslant N-1)$，信号 $x(n)$ 的总变差可以定义为

$$\text{TV}(x) = \|Dx\|_1 = \sum_{n=1}^{N-1} |x(n) - x(n-1)| \tag{6.17}$$

其中，Dx 表示信号 $x(n)$ 的一阶差分；$\|\cdot\|_1$ 为 L_1 范数。

假定信号 $x(n)$ 含有高斯白噪声 $w(n)$，那么含噪信号 $y(n)$ 可以表示为

$$y(n) = x(n) + w(n) \tag{6.18}$$

对于 $y(n)$ 的 TVD 问题可以转换为解决以下优化问题[29]，即

$$\underset{x}{\text{argmin}}\left\{ F(x) = \frac{1}{2}\|y - x_2\|^2 + \lambda\|Dx\|_1 \right\}, \quad x \in R \tag{6.19}$$

也就是说，算法最终目的是寻找信号 x 的最小目标函数。$\|y - x_2\|^2$ 为数据保真项；$\lambda \geq 0$ 为正则化参数，控制着信号的平滑度。$(N-1) \times N$ 的矩阵 D 定义为

$$D = \begin{bmatrix} -1 & 1 & & & \\ & -1 & 1 & & \\ & & \ddots & \ddots & \\ & & & -1 & 1 \\ & & & & -1 & 1 \end{bmatrix} \tag{6.20}$$

那么三对角矩阵 DD^T 可以写为

$$DD^T = \begin{bmatrix} 2 & -1 & & & \\ -1 & 2 & -1 & & \\ & & \ddots & & \\ & & -1 & 2 & -1 \\ & & & -1 & 2 \end{bmatrix} \tag{6.21}$$

2) 最小优化(majorization-minimization，MM)

由于 L_1 范数不可微，所以直接最小化目标函数比较复杂。最小优化算法是一种解决难以直接求解的优化问题的有效方法。因为求解一个序列优化问题 $G_k(x)$ 比直接求解代价函数 $F(x)$ 容易，所以 MM 算法是通过求解一个序列的优化问题 $G_k(x)$, $k = 0,1,2,\cdots$，而不是直接求解代价函数 $F(x)$。MM 算法产生的序列 x_k 是通过求解最小化的 $G_{k-1}(x)$ 得到。运用 MM 算法需要指定函数 $G_k(x)$，但指定的每一个函数 $G_k(x)$ 都应该接近函数 $F(x)$。

在 MM 算法中，需要每一个函数 $G_k(x)$ 是代价函数 $F(x)$ 的上边界函数，即

$$G_k(x) \geq F(x), \quad \forall x \tag{6.22}$$

当 $F(x)$ 在 x_k 点时，有

$$G_k(x_k) = F(x_k) \tag{6.23}$$

此外，$G_k(x)$ 应当是凸函数，MM 算法通过最小化 $G_{k-1}(x)$ 得到 x_k。

单变量函数和多变量函数的最小优化算法过程一样，为了更加清晰地展示最小优化算法的计算过程，对单变量函数进行最小优化。MM 算法示意图如图 6.10

所示。

采用 MM 算法最小化函数 $F(x)$ 的流程如下。

(1) 设定 $k=0$，初始化 x_0。

(2) 选择函数 $G_k(x)$，需满足：对于所有的 x，$G_k(x) \geqslant F(x)$。

(3) 设定 x_{k+1} 作为 $G_k(x)$ 的最小值，即 $x_{k+1} = \underset{x}{\arg\min}\{G_k(x)\}$。

(4) 设定 $k=k+1$，返回(2)。

当 $F(x)$ 是凸函数时，在温和条件下，MM 算法产生的序列 x_k 收敛于 $F(x)$ 的最小值[29]。

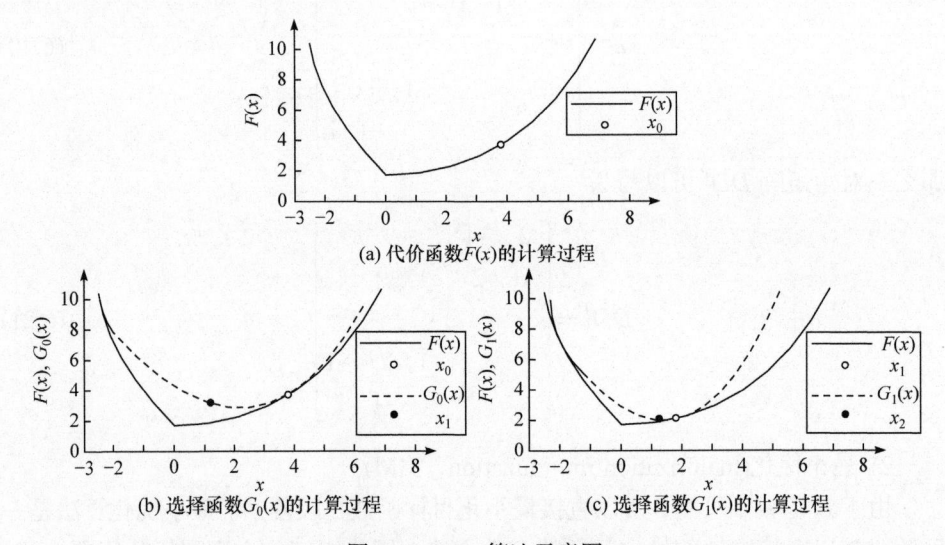

图 6.10 MM 算法示意图

3) 最小优化的总变差(total variation majorization-minimization，TV-MM)

虽然用高阶多项式作为函数 $F(x)$ 的上边界会有更好的拟合效果，但是最小化计算会比较困难(涉及计算多项式的根)，用二阶多项式会比较容易进行最小化计算。因此，TVD 中的代价函数 $F(x)$ 可以通过一个二次函数进行优化，靠求解线性方程依次达到最小优化。

函数式 $f(t) = |t|$，在 $t = t_k$ 处的上边界为

$$g(t) = \frac{1}{2|t_k|}t^2 + \frac{1}{2}|t_k| \tag{6.24}$$

$$\frac{1}{2|t_k|}t^2 + \frac{1}{2}|t_k| \geqslant |t| \tag{6.25}$$

用 $x(n)$ 代替 t，然后对其求和，可得

$$\sum_n \left(\frac{1}{2|x_k(n)|} x^2(n) + \frac{1}{2} |x_k(n)| \right) \geqslant \sum_n |x(n)| \tag{6.26}$$

可简洁地写为

$$\frac{1}{2} x^T \Lambda_k^{-1} x + \frac{1}{2} \|x_k\|_1 \geqslant \|x\|_1 \tag{6.27}$$

Λ_k 为对角阵，即

$$\Lambda_k = \begin{bmatrix} |x_k(1)| & & & \\ & |x_k(2)| & & \\ & & \ddots & \\ & & & |x_k(N)| \end{bmatrix} = \mathrm{diag}(|x_k|) \tag{6.28}$$

用 Dx 代替 x，式(6.27)可以转化为

$$\frac{1}{2} x^T D^T \Lambda_k^{-1} D x + \frac{1}{2} \|Dx_k\|_1 \geqslant \|Dx\|_1 \tag{6.29}$$

其中，$\Lambda_k = \mathrm{diag}(|Dx_k|)$，$\|Dx\|_1$ 的上边界为 x 的二次函数。

由于 x_k 是先前 x 迭代的数值，$\|Dx_k\|_1$ 是固定的，是一个常数，因此 Λ_k 也是常数。在式(6.29)两边乘以 λ，然后加上 $1/2\|y-x\|_2^2$，则可以转化为

$$\frac{1}{2} \|y-x\|_2^2 + \lambda \frac{1}{2} x^T D^T \Lambda_k^{-1} D x + \lambda \frac{1}{2} \|Dx_k\|_1 \geqslant \lambda \|Dx\|_1 + \frac{1}{2} \|y-x\|_2^2 \tag{6.30}$$

因此，TV 代价函数的上边界可以写为

$$G_k(x) = \frac{1}{2} \|y-x\|_2^2 + \lambda \frac{1}{2} x^T D^T \Lambda_k^{-1} D x + \lambda \frac{1}{2} \|Dx_k\|_1 \tag{6.31}$$

满足 $G_k(x_k) = F(x_k)$。用 MM 算法，通过最小化 $G_k(x)$ 可以得到 x_k，即

$$x_{k+1} = \underset{x}{\mathrm{argmin}}\, G_k(x) = \underset{x}{\mathrm{argmin}}\, \frac{1}{2} \|y-x\|_2^2 + \lambda \frac{1}{2} x^T D^T \Lambda_k^{-1} D x + \lambda \frac{1}{2} \|Dx_k\|_1 \tag{6.32}$$

式(6.32)的解为

$$x_{k+1} = \left(I + \frac{1}{2} D^T \Lambda_k^{-1} D \right)^{-1} y \tag{6.33}$$

因为式(6.33)在迭代更新的过程中，Dx_k 的值会趋近于零，所以一些与 $D^T \Lambda_k^{-1}$ 相关的项会趋近于无穷，出现零除现象。利用逆矩阵定理对矩阵取逆，则可以避免这种现象发生，即

$$\left(I + \frac{1}{2} D^T \Lambda_k^{-1} D \right)^{-1} = I - D^t \left(\frac{2}{\lambda} \Lambda_k + DD^t \right)^{-1} D \tag{6.34}$$

那么，式(6.33)可改写为

$$x_{k+1} = y - D^{\mathrm{T}}\left(\frac{1}{\lambda}\mathrm{diag}(|Dx_k|) + DD^{\mathrm{T}}\right)^{-1} Dy \qquad (6.35)$$

更新式(6.35)可以得到目标值，尽管 Dx_k 中会有零的数值，但是不会出现零除现象。因为 DD^{T} 是三对角矩阵，所以在式(6.35)中的 $\left(1/\lambda \times \mathrm{diag}(|Dx_k|) + DD^{\mathrm{T}}\right)$ 是一个由上对角矩阵、主对角矩阵和下对角矩阵组成的带状矩阵，从而可以求得式(6.35)的解。

2. 最小优化的总变差法参数选择

正则化参数 λ 是 TV-MM 算法中的关键参数，通过调节总变差中的 Dx_1 项控制信号的平滑度。从式(6.35)中显然可以了解到，λ 是第二项的权重。当 λ 无限趋近于零时，总变差项就不再起惩罚函数的作用，得到的信号就是原始信号；相反，当 λ 无限趋近于无穷时，总变差惩罚项会占主导作用，但是保真度会变得很差，甚至得到的信号不能表征原始信号的结构特征，从而无法体现出降噪的效果。因此，正则化参数 λ 在 TV-MM 算法的降噪效果中起着重要的作用。如图 6.11 所示，不同的参数 λ 对 SNR 影响较大。λ 过大会出现过分的降噪以至于信号的细节特征也被滤除，λ 过小又会导致降噪不足，因此，选择合理的 λ 从而使信号在降噪和保真度方面达到某种程度的平衡显得十分关键。

关于选择正则化参数 λ，传统的方法是基于 SURE 来设置，而且 $\lambda = \sqrt{3}\sigma$ 被验证可以用来进行某些算法的正则化参数选择[29,30]。本章提出由峭度指标(kurtosis index, K_I)和相关系数指标(correlation coefficient index, C_I)结合而成的加权峭度方法。将加权峭度作为衡量降噪效果的指标，进而选择合适的 λ。众所周知，峭度是轴承振动信号中非常重要的指标，它的最大值常被用于故障诊断。但是，在信号降噪过程中仅以峭度最大化作为降噪效果的指标，将会在某种程度上导致信号中的重要特征被滤除。相关系数作为一种重要指标可以确保原始信号和降噪信号保持一定的相似性，从而避免过度降噪导致的信号特征缺失。因此，两种方法结合，可以使信号保真度和降噪在一定程度上达到平衡，即

$$\mathrm{K\_I} = \frac{\frac{1}{N}\sum_{i=1}^{N}(x_i - \bar{x})^4}{\left(\frac{1}{N}\sum_{i=1}^{N}(x_i - \bar{x})^2\right)^2} \qquad (6.36)$$

$$\mathrm{C\_I} = \frac{\mathrm{cov}(x,y)}{\sigma_x \sigma_y} = \frac{E((x-\bar{x})(y-\bar{y}))}{\sigma_x \sigma_y} \qquad (6.37)$$

$$\mathrm{KC\_I} = \mathrm{K\_I} \times |C_I|^r \qquad (6.38)$$

其中，$x=(x_1,x_2,\cdots,x_i,\cdots,x_N)$ 为信号序列；N 为信号的长度；$\bar{x}$ 为信号均值；σ 为信号标准差；r 为可调的正实数，用于增加信号的保真度约束确保原始信号和输出信号的相似性，避免信号过度降噪。

如图 6.11 所示，当 $\lambda \geqslant 0.6$ 时，SNR 趋近于恒值。因此，为了得到更合适的 λ，选择(0,1)作为参数搜索区间。参数选择的过程是首先设定搜索 λ 的范围，其次在选定区间内搜索使加权峭度最大的值，最后这个值就可以认为是一个理想的参数 λ。

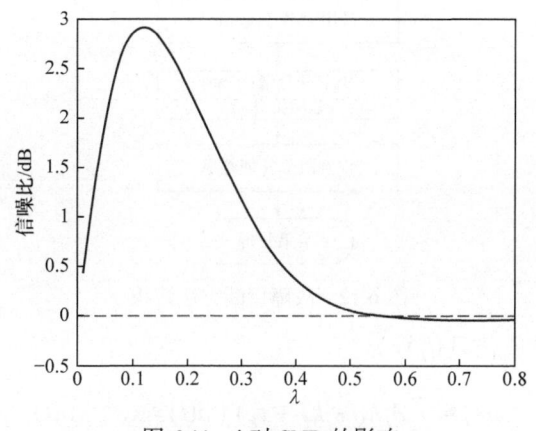

图 6.11 λ 对 SNR 的影响

6.3.2 基于 VMD 和 TV-MM 滚动轴承故障诊断方法

轴承早期故障的振动特征信息通常被随机噪声掩盖，采用降噪的预处理方法可以在一定程度上提高 SNR，凸显出更多的故障特征信息。本节首先采用 TV-MM 对原始信号进行降噪预处理，该方法既能够有效地抑制信号中存在的随机噪声，又能够避免较小的冲击特征被滤除，然后利用 VMD 将多谐波信号分解成单分量的模态，将隐含在信号中的冲击特征显现在单分量模态中，最后利用 Hilbert 包络谱提取轴承的故障特征频率，完成轴承的故障诊断。故障诊断方法流程如图 6.12 所示。

6.3.3 仿真对比研究和结果分析

MMF 算法与 TV-MM 一样，最初也是应用在图像处理中，由于 MMF 具有计算效率高的特点得到学者广泛关注[25]。通过数值仿真信号，一方面比较 TV-MM 算法与 MMF 算法的降噪效果；另一方面也对比本章提出的参数选择方法与传统参数选择方法应用到 TV-MM 算法中的效果。此外，通过数值仿真信号也对本章故障诊断方法的可行性进行了验证。

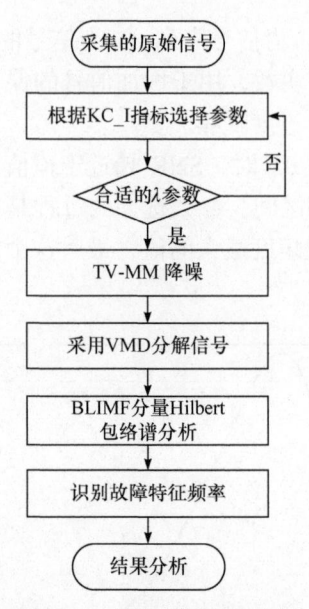

```
采集的原始信号
        ↓
根据KC_I指标选择参数 ←─┐
        ↓              │否
   合适的λ参数 ─────────┘
        ↓是
   TV-MM 降噪
        ↓
  采用VMD分解信号
        ↓
 BLIMF分量Hilbert
    包络谱分析
        ↓
  识别故障特征频率
        ↓
     结果分析
```

图 6.12　故障诊断方法流程

故障轴承的数值仿真信号为

$$s(t) = \sum_{k=0}^{\infty} A_k h(t - kT - \tau_k) + n(t) = x(t) + n(t) \quad (6.39)$$

$$A_k = 1 + A_0 \sin(2\pi f_r t) \quad (6.40)$$

$$h(t) = e^{-Ct} \sin(2\pi f_n t) \quad (6.41)$$

其中，$x(t)$ 为原始脉冲信号；$n(t)$ 为高斯白噪声。

令 $f_0 = 1/T = 80\text{Hz}$ 为故障特征频率，由于滚动体与轨道接触之间非纯滚动，T 产生随机浮动 τ_k，在此仿真中令 $\tau_k = 0$，$A_0 = 0.3$ 为仿真信号初始幅值，$f_r = 20\text{Hz}$ 为转频，$C=700$ 为脉冲衰减系数，$f_n = 3000\text{Hz}$ 为振动的固有频率。在仿真信号分析中，采样频率 f_s 设置为 12000Hz，数据采样点数 N 设置为 2048。

图 6.13 为不含高斯白噪声的仿真信号 $s(t)$，即信号 $x(t)$，所提方法的降噪效果评价指标采用 SNR 和均方根误差(root mean square error，RMSE)，即

$$\text{SNR} = 10 \times \log \left\{ \frac{\sum_{i=1}^{N} s(i)^2}{\sum_{i=1}^{N} (s(i) - \hat{s}(i))^2} \right\} \quad (6.42)$$

$$\text{RMSE} = \sqrt{\frac{1}{N} \sum_{i=1}^{N} (s(i) - \hat{s}(i))^2} \quad (6.43)$$

其中，$s(i)(i=1,2,\cdots,N)$ 为原始的脉冲信号；$\hat{s}(i)(i=1,2,\cdots,N)$ 为降噪后的输出信号。

对于式(6.42)和式(6.43)两个指标，高的 SNR 和低的 RMSE 表示降噪效果较好。

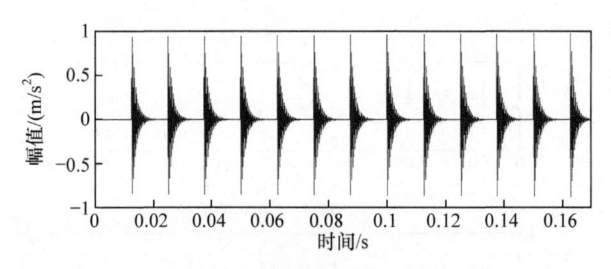

图 6.13 无噪仿真信号 $s(t)$

如图 6.14 所示，随着噪声方差的增加，通过 KC_I 指标选择参数再进行 TV-MM 降噪的信号一直存在最高的 SNR 和最低的 RMSE。因此，本章提出的基于 KC_I 参数选择的 TV-MM 降噪方法效果不仅好于基于 SURE 参数选择($\lambda=\sqrt{3}\sigma$)的 TV-MM 降噪方法，而且优于 MMF。为方便进一步的对比，将含噪声 1.5 dB 的信号用于进一步研究，TV-MM 和 MMF 降噪后的信号波形如图 6.15 所示。可以看出，与 MMF 的降噪效果相比，TV-MM 算法不仅降噪效果更好，而且可以避免时域信号中的某些冲击特征信息被滤除。因此，本章用 TV-MM 作为 VMD 的预处理方法得到的效果会相对较好。

采用 VMD 算法处理分别由 TV-MM 和 MMF 两种方法降噪后的信号，得到的 BLIMF 分量如图 6.16 所示。由此可知，VMD 可以提取信号隐含的冲击特征。如图 6.16 所示，信号中的周期性冲击特征可以被 VMD 有效地提取出来，并分离出信号中的低频分量。对比图 6.16(a)和图 6.16(b)，图 6.16(b)提取冲击的效果要比图 6.16(a)的效果相对好些，这也表明本章所提方法的可行性。

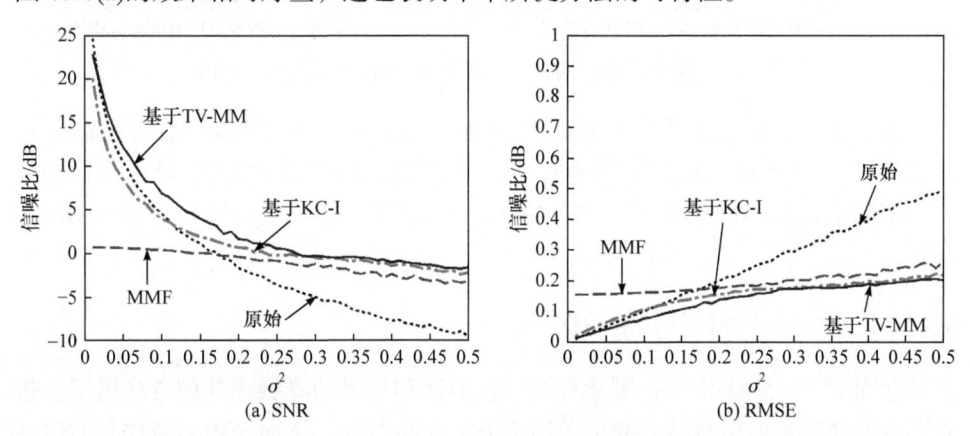

图 6.14 用 TV-MM(分别基于 SURE 和 KC_I 选择参数)和 MMF 降噪后信号的 SNR 和 RMSE

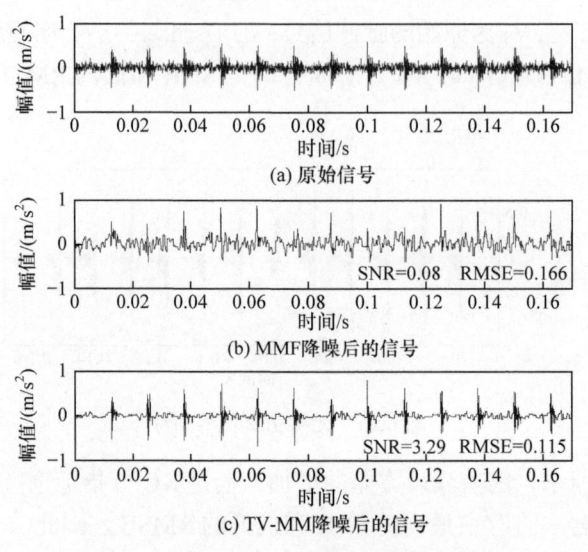

图 6.15　TV-MM 和 MMF 降噪后的信号波形

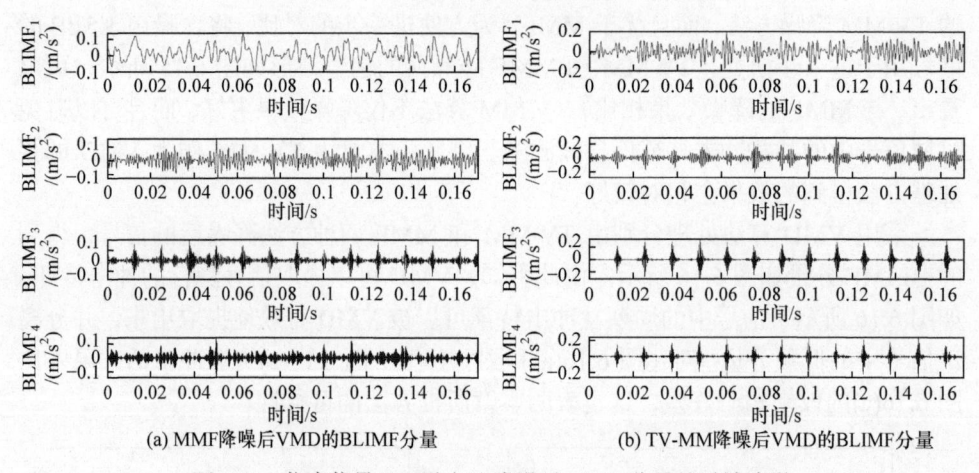

图 6.16　仿真信号经两种方法降噪后 VMD 分量的时域波形

除了第一个低频分量 BLIMF$_1$，BLIMF$_2$、BLIMF$_3$、BLIMF$_4$ 分量的 Hilbert 包络谱如图 6.17 所示。可以清晰地看到，两种方法都可以提取出信号中存在的故障特征频率，但是基于 TV-MM 和 VMD 的方法明显要优于基于 MMF 和 VMD 的方法。

6.3.4　滚动轴承故障诊断实例验证

前面对 TV-MM 中的正则化参数选择方法和信号的降噪预处理方法做了分析研究，并通过数值仿真信号验证了所提方法的可行性。下面采用本章提到的诊断方法，对机械故障综合模拟实验平台(MFS-Magnum)采集外圈内表面损伤轴承和内圈表面损伤轴承的振动数据进行分析，进一步验证其在实际应用中的有效性和正确性。

(a) BLIMF$_2$、BLIMF$_3$、BLIMF$_4$分量的包络谱(MMF降噪的信号)

(b) BLIMF$_2$、BLIMF$_3$、BLIMF$_4$分量的包络谱(TV-MM降噪的信号)

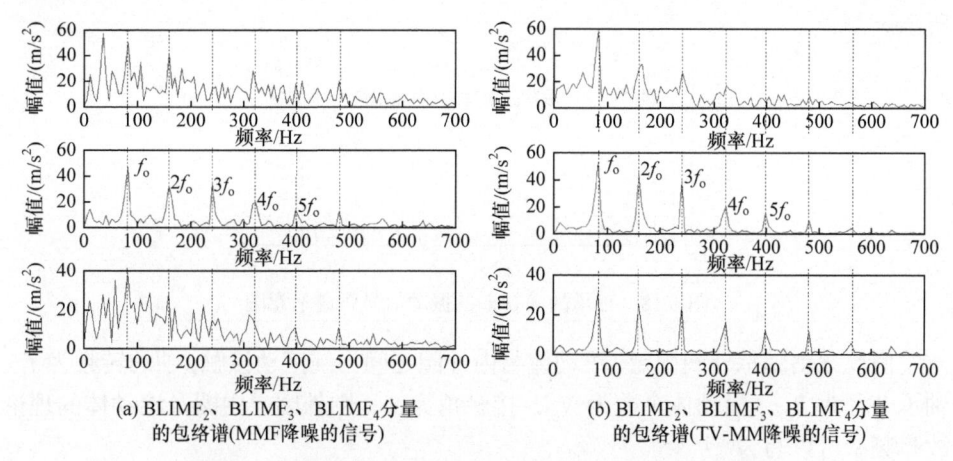

图 6.17 仿真信号经两种方法降噪后 VMD 分量的包络谱

1. 滚动轴承的振动特征

若不考虑轴承的加工制造和装配误差，则引起滚动轴承振动的因素主要有两大类。第一类是滚动轴承自身的弹性因素引起的振动，即轴承自身的固有频率。该类振动与轴承是否存在故障无关。第二类是滚动轴承部件表面存在故障而产生的振动。该类振动不仅与自身结构相关，还与轴承运动状况相关，呈现周期性脉冲衰减振动。第二类振动情况危害较大，因此受到企业及学者的普遍关注。

当轴承损伤时，滚动体通过损伤表面会引起突变的冲击脉冲力。由于滚动体在轴承运行过程中反复冲击损伤表面，从而产生低速的周期性冲击分量，该周期成分的频率称为通过频率。损伤发生在内圈表面、外圈表面或滚动体表面时的通过频率是不同的，统称为故障特征频率，一般出现在 1kHz 以下。

轴承的全生命周期一般经过五个阶段[31]，即磨合阶段、稳态阶段、初始故障阶段(压痕、裂纹)、中期故障演化阶段(点蚀、裂纹扩展)、后期故障加剧阶段(剥落)。在磨合阶段，由于是新安装的正常轴承，所以只有与轴的平衡和失衡相关的转动频率。在稳态阶段，会出现一些高频成分，直接观察轴承部件的各个表面不会显示出任何可识别的故障。在初始故障阶段，会出现轴承损伤引起的共振频带，而且高频成分继续增加，此时可通过信号处理解调出相关的故障频率，从而检测出轴承发生故障。在中期故障演化阶段，轴承相关的故障频率会直接出现在频谱中并出现调制现象。这些频率的谐波能量强弱与故障的大小和分布有关，共振频率区和高频区的频率能量进一步增大。在后期故障加剧阶段，故障频率倍频增加，出现严重的谐波调制现象。轴承持续磨损会导致轴承部件之间的间隙增加，引起轴的振动，进而导致与轴的平衡和失衡相关的频率增加。为了避免事故发生，应尽可能提前进行轴承的故障诊断。轴承故障初期的振动信号频谱示意图如图6.18所示。

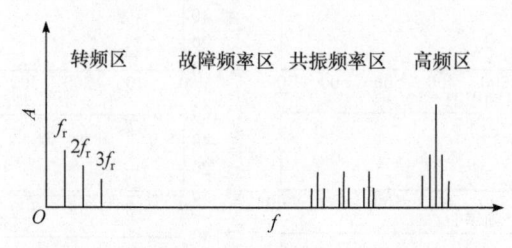

图6.18 轴承故障初期的振动信号频谱示意图

假设滚动轴承外圈固定，滚动体与内外圈之间为纯滚动接触，轴的转频为 f_r，轴承节径为 B_d，滚动体个数为 N_b，接触角为 θ，则外圈、内圈及滚动体的理论故障频率可以写为[32]

$$\text{BPFO} = \frac{N_b}{2} \cdot f_r \cdot \left(1 - \frac{B_d}{P_d} \cdot \cos\theta\right) \tag{6.44}$$

$$\text{BPFI} = \frac{N_b}{2} \cdot f_r \cdot \left(1 + \frac{B_d}{P_d} \cdot \cos\theta\right) \tag{6.45}$$

$$\text{BSF} = \frac{P_d}{2B_d} \cdot f_r \cdot \left[1 - \left(\frac{B_d}{P_d} \cdot \cos\theta\right)^2\right] \tag{6.46}$$

由于滚动轴承的滚动体运动形式为非纯滚动，而且受轴承的形状、制造精度和装配误差等因素的影响，计算的理论故障频率只是接近实际值并不精确地等于特征频率的谱峰值。在实际应用中，总是先计算出理论的故障特征频率作为下一步故障诊断的理论依据。

2. 轴承故障诊断实验分析

实验主要在机械故障综合模拟实验平台上进行，如图6.19所示。该设备由电机驱动，采用VQ数据采集系统(包括计算机、数据采集仪、采集卡)，通过安装在轴承基座上的压电式加速度传感器采集故障轴承的振动数据。表6.2所示为实验设备相关参数，故障轴承的型号为ER-12K。ER-12K故障轴承的规格参数如表6.3所示。在实验过程中，分别采集外圈故障轴承和内圈故障轴承的振动加速度数据，采用的电机转速、采样频率及计算出的理论轴承故障特征频率如表6.4所示。

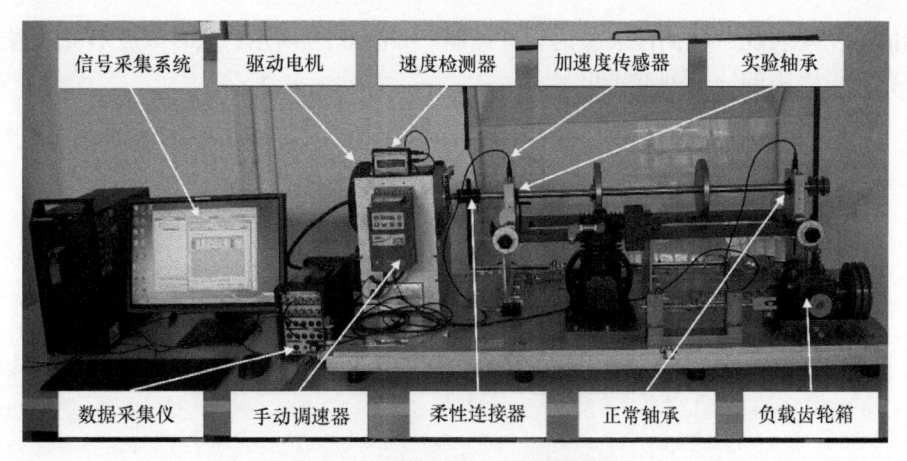

图 6.19 机械故障综合模拟实验平台

表 6.2 实验设备相关参数

设备器材	型号	主要参数	
16 通道便携式数据采集仪	VQ-USB16	最高采样频率/kHz	102.4
		输入电压/V	±10
		频宽/kHz	20
		通道数量	12
IEPE 压电式加速度传感器	DH186	轴向灵敏度/(mV/g)	98.59
		量程/g	50
		频率响应 (±10) /Hz	0.5～5000
		最大横向灵敏度比/%	<5
		安装谐振频率/kHz	>20

表 6.3 ER-12K 故障轴承的规格参数

内径/mm	外径/mm	节圆直径/mm	滚动体个数/mm	滚动体直径/mm	接触角/(°)
25.4	52	33.4772	8	7.9375	0

表 6.4 故障实验相关的参数

故障位置	主轴转速 n/(r/min)	采样频率 f_s/kHz	转频 f_r/Hz	故障特征频率/Hz
外圈表面	1790	12.8	29.83	90.96(BPFO)
内圈表面	1792	25.6	29.87	147.84(BPFI)

1) 外圈故障轴承振动信号分析

根据式(6.44)求得的外圈故障轴承的特征频率为 90.96Hz。外圈损伤轴承的振动信号主要表现为周期性衰减的脉冲调制。如图 6.20 所示，从时域波形可以看到存在大量噪声的一系列冲击信号。

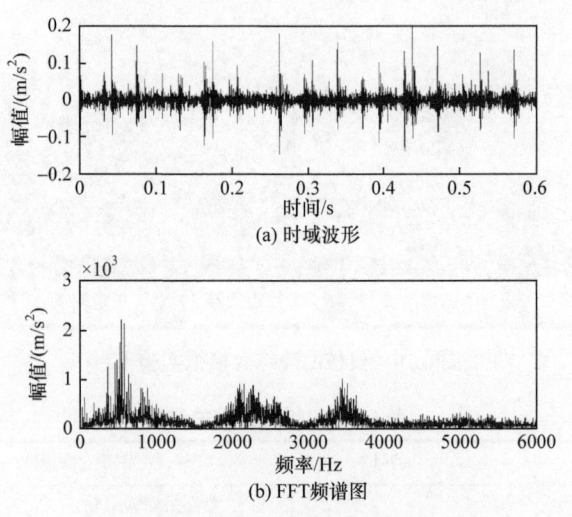

(a) 时域波形

(b) FFT频谱图

图 6.20　外圈故障轴承振动信号

采用 MMF 和 TV-MM 两种方法分别对外圈故障轴承的原始振动信号降噪，降噪后的时域波形信号如图 6.21 所示。可以看到，背景噪声得到有效的抑制，TV-MM 降噪的同时可以在一定程度上避免微弱的冲击特征被滤除，而且与 MMF 降噪方法相比，TV-MM 算法对降噪后信号的幅值能量损伤相对较小。从外圈信号的降噪结果，明显可以看出 TV-MM 降噪的效果要好于 MMF 方法。

(a) MMF降噪后的时域波形

(b) TV-MM降噪后的时域波形

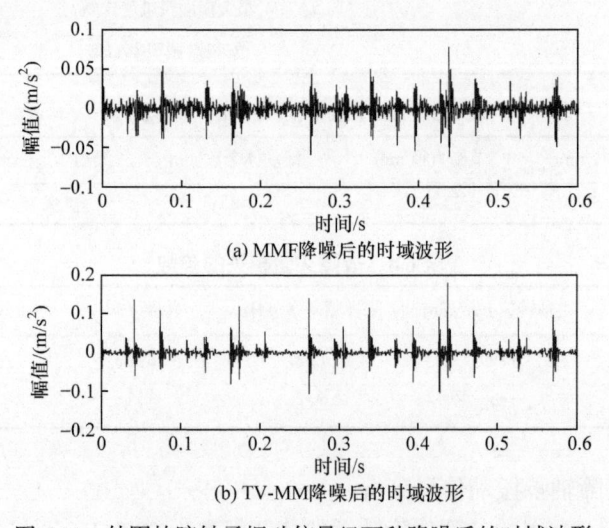

图 6.21　外圈故障轴承振动信号经两种降噪后的时域波形

设定分解模态 $K=4$，对图 6.21 的降噪信号进行 VMD 分解，得到的 BLIMF 分量如图 6.22 所示。不难看出，图 6.22(b)中的模态分解效果要好于图 6.22(a)。舍弃低频分量 $BLIMF_1$，只对 $BLIMF_2$、$BLIMF_3$、$BLIMF_4$ 分量进行 Hilbert 包络谱分析的结果如图 6.23 所示。从图 6.23 中可以看到主轴转频 29.69Hz、外圈故障轴承的特征频率 90.63Hz 及其倍频(181.3Hz、271.9Hz)被有效地提取出来，与理论值基本相吻合。此外，利用本章方法得到的图 6.23(b)中的特征频率提取效果相对要好于图 6.23(a)。

(a) MMF降噪后VMD的BLIMF分量
(b) TV-MM降噪后VMD的BLIMF分量

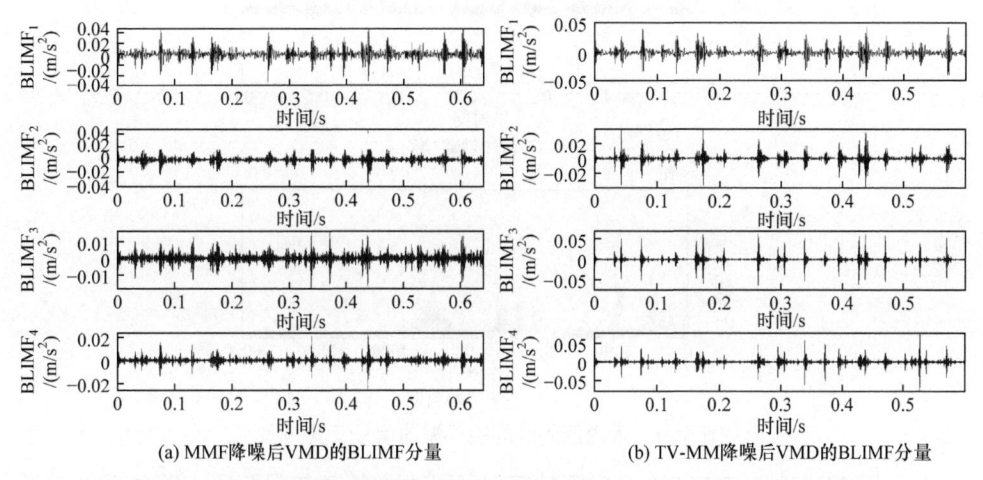

图 6.22　外圈故障轴承振动信号经两种方法降噪后 VMD 分量的时域波形

2) 内圈故障轴承振动信号分析

根据式(6.45)求得的内圈故障轴承的特征频率为 147.83Hz，内圈的故障特征频率大于外圈故障特征频率的 1.5 倍，因此为了更好地分析内圈故障特征频率，在同等条件下内圈的采样频率比外圈的采样频率大一倍。内圈发生损伤时，其损

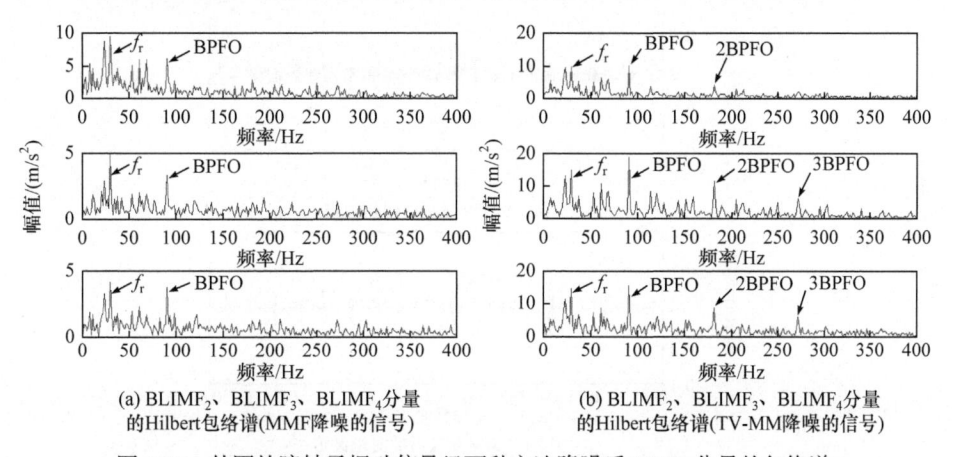

(a) $BLIMF_2$、$BLIMF_3$、$BLIMF_4$分量的Hilbert包络谱(MMF降噪的信号)
(b) $BLIMF_2$、$BLIMF_3$、$BLIMF_4$分量的Hilbert包络谱(TV-MM降噪的信号)

图 6.23　外圈故障轴承振动信号经两种方法降噪后 VMD 分量的包络谱

伤点随主轴的旋转而转动，滚动体与故障点接触的位置不同，使内圈轴承故障信号呈现幅值调制的波形。另外，内圈故障特征频率 BPFI 两边会出现两个以转频 f_r 为间隔的调制边频，即 $n\text{BPFI} \pm f_r, (n=1,2,\cdots,N)$。含内圈故障的轴承振动信号及其频谱如图 6.24 所示。

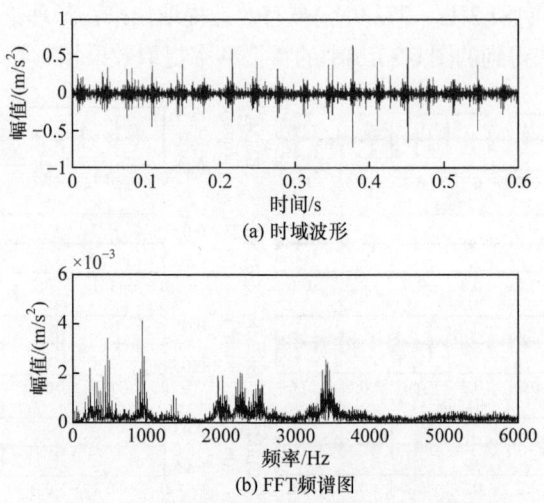

(a) 时域波形

(b) FFT频谱图

图 6.24　含内圈故障的轴承振动信号及其频谱

采用 MMF 和 TV-MM 对内圈故障轴承的原始振动信号降噪，降噪后的时域波形信号如图 6.25 所示。可以看出，TV-MM 的降噪效果要好于 MMF 方法，振动信号中的大量噪声被剔除且较小的冲击特征保持良好。

对两种降噪方法降噪后的信号分别进行 VMD 分解，得到的 BLIMF 分量如图 6.26 所示。可以看出，基于 TV-MM 算法的 VMD 分解效果较好且提取出的冲

(a) MMF降噪后的时域波形

(b) TV-MM降噪后的时域波形

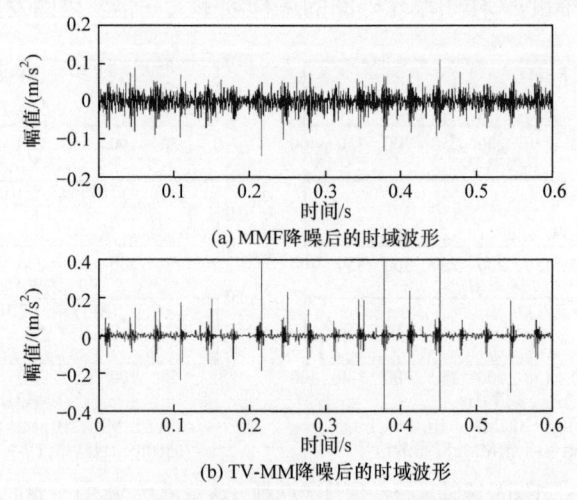

图 6.25　内圈故障轴承振动信号经两种方法降噪后的时域波形

(a) MMF降噪后VMD的BLIMF分量　　　(b) TV-MM降噪后VMD的BLIMF分量

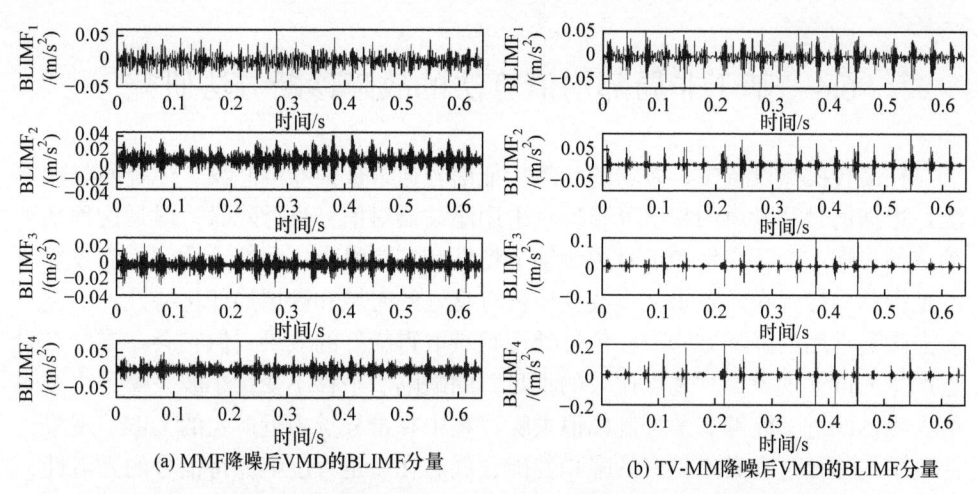

图 6.26　内圈故障轴承振动信号经两种方法降噪后 VMD 分量的包络谱

击特征周期性比较明显。为了简要说明问题，只对图 6.26 中模态分量能量较大的 BLIMF$_4$ 进行包络谱分析。从图 6.27(b)中明显可以看到主轴转频 29.69Hz、内圈故障特征频率 BPFI、2BPFI、3BPFI 及其相应的边带频(148.4±29.69Hz、298.4±29.69Hz、446.9±29.69Hz、595.3+29.69Hz)被提取出来，基本上与理论的轴承故障特征频率相吻合，可以很好地揭示滚动轴承存在内圈故障，图 6.27(b)只是提取了其中一部分故障特征频率。

对具有外圈故障的滚动轴承和内圈故障的滚动轴承的振动信号进行分析，表明采用加权峭度方法选择 TV-MM 算法中的正则化参数 λ 的合理性。同时，通过实例对比分析也验证了本章所提方法能够有效地应用于滚动轴承的故障特征提取。

(a) BLIMF$_4$分量的Hilbert包络谱(MMF降噪的信号)　　　(b) BLIMF$_4$分量的Hilbert包络谱(TV-MM降噪的信号)

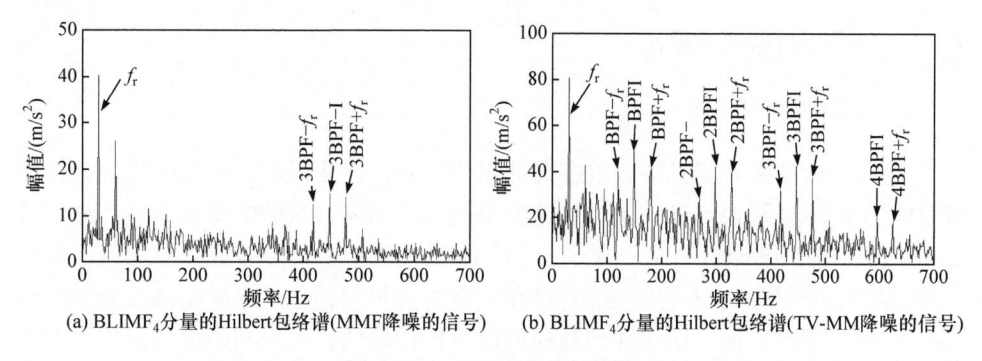

图 6.27　BLIMF$_4$分量包络谱

本节介绍总变差方法的基本理论，并推导最小优化的总变差法的过程。通过讨论正则化参数对总变差算法降噪的影响，说明设置合理正则化参数的重要性，从而提出加权峭度方法用于自适应地选择合适正则化参数。

6.4 基于非局部均值算法的故障诊断方法研究

在旋转机械设备中，微弱的故障特征信号通常被强噪声湮没。传统的降噪方法是根据信号和噪声的频谱分布特点采用滤波器对信号进行降噪，但是这种基于频域的去噪方法存在保护信号边缘细节特性和抑制噪声之间的矛盾，不能较好地满足振动信号降噪的要求。小波变换具有良好的时域和频域局部化特性，小波阈值去噪是常用的降噪方法，在信号处理领域取得较好的效果，但它会在奇异点附近产生 Gibbs 现象与"逐点比较的不足"的缺陷。平移不变量小波去噪是小波阈值去噪的改进，能够有效抑制阈值去噪过程中在奇异点附近产生的 Gibbs 现象，并且平均估计过程具有良好的降噪性能，同时在一定程度上保持信号的光滑性，选择合适的小波基函数是其分析信号的关键。第二代小波变换[33]是一种基于提升原理的时域变换方法，利用阈值处理去除噪声成分，将得到的有用信息进行重构以获得降噪后的有用信号。预先确定预测算子和更新算子是其进行变换的前提，能够决定处理后的结果能否更好地反映所需信号的特征。

非局部均值(nonlocal mean, NLM)滤波由 Buades 等[34]提出，主要应用在图像处理中，能够在去噪的同时较好地维持图像的边缘特征。本章将该方法用于振动信号处理中。与基于正交基的小波变换等传统算法不同，NLM 算法通过对相似图像块进行加权平均来去除噪声，从而避免了对正则性假设的依赖，更好地实现了对原始信号的恢复。通过仿真信号对比研究了非局部均值与常规小波降噪的降噪效果，并将该方法应用于实际的滚动轴承振动信号降噪。最后，通过对降噪信号的 Hilbert 包络谱分析，诊断轴承和齿轮的健康状况。

6.4.1 非局部均值基本理论

1. 非局部均值原理

作为一种图像处理方法，根据局部规律性假设，非局部均值算法充分利用图像中存在的高度冗余信息，通过计算整个图像不同窗口区域的块相似性，再求其加权均值，达到降噪目的[35]。该方法可以有效地避免基于点(若此点被噪声污染较严重)处理方法去噪带来的问题。若存在故障的齿轮和轴承产生的振动信号伴随着随机噪声周期性出现，周期性的脉冲可以看作相像块，可以利用非局部均值算法对整个信号搜索域内的相像块进行加权平均，达到剔除噪声的目的。

给定一个含加性高斯白噪声的信号，即

$$v(t) = u(t) + n(t) \tag{6.47}$$

其中，$u(t)$ 为无噪原始信号；$n(t)$ 为高斯白噪声。

对于一维信号 $v(t)$,非局部均值算法主要是从含噪声的信号 $v(t)$ 中恢复原始信号 $u(t)$ 的过程。经过非局部均值降噪后的估计信号 $\hat{u}(s)$,理论上可以表述为[36]

$$\hat{u}(s)=\frac{1}{Z(s)}\sum_{t\in N(s)}w(s,t)v(t) \tag{6.48}$$

其中,$N(s)$ 为以目标块 s 为中心的整个搜索邻域;$Z(s)=\sum_{t\in N(s)}w(s,t)$ 为归一化的常数,$w(s,t)$ 为非负权重,其大小取决于以 s 为中心的邻域目标块和以 t 为中心的邻域相似块之间的相像程度,表达式为

$$w(s,t)=\exp\left(-\frac{\sum_{\delta\in\Delta}(v(s+\delta)-v(t+\delta))^2}{2L_\Delta\lambda^2}\right)=\exp\left(-\frac{d^2(s,t)}{2L_\Delta\lambda^2}\right) \tag{6.49}$$

满足条件 $0\leqslant w(s,t)\leqslant 1$ 和 $\sum w(s,t)=1$。其中,d^2 表示欧几里得距离的平方和,可以看作信号之间的相像程度,距离越近相像程度越高,对应的权重 $w(s,t)$ 越大,反之,权重越小;Δ 为包含邻域点 δ 的结构块区域,表示 s 邻域的目标块;L_Δ 为以 t 为中心的邻域相似块;λ 为带宽平滑参数。

搜索邻域 $N(s)$ 越大,则信号中包含的相似成分越多,所以为了使均值具有更好的鲁棒性,理论上,搜索邻域 $N(s)$ 可以设置尽可能大,但是同时也会产生大的计算复杂度。为了在取得较好效果的同时减少计算时间,一方面,可以通过主分量分析降低维数的方法来实现;另一方面,由于在计算式(6.49)时,权重 $w(s,t)$ 部分耗时占有比重较大,因此也可以通过提高权重部分的计算速度来减少整体算法的耗时,而且这样既可行也方便。本章涉及的快速 NLM 方法由 Darbon 等[37]提出,核心思想是通过重新排序减少一层内嵌循环,从而提高权重部分的计算效率。

在 Darbon 等[37]提出的快速 NLM 中,给定一个变换向量 $\mathrm{d}x$,一维离散信号差分的平方和可以定义为

$$S_{\mathrm{d}x}(p)=\sum_{k=0}^{p}(v(t)-v(t+\mathrm{d}x))^2,\quad p\in\Omega \tag{6.50}$$

由式(6.49)可知,信号的边界区域不满足邻域搜索的提取,因此算法并没有考虑边界去噪。定义信号长度为 L,忽略信号两端相像块的大小 P,则降噪信号的起始点为 $P+1$,终点为 $L-P$。令 $\mathrm{d}x=(t-s)$、$\hat{p}=(s+\delta_x)$、L_Δ 的取值范围为 $[-P,P]$,其权重函数可由式(6.49)转化为

$$w(s,t)=\exp\left(-\frac{\sum_{\hat{p}=s-P}^{s+P}(v(\hat{p})-v(\hat{p}+\mathrm{d}x))^2}{2L_\Delta\lambda^2}\right) \tag{6.51}$$

联立式(6.50)和式(6.51)可知

$$w(s,t) = \exp\left(-\frac{S_{\mathrm{dx}}(s+P) - S_{\mathrm{dx}}(s-P)}{2L_\Delta \lambda^2}\right) \quad (6.52)$$

可以看出,减少了一层内嵌循环可以加速权值的计算,使整体复杂度得到明显降低。

总得来说,加速后的非局部均值算法工作流程可以归结为,首先用式(6.50)计算所有的 S_{dx},然后用式(6.52)计算权重,最后用式(6.48)执行去噪功能。

2. 非局部均值算法的相关参数

块的半宽度 P、带宽参数 λ、搜索邻域 M 是 NLM 算法的主要参数。NLM 的相关参数之间的关系如图 6.28 所示。其中,以 s 为中心的邻域目标块 L_Δ 与多个以 t 为中心的邻域相似块之间相匹配,具有相同的长度,可以通过对搜索域内的所有相似块 $t(i)$ 加权平均实现以 s 为中心的邻域目标块的估计计算。

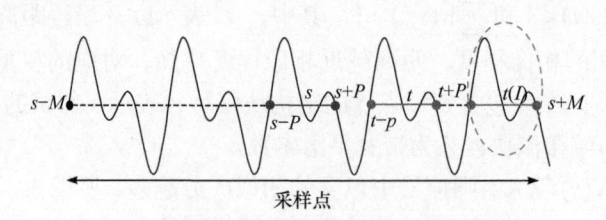

图 6.28 NLM 的相关参数之间的关系

参数 P 控制着相像的大小,同时也影响着搜索窗口的大小,即 $L_\Delta = 2P+1$。参照 Tracey 等在 ECG 信号中的研究,本章选定 P 的大小为 10。Van 等[38,39]研究发现,利用 SURE 方法可以选择一个合适的带宽参数 λ。考虑带宽参数 λ 对降噪信号平滑度的影响,本章参考 SURE 的方法选择 $\lambda = 0.5\sigma$,其中 σ 为信号方差。采用基于小波系数的噪声估计方法对信号中的噪声方差进行估计,即

$$\sigma = \frac{\mathrm{Med}(|d_j|)}{0.6745} \quad (6.53)$$

其中,d_j 为第 j 层的小波系数;$\mathrm{Med}(|d_j|)$ 为求解序列 $|d_j|$ 的中位数。

理论上,搜索邻域越大,整个搜索邻域内参与加权的相像块就越多,加权平均后的信号滤波效果会更好。当搜索邻域覆盖整个信号搜索区间时,非局部均值算法才可以看作完全的非局部,但是会降低计算效率。考虑既要充分利用信号中的冗余信息又要减少计算时间,搜索邻域 M 为信号搜索域 $N(s)$ 的一半。

由式(6.51)可知,快速非局部均值算法忽略了信号的边界去噪,其对信号的降噪范围为 $(P+1, N-P)$。常用的信号边界处理方法有边界波形匹配法、极值点延拓、镜像延拓等[40,41]。为了确保降噪后信号的完整性,本章采用镜像延拓的方法先对信号的边界进行延长,然后减去降噪信号的多余长度。该方法计算方便快捷。

6.4.2 基于 NLM 降噪的故障诊断方法

采用降噪等预处理方法提高 SNR，是目前诊断轴承或齿轮早期微弱故障特征信息经常采用的方法。为了减少强噪声对故障诊断的干扰，提高频谱分析的分辨率，尽可能实现实时监测，本章提出一种基于 NLM 降噪的故障诊断方法，流程如图 6.29 所示。

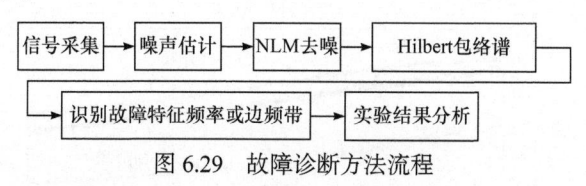

信号采集 → 噪声估计 → NLM 去噪 → Hilbert 包络谱
→ 识别故障特征频率或边频带 → 实验结果分析

图 6.29 故障诊断方法流程

6.4.3 仿真分析

为验证基于 NLM 降噪方法在一维信号中的可行性和正确性，仍然通过构建的故障滚动轴承的数值仿真信号对比研究 NLM 与小波阈值降噪(wavelet threshold denoising，WTD)、平移不变量小波(translation-invariant wavelet，TIW)、第二代小波变换(second generation wavelet transform，SGWT)等降噪方法的降噪效果。仿真信号及相关参数与 6.4.1 节相同。

分别利用上面所提到的方法对添加不同噪声层次的仿真信号去噪，为了评估降噪方法的效果，引入 SNR 和 RMSE。为了显示 NLM 方法在降噪的同时避免信号失真的优越性，借鉴图像中的评价指标，引入失真百分比(percentage rate distortion，PRD)评估信号降噪后的保真度指标，即

$$\text{PDR} = 100\sqrt{\frac{\sum_{i=1}^{N}(s(i) - \hat{s}(i))^2}{\sum_{i=1}^{N}s(i)^2}} \tag{6.54}$$

如图 6.30 所示，在振动信号降噪的过程中，小波阈值和非平移不变量小波降噪的评估指标数值几乎相等，第二代小波的效果相对差些。与其他三种降噪方法相比，NLM 降噪效果相对较好，并且均方差和失真率都较小。因此，NLM 在一维振动信号中的降噪效果可以得到一定的验证。

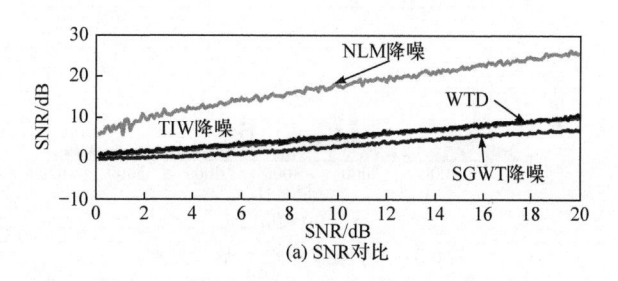

(a) SNR对比

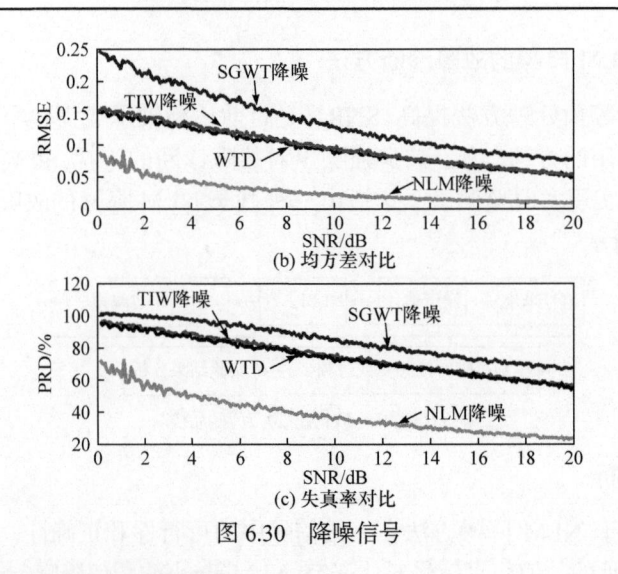

(图 6.30 降噪信号 — 含 (b) 均方差对比 和 (c) 失真率对比 子图)

图 6.30 降噪信号

6.4.4 滚动轴承故障诊断实例研究

下面对实际轴承信号进行分析，验证其在实际应用中的有效性，采用的实验设备、实验条件、故障轴承型号同 6.4.3 节所述。

1. 轴承外圈故障振动信号分析

当采样频率为 12.8kHz、设备主轴转频为 29.83Hz(1790r/min)时，存在外圈故障的滚动轴承振动信号时域波形和频域图如图 6.31 所示。可以看到信号中存在一定的周期性冲击特征且存在大量的噪声。应用本节提到的四种方法分别对该故障信号进行降噪。降噪后的信号如图 6.32 所示。对比小波阈值、平移不变量小波、

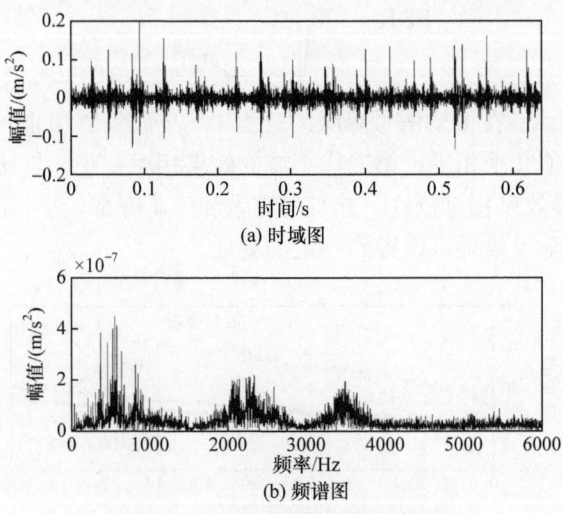

图 6.31 外圈故障轴承振动信号

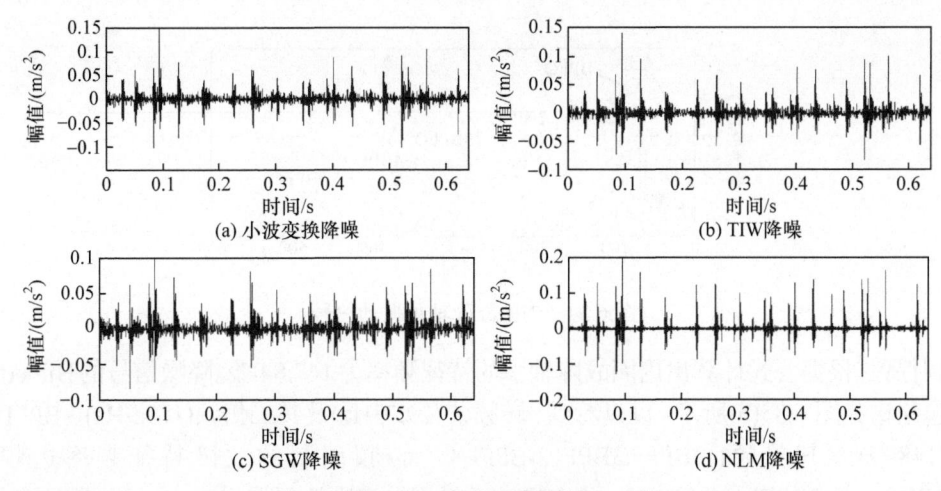

第6章 机械信号降噪与特征增强方法

(a) 小波变换降噪

(b) TIW降噪

(c) SGW降噪

(d) NLM降噪

图 6.32 降噪后振动信号

第二代小波及非局部均值四种方法的降噪效果可以发现，非局部均值方法降噪效果较好，它能够在抑制噪声的同时，在一定程度上保留信号中的微弱冲击成分和信号能量幅值，即信号保真度相对较好。

根据公式计算的外圈故障轴承的特征频率为 90.96Hz。外圈故障轴承的振动信号经 NLM 去噪后的 Hilbert 包络谱如图 6.33 所示。主轴转频 f_r (29.76Hz)、BPFO (90.86Hz)及其倍频(183.3Hz、274.1Hz、365Hz、457.4Hz)可以被提取出来，而且第五阶的高倍频(5BPFO)仍然十分明显。数值与理论故障频率基本吻合，误差在 1% 以内，据此可以判断出轴承存在外圈故障。

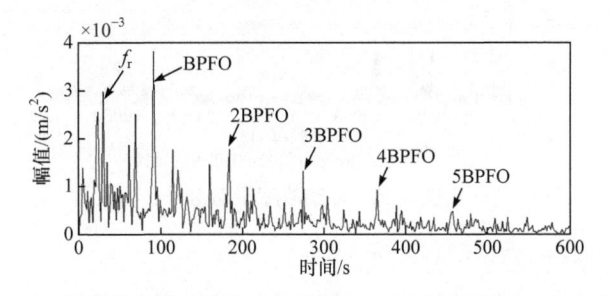

图 6.33 外圈故障轴承的振动信号经 NLM 去噪后的 Hilbert 包络谱

2. 轴承内圈故障振动信号分析

当采样频率为 25.6kHz、设备主轴转频为 29.87Hz(1792r/min)时，存在内圈故障的滚动轴承的振动信号如图 6.34 所示。

利用 NLM 算法对该故障振动信号进行降噪，结果如图 6.35(a)所示。由图 6.35(a)可以明显看出，信号中存在的大量噪声被剔除，较小的冲击特征在一定程度上得

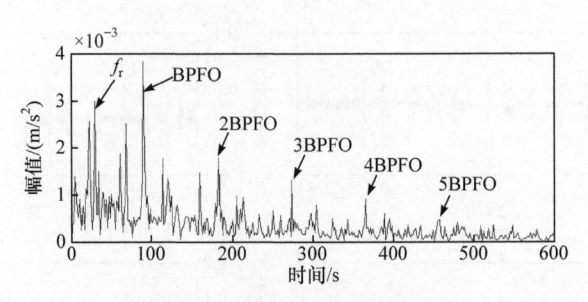

图 6.34　内圈故障轴承振动信号

到保留。根据公式计算出内圈故障轴承的特征频率为147.84Hz。降噪信号的Hilbert包络谱如图6.35(b)所示。可以看到，转频f_r(29.73Hz)及其二倍频(118.9Hz)、BPFI(148Hz)及其倍频(2BPFI、3BPFI、4BPFI)、转频调制的故障特征频率边频(BPFI$\pm f_r$、2BPFI$\pm f_r$、3BPFI$\pm f_r$、4BPFI$\pm f_r$)均被清晰地提取出来，由此可以推断轴承存在内圈故障。

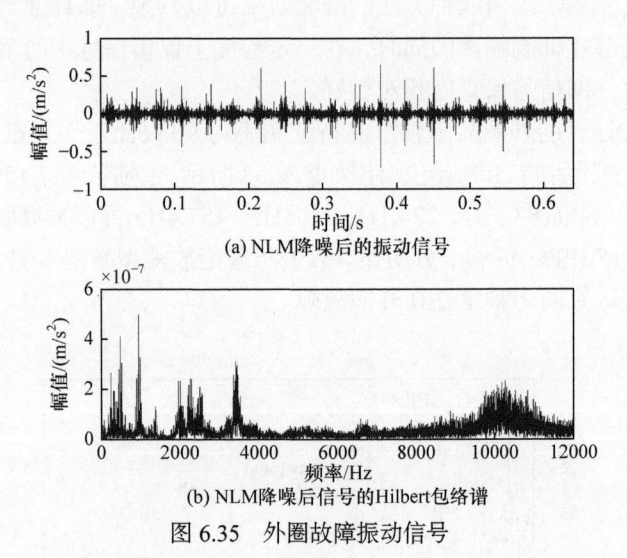

(a) NLM降噪后的振动信号

(b) NLM降噪后信号的Hilbert包络谱

图 6.35　外圈故障振动信号

3. 轴承滚动体故障振动信号分析

当采样频率为12.8kHz、设备主轴转频为39.84Hz(2390r/min)时，存在滚动体故障的轴承振动信号时域波形如图6.36所示。

采用非局部均值算法对该故障信号进行降噪，其结果如图6.37(a)所示。对比原始信号，可以看出降噪效果非常明显，而且在剔除信号中大量噪声的同时，可以保留故障引起的能量较小冲击特征，与前面结论相符。

根据式(6.46)计算出滚动体故障轴承的特征频率为79.36Hz。对降噪后的振动信号进行Hilbert包络谱分析，其低频段的频谱如图6.37(b)所示。可以看到，滚动体的故障特征频率 BSF(79.79Hz)及其二倍频(159.6Hz)被明显地提取出来,表明本章方法对于滚动体有损伤的轴承诊断同样有效。

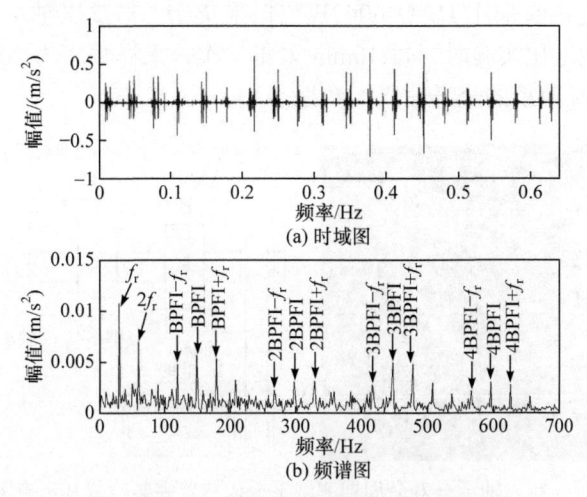

(a) 时域图

(b) 频谱图

图 6.36 滚动体故障轴承振动信号

(a) NLM降噪后的振动信号

(b) NLM降噪后信号的Hilbert包络谱

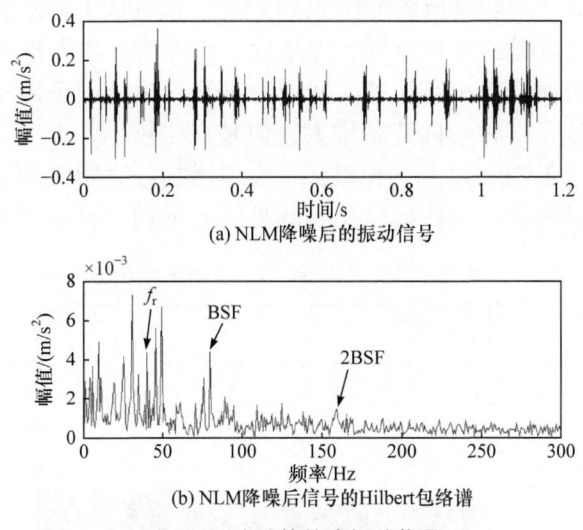

图 6.37 滚动体故障振动信号

4. 轴承全生命周期振动信号分析

为了进一步说明 NLM 的降噪效果,以及本章所提方法在实际滚动轴承诊断中的有效性,下面对滚动轴承的全寿命周期信号进行分析,该数据由辛辛那提大学的智能维护中心提供[42]。如图 6.38 所示,四个型号为 Rexnord ZA-2115 的滚动轴承安装在同一根轴上,交流电机通过履带与传动轴相连,保持以恒速

2000r/min 转动,轴和轴承承受由弹簧机构施加的 6000lb 径向载荷。每个轴承座的水平和垂直方向安装有型号为 PCB353B33 的高灵敏度石英加速度传感器,振动数据的获取采用 DAQ-6062E 数据采集卡。本章以轴承 1 为研究对象,做轴承 1 的性能退化实验时,每 10min 采集一次,采样频率为 20kHz,采样点数 20480,用于记录轴承的全寿命周期数据。

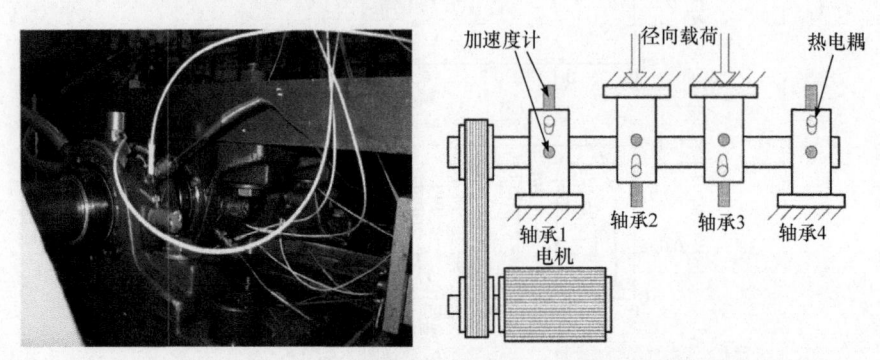

图 6.38 轴承全寿命周期测试平台传感器安装位置及示意图

轴承的全寿命周期时域图如图 6.39 所示。在时域中揭示轴承全寿命周期内振动信号变化情况的三种指标,即峭度、峰峰值、均方根如图 6.40 所示。可以看出,滚动轴承在相当长的时间内一直平稳运行,观测不到潜在的故障趋势;在 535 处,三种指标开始增大,但是变化较小,即滚动轴承开始进入故障初期阶段;在 700 处,三种指标都突然增加,表明滚动轴承开始轻度退化进入故障中期阶段;三种指标在 960 处急剧增加,显示滚动轴承进入严重故障阶段。

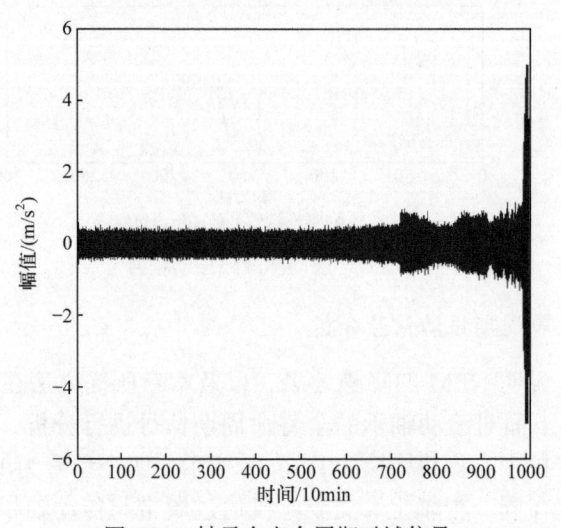

图 6.39 轴承全寿命周期时域信号

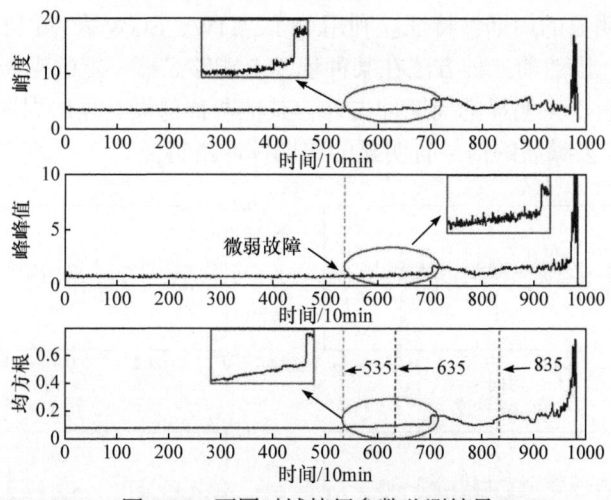

图 6.40 不同时域特征参数监测结果

由上面的分析可知,滚动疲劳阶段可以分为材料损伤传播和裂纹损伤传播两个过程。材料损伤传播过程消耗了大量的疲劳时间,而后者只是一个耗时相对较短的阶段。这就意味着,从故障确认到故障发生为止,留给检修人员的时间非常有限,所以利用有效的方法提前对滚动轴承进行诊断和监测是十分必要的。

研究认为,原始振动信号中包含的脉冲信息越明显,故障越严重。下面利用本章提到的方法分别对在初期阶段 635 处和中期阶段 835 处的滚动轴承进行诊断。

1) 初期阶段 635 处的信号分析

滚动轴承故障初期阶段 635 处的信号如图 6.41 所示。振动信号中包含大量噪

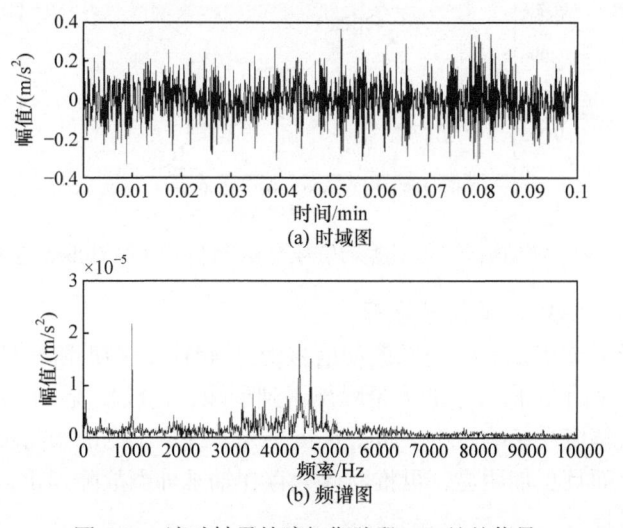

图 6.41 滚动轴承故障初期阶段 635 处的信号

声，而且没有明显的周期性特征。利用 WT、TIW、SGW 及 NLM 去噪后的信号如图 6.42 所示。虽然前三种方法在某种程度上能够去掉一定的噪声，但是除 SGW 去噪后的信号有不太明显的周期冲击外，其他两种都没有显出周期性冲击特征的成分，而 NLM 去噪后的信号有明显的周期性冲击特征。

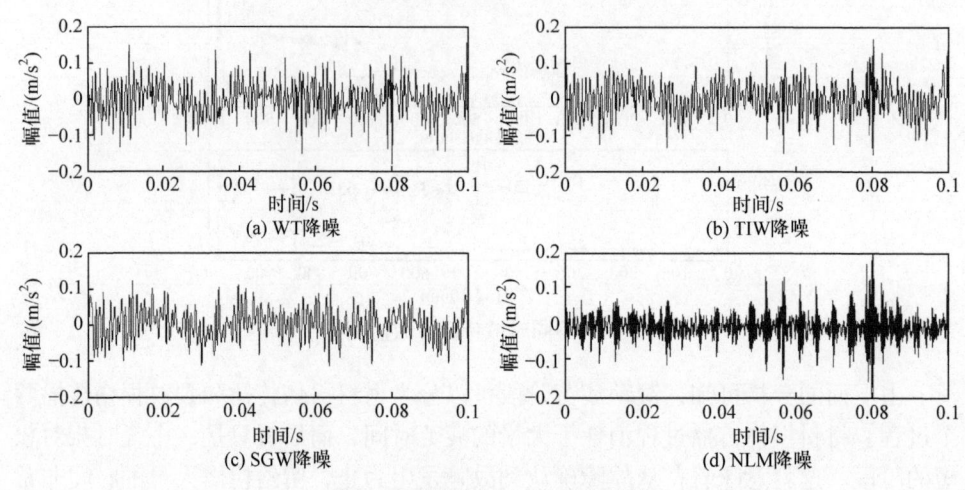

图 6.42 降噪后 635 处振动信号

经过理论计算，轴承 1 的 BPFO 为 236.4Hz，如图 6.43 所示。从包络频谱图中可以清晰地看到故障特征频率及其倍频被提取出来，而且与轴承外圈故障特征频率理论值基本吻合，从而可诊断出此时轴承外圈发生故障。

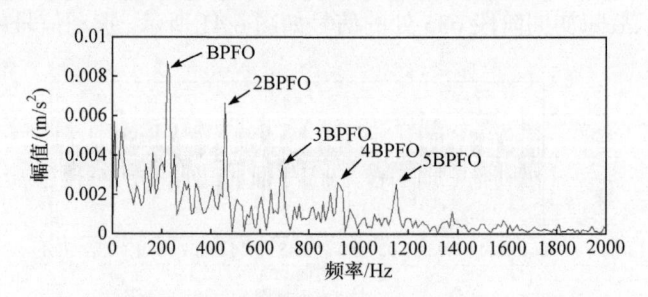

图 6.43 滚动轴承 635 处振动信号经 NLM 降噪后的 Hilbert 包络谱

2) 中期阶段 835 处的信号分析

滚动轴承故障中期 835 处的振动信号(图 6.44)相比初期阶段冲击特征更加明显。如图 6.45 所示，信号中的大量噪声得到剔除，比较发现 NLM 的降噪效果较好且冲击能量幅值受影响较小。如图 6.46 所示，提取出的故障特征频率及倍频与理论值相吻合而且更加明显，可推断此处存在轴承外圈故障加重，再次验证了本章方法的有效性。

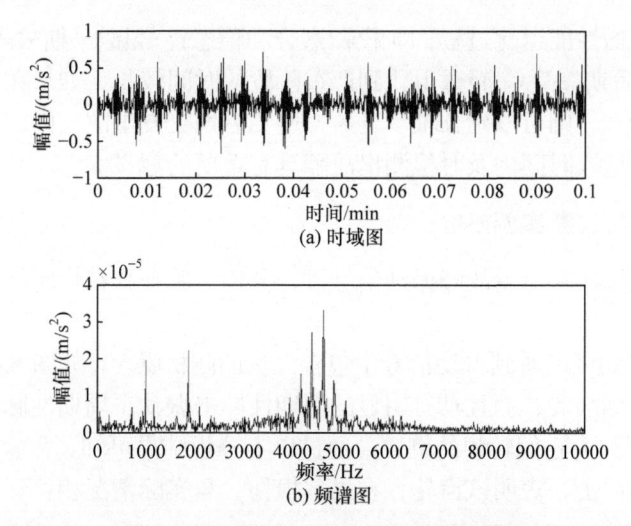

图 6.44　滚动轴承 835 处振动信号和频谱

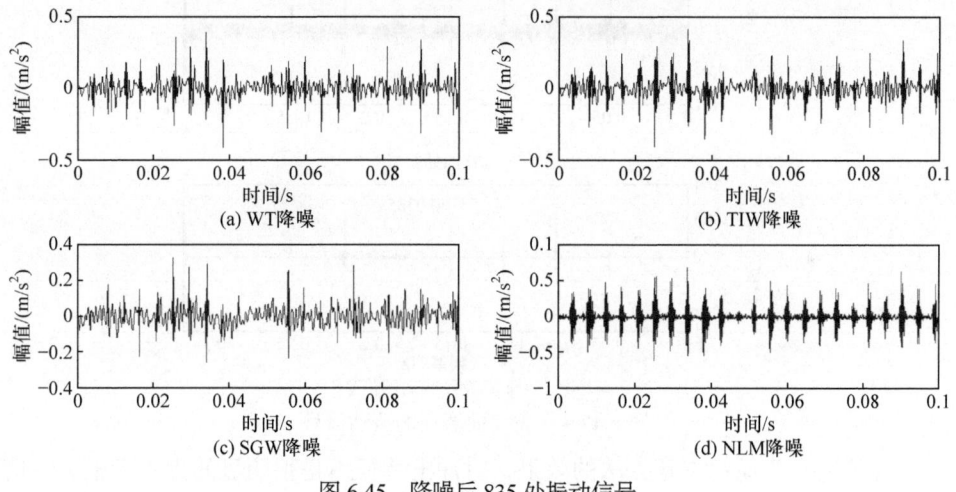

图 6.45　降噪后 835 处振动信号

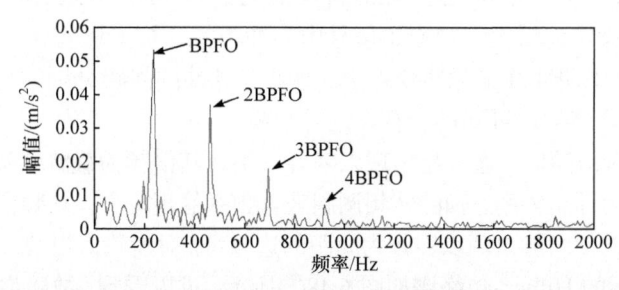

图 6.46　滚动轴承 835 处振动信号经 NLM 降噪后的 Hilbert 包络谱

虽然在不同的实验中，轴承不同部件的运行及损伤机理可能有所不同，但是它们具有相同的性能退化过程，即正常(磨合和稳态)、轻微(早期故障)、严重(中期故障)、损坏(后期故障)。轻微退化到严重阶段的时间较长，如果在这段时间内及时采取维护措施，则可以延长轴承寿命，避免后期突发事故。因此，在早期故障到中期故障的这段时间内及时检测出故障具有重要的意义。

6.4.5　齿轮故障诊断实例研究

利用本章算法对齿轮故障振动信号进行分析，验证其在齿轮故障诊断中的应用效果。

从图 6.47(a)可以看到振动信号中包含大量的随机噪声。如图 6.47(b)所示，信号中的噪声得到削弱，而且具有明显的周期性冲击振动。周期性脉冲的间距约为0.0335s，正好约为它们转频的倒数。通过以上分析结果可知，齿轮每旋转一周，出现一次振动冲击，表明该齿轮存在局部损伤，与实际情况相符。

(a) 原始信号

(b) NLM降噪后的信号

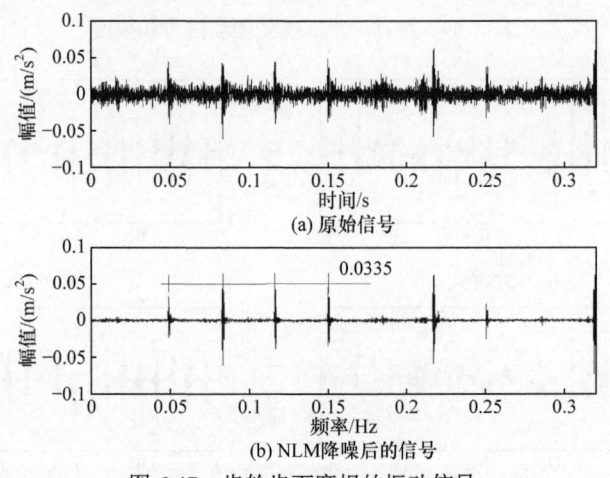

图 6.47　齿轮齿面磨损的振动信号

为了进一步显示本章方法的效果，对冲击特征不是很明显的齿轮齿根裂纹信号进行分析,其振动信号和经过 NLM 降噪后的信号如图 6.48(a)和图 6.48(b)所示。由此可知，在齿轮齿根裂纹的原始信号中，冲击特征被大量的噪声完全湮没，经NLM 去噪后的周期性冲击脉冲变得十分明显，脉冲的间距分别约为 0.03352s，正好约为其转频的倒数，可知齿轮存在局部故障。

当齿轮出现故障时，通常会出现以啮合频率及其倍频为载波频率、以故障齿轮所在轴的转频为调制频率，轴的转频调制啮合频率的现象[43]。在频谱图中，表现为啮合频率及其倍频两侧出现以转频为间距的边频带。对齿轮齿根裂纹的振动信号进行 NLM 降噪后的 Hilbert 包络谱如图 6.48(c)所示。可以看到，故障齿轮所在的主轴转频 f_r(29.6Hz)及其倍频(59.38Hz、90.63Hz、118.8Hz、150Hz)，啮合频率 f_m(865.6Hz)及其倍频 $2f_m$(1734Hz)，转频调制的边频($f_m \pm f_r$、$f_m \pm 2f_r$、$f_m - 3f_r$、$f_m - 4f_r$、$2f_m - 2f_r$、

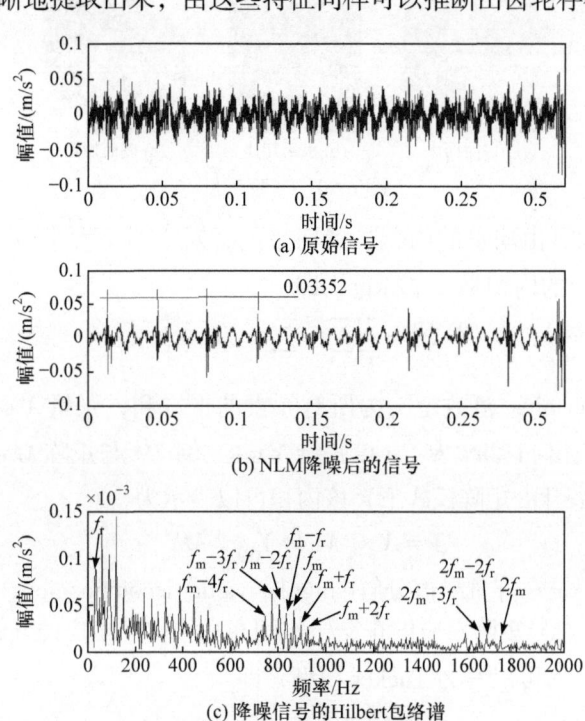

$2f_m-3f_r$)均被清晰地提取出来,由这些特征同样可以推断出齿轮存在故障。

(a) 原始信号

(b) NLM降噪后的信号

(c) 降噪信号的Hilbert包络谱

图 6.48 齿根裂纹振动信号

6.5 基于张量分解的滚动轴承复合故障多通道信号降噪

6.5.1 张量分解的基本理论

张量[44]是向量和矩阵的高阶推广。张量的纤维是类似于矩阵的行和列的术语,它是只保留张量一个下标可变而固定其他所有坐标所得到的一组阵列,如三阶张量分为模-1 纤维(行纤维)、模-2 纤维(列纤维)和模-3 纤维(管纤维),分别表示为 $X_{i:k}$、$X_{:jk}$ 和 $X_{ij:}$,如图 6.49 所示。

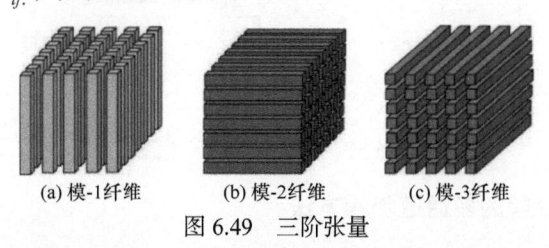

(a) 模-1纤维 (b) 模-2纤维 (c) 模-3纤维

图 6.49 三阶张量

除此之外,张量的切片表示张量的两个维度部分,如一个三阶张量会有正面切片、水平切片和侧面切片,分别表示为 $X_{::k}$、$X_{i::}$ 和 $X_{:j:}$,如图 6.50 所示。

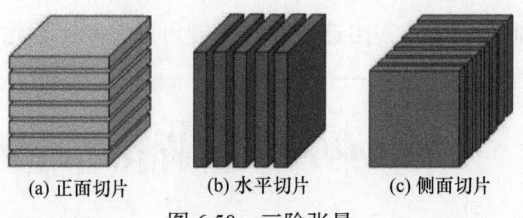

(a) 正面切片　　(b) 水平切片　　(c) 侧面切片

图 6.50　三阶张量

张量的内积是由向量的内积扩展而来的，对于两个大小一致的张量 $\mathcal{X}, \mathcal{Y} \in R^{I_1 \times I_2 \times \cdots \times I_N}$，它们的内积是一个标量，即

$$(\mathcal{X}, \mathcal{Y}) = \sum_{i_1} \sum_{i_2} \cdots \sum_{i_n} x_{i_1 \cdots i_k \cdots i_n} y_{i_1 \cdots i_k \cdots i_n} \tag{6.55}$$

相应的 Frobenius 范数定义为所有元素的平方和，张量 $\mathcal{X} \in R^{I_1 \times I_2 \times \cdots \times I_N}$，则 $\mathcal{X}_F = \sqrt{(\mathcal{X}, \mathcal{X})}$。任何 $1 \leqslant n \leqslant N$，$n$-模张量 $\mathcal{X} \in R^{I_1 \times I_2 \times \cdots \times I_N}$ 与矩阵 $M \in R^{I_n \times J}$ 的积，记为 $\mathcal{X} \times_n M$。在展开的矩阵模式下，该内积可以表示为

$$\mathcal{Y} = \mathcal{X} \times_n M \Leftrightarrow Y_{(n)} = MX_{(n)} \tag{6.56}$$

Tucker 分解是矩阵奇异值分解(singular value decomposition，SVD)[45]计算的左奇异矩阵或右奇异矩阵对应的正交子空间在高维空间推广的分解形式。一个 N 张量 $\underline{X} \in R^{I_1 \times I_2 \times \cdots \times I_N}$ 可以写为 Tucker 模型，即

$$\underline{X} = \underline{G} \times_1 A_1 \times_2 A_2 \times \cdots \times_n A_n \tag{6.57}$$

其中，$A_i \in R^{I_i \times R_i}$ 为因子矩阵；$\underline{G} \in R^{R_1 \times R_2 \times \cdots \times R_N}$ 为核心张量，代表张量在各个模的主要成分且任何两列都正交。

Tucker 分解示意图如图 6.51 所示。

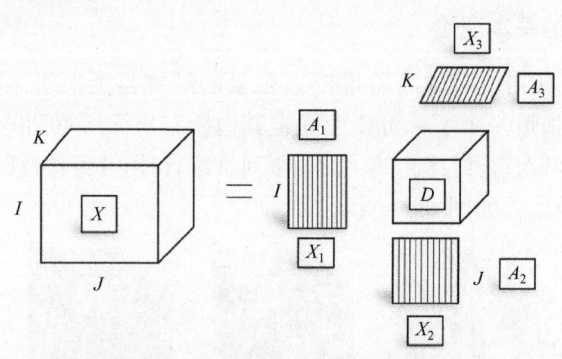

图 6.51　Tucker 分解示意图

6.5.2　基于张量分解的多通道降噪方法

1. 截断高阶奇异值分解

截断高阶奇异值分解(truncated high order singular value decomposition，

THOSVD)作为一种正则化方法，基本思想是给式(6.58)定义一个合适的解。这就是下面提到的一个不适定问题[46]，即

$$\min\left(\|Ax-b\|_2^2\right) \tag{6.58}$$

其中，A 为已知的系数矩阵；b 为包含误差测量结果的常数；x 为需要求解的变量。

不适定问题的解决方案对扰动的解决方案不敏感。解决该问题的方法是将小于预定阈值的奇异值设置为零。因此，它可以消除小奇异值对方程解的影响。式(6.58)在发生干扰的情况下，会消除不适的特性。也就是说，我们需要获得与原始矩阵 A 对应的低秩近似矩阵 A_λ。THOSVD 方法中使用的矩阵 A_λ 定义为秩为 λ 的矩阵，即

$$A_\lambda = UE_\lambda V^{\mathrm{T}}$$
$$E_\lambda = \mathrm{diag}(\sigma_1,\cdots,\sigma_\lambda,0,\cdots,0) \tag{6.59}$$

在此，$E_\lambda(\lambda<n)$ 是通过将矩阵 E 的 $n-\lambda$ 的最小奇异值替换为零而获得的，也就是说，仅考虑较大的先验 λ 奇异值的影响。正确选择 λ 的值后，通过式(6.60)定义的矩阵 A_λ 的条件数 σ_1/σ_λ 将更加适度，并且 THOSVD 的解决方案将更加稳定。相应的 THOSVD 滤波因子的形式可以表示为

$$f_i = \begin{cases} 1, & \sigma_i \geqslant \sigma_\lambda \\ 0, & \sigma_i < \sigma_\lambda \end{cases} \tag{6.60}$$

伴随着矩阵 A_λ 的 SVD，式(6.61)给出了 THOSVD 方法的正则化分辨率，即

$$x_\lambda = \sum_{i=1}^n f_i \frac{\mu_i^{\mathrm{T}} b}{\sigma_i} v_i \tag{6.61}$$

其中，λ 为截断参数；σ_i 为奇异值。

但是，难以确定用于选择 THSOVD 的 λ 的合理标准。因此，可以尝试使用 L 曲线方法确定最佳正则化参数。

2. L 曲线正则化准则

截断参数的选择是 THOSVD 方法的核心。L 曲线准则用于求解截断参数。L 曲线方法用于在不适定问题中获得的离散系统的解中选择正则化参数。

对于每组正则化参数值，正则化解 x_λ 由解的范数 $\|x_\lambda\|_2$ 与残差范数 $Ax_\lambda - b_2$ 描述。L 曲线是由 $\lambda \in [0,+\infty)$ 的所有点($\|Ax_\lambda - b_2\|$, $\|x_\lambda\|_2$)组成的连续曲线。如果选择的 λ 太小，则 $\|Ax_\lambda - b\|_2$ 很小，而 $\|x_\lambda\|_2$ 可能会非常大，这会非常接近原始的不适定解。如果 λ 太大，则 $\|Ax_\lambda - b\|_2$ 也很大，而 $\|x_\lambda\|_2$ 很小，问题与原始方程只有很小的关系。因此，参数 λ 控制权重的大小，以使与残差 $\|Ax_\lambda - b\|_2$ 最小化相关的 $\|x_\lambda\|_2$ 最小化。如果我们可以通过找到合适的 λ 在这两项之间找到良好的平衡，则可以预期正则化解将是精确解的良好近似。一个合适的正则化参数应在 $\|Ax_\lambda - b\|_2$ 和 $\|x_\lambda\|_2$

数量之间适当平衡。因此,找到正则化的最佳参数是一个重要而棘手的问题[47]。

L 曲线准则是一种用于正则化参数选择的方法,它通过绘制正则化解的范数与相应残差范数的对数-对数图来实现。

3. 基于 THOSVD 的多维信号滤波

基于张量分解的信号处理方法不仅发展了多维滤波,而且对大数据分析也有很大帮助。假设多维信号由张量 $\mathcal{T}$ 表示,具有附加噪声 $\mathcal{N}$ 的信号 $\mathcal{R}$ 为

$$\mathcal{R} = \mathcal{T} + \mathcal{N} \tag{6.62}$$

其中,$\mathcal{R}, \mathcal{T}, \mathcal{N} \in \mathrm{R}^{I_1 \times I_2 \times \cdots \times I_N}$,均为 N 阶张量。

在该模型中,$\mathcal{T}$ 和 $\mathcal{N}$ 分别表示纯净信号和噪声。因此,使用多维滤波估计的无噪声信号可以表示为[48]

$$\hat{\mathcal{T}} = \mathcal{R} \times_1 H^{(1)} \times_2 H^{(2)} \times_3 \cdots \times_N H^{(N)} \tag{6.63}$$

其中,$H^{(N)}$ 表示 n 模式滤波器。

因为张量是多维数组,特别是,N 阶张量是 N 个向量空间的张量积的元素。3 阶张量噪声信号 $\mathcal{X}$ 可用下式表示为

$$\mathcal{X} = \mathcal{D} \times_1 P_{(1)} \times_2 P_{(2)} \times_3 P_{(3)} \tag{6.64}$$

其中,$P_{(j)} \in \mathrm{R}^{I_j \times R_j} (j=1,2,3,\ R_j \ll I_j)$,为代表每个模块重要组成部分的因子矩阵;$\mathcal{D} \in \mathrm{R}^{R_1 \times R_2 \times R_3}$,称为分解信号的核心张量。

为了减小信号张量的维数,关键是在因子矩阵 P_j 中选择适当的左奇异向量,继而很好地保留目标信号,而不会造成信号失真。将振动信号构造为 3 阶张量,假设每个因子矩阵中保留的向量数是 λ_t、λ_s、λ_c,且矩阵是 $U^{(1)}$、$U^{(2)}$、$U^{(3)}$,于是,一个新的核心张量可以用式(6.65)得到,即

$$\tilde{\mathcal{G}} = \underline{X} \times_1 \left(U^{(1)}\right)^\mathrm{T} \times_2 \left(U^{(2)}\right)^\mathrm{T} \times_3 \left(U^{(3)}\right)^\mathrm{T} \tag{6.65}$$

然后,通过式(6.66)重构恢复纯净的目标张量,即

$$\underline{\tilde{S}} = \tilde{\mathcal{G}} \times_1 U^{(1)} \times_2 U^{(2)} \times_3 U^{(3)} \tag{6.66}$$

最后,根据原始张量结构,通过逆向变换生成了新的通道数据。图 6.52 展示了对三分截断奇异值分解(3-THOSVD)的截断过程。

6.5.3 仿真分析

本章提出的故障诊断方法框架如图 6.53 所示。为了验证该方法的有效性,本节模拟滚动轴承复合故障信号的公式为[49,50]

$$s_i(t) = \sum_{p_i=1}^{P_i} A_j h(t - jT_i) + \delta_n n(t) \tag{6.67}$$

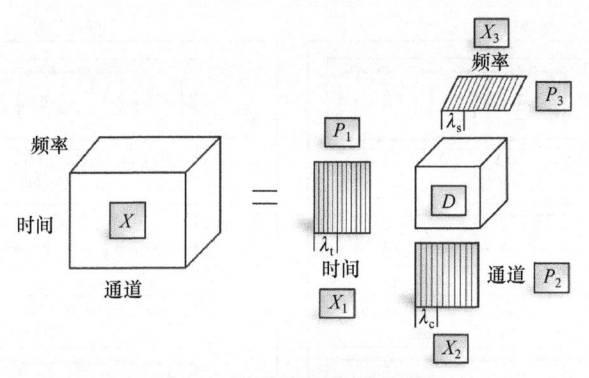

图 6.52　三分截断奇异值分解

其中，P_i 为脉冲数量，$P_1=21, P_2=7, P_3=5, P_4=4, P_5=12, P_6=4$；$A_j$ 为脉冲振幅，$A_j=[0.5,1]$；T_i 表示时间周期，$T_1=0.01, T_2=0.03, T_3=0.05, T_4=0.06, T_5=0.02, T_6=0.07$；$h(t)$ 为冲击脉冲函数；$n(t)$ 为一个随机信号。

实际信号中相关特征常常被噪声湮没，故在仿真信号中加入高斯白噪声，以模拟实际信号中的干扰。δ_n 是噪声信号的标准差，反映噪声的强度，$\delta_n h(t)$ 表示高斯白噪声。$h(t)$ 可以写为

$$h(t) = \begin{cases} \exp^{-\beta t}\sin(2\pi f_r t), & t>0 \\ 0, & \text{其他} \end{cases} \quad (6.68)$$

其中，β 为衰减参数，$\beta=50\text{Hz}$；f_r 为共振频频率，$f_r=200\text{Hz}$。

采样频率、时间以及时间长度分别为 20kHz、0.3s 和 10000。六种仿真信号为 $s_1(t) \sim s_6(t)$，三组复合信号为 $\sum_{i=1}^{2}s_i(t), \sum_{i=3}^{4}s_i(t), \sum_{i=5}^{6}s_i(t)$。

根据时间、频率和通道，将信号建模为一个 3 阶张量 $\underline{X} \in \mathbf{R}^{300\times100\times3}$。在张量分解过程中，选取张量一个正切面的 3 个行纤维进行分析，根据图 6.54 中的 L 曲线求出截断参数，3 个截断参数取整数后为 $\tilde{\lambda}_t=7, \tilde{\lambda}_s=7, \tilde{\lambda}_c=1$。张量分解后这个振动信号的核心张量为 $\underline{\tilde{G}} \in \mathbf{R}^{6\times6\times2}$，然后根据核心张量 $\underline{\tilde{G}}$ 重新构造目标张量 $\underline{\tilde{S}}$。

图 6.55(a)～图 6.55(c)为不同截断参数的 3 个纤维的无噪声信号。3 个纤维增加噪声后的信号如图 6.56(a)～图 6.56(c)所示。由于噪声信号干扰，从图 6.56 中难以看出脉冲信号的周期特征。显然，从时域上分析原始复合故障信号无法提取出轴承故障的特征信息。

经张量分解处理后的模-1 纤维信号如图 6.57 所示。可以看到，降噪取得了一定的效果，能够较好地提取出脉冲周期特征。通过以上仿真信号的分析，验证了基于张量分解的滚动轴承多维降噪技术在复合故障诊断中的可行性。因此，基于张量分解的多维降噪技术可以在后续实例中应用。

图 6.53 故障诊断方法框架

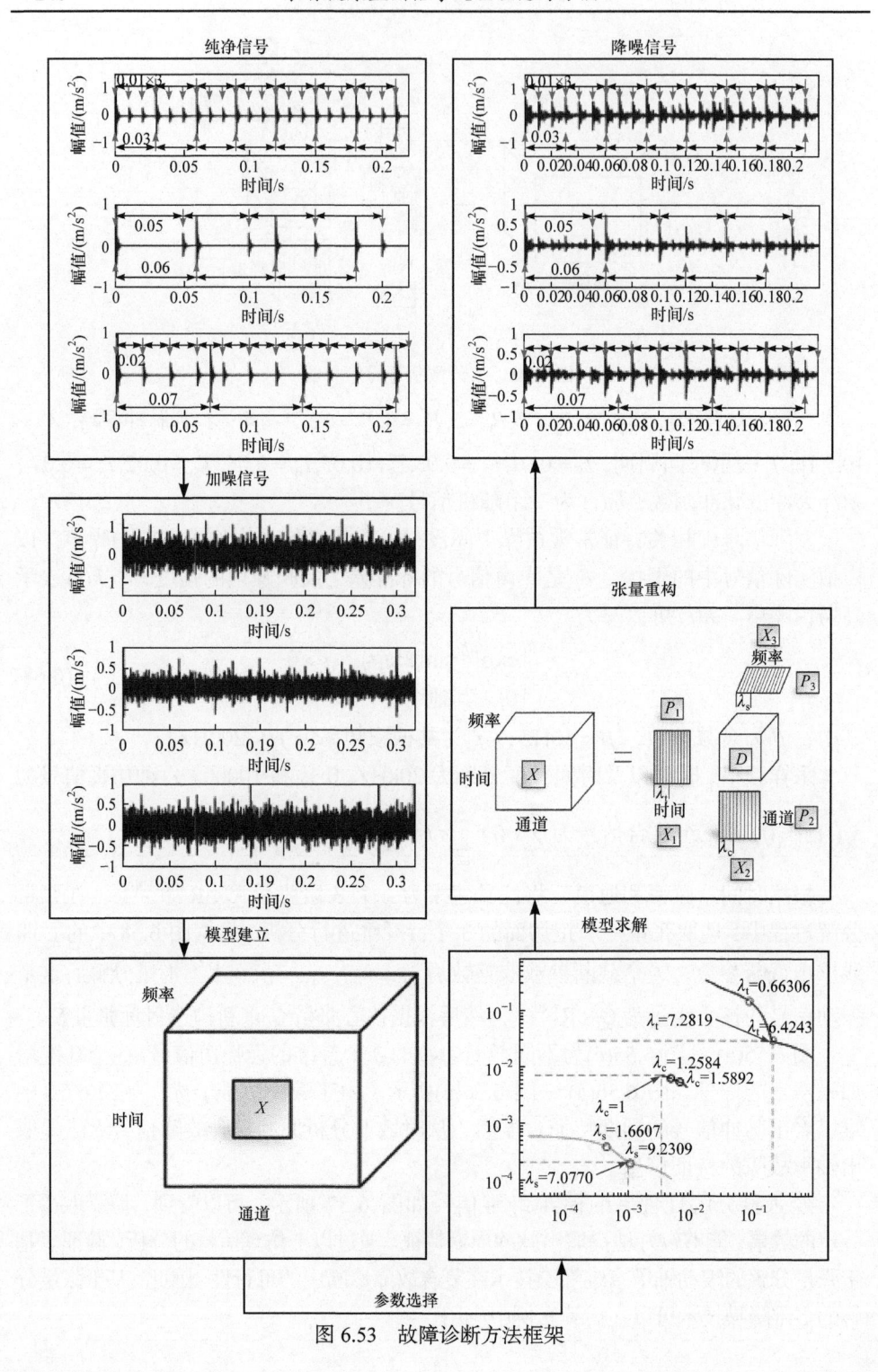

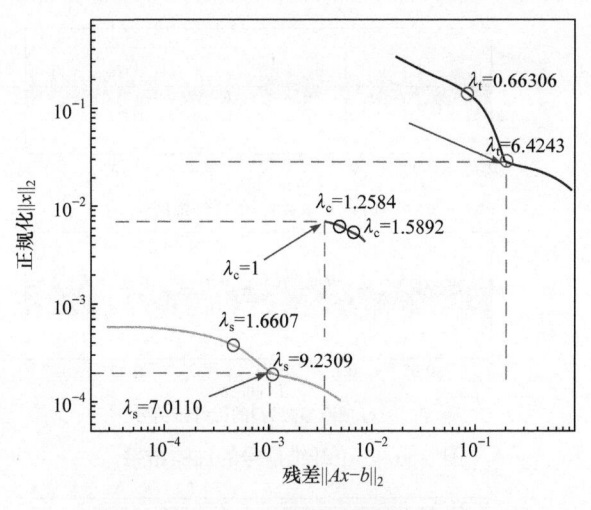

第 6 章 机械信号降噪与特征增强方法 ·249·

图 6.54 仿真信号截断参数

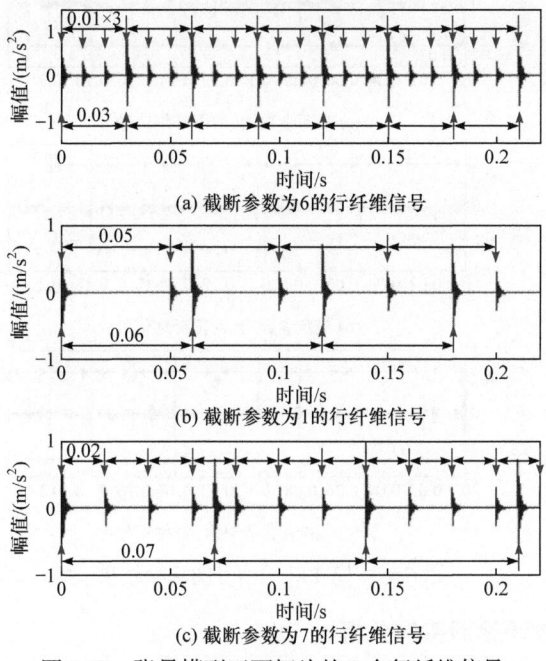

(a) 截断参数为6的行纤维信号

(b) 截断参数为1的行纤维信号

(c) 截断参数为7的行纤维信号

图 6.55 张量模型正面切片的 3 个行纤维信号

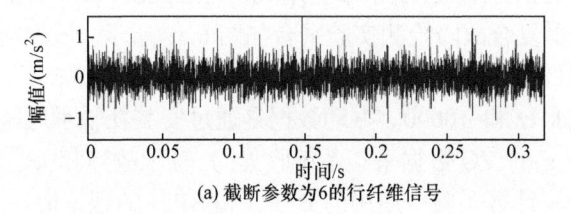

(a) 截断参数为6的行纤维信号

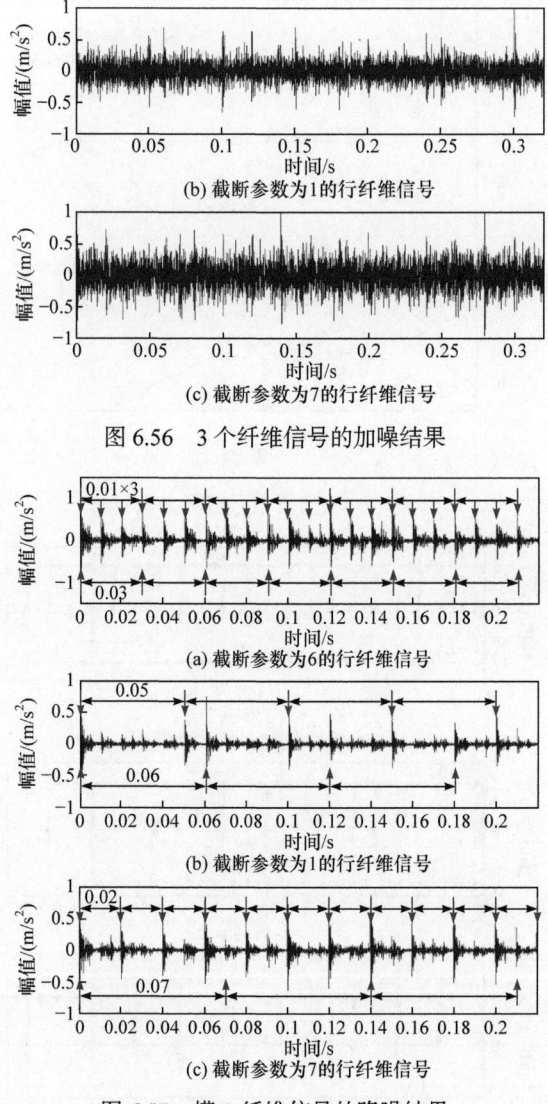

图 6.56　3 个纤维信号的加噪结果

图 6.57　模-1 纤维信号的降噪结果

6.5.4　轴承复合故障诊断实例分析

为了验证该方法的有效性，本章利用 MFS-Magnum 实验台的实验数据进一步研究该算法。轴承复合故障检测实验平台如图 6.58 所示。该加速度传感器安装在第二轴承支架顶部。实验采用 ER-16K 型轴承，参数如表 6.5 所示。采样频率和信号长度分别为 20kHz 和 10000。振动数据是通过安装在轴承底座附近带加速度计（灵敏度为 98mV/g）的 VQ 数据采集系统收集的。轴承故障相关参数如表 6.6 所示。参考相关资料分别计算实验中使用的 BPFO 和 BPFI 的理论值。

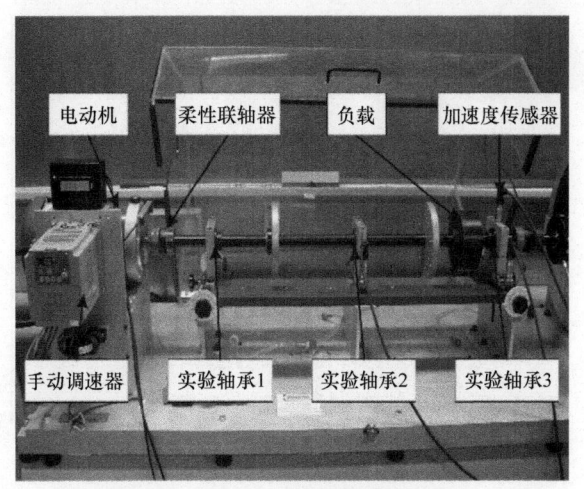

图 6.58 轴承复合故障检测实验平台

表 6.5 轴承参数

型号	节圆直径/mm	滚动体直径/mm	滚动体数目/个
ER-16K	33.4772	7.94	8

表 6.6 轴承故障相关参数

f_r /Hz	f_s /kHz	BPFI/Hz	BPFO/Hz
22.23	20	110.01	67.83
22.02	20	108.97	67.19

1. 一个轴承的多重故障

在实验过程中,轴承 1、2、3 同时具有内圈缺陷和外圈故障(图 6.58)。输入轴的旋转频率设置为 22.02Hz、BPFI=108.97Hz、BPFO=67.19Hz、f_s=20kHz。根据时间、频率和通道将振动信号建模为一个 3 阶张量 $\underline{X} \in \mathbf{R}^{100 \times 300 \times 3}$。

在张量分解过程中,选取张量模型的一个正切面的 3 个行纤维进行分析,根据图 6.59 中的 L 曲线求截断参数。3 个截断参数取整数后为 $\tilde{\lambda}_t = 7$、$\tilde{\lambda}_s = 8$、$\tilde{\lambda}_c = 1$,则张量分解后这个振动信号的核心张量为 $\underline{\tilde{G}} \in \mathbf{R}^{6 \times 7 \times 2}$,$\mathcal{D} \in \mathbf{R}^{5 \times 7 \times 2}$,然后根据核心张量 $\underline{\tilde{G}}$ 重新构造目标张量 $\underline{\tilde{S}}$。

实验中采集的轴承复合故障振动信号时域波形如图 6.60 所示。然而,由于存在较强的环境噪声,时域中的特征常常湮没在噪声当中,从随机噪声和调制现象的时域波形中难以辨别出轴承的健康状态以及信号的周期特征。因此,对原始内、外圈复合故障信号从时域上进行分析无法提取出轴承故障特征信息。

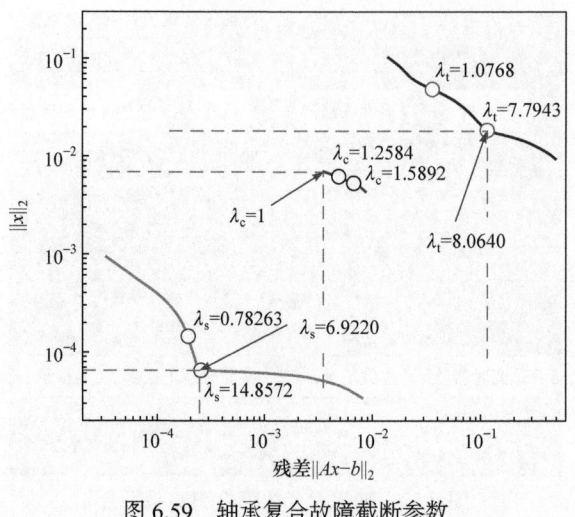

图 6.59　轴承复合故障截断参数

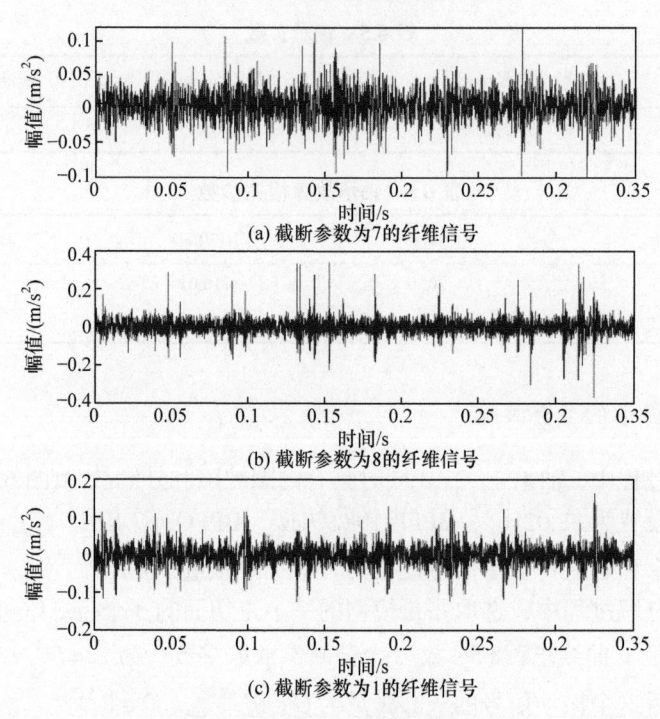

图 6.60　模-1 纤维原始信号

(a) 截断参数为7的纤维信号
(b) 截断参数为8的纤维信号
(c) 截断参数为1的纤维信号

通过本章所提出的方法得到降噪后的振动信号如图 6.61 所示。与原始信号相比，在图 6.61 成功地同时去除了三组振动信号的噪声，很好地保留了脉冲周期特征。可以看出，该方法能够降低噪声，并且很大程度地保留信号的特征结构，通过同时对复合故障(内圈故障+外圈故障)滚动轴承三组振动信号进行分析，表明了采用基于张量分解方法的合理性。同时，通过实例分析也验证了本章所提方法的有效性。

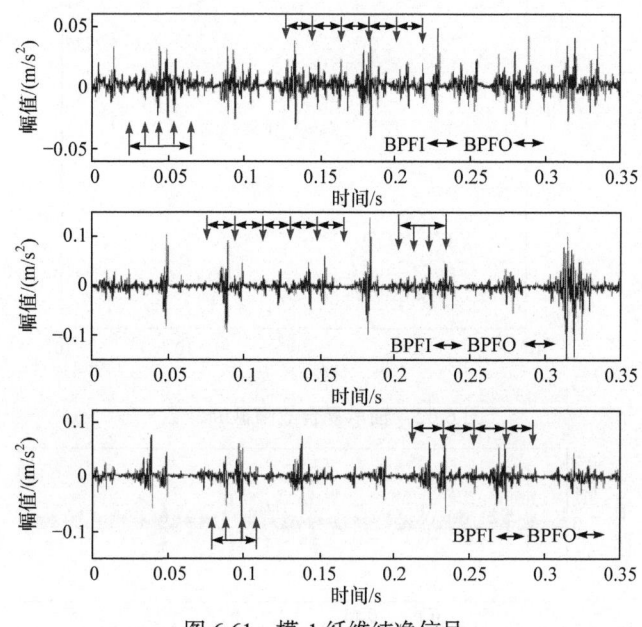

图 6.61 模-1 纤维纯净信号

2. 三个轴承的复合故障

实验轴承 1、3 具有内圈缺陷，实验轴承 2 具有外圈故障(图 6.58)。由于滚动轴承存在噪声，时域中的弱特征常常受到污染。输入轴的旋转频率为 22.23Hz、BPFI=110.01Hz、BPFO=67.83Hz、f_s=20kHz。

根据时间、频率和通道将振动信号建模为一个 3 阶张量 $\underline{X} \in \mathbb{R}^{100 \times 300 \times 3}$。在张量分解过程中，选取张量模型一个正切面的 3 个行纤维进行分析。

根据图 6.62 中的 L 曲线求出截断参数。3 个截断参数取整数后为 $\tilde{\lambda}_t = 7$、$\tilde{\lambda}_s = 6$、$\tilde{\lambda}_c = 1$，则张量分解后这个振动信号的核心张量为 $\underline{\tilde{G}} \in \mathbb{R}^{6 \times 5 \times 2}$，然后根据核心张量 $\underline{\tilde{G}}$ 重新构造目标张量 $\underline{\tilde{G}} \in \mathbb{R}^{6 \times 5 \times 2}$。

如图 6.63 所示，由于滚动轴承存在缺陷，振动信号应呈现脉冲周期特征。然而，由于存在较强的环境噪声，时域中的特征容易湮没在噪声当中。从随机噪声和调制现象的时域波形中难以辨别出轴承的健康状态。因此，对原始内、外圈复合故障信号从时域上进行分析无法提取出轴承故障特征信息。

与原始信号相比，图 6.64 成功地同时去除了三组振动信号的噪声，并很好地保留了脉冲特征，通过同时对复合故障(内圈故障+外圈故障)的滚动轴承三组振动

图 6.62 轴承复合故障截断参数

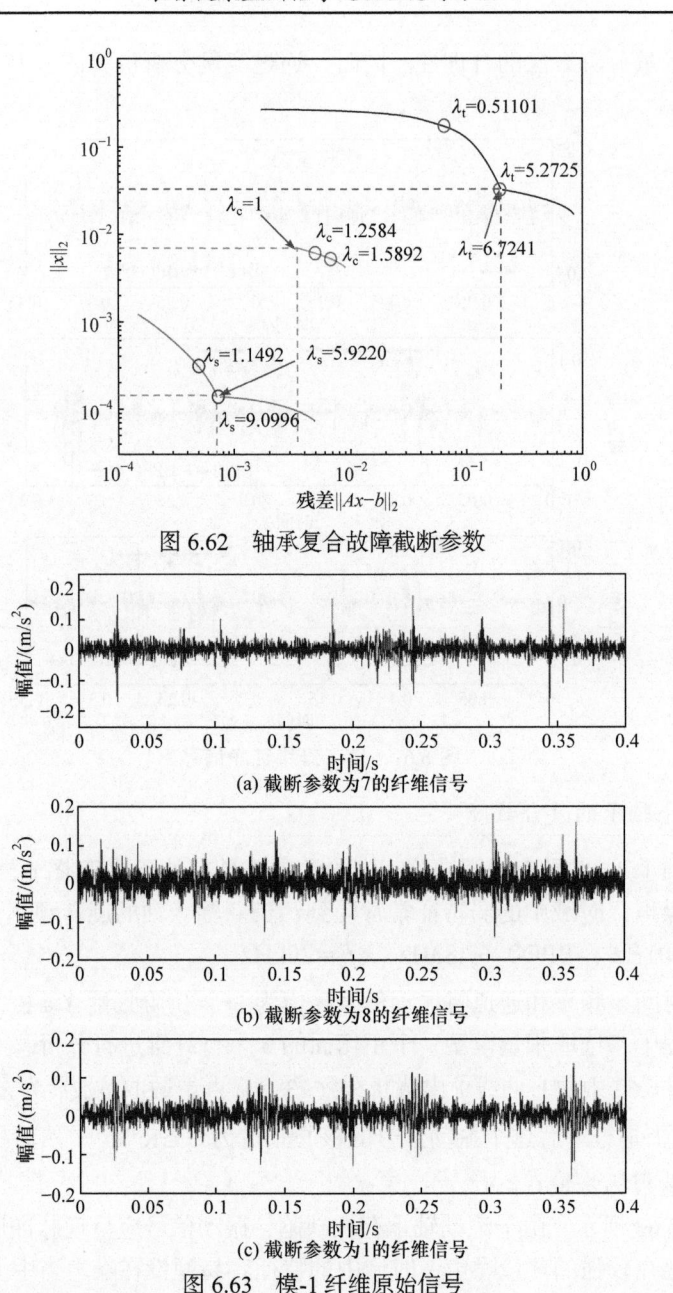

图 6.63 模-1 纤维原始信号

信号进行分析,表明了采用基于张量分解方法的合理性。

本章提出的方法能够同时将多个通道内的内、外圈复合故障特征提取出来,较为理想地实现多个通道轴承内、外复合故障特征的提取,进一步验证了本章所提方法的有效性。

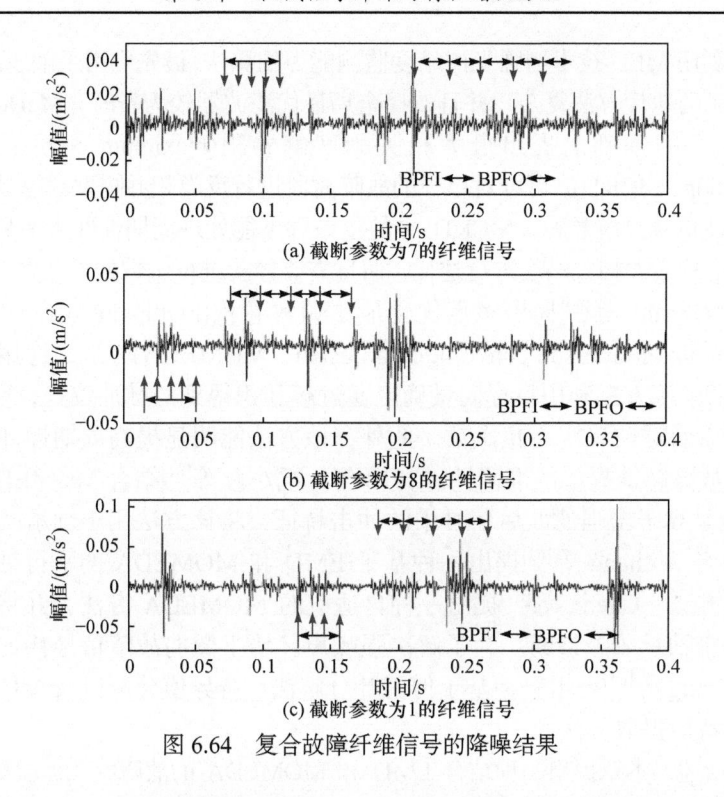

图 6.64 复合故障纤维信号的降噪结果

6.6 基于局部均值分解和多点优化最小熵解卷积的滚动轴承早期故障特征提取

6.6.1 引言

滚动轴承是旋转机械中使用最频繁、最易受影响的关键部件之一[51]。大约 1/3 的旋转机械故障是由轴承故障造成的[52]。因此，轴承早期故障诊断对于保障经济效益及安全生产具有重大的意义。轴承部件发生故障会引起轴承其他部位的振动，导致系统运行不平稳。外部噪声、接收距离长短、传感器工作条件等的影响，使滚动轴承早期故障特征被湮没在强背景噪声中[53]。多年以来，科研工作者致力于开发有关早期微弱故障诊断技术，保证旋转机械运行的安全性与稳定性[54]。传统的小波变换、EMD、VMD，以及近年从其他领域引入的稀疏分解、张量分解[55]等方法被广泛应用于滚动轴承的早期故障诊断。

故障特征提取实际就是对信号进行最优滤波，提取明显的周期性冲击分量。最小熵解卷积(minimum entropy deconvolution，MED)理论由 Ralph[56]在 1978 年提出。Sawlhi 等[57]首次将 MED 应用于旋转机械的故障诊断，将基于自回归模型的滤波和 MED 技术应用于齿轮故障检测。为了准确提出滚动轴承的故障特征，Barszcz 等[58]

提出一种利用 MED 技术增强光谱峭度监测能力的算法,最先应用于轴承故障诊断。由于 MED 的迭代方法复杂,并且选择全局最优滤波器较为费时,McDonald 等[59]在相关峭度的基础上提出最大相关峭度解卷积(maximum correlated kurtosis deconvolution, MCKD),可以对单独的故障时段进行反卷积并提取故障特征。MED 更倾向于使单脉冲解卷积,MCKD 在特定条件下能处理周期性冲击信号故障的不足,但是依赖最大相关峭度进行迭代,而且需要经验进行函数处理。为了改进上述方法,McDonald 等[60]提出多点优化最小熵解卷积(multipoint optimal minimum entropy deconvolution and convolution adjusted, MOMEDA)方法,应用于齿轮箱的故障诊断。该方法利用目标向量确定通过解卷积得到的脉冲位置,不需要设置迭代次数以及提前确定终止次数。此外,该方法能明显提高周期性冲击成分幅值,提高故障特征提取的准确性。2018 年,祝小彦等[61]结合 MOMEDA 滤波和 Teager 能量算子增强滤波后信号中的冲击特征,将该方法用于轴承故障特征提取。2019 年,Zhang 等[62]提出一种基于 EMD 和 MOMEDA 的平行轴齿轮箱故障检测新方法。Cheng 等[63]提出一种自适应的 MOMEDA 方法,并将其成功用于铁路轴箱轴承故障诊断。为了解决强噪声环境下微弱故障信号特征提取困难的问题,Yang 等[64]提出一种基于傅里叶分解法、奇异值分解以及 MOMEDA 的轴承故障特征提取方法。

综上所述,本章提出一种结合 LMD 和 MOMEDA 的故障特征提取新方法。首先,利用 LMD 技术对轴承的振动信号进行分解,得到 PF 分量,考虑互相关系数准则和峭度准则,选择合适分量重构信号。然后,运用 MOMEDA 对 LMD 重构的信号进行降噪。最后进行希尔伯特包络解调。与 LMD 和 MED 结合方法对比,可以避免传统 MED 迭代以及滤波后可能出现的虚假峰值,增强降噪信号中的周期性冲击成分。仿真和实验结果表明,提出的方法能够很好地提取轴承早期故障的微弱特征。

6.6.2 局部均值分解和多点优化最小熵解卷积基本理论

1. LMD 理论

LMD 自适应地将信号分解为一系列 PF 分量,这些 PF 分量是一个纯调频信号和一个包络信号的乘积。分解结果由多个 PF 分量和残差函数组成

$$x(t) = \sum_{n=1}^{k} \mathrm{PF}_k(t) + u_t(t) \tag{6.69}$$

其中,$x(t)$为待分解信号;PF(t)为分量函数;$u_t(t)$为残差函数。

每个 $\mathrm{PF}_k(t)$包含被分析信号的包络和频率信息,具有实际的物理意义。由于 LMD 方法被广泛应用于故障诊断领域,具体推导过程可以参考文献[65],本章不再叙述。

2. MED 理论

解卷积的过程是找到一个 L 阶的逆滤波器 $w(n)$，可以通过反滤波器将滞后输出 $y(n)$ 恢复到输入 $x(n)$。反褶积过程的表达式为

$$x(n) = w(n) * y(n) \tag{6.70}$$

其中，$x(n)$ 为输入信号；$y(n)$ 为输出信号；$w(n)$ 为滤波器函数。

计算 MED 迭代信号的峭度，并选择峭度最大的迭代信号作为解卷积的结果。峭度表达式为

$$O_2^4(w(n)) = \frac{\sum_{i=1}^{N} x^4(i)}{\left|\sum_{i=1}^{N} x^2(i)\right|^2} \tag{6.71}$$

MED 算法的目的是找到滤波后熵最小的最优逆滤波器 $w(n)$，也就是最大化 $O_2^4(w(n))$ 的范数，确保上式的一阶导数为零，即

$$\frac{\delta O_2^4(w(n))}{\delta w(n)} = 0 \tag{6.72}$$

根据式(6.70)，可得

$$x(n) = w(n) * y(n) = \sum_{l=1}^{L} w(n) y(n-l) \tag{6.73}$$

其中，L 为逆滤波器的长度。

我们可以得到式(6.73)两边的导数，即

$$\frac{\delta w(n)}{\delta w(l)} = y(n-l) \tag{6.74}$$

根据式(6.74)，并对式(6.71)进一步计算，可得

$$\left(\frac{\sum_{n=1}^{N} x^2(n)}{\sum_{n=1}^{N} x^4(n)}\right) \sum_{n=1}^{N} x^3(n) y(n-1) = \sum_{p=1}^{L} w(p) \sum_{n=1}^{N} y(n-1) y(n-p) \tag{6.75}$$

令 $a = \dfrac{\sum_{n=1}^{N} x^2(n)}{\sum_{n=1}^{N} x^4(n)}$、$b(l) = a \sum_{n=1}^{N} x^3(n) y(n-1)$、$w = \sum_{p=1}^{L} w(p)$、$A = \sum_{n=1}^{N} y(n-1) y(n-p)$，

则式(6.75)可写为如下的矩阵形式，即

$$b = Aw \tag{6.76}$$

其中，b 为逆滤波器输入输出的互相关矩阵；A 为逆滤波器输入 $y(n)$ 的 $L \times L$ 大小的 Toeplitz 自相关矩阵；w 为逆滤波器的参数。

根据式(6.76)采用迭代法求解逆滤波矩阵，即

$$w = A^{-1}b \tag{6.77}$$

综上，MED 算法可总结为如下几步。

(1) 初始化 $w^{(0)}$ 中元素全为 1。

(2) 迭代计算 $x(n) = w(n)^{(i-1)} * y(n)$。

(3) 计算 $b^{(i)}(l) = a \sum_{n=1}^{N} x^3(n) y(n-1)$。

(4) 计算 $w^{(i)} = A^{-1} b^{(i)}$。

(5) 如果 $\|w^{(i)} - w^{(i-1)}\|_2^2$ 小于给定误差，则停止递归，否则令 $i = i+1$，重复(2)。

6.6.3 多点优化最小熵解卷积理论

设备故障会产生冲击信号，但由于传输路径的影响，冲击信号原有的确定性被破坏，导致信号熵增加。为了恢复信号的原始激波状态，需要估计逆传递函数并减小熵值。滚动轴承故障信号可以表示为

$$x = hy + e \tag{6.78}$$

其中，e 为噪声；y 为冲击信号；h 为传递函数；x 为采集信号。

MOMEDA 算法的目的是针对已知位置的多周期性冲击信号，通过非迭代的方式找到最优的 FIR 滤波器，找到一个最优滤波器 f 最优化重建振动和冲击信号 y，解卷积过程为

$$y = f * x = \sum_{k=1}^{N-L} f_k x_{k+L-1} \tag{6.79}$$

其中，k 为总采样点数，$k = 1, 2, \cdots, N-L$；N 为信号长度，L 为滤波器长度。

根据周期脉冲信号的特点，该方法引入多点 D 范数，即

$$\text{MDN}(y,t) = \frac{1}{\|t\|} \frac{t^\text{T} y}{\|y\|} \tag{6.80}$$

$$\text{MOMEDA}(y,t) = \max_f \text{MDN}(y,t) = \frac{1}{\|t\|} \frac{t^\text{T} y}{\|y\|} \tag{6.81}$$

其中，y 为振动信号；f 为滤波器；t 为冲击分量的权重矩阵。

通过求解多点 D 范数的最大值得到最优滤波器 f，反褶积过程也得到最优解。式(6.81)相当于求解方程，即

$$\frac{\text{d}}{\text{d}f} \left(\frac{t^\text{T} y}{\|y\|} \right) = 0 \tag{6.82}$$

其中，$f = f_1, f_2, \cdots, f_L$；$t = t_1, t_2, \cdots, t_{N-L}$。

$$\frac{\mathrm{d}}{\mathrm{d}f}\left(\frac{t^\mathrm{T} y}{\|y\|}\right) = \|y\|^{-1}(t_1 M_1 + t_2 M_2 + \cdots + t_k M_k) - \|y\|^{-3} t^\mathrm{T} y X_0 y = 0 \quad (6.83)$$

其中，$M_k = \begin{bmatrix} x_{k+l-1} \\ x_{k+l-2} \\ \vdots \\ x_k \end{bmatrix}$。

令 $t_1 M_1 + t_2 M_2 + \cdots + T_{N-L} M_{N-L} = X_0 t$，整理为

$$\frac{ty}{\|y\|^2} X_0 y = X_0 t \quad (6.84)$$

$$\frac{ty}{\|y\|^2} f = \left(X_0 X_0^\mathrm{T}\right)^{-1} X_0 t \quad (6.85)$$

取其特解作为一组最优滤波器，记为

$$f = (X_0 X_0^\mathrm{T})^{-1} X_0 t \quad (6.86)$$

将 $y = X_0^\mathrm{T} f$ 代入，便可恢复原始冲击信号 y。

传统 MOMEDA 方法受先验知识、运行速度等因素的影响，LMD 运算速度较快且能减弱先验知识的影响。基于此，本节开发了 LMD-MOMEDA 这一联合框架。

轴承早期故障信号微弱，在强噪声背景下提取特征较为困难。在抑制端点效应、减少迭代次数和信号处理完整性等方面，LMD 都优于传统的 EMD。LMD 还能将信号分解为多个有实际意义的 PF 分量，能反映出信号在各个空间尺度的分布规律。MOMEDA 相比经典方法最小熵解卷积，不需要设置迭代次数和终止条件，能有效处理周期性冲击并且提高冲击特征，更加快速地找到最优滤波器。其具体流程如下。

(1) 用 LMD 分解故障信号，得到 PF 分量。

(2) 计算各个 PF 分量的相关系数和峭度。借鉴文献[66]、[67]，利用峭度和相关系数作为评价标准，选取与原始信号高度相关且相关系数较大(峭度≥3，相关系数≥0.3)的信号分量重构观测信号。

(3) 进行希尔伯特包络解调分析，判断是否可以进行初步故障特征提取。

(4) 利用 MOMEDA 算法对 LMD 重构信号进行滤波处理，实现对振动信号的降噪。主要参数设定为滤波器窗长(根据采样点数的数量级及调试得出)、周期(采样频率与故障频率之比)。

(5) 利用希尔伯特包络解调上一步的滤波后重构信号，输出故障特征频率进行故障诊断。

故障诊断流程如图 6.65 所示。

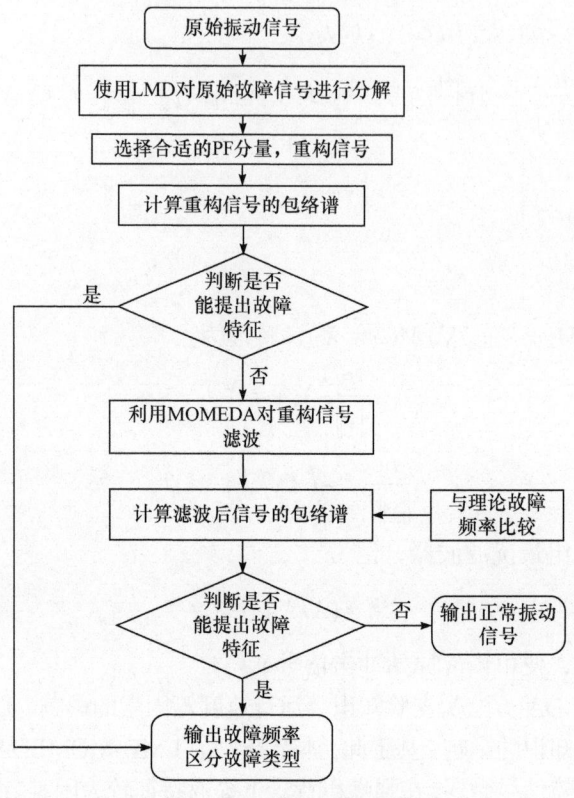

图 6.65 故障诊断流程图

6.6.4 仿真分析

1. 基于 LMD 的仿真分析

利用滚动轴承故障模型进行信号模拟[68]，并添加白噪声模拟轴承外圈早期故障信号。仿真信号为

$$x(t) = x_c e^{-2\pi\varepsilon f_o t}\sin(2\pi f_n\sqrt{1-\varepsilon^2}t) \tag{6.87}$$

$$y(t) = x(t) + n(t) \tag{6.88}$$

其中，x_c 为位移常数，$x_c = 5$；ε 为阻尼系数，$\varepsilon = 0.1$；f_n 为轴承固有频率，$f_n = 3\text{kHz}$；f_o 为外圈故障特征频率，$f_o = 1/T = 100\text{Hz}$；采样频率为 20kHz；采样点数为 8192；$x(t)$ 为周期性冲击成分；$n(t)$ 为高斯白噪声，$\text{SNR} = -17\text{dB}$。

仿真信号及包络谱图如图 6.66 所示，时域波形在强噪声影响下脉冲信号被完全被湮没，无法进行故障特征提取。如图 6.66(b)所示，包络谱仅呈现随机无序的噪声成分，无法观测出任何故障特征频率及其倍频。对仿真信号进行 LMD 分解，过程如图 6.67 所示。

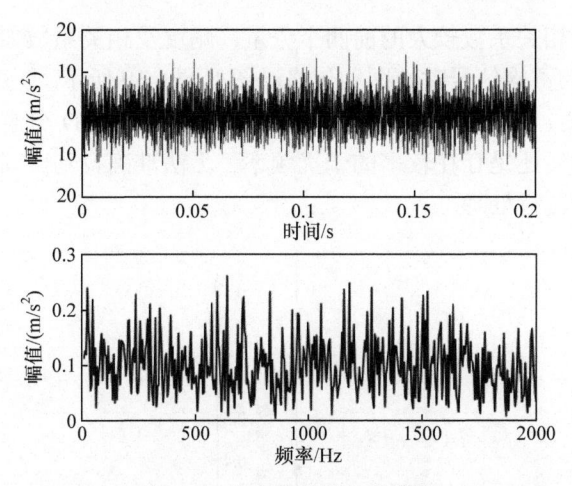

第 6 章 机械信号降噪与特征增强方法 ·261·

图 6.66 仿真信号及包络谱图

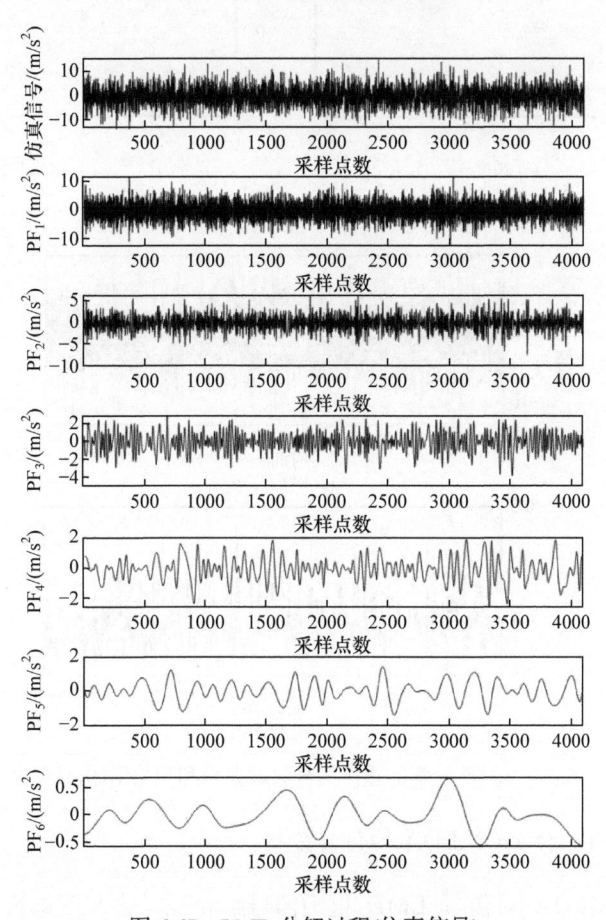

图 6.67 LMD 分解过程(仿真信号)

选取峭度及相关系数较大的前两个分量，峭度及相关系数如图 6.68 所示。LMD 分解的重构信号时域图和包络谱图如图 6.69 所示。

图 6.69 表明，重构后故障频率处峰值有所提升，LMD 分解有一定的效果，但是 LMD 重构后还是存在较多的干扰频率，无法准确找到微弱特征频率及其倍频，需要进一步进行处理。

图 6.68 峭度和相关系数(仿真信号)

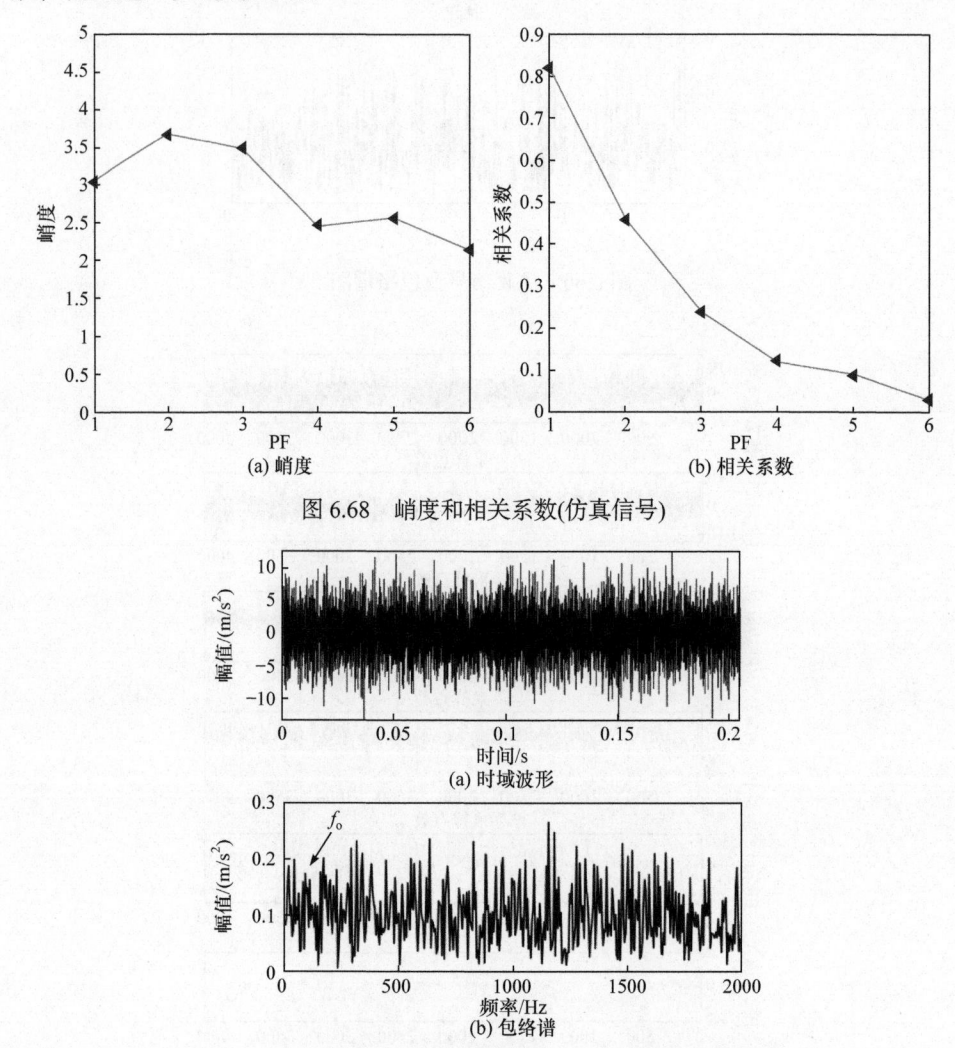

图 6.69 LMD 分解的重构信号时域波形和包络谱(仿真信号)

2. 基于 LMD 和 MOMEDA 的仿真分析

利用 MOMEDA 对仿真 LMD 重构信号解卷积，滤波器窗长 1500，周期为 200(采样频率与理论故障特征频率之比)，得到的时域和包络谱图如图 6.70 所示。

可以看出，时域波形周期成分明显，包络谱特征频率峰值突出，周围干扰完全不会影响倍频识别，可以很好地提取故障频率。

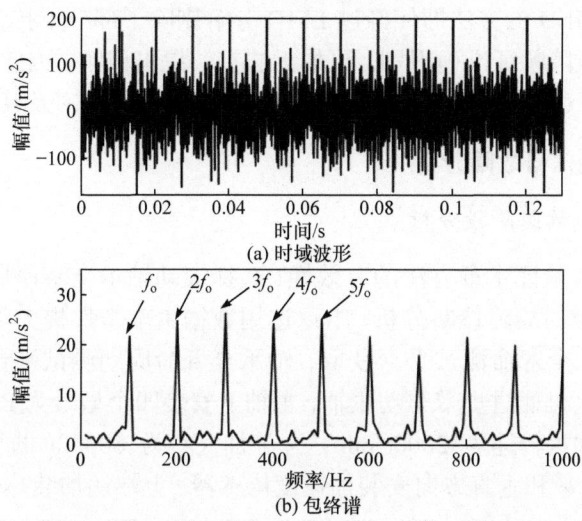

图 6.70　基于 LMD 和 MOMEDA 的时域波形和包络谱(仿真信号)

3. 基于 LMD 和 MED 的仿真分析

本节通过仿真信号与 LMD-MED 方法的对比，验证了 LMD-MOMEDA 方法在提取周期脉冲的优越性。对仿真 LMD 重构信号进行 MED 滤波(滤波器窗长 340，迭代次数 100)，时域和包络谱图如图 6.71 所示。从图中可以勉强看出故障频率峰值，但是峰值附近干扰频率较多，倍频特征并不明显，无法有效处理周期性微弱信号，表明该方法性能一般。

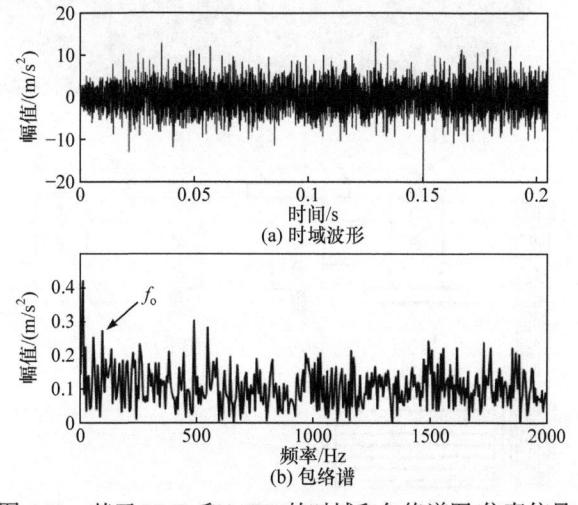

图 6.71　基于 LMD 和 MED 的时域和包络谱图(仿真信号)

通过以上分析，早期微弱故障信号，单纯利用 LMD 重构无法有效提取故障特征。对比方法可以看出，选用 LMD 和 MOMEDA 的方法明显优于对比方法，基于 LMD 和 MED 的方法即使经过 LMD 分解剔除了部分干扰，还是难以实现对滚动轴承的故障特征准确识别，更加无法有效提出倍频。因此，选用 LMD 和 MOMEDA 方法对于微弱故障特征提取更加有效，故障频率及其倍频分离清晰。

6.6.5 外圈实测信号故障分析

1. 外圈早期故障阶段分析

为了进一步验证本章方法的有效性，选择滚动轴承全寿命周期信号的早期阶段数据进行微弱故障诊断分析。本章选用数据由辛辛那提大学智能维护中心提供，可从轴承全寿命测试平台获取，轴承全寿命周期测试平台及其示意图如图 6.72 所示。电机通过皮带驱动主轴，主轴上安装四个型号为 Rexnord ZA-2115 的滚动轴承。轴承转速为 2000r/min，并施加大小为 6000lb 的径向载荷在轴承上，轴承支座水平和垂直方向安装加速度传感器，上端还加装热电偶，检测轴承实时温度。

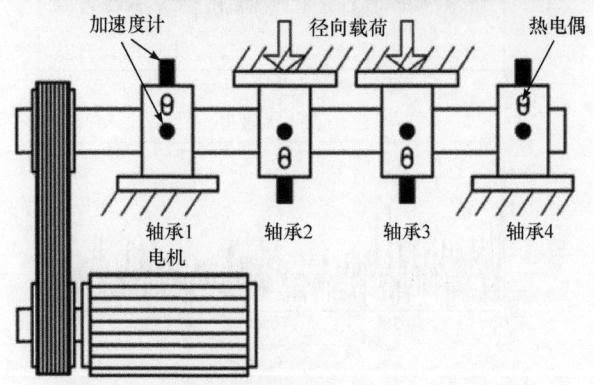

图 6.72 轴承全寿命周期测试平台及其示意图

第 6 章 机械信号降噪与特征增强方法 ·265·

本章以 1 号轴承为研究对象,并对其进行全寿命周期实验,采样间隔为 10 min,采样频率为 20 kHz,采样点数为 20480 个。实验结束后拆解装置并分析,发现 1 号轴承出现明显的外圈故障。

选用时域波形的峭度、RMS 两个指标进行评价,判断故障早期阶段时间。1 号轴承的全寿命周期时域波形如图 6.73 所示。1 号轴承峭度及 RMS 监测结果如图 6.74 所示。

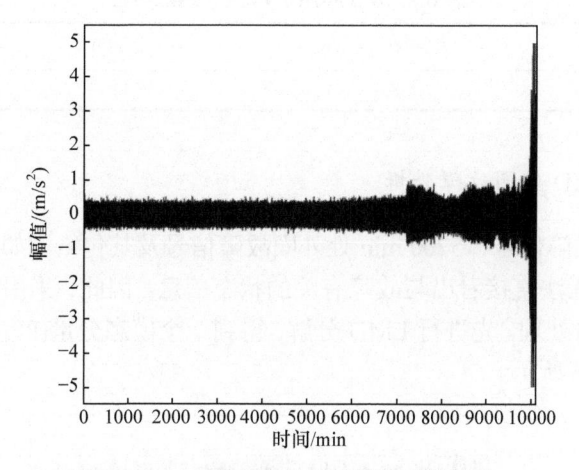

图 6.73 1 号轴承的全寿命周期时域波形

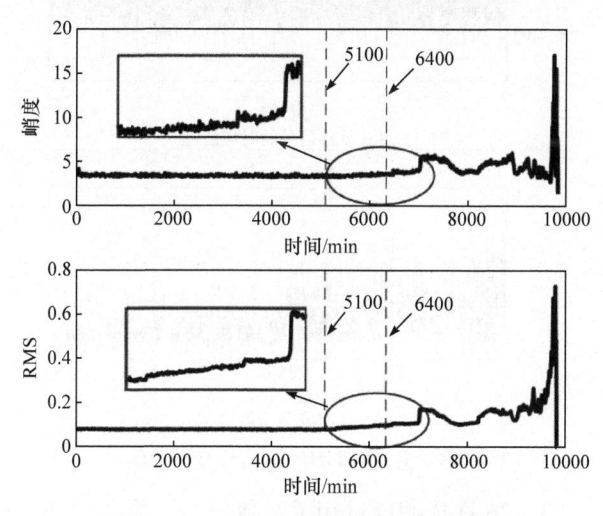

图 6.74 1 号轴承峭度及 RMS 监测结果

可以看出,在 5100 min 以前的阶段轴承运行平稳,峭度及 RMS 无明显变化,5100 min 左右峭度及均方根逐渐增大,变化幅度较小,轴承进入早期故障阶段,6400 min 处变化幅值大幅波动,轴承进入中期故障阶段。因此,本章选择轴承故障早期阶段 5200 min 处的数据，5200 min 处总采样点数为 20480。

将提出的方法应用于 1 号轴承，以验证本章方法的有效性及优势。5200 min 处所采集数据包含 20480 个采样点，选择其中 10240~20479 的采样点，共 10240 个点进行分析。实验采用 Rexnord ZA-2115 轴承，其尺寸参数如表 6.7 所示，理论外圈故障频率为 236.43Hz。

表 6.7　Rexnord ZA-2115 轴承参数

轴承节径/mm	滚动体直径/mm	接触角/(°)	滚动体个数/个
71.5	8.4	15.17	16

2. 基于 LMD 外圈故障分析

选取早期故障信号，5200 min 处外圈故障信号及其包络谱如图 6.75 所示。

从图 6.75 无法直接看出与故障有关的状态信息。因此，采用本章提出的方法对原始信号进行处理。先进行 LMD 分解，得到 7 个模态分量(PF_1~PF_7)。LMD 分解过程如图 6.76 所示。

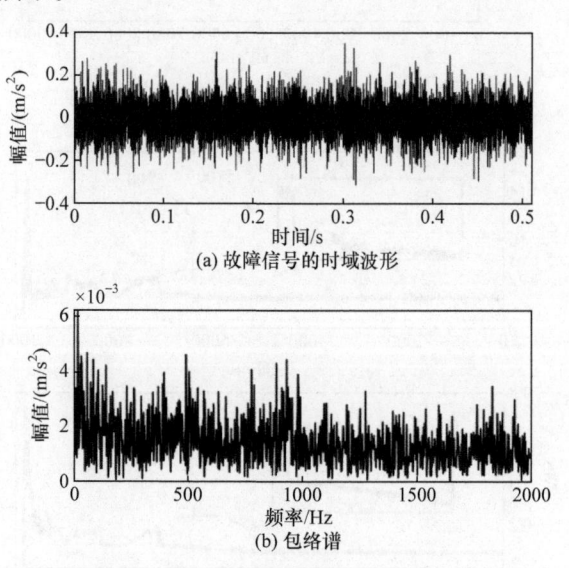

图 6.75　5.2 处外圈故障信号及其包络谱

结合图 6.77、图 6.76 选择峭度且相关系数较大的前两个 PF 分量(第一个分量峭度略小，但是相关数很大，与原始信号高度相关，也应当选取)进行 LMD 重构。峭度及相关系数如图 6.77 所示。

如图 6.78 所示，经 LMD 处理后的外圈故障信号，其噪声干扰未被消除，故障特征也并未显现。

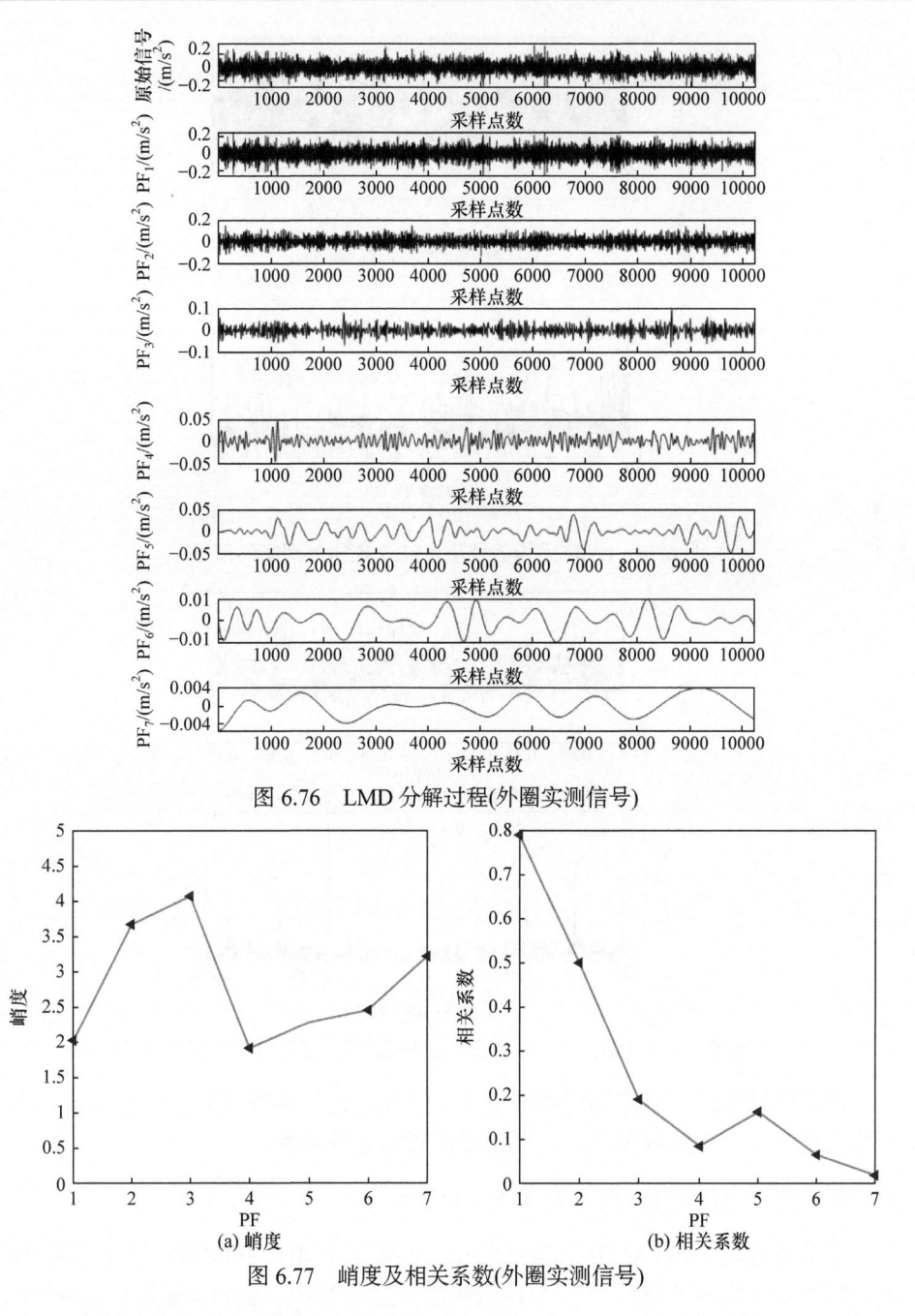

图 6.76 LMD 分解过程(外圈实测信号)

图 6.77 峭度及相关系数(外圈实测信号)

3. 基于 LMD 和 MOMEDA 外圈故障分析

LMD 重构信号经过 MOMEDA 处理(滤波器长度 1800 Hz、脉冲周期 84.6)后，基于 LMD 和 MOMEDA 重构信号和包络谱如图 6.79 所示。

(a) LMD重构信号的时域波形

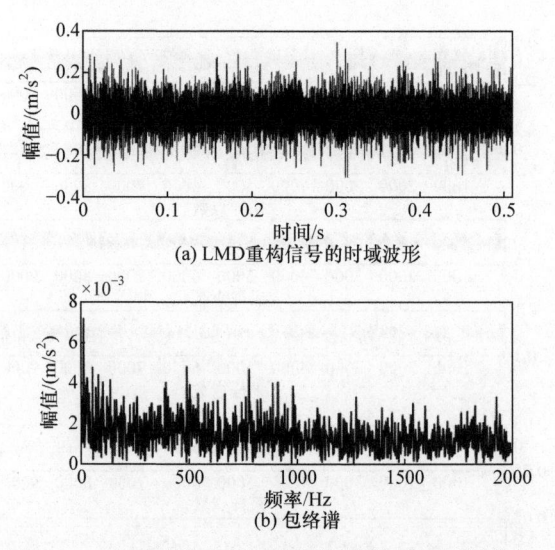

(b) 包络谱

图 6.78　LMD 重构信号及其包络谱图(外圈实测信号)

(a) 基于LMD和MOMEDA重构信号的时域波形

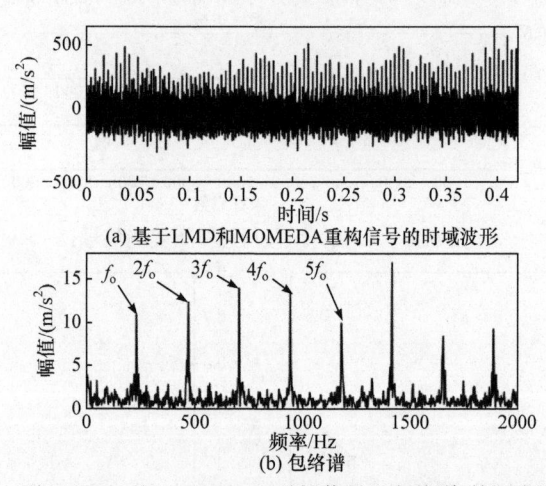

(b) 包络谱

图 6.79　基于 LMD 和 MOMEDA 重构信号和包络谱(外圈实测信号)

可以明显看到，有周期性的冲击成分存在，包络谱特征频率峰值明显，周围干扰完全不会影响倍频识别，可以很好地提取故障频率。

4. 基于 LMD 和 MED 外圈故障对比分析

本节通过与 LMD-MED 方法的对比，验证了 LMD-MOMEDA 方法在提取外圈故障特征方面的优越性。对 LMD 重构信号进行 MED 滤波(滤波器长度 945 Hz、迭代次数 100)，其时域和包络谱图如图 6.80 所示。

可以看出，包络谱难以区分出故障特征频率，也无法区分倍频信号，并且峰值附近干扰频率较多，处理周期性信号效果很差。

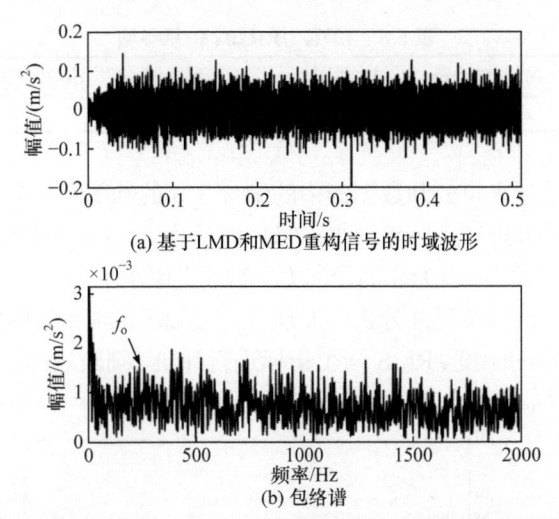

图 6.80　基于 LMD 和 MED 重构信号和包络谱(外圈实测信号)

6.6.6　内圈实测信号故障分析

1. 内圈早期故障阶段分析

本节利用西安交通大学提供的滚动轴承全寿命周期信号[69]，验证了 LMD-MOMEDA 方法在诊断轴承早期故障方面的能力。轴承加速寿命实验台如图 6.81 所示。

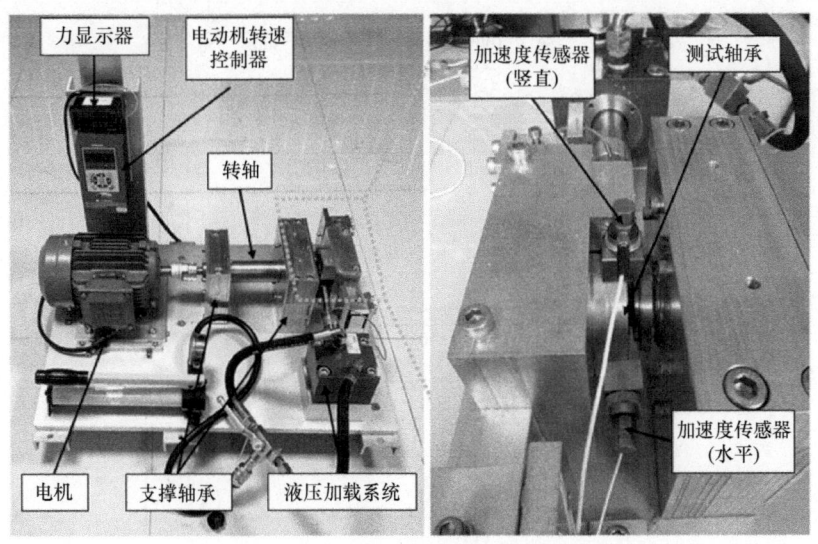

图 6.81　轴承加速寿命实验台

实验轴承为 LDK UER204 滚动轴承，其相关参数如表 6.8 所示。理论内圈故障频率为 196.67Hz。

表 6.8　LDK UER204 轴承参数

外圈直径/mm	内圈直径/mm	轴承中径/mm	滚动体个数/个	滚动体直径/mm	接触角/(°)
39.80	29.30	34.55	8	7.92	0

本节使用的信号来自公开数据集中的编号 3_3 的轴承全寿命数据集，采样频率为 25.6 kHz，采样间隔为 1min，每次采样时长为 1.28 s。轴承 3_3 实验转速为 2400r/min，并施加大小为 10kN 的径向力，轴承支座水平和垂直方向安装加速度传感器。实验结束后拆解装置并分析，发现 3_3 号轴承出现明显的内圈故障。

选用时域波形的峭度、RMS 两个指标进行评价，判断故障早期阶段时间。3_3 号轴承的全寿命周期时域波形如图 6.82 所示。从图 6.83 可以看出在 340 min 以

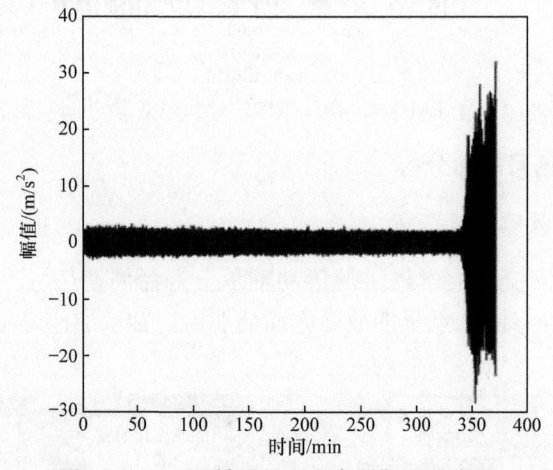

图 6.82　3_3 号轴承的全寿命周期时域波形

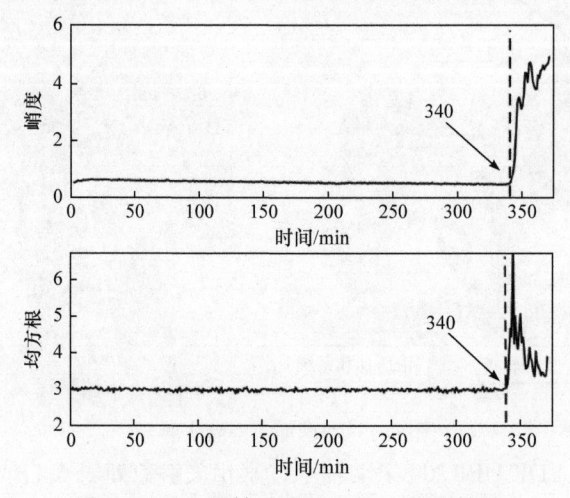

图 6.83　3_3 号轴承峭度及 RMS 监测结果

前的阶段轴承运行平稳，峭度及均方根无明显变化，340 min 处变化幅值大幅波动，轴承进入中期故障阶段。本章选择轴承故障早期阶段 290 min 处数据，29 min 处总采样点数为 32768，选择其中 10240 个点进行分析。

2. 基于 LMD 内圈故障分析

选取早期故障信号，290 min 内圈故障信号及其包络谱图如图 6.84 所示。从图 6.84 中无法直接看出与故障有关的状态信息。采用本章所提出的方法对原始信号进行处理，先进行 LMD 分解，LMD 分解得到的 7 个模态分量($PF_1 \sim PF_7$)如图 6.85 所示。

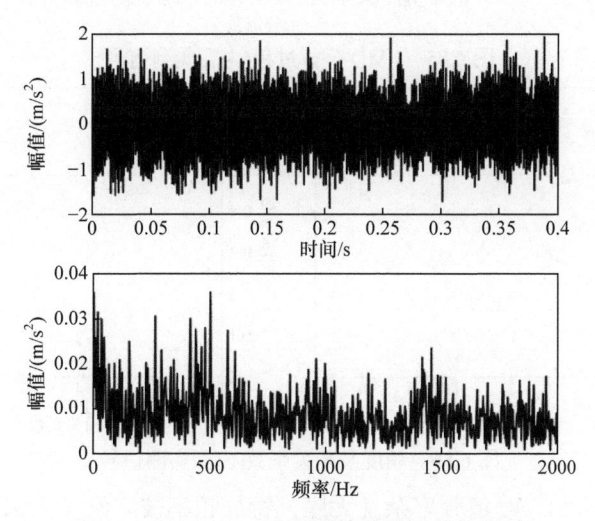

图 6.84　290 min 处内圈故障信号及其包络谱

从图 6.86 中选择峭度和相关系数较大的前两个 PF 分量进行 LMD 重构。峭度及相关系数如图 6.86 所示。

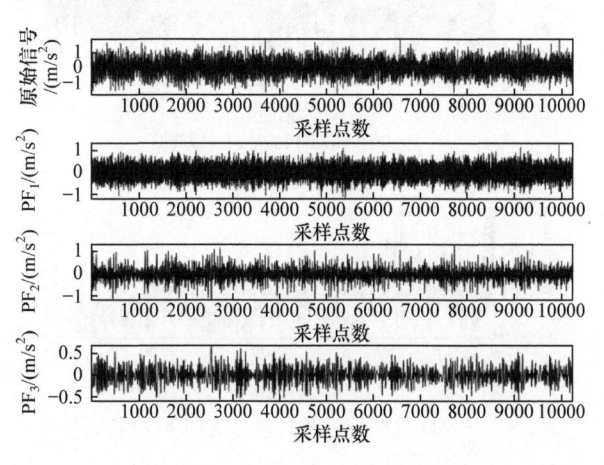

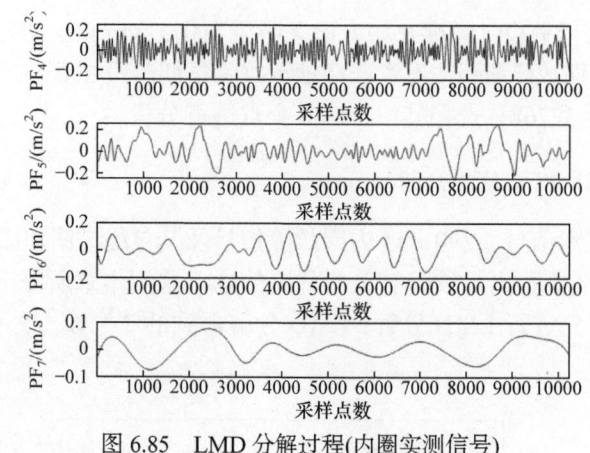

图 6.85　LMD 分解过程(内圈实测信号)

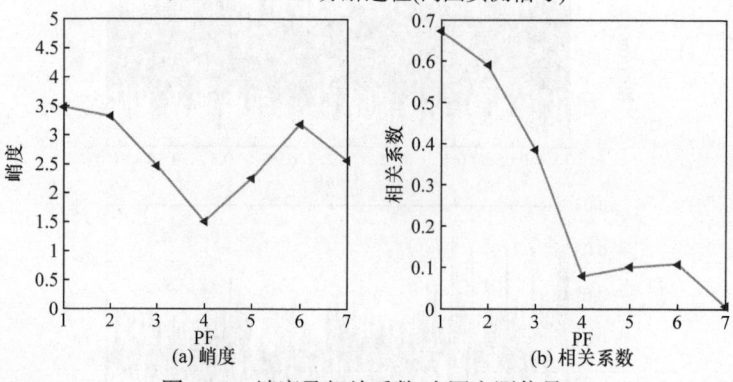

图 6.86　峭度及相关系数(内圈实测信号)

如图 6.87 所示，峰值频率杂乱无序，特征频率被湮没，无法提出故障频率。

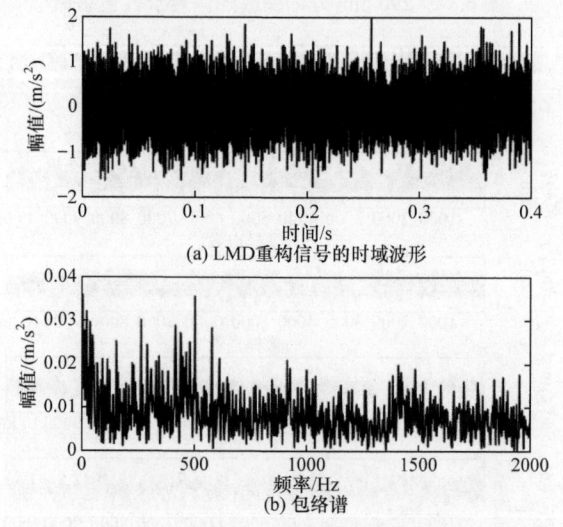

图 6.87　LMD 重构信号及其包络谱图(内圈实测信号)

3. 基于 LMD 和 MOMEDA 内圈故障分析

LMD 重构信号经过 MOMEDA 处理(滤波器长度 1900 Hz、脉冲周期 130.2)后，时域波形及其包络谱如图 6.88 所示。可以看到，有周期性的冲击成分存在，包络谱特征频率峰值明显，周围干扰完全不会影响倍频识别，可以很好地提取故障频率。

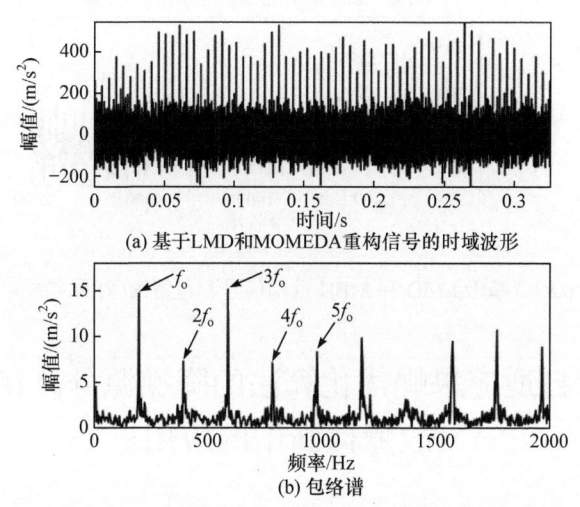

图 6.88　基于 LMD 和 MOMEDA 重构信号和包络谱(内圈实测信号)

4. 基于 LMD 和 MED 内圈故障对比分析

为了验证本章所提方法的性能，将之与基于 LMD 和 MED 的方法进行对比。对 LMD 重构信号进行 MED 滤波(滤波器长度 1600 Hz、迭代次数 100)，其时域波形及包络谱如图 6.89 所示。在图中仅观测到故障特征频率及 2 倍频，且脉冲幅值相对较低，无法观测到其他倍频成分，且噪声成分并未消除。由此可知，该方法无法实现对轴承内圈的故障诊断。

本节提出的基于 LMD 和 MOMEDA 的轴承故障诊断方法，仿真及实验结果表明，这些方法能够很好地提取滚动轴承早期故障特征，并且 MOMEDA 相比 MED 算法在应对周期脉冲信号更具优势。此外，MOMEDA 无须设置迭代次数，可以极大地减少分析时间，包络谱分析后故障频率峰值附近干扰成分很少，特征频率及倍频特征大幅增强，便于故障分析。

MOMEDA 还可以进一步应用于全寿命周期预测，判断早期微弱故障时间，为设备平稳安全运行提供保障。本章所述方法为早期微弱故障信号处理提供了一种新思路，相较于之前所用方法有较大提升，可以为今后深入研究故障特征提取提供理论基础。

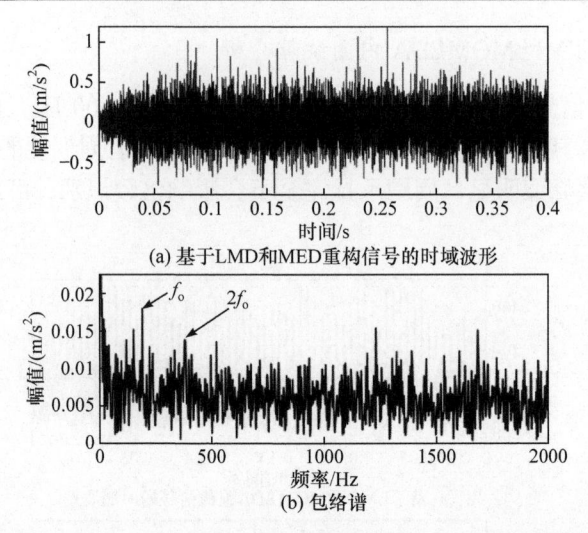

图 6.89 基于 LMD 和 MED 重构信号和包络谱(内圈实测信号)

6.7 基于自适应果蝇优化算法的降噪源分离在轴承复合故障诊断中的应用

6.7.1 引言

滚动轴承是旋转机械中的重要传动部件，其健康状态对机械正常运转起着重要作用，因此对轴承故障诊断方法的研究具有十分重要的应用价值。轴承的故障信号往往是非线性、非平稳的信号，对这类信号的研究一直是信号处理的热点，但是大部分的研究都指向轴承单点故障的诊断，对于非线性耦合较为复杂的复合故障信号研究相对较少。进行复合故障的有效分离对实际的工程应用具有更重要的意义，但是常规的信号处理方法却难以提取滚动轴承的复合故障特征。

降噪源分离(denoising source separation，DSS)是指在未知复合源信号组成的条件下，根据信号的相关特征，利用针对性的降噪函数，将观测信号逐次迭代地分解成若干组成分量信号[70]。DSS 是一种半盲源分离方法，与一般的盲源分离方法相比，DSS 算法的优势在于信号分离框架的泛化性和针对性，能针对不同的观测信号构建较优的源分离算法，选取合适的降噪函数，从混合信号中提取出感兴趣的独立分量[71]。Sarela 等[72]阐述了 DSS 理论基础及算法原理，并将其应用于分离码分多址(code division multiple access，CDMA)信号。He 等[73]研究了基于最大后验估计的 DSS 方法并应用于齿轮箱的故障诊断，但分离矩阵会直接影响 DSS 方法的分离结果，因此不具有自适应性。陈晓理等[74]提出基于改进样板降噪源分离的诊断方法并用于轴承复合故障诊断，通过仿真和实验数据分析，验证该方法能够有效提取轴承复合故障特征信息，但分离效果依赖样板的选择。孟明等[75]提出EEMD 和 DSS 与近似熵相结合的方法用于脑电信号降噪，并用仿真和实际信号验证了所提方法的有效性。EEMD 算法依然有模态混叠等缺陷，不能分解得到较为理想的分量。

本章将自适应果蝇优化算法(adaptive fruit fly optimization algorithm，AFOA)引入 DSS 中，提出基于 AFOA 的滚动轴承复合故障 DSS 方法。通过 AFOA 对基于负熵的目标函数进行寻优，得到 DSS 的最优分离矩阵，然后通过基于正切降噪函数的 DSS 方法对观测信号进行分离，得到估计源信号并作包络谱分析识别非线性复合故障特征，实现滚动轴承复合故障的特征提取。

6.7.2 理论基础

1. DSS 理论

期望最大化(expectation maximization，EM)算法的计算步骤分两步[76]。
(1) 计算源信号 S 的后验概率为

$$q(S) = p(S|A,S)p(S)/p(X|A) \tag{6.89}$$

其中，$p(\cdot)$ 为概率函数；$q(\cdot)$ 为后验概率函数。
(2) 寻找混合矩阵 $A_{\max}$，即

$$A_{\max} = \underset{A}{\arg\max}\, E_{q(S)}[\lg p(S,X|A)] = C_{XS}C_{SS}^{-1} \tag{6.90}$$

$$\begin{aligned}C_{XS} &= \frac{1}{T}\sum_{t=1}^{T}E[x(t)s(t)^T|X,A] \\ &= \frac{1}{T}\sum_{t=1}^{T}x(t)E[s(t)^T|X,A]\end{aligned} \tag{6.91}$$

$$C_{SS} = \frac{1}{T}\sum_{t=1}^{T}E[s(t)s(t)^T|X,A] \tag{6.92}$$

其中，$x(t) = [x_1(t),\cdots,x_i(t),\cdots,x_n(t)]$；$T$ 为采样长度；$s(t) = [s_1(t),\cdots,s_j(t),\cdots,s_m(t)]$。
EM 算法中源信号 S 的含噪估计可以表示为

$$S = A^{\mathrm{T}}X \tag{6.93}$$

DSS 算法在框架上是基于 EM 算法的，若源信号间相互独立，则可知源信号 S 的后验期望 $E[S/X,A]$，可表示为关于 $A^{\mathrm{T}}X$ 的函数[77]

$$f(\cdot) = E[S/X,A] \tag{6.94}$$

通常后验概率 $q(s)$ 的期望 $E_{q(S)}$ 可以由概率分布函数 $p(s)$ 表示，即

$$E_{q(S)}[S] = S + \delta \frac{\log p(s)}{S} \tag{6.95}$$

其中，δ 由噪声的方差决定。

函数 $f(\cdot)$ 与源信号 S 的概率分布有关，DSS 算法把函数 $f(\cdot)$ 看成对源信号的降噪过程。DSS 方法的四个核心步骤可以表示为[78]

$$s = w^{\mathrm{T}} X \tag{6.96}$$

$$s^{+} = f(s) \tag{6.97}$$

$$w^{+} = X(s^{+})^{\mathrm{T}} \tag{6.98}$$

$$w_{\text{new}} = \frac{w^{+}}{\|w^{+}\|} \tag{6.99}$$

其中，w 为分离矩阵 W 的行向量，表示其中一个原信号的噪声估计；$f(s)$ 为构造的降噪函数。

式(6.96)用来计算源信号的噪声估计。式(6.97)为降噪过程，含此式的源分离方法即 DSS。式(6.98)为降噪后的 s^{+} 对分离矩阵 w 的重新估计。式(6.99)可对 w^{+} 矢量归一化。

在迭代求解过程中，DSS 算法可以克服 ICA 算法先验知识具有全局性的缺陷，对于非线性的混合信号进行降噪处理，减弱随机噪声的影响，增强特征信息，实现更好的分离效果。

2. 降噪函数的选择

DSS 算法的关键在于去噪函数的选择，针对一般的非线性混合信号，常用的降噪函数主要有斜度降噪函数 $f(s) = s^2$，峭度降噪函数 $f(s) = s^3$，正切降噪函数 $f(s) = s - \tanh(s)$。由于实际采集的信号中含有较多的干扰成分[79]，对于非线性混合信号，在噪声成分较多的情况下，正切降噪函数相比其他几种降噪函数，稳定性较好，受信号中干扰成分的影响程度较低，信号的分离精度更高，鲁棒性更好。同时，正切降噪函数对于非高斯信号也具有优异的降噪效果，因此选择 $f(s) = s - \tanh(s)$ 作为 DSS 算法的降噪函数。

3. FastICA 算法

快速独立分量分析(FastICA)作为 ICA 的改进方法，是基于 ICA 的固定点迭代递推算法，也是盲源分离的核心方法。其基本迭代公式为[80]

$$W(m+1) = E\{Zg[W^{\mathrm{T}}(m)Z]\} - E\{g'[W^{\mathrm{T}}(m)Z]\}W(m) \tag{6.100}$$

其中，$W(\cdot)$为混合矩阵；$E(\cdot)$为期望函数；m为迭代次数；Z为观测信号去均值和预白化得到的矩阵，$Z=[z_1,z_2,\cdots,z_n]$；函数$g(\cdot)$为非线性函数，一般可取[81] $g_1(x)=x\exp(-x^2/2)$或$g_2(x)=\arctan(x)$。

对$W(m+1)$矩阵单位化可得

$$W'(m+1)=W(m+1)/\|W(m+1)\| \tag{6.101}$$

判断$W'(m+1)$是否收敛，若收敛，则由算式$X=AS$可以分离出源信号S的各个独立分量；否则，重复式(6.100)和式(6.101)，直至$W'(m+1)$收敛。

4. 自适应果蝇优化算法

由于果蝇优化算法(fruit fly optimization algorithm, FOA)存在收敛速度不够快、易陷入局部收敛等问题，本章采用 AFOA 算法进行 DSS 过程的分离矩阵的优化求解。通过自适应改变步长的方式，AFOA 算法在初始化时获得较大的随机步长，可以有效提高算法的全局搜索能力，加快收敛速度。同时，在算法优化的后期以较小的步长提高算法的局部搜索能力，使算法能够跳出局部最优，并收敛得到更优的目标值。基于 FOA 步骤，可以得出 AFOA 的优化求解步骤[82]。

(1) 初始化果蝇种群规模为 Sizepop，最大迭代次数 Maxgen，随机初始化果蝇群体位置(X_0,Y_0)。

(2) 赋予果蝇个体搜寻食物的随机距离与方向，即

$$\begin{cases} X_i = X_0 + H_{i1} \\ Y_i = Y_0 + H_{i2} \end{cases} \tag{6.102}$$

其中，H为–step(步长)到 step 间的随机数，在基本 FOA 算法中 step=1。

(3) 估计第i个果蝇与原点的距离D，再计算味道浓度判定值S，即

$$\begin{cases} D=\sqrt{X_i^2+Y_i^2} \\ S=1/D \end{cases} \tag{6.103}$$

(4) 求果蝇个体味道浓度(S_i)为

$$S_i = \text{Function}(S) \tag{6.104}$$

(5) 找出该果蝇群体中味道浓度最高的个体，以及其相应的浓度值为

$$[\text{bestSmell bestIndex}] = \max[S_i] \tag{6.105}$$

(6) 保留味道浓度最高的果蝇个体的坐标，然后果蝇群体朝味道浓度最高的果蝇个体的位置(X_0,Y_0)飞去，其关系表达式为

$$\begin{cases} \text{Smellbest}=\max(S_i) \\ X_0=X(\text{bestIndex}) \\ Y_0=Y(\text{bestIndex}) \end{cases} \tag{6.106}$$

(7) 重复执行步骤(2)~(5)，进行迭代寻优，并判断味道浓度是否优于前一代，若是，则执行步骤(6)。

改进 FOA 的自适应步长公式为[83]

$$H_{i,j,k} = 2 \times \frac{0.2P}{p^{0.4}} \times \text{rand} - \frac{0.2P}{p^{0.4}} \tag{6.107}$$

其中，i 为 1~Sizepop 的整数，表示果蝇群中第 i 个果蝇；j 为 1 到自变量个数 N 之间的整数，表示第 i 个果蝇的第 j 个自变量的横纵坐标分量；k 为自变量横、纵坐标的步长，$k=1$ 或 $k=2$；p 为当前迭代次数；P 为搜索区域的横坐标或纵坐标长度(当 $j \in [1,N/2]$，P 为横坐标长度；当 $j \in [N/2+1,N]$，P 为纵坐标长度)。

果蝇个体的改进位置更新公式为

$$\begin{cases} X_{i,j} = X_0(j) + H_{i,j,1} \\ Y_{i,j} = Y_0(j) + H_{i,j,2} \end{cases} \tag{6.108}$$

若当前迭代次数中已经连续 L 代没有寻得最优解，则选择目标函数 N 个自变量中的 Q 个自变量进行更新，其他自变量不变，其对应的更新公式如下。

若当前迭代时的 $L \leq \text{Maxgen}/p$，自变量步长更新公式为[84]

$$\begin{cases} X_{i,j} = X_{0(j)} + 2 \times \frac{0.2P}{p^{0.4}} \times \text{rand} - \frac{0.2P}{p^{0.4}} \\ Y_{i,j} = Y_{0(j)} + 2 \times \frac{0.2P}{p^{0.4}} \times \text{rand} - \frac{0.2P}{p^{0.4}} \end{cases} \tag{6.109}$$

若当前迭代时的 $L > \text{Maxgen}/p$，自变量步长更新公式为

$$\begin{cases} X_{i,j} = X_{0(j)} + 2 \times L^{0.2} \times \frac{0.2P}{p^{0.4}} \times \text{rand} - L^{0.2} \times \frac{0.2P}{p^{0.4}} \\ Y_{i,j} = Y_{0(j)} + 2 \times L^{0.2} \times \frac{0.2P}{p^{0.4}} \times \text{rand} - G^{0.2} \times \frac{0.2P}{p^{0.4}} \end{cases} \tag{6.110}$$

5. AFOA-DSS 方法

轴承振动信号呈现非高斯分布，而负熵作为熵的修正形式，可以用来度量非高斯性。对于混合信号来说，在信号分解过程中，分量信号的非高斯性能表示分离的分量信号间的相互独立性，负熵值越大非高斯性越强，表明分离的效果越好。负熵的定义为[84]

$$\text{Ng}(Y) = H(Y_{\text{Gauss}}) - H(Y) \tag{6.111}$$

其中，Y_{Gauss} 为与 Y 具有相同方差的高斯随机变量；$H(\cdot)$ 为随机变量的微分熵，即

$$H(Y) = -\int a_y(\xi)\lg a_y(\xi)\mathrm{d}\xi \tag{6.112}$$

当 Y 具有高斯分布时，Ng(Y)=0；微分熵越小，Y 的非高斯性越强，Ng(Y) 的值就越大，在计算 Ng(Y) 时，需要先估计 Y 的概率密度函数，采用以下近似公式求解[85]，即

$$\mathrm{Ng}(Y) = \{E[g(Y)] - E[g(Y_{\mathrm{Gauss}})]\}^2 \tag{6.113}$$

其中，$E(\cdot)$ 为均值计算；$g(\cdot)$ 为非线性函数，本章取 $g(Y) = \tanh(y)$。

选择负熵来衡量非高斯性时，要先对信号进行零均值、中心化和预白化处理，以满足 $E(YY^\mathrm{T}) = I$ (I 为单位矩阵)的约束条件。

通过初期预处理和较大随机步长，AFOA 对 DSS 的初始矩阵进行初步优化，以获得更优的初始值，以分离矩阵作为果蝇个体，以负熵作为目标函数，以负熵最大作为寻优条件，得到最优分离矩阵，进而得到估计的独立源信号。AFOA-DSS 算法流程如图 6.90 所示。

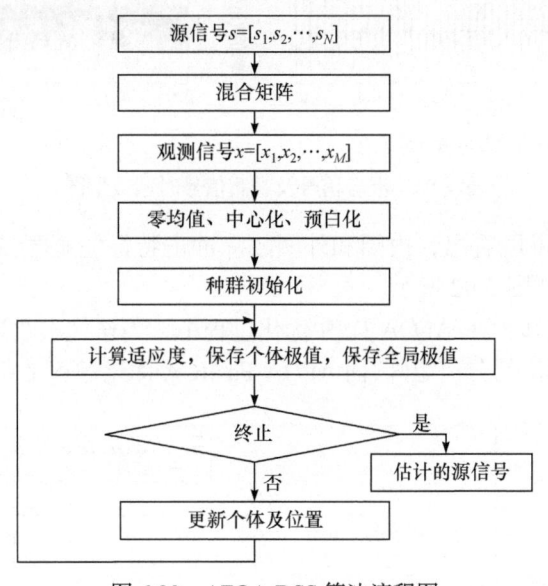

图 6.90 AFOA-DSS 算法流程图

6.7.3 仿真信号分析

本节建立滚动轴承复合故障的仿真信号以验证 AFOA-DSS 算法的可行性。复合故障仿真信号为[51,86]

$$s_i(t) = \sum_{P_i=1}^{P_i} A_j h(t - jT_i) + n(t) \tag{6.114}$$

其中，P_i 为脉冲数量；A_j 为脉冲幅值，$A_j = [0.4,1]$；T_i 为冲击周期，$T_1 = 0.01\mathrm{s}$、

$T_2 = 0.02s$ 为仿真内圈故障和外圈故障的冲击周期。

$h(t)$ 为冲击脉冲函数,即

$$\begin{cases} h(t) = \exp(-\beta t)\sin(2\pi f_r t), & t > 0 \\ h(t) = 0, & 其他 \end{cases} \quad (6.115)$$

其中,β 为衰减系数,$\beta = 60$Hz;f_r 为共振频率,$f_r = 200$Hz。

实际的轴承振动信号的故障特征信息常被大量噪声湮没,我们在脉冲信号中加入高斯白噪声 $n(t)$,设置采样频率 $f_s = 20$kHz,采样点数为 10000。由冲击周期可计算出内圈故障特征频率 $f_i = 100$Hz,外圈故障特征频率 $f_o = 50$Hz。将内圈仿真源信号 s_1 和外圈仿真源信号 s_2 复合,与 2×2 的随机矩阵 A 相乘可以得到混合矩阵,再将混合矩阵中加入高斯白噪声 $n(t)$ 得到观测信号,可以构成源分离所需的基本模型。混合信号及观测信号时域波形图如图 6.91 所示。

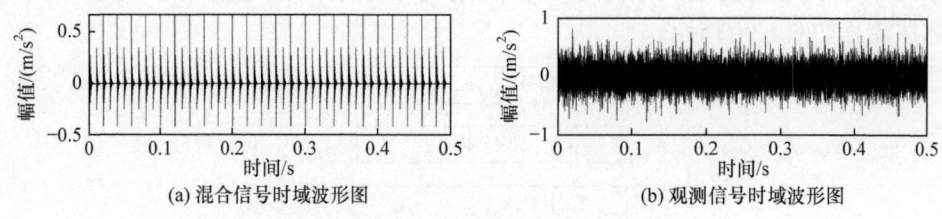

图 6.91 混合信号及观测信号时域波形图

由观测信号可以看出,内圈和外圈故障冲击特征完全湮没在噪声信号中。AFOA 优化过程如图 6.92 所示。

由图 6.92 可知,在 AFOA-DSS 优化过程中,当迭代次数为 100、负熵值为 8.9 时可以得到最优的分离矩阵,而 AFOA-FastICA 优化过程是在迭代次数为 160、

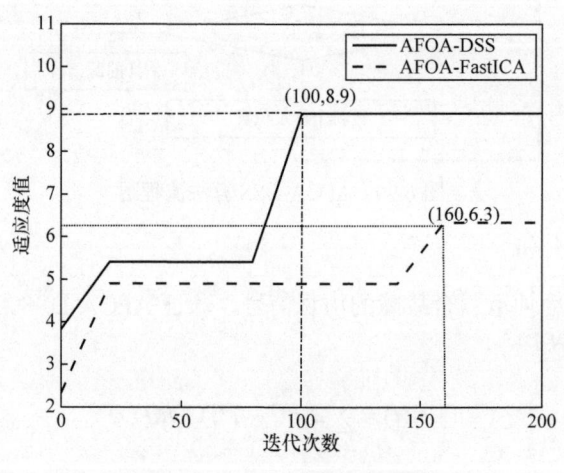

图 6.92 AFOA 优化过程图

负熵值为 6.3 时得到最优分离矩阵。结果表明，本章所提方法可以实现更快的收敛速度，且分离信号的独立性更强。最后通过基于正切降噪函数的 DSS 算法对观测信号进行有效分离，得到的估计信号波形如图 6.93 所示。

为了验证所提方法的优越性，将其与 AFOA-FastICA 的分离结果进行对比分析，如图 6.94 所示。

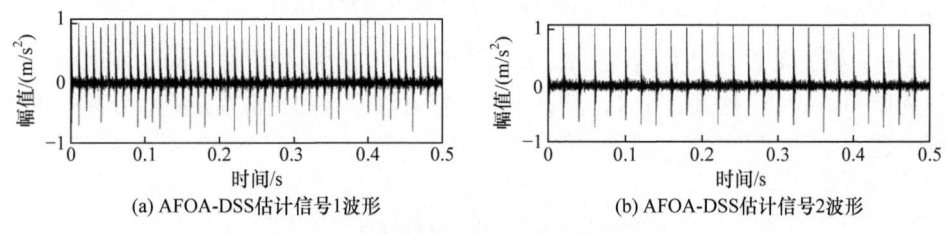

图 6.93　AFOA-DSS 估计信号波形

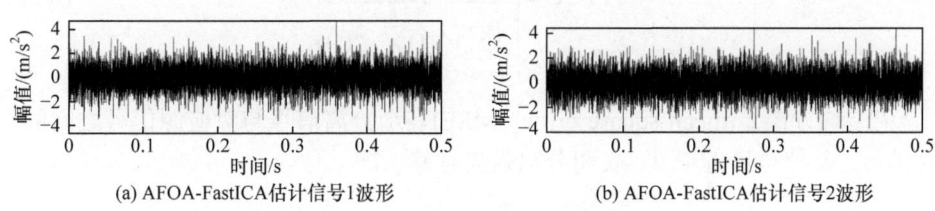

图 6.94　AFOA-FastICA 估计信号波形

从图 6.94 可以看出，估计信号显出一些微弱的冲击特征，但是大部分故障信息仍被掩盖。AFOA-DSS 算法可以取得比 AFOA-FastICA 算法更好的分离效果，进一步给出图 6.93 所示估计信号的包络谱(图 6.95)。

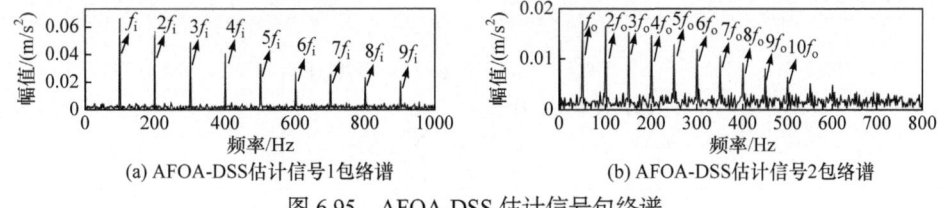

图 6.95　AFOA-DSS 估计信号包络谱

由此可知，内圈故障特征频率 f_i 及其倍频处存在明显的峰值；外圈故障征频率 f_o 及其倍频处也存在明显的峰值，其他频率处的幅值都比较小。由此可知，应用本章所提方法能很好地将两个仿真源信号从观测信号中分离出来。

AFOA-FastICA 估计信号包络谱如图 6.96 所示。

可以看出，内圈故障特征频率 f_i 和外圈故障征频率 f_o 处峰值过低，并且周围干扰频率太多，无法准确提取复合故障特征，因此本章所提方法效果更好。

为了更客观地评价算法的分离效果，利用分离信号与源信号的相关系数绝对值、均方误差和重构 SNR 三种性能指标来衡量分离效果[86]。

(a) AFOA-FastICA 估计信号1包络谱　　(b) AFOA-FastICA 估计信号2包络谱

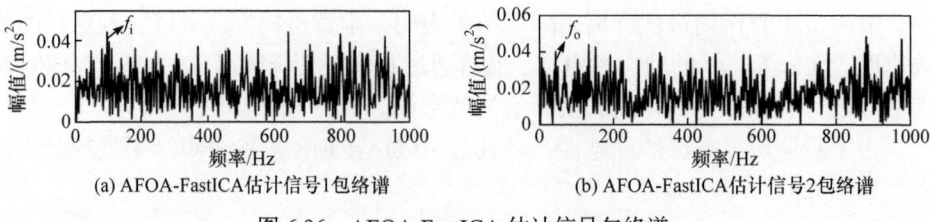

图 6.96　AFOA-FastICA 估计信号包络谱

(1) 相关系数绝对值(AVCC)，表示分离信号与对应源信号之间的相似度，其值为[0,1]。AVCC 越接近于 1，表明分离信号与源信号的相似度越高，分离效果越好，即

$$\text{AVCC} = \left| \frac{\sum_{t=1}^{T} y_i(t) s_i(t)}{\sqrt{\sum_{t=1}^{T} y_i^2(t) \sum_{t=1}^{T} s_i^2(t)}} \right| \tag{6.116}$$

(2) 均方误差(mean-square error，MSE)表示分离信号与对应源信号之间的平均误差，其值越接近于 0，表明分离效果越好，即

$$\text{MSE} = \frac{\sum_{t=1}^{T}(s_i(t) - y_i(t))^2}{T} \tag{6.117}$$

(3) 重构 SNR(RSNR) 也是评判信号分离效果的重要性能指标。该值越大，表明分离效果越好，即

$$\text{RSNR} = -10 \lg \left(\frac{\sum_{t=1}^{T}(s_i(t) - y_i(t))^2}{\sum_{t=1}^{T} s_i^2(t)} \right) \tag{6.118}$$

AFOA-DSS 和 AFOA-FastICA 分离和优化效果对比如表 6.9 所示。

表 6.9　仿真信号经 AFOA-DSS 和 AFOA-FastICA 分离和优化效果对比

	AVCC	MSE	RSNR	迭代次数/次	计算时间/s
AFOA-DSS	0.7923	0.014263	6.1146	100	48
AFOA-FastICA	0.3218	0.050031	1.9273	160	80

6.7.4　实测数据分析

将本章所提方法应用于滚动轴承内、外圈复合故障振动信号进行分析，验证有效性和可靠性，利用 MFS-Mg 实验台(图 6.97)进行实验。实验台由变频交流驱动器、三相电动机、手动调速器、9 个传感器连接内螺孔的可拆分轴承座、16 孔的接线面板、端部卡圈可拆分的转子、联轴器等组成，可以采集振动数据，进行机械故障的模拟实验。本章利用该实验台进行滚动轴承复合故障实验。

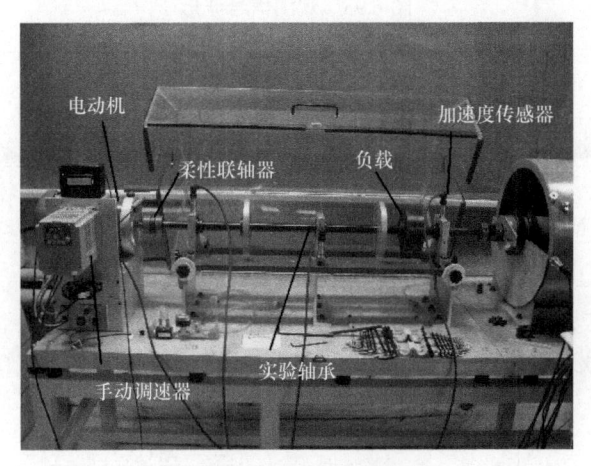

图 6.97 MFS-Mg 实验台

实验采用 ER-16K 型单列深沟球轴承，安装在直轴中心位置，使用两个加速度传感器(灵敏度为 98mV/g)，使用磁性底座将其分别放置在电机壳体驱动端 12 点钟方向和风扇端 12 点钟方向，通过 16 通道 VQ 数据采集系统收集振动数据，采样频率 f_s 为 20kHz。ER-16K 型轴承的规格参数如表 6.10 所示。ER-16K 型轴承故障相关参数如表 6.11 所示。

表 6.10 ER-16K 型轴承规格参数

外圈直径/mm	内圈直径/mm	节圆直径/mm	滚动体直径/mm	滚动体数目/个	接触角/(°)
41.42	25.54	33.4772	7.94	8	0

表 6.11 ER-16K 型轴承故障相关参数

f_r/Hz	f_s/kHz	f_i/Hz	f_o/Hz
22.02	20	108.97	67.19

观测信号波形如图 6.98 所示。观测信号的包络谱如图 6.99 所示。

由图 6.99 可知，两个观测信号的包络谱中都存在多个明显的谱峰，但并不是轴承内、外圈故障特征信息，而且故障特征复合在一起不利于故障模式识别。利

图 6.98 观测信号波形

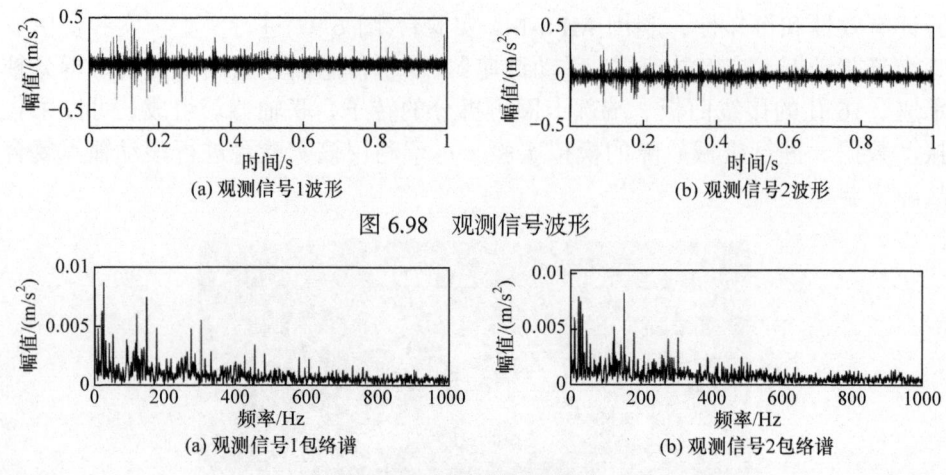

图 6.99 观测信号包络谱

用本章所提方法,通过基于正切降噪函数的 DSS 算法和 AFOA 优化分离矩阵的方法对观测信号进行有效降噪和分离。AFOA 优化过程如图 6.100 所示。

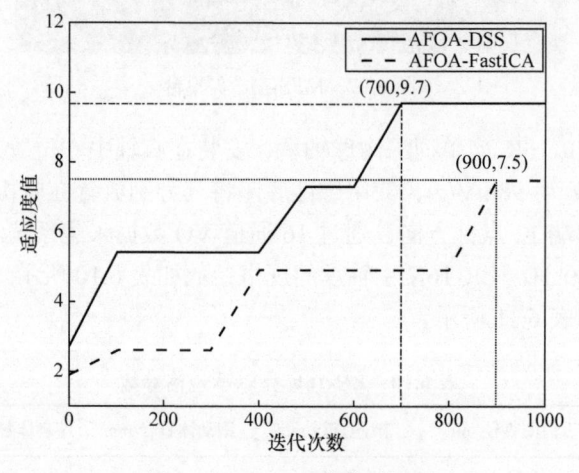

图 6.100 AFOA 优化过程图

由图 6.100 可知,在 AFOA-DSS 优化过程中,当迭代次数为 700 时可以得到最优分离矩阵,此时的负熵值为 9.7,而 AFOA-FastICA 优化过程是在迭代次数为 900、负熵值为 7.5 时得到最优分离矩阵。结果表明,本章所提方法可以实现更快的收敛速度和更优的分离效果。

应用基于正切降噪函数的 DSS 得到估计信号,如图 6.101 所示。可以看出,相对观测信号,估计信号的背景噪声已经大幅度减弱,故障冲击特征十分明显。

对图 6.101 的估计信号进行包络分析得到包络谱如图 6.102 所示。

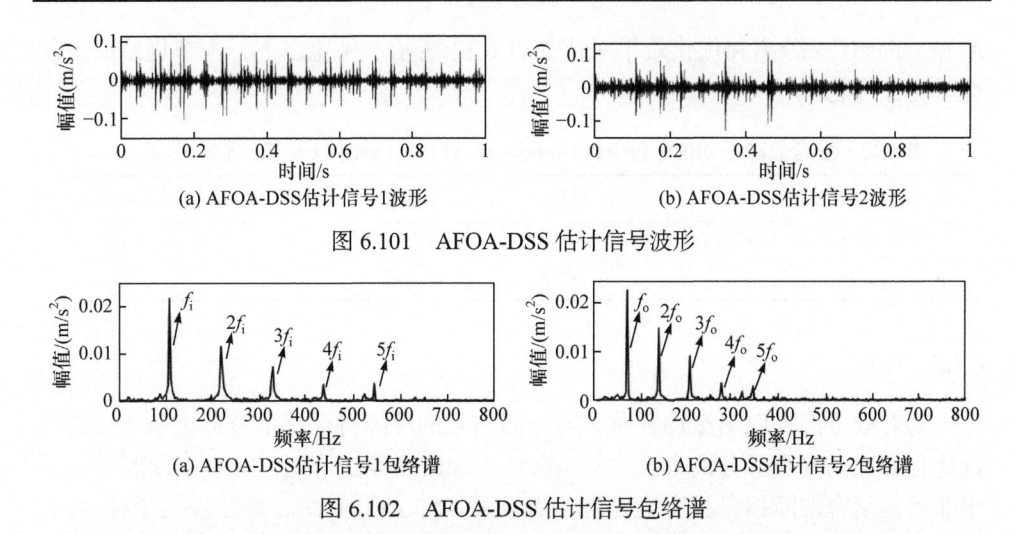

(a) AFOA-DSS估计信号1波形　　(b) AFOA-DSS估计信号2波形

图 6.101　AFOA-DSS 估计信号波形

(a) AFOA-DSS估计信号1包络谱　　(b) AFOA-DSS估计信号2包络谱

图 6.102　AFOA-DSS 估计信号包络谱

由图 6.102 可知，内圈故障特征频率 f_i、二倍频至五倍频处存在明显的峰值，说明该轴承存在内圈故障；外圈故障征频率 f_o、二倍频至五倍频处也存在明显的峰值，说明该轴承亦存在外圈故障，且周围的干扰频带很少，故障特征提取效果十分明显。分析结果与实际情况完全相符。由此可知，AFOA-DSS 算法能准确地将轴承内、外圈故障特征信息从复合故障信号中分离出来，从而验证了本章所提方法的有效性。同样，AFOA-FastICA 估计信号波形如图 6.103 所示。

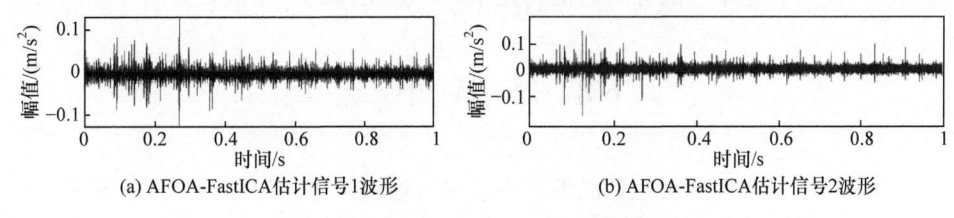

(a) AFOA-FastICA估计信号1波形　　(b) AFOA-FastICA估计信号2波形

图 6.103　AFOA-FastICA 估计信号波形

AFOA-FastICA 估计信号包络谱如图 6.104 所示。经过 AFOA-FastICA 处理后，故障频率及其倍频能够被观测到。噪声仍然占据信号的主要部分，并且信号成分较为复杂。无法证明该方法有效实现了轴承复合故障的诊断。AFOA-DSS 和

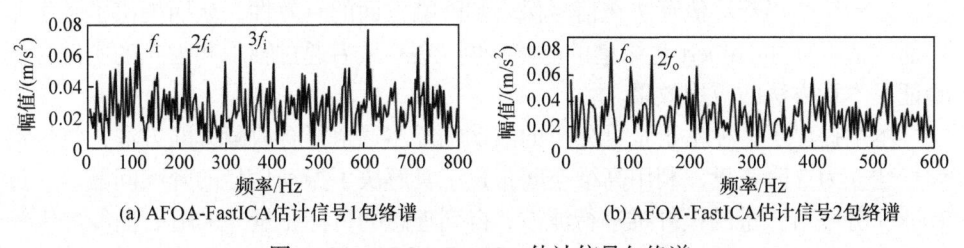

(a) AFOA-FastICA估计信号1包络谱　　(b) AFOA-FastICA估计信号2包络谱

图 6.104　AFOA-FastICA 估计信号包络谱

AFOA-FastICA 分离和优化效果对比如表 6.12 所示。相比之下，本节提出的方法性能更加优越。

表 6.12 复合故障振动信号经 AFOA-DSS 和 AFOA-FastICA 分离和优化效果对比

	AVCC	MSE	RSNR	迭代次数/次	计算时间/s
AFOA-DSS	0.9543	0.011548	8.7524	700	168
AFOA-FastICA	0.2459	0.267542	3.4286	900	293

6.7.5 结论

为有效分离提取出滚动轴承复合故障信号的故障特征，本节提出基于改进果蝇优化算法的降噪源分离方法。与 AFOA-FastICA 算法对比，AFOA-DSS 算法对于非线性复合故障信号具有更好的分离效果。将 AFOA-DSS 算法应用于轴承内、外圈复合故障特征提取，实验结果表明，采用 AFOA-DSS 算法能将轴承内、外圈故障特征从轴承内、外圈混合故障信号中分离出来，准确地识别轴承内、外圈的故障特征频率，说明降噪源分离方法要优于一般盲源分离方法，并且 AFOA 算法在寻优性能、算法收敛性和运算速度上也明显优于一般群智能优化算法。

本节研究对象为单列深沟球轴承，对于其他类型的滚动轴承，所提方法不能确定会取得同样优异的效果。因此，本节机械信号降噪与特征增方法具有一定的针对性，而研究通用性的分析方法将是未来研究工作的一个重要方向。

6.8 本章小结

本章介绍了非局部均值算法的基本理论及通过减少一层内嵌循环提高效率的方法，分析了非局部均值算法的相关参数。在此基础上，首先采用基于小波系数的噪声估计方法对原始信号存在的噪声进行方差估计，并通过施泰因无偏估计方法选择合适的带宽参数 λ，再运用镜像延拓的方法保持了降噪信号的完整性。然后通过仿真信号与小波阈值、平移不变量小波、第二代小波等降噪方法进行了对比，显示出非局部均值算法在信号保真和降噪方面的有效性，从而提出了基于非局部均值降噪和 Hilbert 包络谱的故障诊断方法。最后通过轴承和齿轮的实例分析验证了本章方法的应用效果。

本章提出了一种基于张量分析的滚动轴承多通道复合故障诊断方法，将振动信号建立为 3 阶张量，利用高维空间张量工具解决了振动信号的降噪问题。通过 Tucker 分解对张量的模纤维进行滤波，得到理想的目标张量。采用 L 曲线准则算法求出截断参数。最后，通过仿真信号以及两种不同故障模式的实验对所提出的故障诊断方法的性能进行了全面的评价，结果表明该故障诊断方法可以同时有效地诊断滚动轴承多个通道的复合故障。

随着故障诊断技术的持续发展，未来在多维数据分析和数据融合方面的应用将变得越来越重要。本章深入探讨了面向多维复杂数据的滚动轴承多通道复合故障检测方法，采用张量分析技术。此外，研究了多种针对复杂干扰噪声的降噪方法，包括基于改进归一化最大似然估计的 MDL 降噪方法、双树复小波邻域系数信号降噪技术，以及结合变分模态分解与总变差的降噪方法。同时，探讨了非局部均值降噪技术、基于局部均值分解和多点优化最小熵解卷积的策略，以及运用自适应果蝇优化算法与 DSS 结合的降噪方法，克服了传统方法只能对单通道和轻微噪声干扰的复合故障进行诊断的缺陷。通过研究以上各种降噪和特征增强方法，显著提高了故障诊断和预测的准确性。这些多样化的技术有助于提升信号质量和识别关键特征，从而为工程应用提供更可靠的支持。

参 考 文 献

[1] Donoho D L. De-noising by soft-thresholding. IEEE Transactions on Information Theory, 1995,41(3):613-627.

[2] Donoho D L, Johnstone I M. Adapting to unknown smoothness via wavelet shrinkage. Amer J. Statist. Assoc, 1995,90: 1200-1224.

[3] Bao P, Zhang L. Noise reduction for magnetic resonance images via adaptive multiscale products thresholding. IEEE Transactions on Medical Imaging, 2003,22 (9): 1089-1099.

[4] Sendur L, Selesnick I W. Bivariate shrinkage functions for wavelet-based denoising explioting interscale dependency. IEEE Transactions on Signal Processing, 2002,50 (11): 2744-2756.

[5] Pizurica A, Philips W, Lemahieu I,et al. A joint inter-and intrascale statistical model for bayesian wavelet based image denoising. IEEE Transactions on Image Processing, 2002, 11(5): 545-557.

[6] Hoonbin H, Ming L. K-hybrid: a kurtosis-based hybrid thresholding method for mechanical signal denoising. Journal of Vibration and Acoustics, 2007,129 (4): 458-470.

[7] 臧玉萍, 张德江, 王维正. 小波分层阈值降噪法及其在发动机振动信号分析中的应用. 振动与冲击, 2009, 28 (8): 57-60.

[8] 曲巍崴, 高峰. 基于噪声方差估计的小波阈值降噪研究. 机械工程学报, 2010, 46 (2): 28-32.

[9] Rissanen J. MDL Denoising. IEEE Transactions on information theory, 2000,46(7): 2537-2543.

[10] Ojanen J, Miettinen T, Heikkonen J. Robust denoising of electrophoresis and mass spectrometry signals with minimum description length principle. Rissanen J. Febs Letters., 2004,59(1-3): 107-113.

[11] Kumar V, Heikkonen J, Rissanen J, et al. Description length denoising with histogram models. IEEE Transactions on Signal Processing Minimum, 2006,54(8): 2922-2928.

[12] Lang M, Guo H, Odegrad J E, et al. Noise reduction using an undecimated discrete wavelet transform. IEEE Signal Processing Letters, 1996, 3(1): 10-12.

[13] Coifman R R, Donoho D L. Translation-invariant de-noising. Wavelet and Statistics, 1995: 125-150.

[14] Lewis J M, Burrus C S. Approximate continous wavelet transform with an application to noise

reduction. Signal Processing, 1998, 3: 1533-1536.
[15] Li Z, He Z J, Zi Y Y, et al. Customized wavelet denoising using intra- and inter-scale dependency for bearing fault detection. Journal of Sound and Vibration, 2008, 313(1-2): 342-359.
[16] Selesnick I W, Baraniuk R G, Kingsbury N G. The dual-tree complex wavelet transform. IEEE Signal Processing Magazine, 2005, 22(6): 123-151.
[17] Crouse M S, Nowak R D, Baraniuk R G. Wavelet-based statistical signal processing using hidden Markov models. IEEE Transactions on Signal Processing, 1998, 46(4): 886-902.
[18] Sendur L, Selesnick I W. Bivariate shrinkage functions for wavelet-based denoising exploiting interscale dependency. IEEE Transactions on Signal Processing, 2002, 50(11): 2744-2756.
[19] Portilla J, Strela V, Wainwright M J, et al. Image denoising using scale mixtures of gaussian in the wavelet domain. IEEE Transactions on Image Processing, 2003, 12(11): 1338-1351.
[20] Chen Z, Xu J, Yang D. New method of extracting weak failure information in gearbox by complex wavelet denoising. Chinese Journal of Mechanical Engineering, 2008, 21(4): 87-91.
[21] Chaux C, Pesquet J C, Duval L. Noise covariance properties in dual-tree wavelet decompositions. IEEE Transactions on Information Theory, 2007, 53(12): 4680-4700.
[22] Cai T T, Silverman B W. Incorporating information on neighboring coefficients into wavelet estimation. Indian Journal of Statistics Series B, 2001, 63: 127-148.
[23] Wang W. Early detection of gear tooth cracking using the resonance demodulation technique. Mechanical Systems & Signal Processing, 2001, 15(5):887-903.
[24] Flandrin P, Goncalves P. Empirical mode decompositions as data-driven wavelet-like expansions. Multiresolution and Information Processing, 2004, 2(4): 477-496.
[25] Hu Z, Wang C, Zhu J, et al. Bearing fault diagnosis based on an improved morphological filter. Measurement, 2016, 80: 163-178.
[26] McDonald G L, Zhao Q, Zuo M J. Maximum correlated kurtosis deconvolution and application on gear tooth chip fault detection. Mechanical Systems & Signal Processing, 2012, 33: 237-255.
[27] 唐贵基, 王晓龙. 参数优化变分模态分解方法在滚动轴承早期故障诊断中的应用. 西安交通大学学报, 2015, 49(5): 73-81.
[28] Ning X, Selesnick I W. ECG enhancement and QRS detection based on sparse derivatives. Biomedical Signal Processing and Control, 2013, 8(6): 713-723.
[29] Figueiredo M A T, Dias J B, Oliveira J P, et al. On total variation denoising: A new majorization-minimization algorithm and an experimental comparison with wavalet denoising // 2006 International Conference on Image Processing, Atlanta, 2006: 2633-2636.
[30] Figueiredo M A T, Nowak R D. Wavelet-based image estimation: An empirical bayes approach using Jeffrey's noninformative prior I. IEEE Transactions on Image Processing, 2001, 10(9): 1322-1331.
[31] Thalji I, Jantunen E. Descriptive model of wear evolution in rolling bearings. Engineering Failure Analysis A, 2014, 45: 204-224.
[32] Bediaga I, Mendizabal X, Arnaiz A, et al. Ball bearing damage detection using traditional signal processing algorithms. IEEE Instrumentation & measurement magazine, 2013, 16(2): 20-25.
[33] 段晨东, 何正嘉. 第二代小波降噪及其在故障诊断系统中的应用. 小型微型计算机系统,

2004, 25(7): 1341-1343.

[34] Buades A, Coll B, Morel J M. A review of image denoising algorithms, with a new one. Multiscale modeling and simulation, 2005, 4(2): 490-530.

[35] Ming X, Pei L, Ming L, et al. Medical image denoising by parallel non-local means. Neurocomputing, 2016, 195: 117-122.

[36] Buades A, Coll B, Morel J M. A non-local algorithm for image denoising // 2005 IEEE Computer Society Conference on Computer Vision and Pattern Recognition, San Diego, 2005, 2: 60-65.

[37] Darbon J, Cunha A, Chan T F, et al. Fast nonlocal filtering applied to electron cryomicroscopy //2008 5th IEEE International Symposium on Biomedical Imaging: From Nano to Macro, Paris, 2008: 1331-1334.

[38] Van D, Ville D, Kocher M. SURE-based non-local means. IEEE Signal Processing Letters, 2009, 16(11): 973-976.

[39] Van D, Ville D, Kocher M.Nonlocal means with dimensionality reduction and sure-based parameter selection. IEEE Transactions on Image Processing. 2011, 20(9): 2683-2690.

[40] 胡爱军, 孙敬敬, 向玲. 经验模态分解中的模态混叠问题. 振动测试与诊断, 2011, 31(4): 429-434.

[41] Lin D C, Guo Z L, An F P, et al. Elimination of end effects in empirical mode decomposition by mirror image coupled with support vector regression. Mechanical Systems & Signal Processing, 2012, 31: 13-28.

[42] Usigbe C, Perry X. A comparative performance analysis using FEMTO, NASA, CWRU and MFPT bearing datasets//Intelligent Computing: Proceedings of the 2023 Computing Conference, Volume 1, Zhengzhou, 2023, 711: 365.

[43] 丁康, 朱小勇, 陈亚华. 齿轮箱典型故障振动特征与诊断策略. 振动与冲击, 2001, 20(3): 7-12.

[44] Kold T G, Bader B W. Tensor decomposition and applications. Siam Review, 2009, 51(3): 455-500.

[45] Figueiredo M,Ribeiro B, de Almeida A. Analysis of Trends in Seasonal Electrical Energy Consumption via Non-Negative Tensor Factorization. Neurocomputing, 2015, 170:318-327.

[46] Hansen P C. The truncatedsvd as a method for regularization. BIT Numerical mathematics, 1987, 27(4):534-553.

[47] Rezghi M, Hosseini S M. A new variant of l-curve for tikhonov regularization. Journal of Computational and Applied Mathematics, 2009, 231(2): 914-924.

[48] Muti D, Bourennane S, Marot J. Lower-rank tensor approximation and multiway filtering. Siam Journal on Matrix Analysis and Applications, 2008(30):1172-1204.

[49] Ericsson S, Grip N, Johansson E, et al. Towards automatic detection of local bearing defects in rotating machines. Mechanical Systems & Signal Processing, 2005, 19(3):509-535.

[50] Wang Y X, Liang M. Identification of multiple transient faults based on the adaptive spectral kurtosis method. Journal of Sound & Vibration, 2012, 331(2): 470-486.

[51] 胡超凡, 王衍学. 基于张量分解的滚动轴承复合故障多通道信号降噪方法研究. 机械工程学报, 2019, 55(12): 50-57.

[52] 王宏超, 陈进, 董广明. 基于最小熵解卷积与稀疏分解的滚动轴承微弱故障特征提取. 机

械工程学报, 2013, 49(1): 88-94.

[53] LI X C, Wang J C, Zhang B. Fault diagnosis of rolling element bearing weak fault based on sparse decomposition and broad learning network. Transactions of the Institute of Measurement and Control, 2020, 42(2): 169-179.

[54] Wei Y, Li Y Q, Xu M Q, et al. A review of early fault diagnosis approaches and their applications in rotating machinery. Entropy, 2019, 21(4): 409.

[55] Hu C F, Wang Y X. Multidimensional denoising of rotating machine based on tensor factorization. Mechanical Systems & Signal Processing, 2019, 122: 273-289.

[56] Ralph A W. Minimum entropy deconvolution. Geoexploration, 1978, 16(1-2): 21-35.

[57] Sawlhi N, Rrandall R, Endo H. The enhancement of fault detection and diagnosis in rolling element bearings using minimum entropy deconvolution combined with spectral kurtosis. Mechanical Systems & Signal Processing, 2006, 21(6): 2616-2633.

[58] Barszcz T, Sawalhi N. Fault detection enhancement in rolling element bearings using the minimum entropy deconvolution. Archives of acoustics, 2012, 37(2): 131-141.

[59] McDonald G L, Zhao Q, Zou M J. Maximum correlated kurtosis deconvolution and application on gear tooth chip fault detection. Mechanical Systems & Signal Processing, 2012, 33: 237-255.

[60] McDonald G L, Zhao Q. Multipoint optimal minimum entropy deconvolution and convolution fix: application to vibration fault detection. Mechanical Systems & Signal Processing, 2017, 82: 461-477.

[61] 祝小彦, 王永杰. 基于 MOMEDA 与 Teager 能量算子的滚动轴承故障诊断. 振动与冲击, 2018, 37(6):104-110, 123.

[62] Zhang X, Zhao J M, Ni X L, et al. Fault diagnosis for gearbox based on EMD-MOMEDA. International Journal of System Assurance Engineering and Management, 2019, 10(4): 836-847.

[63] Cheng Y, Chen B, Zhang W. Adaptive multipoint optimal minimum entropy deconvolution adjusted and application to fault diagnosis of rolling element bearings. IEEE Sensors journal, 2019, 19(24): 12153-12164.

[64] Yang J. Research on feature extraction and fault diagnosis method for rolling bearing vibration signals based on improved FDM-SVD and CYCBD. Symmetry, 2024, 16(5): 552.

[65] 杜冬梅, 张昭, 李红, 等. 基于 LMD 和增强包络谱的滚动轴承故障分析. 振动. 测试与诊断, 2017, 37(1): 92-96.

[66] 唐贵基, 王晓龙. 基于 EEMD 降噪和 1.5 维能量谱的滚动轴承故障诊断研究. 振动与冲击, 2014, 33(1): 6-10.

[67] 卞家磊, 朱春梅, 蒋章雷, 等. LMD-ICA 联合降噪方法在滚动轴承故障诊断中的应用. 中国机械工程, 2016, 27(7): 904-910.

[68] Antoni J, bonnardot F, RAAD A, et al. Cyclostationary modelling of rotating machine vibration signals. Mechanical Systems & Signal Processing, 2004, 18(6): 1285-1314.

[69] Wang B, Lei Y G, Li N, et al. A hybrid prognostics approach for estimating remaining useful life of rolling element bearings. IEEE Transactions on Reliability, 2018, 69(1): 401-412.

[70] Hajipoup S S, Shamsollahi M B, Albera L, et al. Denoising of ictal EEG data using semi-blind source separation methods based on time-frequency priors. IEEE Journal of Biomedical and Health Informatics, 2015, 19(3):839-847.

[71] Cheveignécheveignéa D. Time-shift denoising source separation. Journal of Neuroscience Methods, 2010, 189:113-120.

[72] Sarela J, Valpola H. Denoising source separation. Journal of Machine Learning Research, 2005,6:233-272.

[73] He Q, Feng Z, Kong F. Detection of signal transients using independent component analysis and its application in gearbox condition monitoring. Mechanical Systems & Signal Processing, 2007, 21(5):2056-2071.

[74] 陈晓理, 王仲生, 姜洪开, 等. 基于改进样板去噪源分离的轴承复合故障诊断. 中国机械工程, 2011, 22(17): 2080-2083.

[75] 孟明, 杨国雨, 高云园, 等. 基于 EEMD 与 DSS-ApEn 的脑电信号消噪方法. 传感技术学报, 2018, 31(10): 1539-1546.

[76] 成玮, 张周锁, 何正嘉. 降噪源分离技术及其在机械设备运行信息特征提取中的应用. 机械工程学报, 2010, 46(13): 128-134.

[77] 王元生, 任兴民, 杨永锋. 旋转机械故障信号的去噪源分析. 噪声与振动控制, 2013, 33(1): 185-190.

[78] 王元生, 任兴民, 邓旺群, 等. 基于经验模态分解的旋转机械故障信号去噪源分离. 西北工业大学学报, 2013, 31(2): 272-276.

[79] 罗志增, 金晟, 李阳丹. 基于降噪源分离的脑电信号消噪方法. 华中科技大学学报(自然科学版), 2018, 46(12): 60-64.

[80] 吴涛, 姜迪, 吴建德, 等. 基于 CEEMD 和 FastICA 的滚动轴承故障诊断研究. 电子测量与仪器学报, 2019, 33(4): 186-194.

[81] 刘朋, 刘韬, 王思洪, 等. 基于信息融合与 FastICA 的轴承故障提取方法. 振动与冲击, 2020, 39(3): 250-259.

[82] 王汉章. 基于改进果蝇优化算法优化 RVM 的电机轴承故障诊断. 机械强度, 2019, 41(4): 814-820.

[83] 王楚柯, 陆安江, 吴意乐. 自适应果蝇优化算法在 WSN 节点覆盖优化中的应用. 微电子学与计算机, 2019, 36(2): 11-15.

[84] 孙远, 杨峰, 郑晶, 等. 基于膜计算与粒子群算法的盲源分离方法. 振动与冲击, 2018, 37(17): 63-71.

[85] 岳克强, 赵知劲, 沈雷. 基于负熵和智能优化算法的盲源分离方法. 计算机工程, 2010, 36(4): 250-252.

[86] 郑煜, 王凯, 杨利红. 滚动轴承早期故障优化自适应随机共振诊断法. 轻工机械, 2020, 38(2): 74-76, 83.